日本戦時企業論序説

日本鋼管の場合

長島 修

日本経済評論社

はしがき

本書は、十五年戦争中に、日本の企業がどのような変容をしたのかを明らかにすることを課題とする。経済の計画化あるいは統制の強化によって、企業がどのような対応をとったのか、企業組織や企業活動がどのような制約をこうむったのか、企業に対する介入にどう対応したのか、具体的な企業に即して実証的に明らかにする。さらに戦時期の企業活動の変容が戦後改革をへて、戦後日本の企業システムといかなる関連をもつのかまで展望する。

二一世紀を目前にひかえ、一九八〇年代後半から戦後日本経済システムが大きな転換期にさしかかっている時、戦後日本経済システムの歴史的な位置づけやその成り立ちについてさまざまな議論がでてきた。バブル期には日本的経営を賛美する風潮があるかと思えば、一方では、九一年以降の長期不況期、特に九五年以降には日本の経済システムや企業はグローバルスタンダードにそぐわない時代遅れのものと評価されている。こうした極端な評価が下されたのは、日本経済をとりまく環境の変化があることはもちろんである。しかし、それにしてもこの落差には大きなとまどいを人々に与えているのではないだろうか。日本の経済学や社会科学のありように大きな不信感を生んだのではないだろうか。

私は、こうした極端な評価を早急に下す前に、日本の戦後経済システムの歴史的な位置づけや評価をもう一度きちんとし直して、それらのもっていた欠陥や優位な点を明らかにしてゆく作業をする必要があると考えている。私は、そうした作業の前提として本書を位置づけている。

こうした作業を行う必要性を感じたのは、岡崎哲二・奥野正寛編『現代日本経済システムの源流』（日本経済新聞社、一九九三年）という書物に出会ったためである。日本の現代経済システムの源流＝規定を直接日本の戦時経済にもとめる同書の主張に疑問をもった。日本鉄鋼業の研究をしていた筆者は、ちょうど戦時期の鉄鋼業の実証的研究にさしかかっていたので、共感できる部分もあったが、同時に大きな違和感ももった。筆者は、何よりも戦時期の企業システムについての実証的研究が不十分であったことが、こうした主張を生み出しのではないかと考えている。戦時期に形成された企業システムと戦後高度成長をへて形成された企業システムを直接的につなげて理解することは、戦時期の企業の性格と戦後改革の評価に問題をもっていると筆者は考えている（筆者の同書書評については、『経営史学』第三〇巻第一号、一九九五年四月）。しかも、同書の主張は、規制緩和を主張する人々によって大きくとりあげられ、大きな影響力をもった。もちろん、それは、著者らの関知するところではなかったと思われるが、その後の規制緩和を主張するなかで同書の主張は、しばしば利用された。そこで、従来から進めてきた鉄鋼業研究を通じて、具体的実証的に戦時企業の組織や企業活動を明らかにすることを目指して一書にまとめてみることにしたのである。

本書は、個別企業に沈潜して戦時から戦後の時期の状況を検討することによって、戦時企業論を再構成することを試みている。戦時期の企業の実態はほとんど解明されていないに等しいために、こうした方法をとらざるをえない。戦時期の個別企業の実態を明らかにすることなくして、理論化することも困難だからである。本書で取り扱っている戦時企業論はこうした取り組みの最初の一歩にすぎない。本書で取り上げた日本鋼管の個別企業分析で戦時企業を一般化することができるわけではないことは十分理解している。しかしながら、個別企業が、戦時から戦後の激変期どのような変容をこうむったのか、それが戦後の企業システムの転換にどのように関連するのかを追究した研究は、ほとんどない。個別企業に即してこの企業システムの激変期を明らかにすることは、一般化理論化する前提作業として当然にやっておかなければならない作業である。

取り上げる企業は、日本鋼管株式会社である。民間鉄鋼企業として、独自の道を歩んだ企業（日本鋼管株式会社）をとりあげ、戦時下の企業組織や企業活動の変容を具体的に実証的に明らかにする。具体的実証的に戦時下の企業活動を取り上げ、それを戦後日本の企業システムとの関連で明らかにすることによって、戦後日本企業システムの歴史的形成過程の一端を明らかにすることを目指しているのである。さらに、こうした作業を通じて日本の戦時企業論を再構成したいと考えている。その際、日本鋼管の経営的性格規定を明治期「ベンチャー事業」（石井寛治『日本の産業革命』朝日新聞社、一九九七年）とし、戦時下どのように変化していったのかにも注目した。

戦時期の企業研究は、資料的にもかなりの困難を伴うものである。企業自体が、戦時期の資料をあまり持ち合わせないことはもちろん、戦後の補償問題とも絡んで、戦時期の資料を部外者に公開することには積極的ではない。筆者は、日本鋼管副社長、日本鉄鋼協会会長を務めた松下長久氏の所蔵する膨大な資料を整理する機会を得た。これらは、同氏が戦時下で関わった企業経営にかんする資料群である。松下資料によりつつ、それを補完するするために、国策研究会文書、柏原兵太郎文書、日本製鉄株式会社資料、水津資料、米国戦略爆撃調査団（United States Strategic Bombing Survey）資料、ＧＨＱ文書などを利用した。

時期的には、主に一九三七～四五年を対象としているが、戦後日本企業システムとの関連を追究するという課題との関係で戦後まで分析の範囲は拡張してある。

目次

第4章　特殊鋼分野への進出

序章　視角と課題

現代日本経済システムと戦時経済

現代日本経済のシステムが戦時経済によってつくられたシステムであるとの主張は、岡崎哲二・奥野正寛編『現代日本経済システムの源流』（日本経済新聞社、一九九三年）によって、比較制度分析という経済学の手法を用いて展開された(1)。

その主張は、岡崎、奥野の「まえがき」において次のように主張されている。

「現代日本の経済システムの主要な構成要素の多くが、一九三〇年代から敗戦に至るまでの戦時期に意図的に作られたものであり、それ以前のわが国の経済システムは、基本的にアングロサクソン型の古典的市場経済システムだった」。

後段についていえば、価格をシグナルとして経済主体が行動し、その相互の関係の中で経済システムが構成されたとすることは否定できない事実であるが、それがアングロサクソン型であるかどうかは、比較経済史、比較経営史の研究にまたなければならない。

戦時期の経済システムが現代日本の経済システムを規定しているという考え方は、古くは連続説、断絶説という考え方でマルクス経済学の分野で議論してきた。大内力が国家独占資本主義論の機能論的視角から戦後改革を一九三〇年代に成立した国家独占資本主義の適合的な制度・体制を推進したものと位置づけたのに対して、[2] 戦前の講座派以来の構造論的視角から断絶を主張する見解が対立してきた。[3] これは決着がつかないまま、現在に至っている。

これに対して、比較制度分析は、それを金融、労資関係、政府と企業、企業システム（コーポレートガバナンス）の戦時期の制度間の諸関係を問題にし、現代日本の経済システムとの共通性をもつものとしてその全体像を提示したことに大きな意味がある。[4] 比較制度分析による研究は、高度成長を経て、先進資本主義国となった現代日本の経済システムの歴史的位置を検証しようとした点に積極面がある。マルクス経済学の議論は、少なからず階級対立を基本に据えた危機論や停滞論に災いされて、資本主義システムの柔軟性や調整能力を論理に取り込むことができなかった。その意味でも、制度補完性によって、社会システムを構成する経済主体の相互間の関連を総体として提示して見せた比較制度分析による研究の積極面は学ばなければならない。

比較制度分析は、新古典派経済学が企業を点としてとらえ、市場原理によって導かれることによって経済的厚生が高めることができるという観点では理解しえない制度間の相違を明らかにしようとした。限定合理性をもった経済主体の組み合わせによる複数均衡の存在によってシステム間の比較を可能にしたことも大きな魅力となった。[5] 比較制度分析は、新古典派経済学が市場の問題に分析が終始していたのと異なり、経済外部性も取り込んで全体像として示したという積極面もある。しかも、歴史的に検討して現代の位置を明らかにしようとした点で優れた成果であった。

比較制度分析の特徴は、制度を、各プレーヤーの戦略が他のすべてのプレーヤーがその戦略に従い、そのときの最適反応になっているナッシュ均衡として捉え、諸制度は相互に制度補完性をもって形成され、安定的な複数均衡を達成しているとしている。制度は一度安定的な均衡を達成すると、「自己拘束性」をもったものとして、変更がきわめて困難である。しかも、できあがった経済システムは、歴史的経路依存性をもっており、初期状態に依存した経路をとって進化するとしている。[6]

比較制度分析の場合、戦時経済においてつくられたシステムは、現代のシステムからみて、どういった制度の補完性のもとで形成されていたのかということになる。したがって、比較制度分析の方法は、経済主体の歴史的性格を検討しないため、歴史的に現存したシステムをそのままを分析するものにはならないという可能性をもつ。しかも歴史的経路依存性をもったものとして、システムを捉えているから、過去において存在した制度がシステムのなかで重要な役割を果たしていたとしても、構成要素の取捨選択を変更することによって、異なったシステム像を描くことも可能である。逆に、現代の制度をどういった組み合わせで考えるのかによって、比較制度分析による戦時経済分析も異なった構成を描くことができることになる。歴史的分析と現代経済社会システム分析についての相互の協力関係を必要とするのである。

しかも、比較制度分析は、制度をナッシュ均衡と捉えるから、制度補完性によって成立しているシステムの発展と変化の問題を内発的に捉えることができない。また、一度成立した制度の変化を促す要因を論理的に見いだすことができない(7)。

そういう点では、歴史的に検証された事実を吟味して、戦時経済を再構成することが要求されている。戦時経済に規定されたとする現代経済システムを考える場合、岡崎・奥野編著は戦時経済を構成する経済主体の選択や性格規定に問題があったように思われる。

第一は、軍部のもっていた意義である。戦時企業の投資行動や企業行動の詳細な分析が不十分であったため、軍部のもつ制度的な意義を十分評価しなかった。したがって、戦時経済においては、経営者の裁量が高まることをそのまま評価することはできない。経営者の行動を規定しているものについての考察が不可欠である。

第二に、企業システムの対象と想定されたモデルがあまりにも財閥系企業を基準にしたモデルに偏っていたため、戦前日本の成長を導いた経済主体をやや一面化したことである。近代日本の経済成長の主体を重要な役割を担ったのは財閥には違いないが、それ以外の企業の推進主体となる企業家モデルを設定することができなかった。経営史研究では、財閥というイメージに共通認識がないまま定義の問題に焦点があてられている。財閥という場合、持株会社の本社部門が傘下企業に対する資源配分の影響力を行使しているかどうかが重要であって、傘下の企業が寡占的部門であるかどうかが決定的問題ではないと筆者は考える(8)。なぜなら、企業の投資行動を規定する要因を考える場合、それはほとんど大きな問題にならないからである。同時に財閥定義にこだわって、新たな分野や産業を担う分野を切り開いた企業も財閥の定義のなかに閉じこめるような傾向をもっていたのではないか。

第三に、システムを構成する要素として、資本と労働をつなぐ技術の問題が欠落したことである。戦時における技術蓄積の問題を考慮していなかった。それは戦後と戦時下の技術関連を考察することによって評価される。

第四に、日本型企業モデルにおける組織的分析の欠落である。日本型企業を従業員管理型企業として設定するとしても、従業員の範疇と構成は、単純化されている。実際には職員、現場労働者、臨時的労働者などのすぐれて重層的立体的に構成されている。この点で戦時にいったい何が進んだのか。

第五に、戦後改革における社会編成原理の変革を十分検討していなかった。戦後改革期における企業行動を規定していた要因の変化に十分注意をはらわなかった。日本は敗戦国となったことによって戦勝国よりもドラスティックに制度変革が行われたことは比較の観点からもっと重視されるべきである。

比較制度分析の優れた側面に学びつつ、また、マルクス経済学の影響をうけた日本経済史研究の過去の蓄積に学びつつ、同時に以上のような欠陥を補正する作業をして、日本の戦時経済、戦時企業を位置づける作業を行いたいと考えている。こうした作業の積み重ねによって、日本戦後経済の歴史的位置を確定していく作業がもとめられているのである。

こうした作業は、すでに始められている。橋本寿朗氏は、戦後のシステムは統制が撤廃された市場経済へ復帰した前後の時期に発生し、洗練、制度化されたとして、戦後の日本企業がアメリカインパクトとアメリカのサブシステムの影響力を受けた点を強調している。この主張は、戦後日本企業システムからみれば受容されうるものである(9)。しかし、戦時源流説に対しては十分な批判とはなっていない。戦時企業論そのものが展開されていないからである。

作業は、まず戦時から戦後にかけての個別企業の変化を追ってゆくことによって、まず豊富な歴史像を提供することから始める必要がある。本書はそうした分析を始める手がかり「序説」になるものである。

戦時経済と市場

総力戦の戦時経済は、国家および社会の存立の危機という状況にあって、戦争のために、生産要素のすべてを動員する体制である。それまで、市場の価格メカニズムに依存していた諸要素に一定の枠組みを与えなければ、戦時経済は達成できない。軍需生産にあるいは軍そのものに資源を動員するために、市場メカニズムに依存していることはできないのである。したがって、何らかのインセンティブを与えたり、さらに進んで資源配分の国家的介入のための計画や統制が必要になるのである。(10)市場の中にさまざまな制度を意識的に導入する必要がある。こうした市場への集中的な制度介入は戦時経済の固有のものではない。

一九三〇年代の大恐慌は、市場原理に委ねた資本主義のシステムのなかに、財政金融、産業政策、労資関係、社会保障などを系統的に調整、整備する必要性を高めたのである。それらは、資本主義の社会経済編成原理に大きな危機をもたらした第一次大戦で部分的に出現し、大恐慌によって整備された。戦時経済は、大恐慌によって形成されつつあったシステムを前提にして市場メカニズムに対する政府の制度的介入をいっそう深めたものであった。日本の場合は、第一次大戦は実質的に戦時体制をとることなく、むしろそれを契機にアジアの市場を一挙に取り込むことになったのである。したがって、昭和恐慌によって、初めて本格的に現代資本主義化への前進が始まったことになるが、それはきわめて微弱(11)のまま戦時経済（一九三七年以降）へと突入していったことになる。

企業肥大化の論理、集団化の論理

戦時期に企業は、肥大化し、組織化が進展した。企業の論理から説明するためにコースの企業論を参照する。

ロナルド・H・コースによれば、「企業とは、生産要素を生産物に変換する組織である」[12]。「生産は個人間の契約という手段によってまったく分権化した方法でなされうるが、その生産物の取引に入るや、なんらかの程度の費用が発生する。そのため、市場を通じて取引を実行するための費用にくらべて、それが少ない費用ですむときには、市場でなされていた取引を組織化するために企業が生まれる。企業の規模の限界がどこで画されるかといえば、それは、取引を組織化する費用が、それを市場を通じて実行する場合の費用と等しくなるところである。このことが企業が何を買い、生産し、販売するかを決定する」。

コースの論理は、市場メカニズムが機能している環境を前提に組み立てられている。それを戦時経済に応用するには、一定の修正が必要である。

戦時経済の場合には、市場メカニズム自体が大きく衰退するから、コースの規定をそのまま適用することは困難である。市場を通じて生産要素を取得するが、一方で決められた価格、決められた量が企業に割り当てられ、それにもとづいて計画化された量が生産されるからである。

戦時経済は恒常的な「不足の経済」＝超過需要である[13]。売り手と買い手は対等の関係にはなく、売り手の支配権をもつ経済である。生産要素は、決められた量だけ企業に割り当てがなされないから、また定められた品質の生産要素がしばしば供給されないから、決められた生産を遂行することは困難になる。価格や質ばかりでなく、納期、運送、在庫など企業活動の条件に適合して生産要素を取得することができないから、スラックと不足が同居することになる。市場からも政府の計画からも原材料、資材、設備、労働力を安定的に確保することができなくなった企業は、それらを内部化あるいは組織化することによって企業が調整することができる範囲に納めようとする。本来割り当てであるから、取引コストは安くなるはずであるが、逆に企業にとって取引コストはきわめて高くなるのである。戦時経済の計画化の進展はしたがって、市場メカニズムの衰退のなかで、売り手を中核企業の中に組織化する必要性が高まるのである。原材料の確保、取引関係の継続のため、関連取引分野を中核企業は組織化する。したがって、戦時経済は、企業集団化、組織化と企業規模の拡大を導きやすい。

企業間の組織関係がいったん成立すると、企業間の長期継続的取引の中で、「関係準レント」[14]が発生する。しかし、戦時経済の過程における中核企業が関係会社をスクリーニングするのは不十分であるから、中核企業と組織化された関係会社の間に発生するある種の関係は定着するとは限らない。戦時経済システムは、通常、長期継続するものとは想定されていない。

また、売り手はまた同時に買い手でもある。いわば、買い手として原材料を取得することができなければ、売り手優位を実現することができない。戦時経済のもとでは、中核企業に組織化されることが原材料、資材、機械、労働力の取得の条件になる。計画化は、特定の企業に対する生産要素が計画組織を通じて割り当てられるから、「計画化の事業単位」に入らない限り、生産要素を入手する道はきわめて制約されることになる。「計画化の事業単位」への加入が生産要素を取得する近道となる。中核企業と関係会社を階層的に組織化した集団の形成は、戦時下においてこうして進んでゆくのである。

すなわち、階層化された企業集団の形成は、一つは「不足の経済」のもとで増産するために、組織化を促す方向から、もう一つは、「計画化の事業単位」に加入することが企業存続の不可欠の条件となる方向から、進行してゆくのである。この二つの方向から企業の肥大化、集団化は進行する。

企業に対する活動に制約が加えられると同時に、従来市場に委ねていた機能にさまざまな介入や機構が入り込むのである。こうして、市場と企業組織の間の中間組織[15]の肥大化が始まるのである。市場に委ねられた機能をある一部が代替すると、それにともなう価格変動によって吸収されない部分が現出し、別の代替の中間組織が必要になり、次々と中間組織が生まれてくるのである。肥大化の論理はまた、別のところからも発生する。戦争の局面の変動は、突如として、新たな市場機能への介入が起こることもあり、外部的要因によって生じる場合もある。戦時経済においては、中間組織の肥大化は、戦時経済の市場メカニズムの制約から生じてくるのである。戦時経済における価格メカニズムの衰退は、統制会社、原料供給販売会社、統制会、営団、公団など中間組織の増加が必然的に起こってくる。そして、岡崎哲二が明らかにしたように、中間組織が現場の情報を考慮しながら価格決定や計画における調整機能を果たしていくのである。[16] こうして戦時経済においては、官庁機構と企業の間に介在する半官半民的組織（準政府、準民間組織）が増加してくる。

戦時経済下の企業の性格

価格メカニズムに一定の介入があったとしても、企業は利潤を追求する私的企業が中心になって構成されていた。国家企業あるいは半官半民的組織が存在し、当該分野の私的企業の活動を支援したりあるいはそれ自身が市場に安価な商品を供給することによって需要者の活動を側面から支えた。鉄鋼業でいえば、日本製鉄の存在はこれにあたる。[17] しかし、企業活動は、利潤動機に規定されており、価格メカニズムの変容は企業活動に大きな変更をもたらした。しかし、企業が私的資本によって担われていながら、戦時経済の中で、軍需企業が一人利潤だけを公に追求することはできなかった。戦時経済は、すべての社会構成要素に強制的な同質化（＝差異化の拒否）を要求するからである。しかし、戦時経済は、表面的な同質化を伴いながらも、私的資本として活動を拒否することはできないのである。そうすれば、経済活動自体が停止してしまうからである。したがって、公的活動を私的資本によって代替するという性格にそもそもの矛盾が含まれているのである。[18] つまり、戦時経済は、期待利潤を制約される分野への進出も強制されるが、それも私的資本によって担われなければならない。そうした強制を進めないかぎり、総動員体制を実現することはできないのである。そこに戦時経済の矛盾がある。私的資本は、公的性格、社会的性格を強制されるのである。

戦時期の企業は平時の企業とその性格が大きく異なってくる。コーポレートガバナンスの視点から、その特徴を明らかにすると、経営者の権限が強化され、労働者の権限あるいは権利は制限される。株主権限も、配当制限などを通じて後退する。他方、企業を生産力増加の「経済主体」として位置づけるとすると、戦争遂行にインセンティブを与えながら戦時経済に動員するのである[19]。その結果、経営者の役割が大きくなってくるが、それは経営者に対する国家の関与の拡大を招いた[20]。

総力戦を遂行するためには、生産の担い手である「企業」を利用せざるをえなくなる。国家が公企業に直接間接に関与する一方で、私的企業に対して戦争遂行に動員する必要が高まる。その結果、企業は、増加する需要によって、稼働率を高め、莫大な利益を獲得することができる。しかし、同時に利益が増加する一方で、原料獲得、人的物的資本投下のあり方、経営方針、生産品目、販売先、販売価格は、企業独自の判断で決定することはできなくなるのである。同時に戦争遂行に効率的な生産体系を構築するために、産業構造や企業間関係の再編成にまで手をつけざるをえなくなるのである。こうした動向は、第二次大戦を戦った主要国にかなり共通のものである。それは総力戦経済という性格から導かれるものである。しかし、戦勝国と敗戦国とではおのずからその歴史的意味は異なっていた。

財閥論研究の再検討

生産力拡充計画、物動計画に関する研究の進展によって、マクロの経済計画に関する研究は近年急速に進んでいる。しかし、そうした政府の経済計画や統制の進展に対して、企業がどのように対応したのか、戦時期の企業がどのように戦後の巨大企業に再編されたのか十分に明らかになっていない。

財閥論視角からの研究はかなりの蓄積をもっているが[21]、果たしてそれで、戦時期から戦後へかけての企業の再編成の研究を包括してよいのか筆者は疑問をもっている。GHQによる財閥解体政策の持つ意味は非常に大きかったが、そこでつくられたイメージに私たちの目がかなりくもってしまっていないだろうか。戦前の企業を性格規定する場合、株式の所有関係や財務分析にとどまって、実際の企業を動態的に捉えることがなく、系列分析に終始しているのではないか。財閥といっても、持株会社が資源配分にかんして「高度に集中した調整機能」[22]をもっていた場合がどれほどあったのかはなはだ疑問であるからである[23]。総合財閥、新興財閥、金融財閥など財閥の違いや分類は指摘されているが、実際の企業の主体を財閥論の範囲のなかに閉じこめて議論しており、戦時期の企業活動がどのように再編され、それが一連の財閥解体措置とどのように関係しているのかを明らかにしていない。

筆者は、一つの企業の足跡を一定の方法によってたどることによって、戦後改革を財閥論的視角から解き放ちたいと考えている。そうすることによって、戦後改革の意義を過大に評価したり、あるいは軽視する見解に陥らなくてすむのではないかと考えている。もちろん本書でこの課題に全面的な解決が与えられるというものではない。個別の実証も含めて深めることよって、与えられるものであろう。本書は、そうした作業のささやかな一歩にすぎない。

筆者は、企業集団（財閥）分析の無効性を言っているのではない。企業集団分析もどういう論理で何ゆえ企業集団化するのか、その論理と必然性を考察することが必要と考えている。戦時企業に即していえば、どのような論理で、何ゆえ企業集団化が進んだのかを明らかにすることが必要である。その場合、財閥という枠組みを事前につくるのではなく企業に即して見ることが必要である。持株会社に支配統治される財閥の階層的構造をもつ企業群（資源配分に本社が影響力を行使する場合）もあるが、その枠組みでは捉えられない企業類型や企業群も存在する。多様な企業類型の相互関係の中で戦時期の産業構造、企業構造を把握しなおす作業が必要であると考えている。

本書は、日本の戦時期における企業がどのような性格をもったのかを一つの企業を取り上げて実証的に研究し、戦時期における企業の存在形態の歴史的特徴を明らかにし、さらにそれがどのように戦後の高度成長期の企業形態に再編成されたのかを追究することを課題とする。この場合の研究は経営史研究となる。まずその経営史研究の視角を定めておくことが必要である。

経営史研究の視角

個別企業の経営史的研究をすすめる方法について、検討しておこう。特に、戦時企業経営史研究を進めるために、どのような視角が必要であるかを検討する。

個別製造企業は、資本市場から資金を調達し、原材料を投入して、設備、技術、労働力など経営資源を組み合わせて産出物を販売し価値を実現するのである。

チャンドラーによれば、近代企業は、市場メカニズムよりも企業における管理および組織が優越するから、複数事業単位を内部化あるいは組織化する要因が働く。近代企業ついては、販売市場の広がりとともに、異質の経済活動を内部化し、部門は複数化し、垂直的統合が進展するから、市場メカニズムよりも企業の中の組織や管理が重要な問題となる。(24) チャンドラーの研究はそういう意味で、近代企業の経営的特殊性をえぐり出したものであった。組織が戦略に従うというチャンドラーの命題に従えば、そうした企業組織を運営管理し、生産要素をコーディネーションする組織とマネジメントが考察されなければならない。

経営史研究の方法は、チャンドラーの研究が理論的で包括的なものであった。チャンドラーの膨大な実証に裏付けられた経営史研究は、近代企業を組織と戦略から検討し、さらに近代企業の特徴として企業の多角化統合化と階層的構造を明らかにした。最近の研究では、投資行動の性格についても明らかにして、大企業の発展が、三つの分野にわたる投資（製造、マーケティング、マネジメント）が行われ、それが組織能力をそなえた一番手企業の発展の保証となっていることを明らかにした。(25) 組織と管理の視点から国際比較を試みる研究成果も発表され、多くの人々によって受け入れられている。

しかしながら、筆者は、日本の企業経営を研究するうえでは、チャンドラーの経営史研究にいくつかの問題点を感じる。

第一は、労資関係分析が企業研究の中に位置づけられていない点である。したがって、労働者なき経営史研究になっている。労資関係が企業組織、経営に与えるインパクトについての位置づけを明確にすることが必要である。日本の企業経営史を研究する場合、労資関係の分析は不可欠である。日本の企業経営が従業員の参加あるいはその利益を優先した企業行動をとるとしたら、従業員の企業経営への関わり方を実体的に把握することはどうしても必要である。

そうした性質がどのようにして生まれ、定着したのかを検討することが必要である。

第二に、欧米先進資本主義国を対象とする企業経営史のため、政府と企業の関係について十分な考察対象になっていない。企業経営に対する政府の関与あるいはその緊張関係を描くことは戦時期の分析にはどうしても必要である。

第三に、企業者論が十分展開されない。近代大企業は、組織によって、管理、運営されるから、そこに焦点をあてる以上当然考察の対象からぬけることになる。しかし、歴史的具体的経済社会環境のなかで、ビジネスチャンスを巧みに利用しつつ、たえず隆盛する企業群を近代経済史のなかで位置づけることが必要である。シュムペーターの「企業家論」などによって補われる必要がある。

筆者は、チャンドラーの経営史に学びつつ、これらの点を考慮しつつ次のように研究視角を定める。

一つの個別企業の戦時下の活動を考察することによって、戦時下の企業に何が起こり、それが戦後にどのように関連していったのかを事実に即して明らかにすることである。こうした研究は、個別企業の研究であるがゆえに一般化できない難点をもっている。しかし、個別企業の戦時下の実態すら十分明らかになっていない状況では、まずここから明らかにする。その場合、

第一に、「不足の経済」のもとで、市場メカニズムが変形している中で企業行動がどのように展開されたのかを明らかにする。それによって、戦時企業の性格を明らかにする。

第二に、戦争をはさんだ投資行動の性格とそれを促した要因を検討する。

第三に、資本と労働があっただけでは、設備投資はできない。投資を可能とした技術の問題を考慮する必要がある。技術の蓄積、技術選択の問題は、製造企業の発展成長には決定的に重要である。

第四に、所有と経営および組織と管理の変化、従業員の構成と企業経営への関与など、戦時企業の組織と管理の実態を検討する。そして、それと戦後企業との関連を検討しなければ、現代日本経済のシステムの源流を戦時経済に求めることの可否を決定することもできない。

第五に、「企業者論」の視点からベンチャー企業の変質、移行の問題を明らかにすることである。一般に創業者企業は、いつまでも創業者企業でいるわけにはいかない。創業者企業も所有と経営の分離に従って、経営者企業に移行する。この問題を追求する。

第1章において、日本鋼管の鉄鋼業における地位とその歴史的性格を明らかにする。一九三〇年代に同社がどのような設備投資が行ったのか、特に戦時期における設備投資の性格を検討し（第2章、3章）、それが戦後における企業発展にどのような意味を持っていたのかを検討する（第1章、第9章）。その際、注意するべきは、戦時期における設備投資が、戦争経済によって、市場メカニズムの機能する経済ではなく、一定の歴史的特殊性を持つことを理解しなければならない（第4、5章）。さらに技術水準と技術発展が戦時期にいかにして進められたのか。それらの技術は戦後においてどのような意味をもっていたのか。この点を明らかにする必要がある（第2章）。次に、不足の支配する経済において、労働力動員の問題に考察を進める（第6、7章）。最後に、所有と経営の関係が戦時から戦後にかけていかなる再編をこうむったのかを企業の実態に即して明らかにする（第8、9章）。

こうした考察をふまえて、戦時期の日本企業の実態にせまることが本書の課題である。

注

（1）　岡崎哲二・奥野正寛編『現代日本経済システムの源流』（日本経済新聞社、一九九三年）の著者すべてが両氏の主張と整合性をもっているとは限らない。
（2）　大内力「戦後改革と国家独占資本主義」（東京大学社会科学研究所『戦後改革　一　課題と視角』（東京大学出版会、一九七四年）。
（3）　大石嘉一郎「戦後改革と日本資本主義の構造変化」（同前『戦後改革　一　課題と視角』）。
（4）　岡崎哲二「企業システム」（前掲『現代日本経済システムの源流』第四章）は、戦時期から戦後にかけての企業システムを比較制度分析の方法を使って分析した包括的な優れた分析である。

(5) 青木昌彦『経済システムの進化と多元性』(東洋経済新報社、一九九五年)。
(6) 青木昌彦『経済システムの比較制度分析』(東京大学出版会、一九九六年)。
(7) 佐和隆光『資本主義の再定義』(岩波書店、一九九五年)一二八〜一二九頁参照。
(8) 財閥の定義をめぐっては、日本の学会では、森川英正と安岡重明の二つの考え方が対立している。傘下企業の中に寡占的企業部門を含める安岡説と同族経営的側面を強調する森川説である(安岡重明『財閥経営の歴史的研究』岩波書店、一九九八年、二六二〜二六五頁、第一一章、森川英正『財閥の経営史的研究』東洋経済新報社、一九八〇年、四頁)。
(9) 橋本寿朗「日本企業システムの『発生』、『洗練』『制度化』の論理」(橋本寿朗編著『日本企業システムの戦後史』東京大学出版会、一九九六年)参照。
(10) 計画と市場という観点から日本の戦時経済の実証的研究を行った最近の研究成果は原朗編著『日本の戦時経済:計画と市場』(東京大学出版会、一九九五年)である。特に第一章の原朗論文は、内外の研究史を総括して、国際比較の観点から日本の戦時経済の特徴を描いている。筆者も原論文に示された戦時経済像に基本的に依拠している。
(11) 橋本寿朗『大恐慌期の日本資本主義』(東京大学出版会、一九八四年)。
(12) ロナルド・H・コース『企業・市場・法』(東洋経済新報社、一九九二年)。
(13) 戦時経済は、需要超過が恒常的に支配する経済であり、企業活動もそれに規定される。不足の経済の経済学的規定については、コルナイ・ヤーノシュ『「不足」の政治経済学』(岩波書店、一九八四年、SELECTED WRITINGS OF JÁNOS KORNAI, Iwanami Shoten, Tokyo, 1984 edited and translated by Tsuneo Morita)を参照。
(14) 青木昌彦『日本経済の制度分析』(筑摩書房、一九九二年、二二四頁)。
(15) 中間組織の概念については、今井賢一・伊丹敬之・小池和男『組織の経済学』第七章(今井賢一執筆)参照。
(16) 岡崎哲二「第二次世界大戦期の日本における戦時計画経済の構造と運行」(『社会科学研究』第四〇巻第四号、一九八八年)。
(17) 日本製鉄の歴史的性格については、長島修『戦前日本鉄鋼業の構造分析』(ミネルヴァ書房、一九八七年)参照。
(18) 長島修『日本戦時鉄鋼統制成立史』(法律文化社、一九八六年)二八九〜二九〇頁。
(19) この点について、戦時期の価格のインセンティブと生産増加の関係を強調された岡崎哲二「戦時計画経済と価格統制」(『年報・近代日本研究』九、山川出版社、一九八七年)を参照。
(20) 最も典型的であったのが、軍需会社法による生産責任者の規定である。経営者を生産責任者として、国家が任免権をもった。岡崎哲二は、経営者がフリーハンドをもったとしているが、これは明らかに戦時期における経営者の役割に関する過大評価である（岡崎哲二「戦時計画経済と企業」東京大学社会科学研究所『現代日本社会　四　歴史的前提』。東京大学出版会、一九九一年、三九三〜三九四頁）。

(21)　沢井実「戦時経済と財閥」（法政大学産業情報センター・橋本寿朗・武田晴人『日本経済の発展と企業集団』東京大学出版会、一九九二年）、三島康雄・長沢康昭・柴孝夫・藤田誠久・佐藤英達『第二次大戦と三菱財閥』（日本経済新聞社、一九八七年）によれば、戦時期に分権化の進展や資金調達の銀行信用への依存が深まった。しかし、本社部門は解体にはいたっていない。

(22)　青木昌彦『日本経済の制度分析』（筑摩書房、一九九二年、一三〇頁）。

(23)　特に戦時期には、財閥本社の資源配分機能は低下していた（沢井実前掲論文一九五頁）。

(24)　A・D・チャンドラー『経営者の時代』上・下（東洋経済新報社、一九七九年、Alfred D. Chandler, Jr., *THE VISIBLE HAND: The Managerial Revolution in American Business*, 1977）。

(25)　A・D・チャンドラー『スケールアンドスコープ』（安部悦生・川辺信雄・工藤章・西牟田祐二・日高千景・山口一臣訳、有斐閣、一九九三年、Alfred D. Chandler, *SCALE AND SCOPE: The Dynamics of Industrial Capitalism*, 1990）。

第1章　戦時・戦後鉄鋼業と日本鋼管

第1節　戦時・戦後鉄鋼生産

銑鉄生産

銑鉄からみることにする（表1-1、表1-2）。戦前の銑鉄生産は、圧倒的に八幡製鉄所によって担われていた。日本製鉄発足（一九三四年）当初は、国内生産の六八％を占めており、その後輪西、広畑などの拡充によって銑鉄生産量に占める八幡の比重は低下したが、依然として日本製鉄の占める割合は八〇％前後であり、銑鉄シェアを独占していた。銑鋼一貫の体制をとる日本鋼管がそれに次いでいた。もちろん日本鋼管以外にも、中山製鋼所、浅野小倉（のちの小倉）などの高炉所有企業はあったが、十分な展開を示すまでには至らなかった。したがって、日本の平炉－圧延企業は、銑鉄供給を日本製鉄かまたは輸入に依存せざるをえなかった。戦後一九五〇年頃まで基本的にはこの体制は変化していない。しかし、日本製鉄解体（一九四九年）によって、純粋民間企業となった八幡、富士製鉄は、銑鉄供給に対して「公的責任」を開放され、鉄鋼業の生産体制の再編成を促したのである(1)。すなわち、民間平炉－圧延企業（住友金属、川崎製鉄、神戸製鋼所）の企業行動を大きく変えることになった。

戦前の銑鉄供給は国内で賄うことはできず、植民地圏を不可欠の一環として取り込んでいたことも注意する必要がある。戦時中では、朝鮮（日本製鉄兼二浦）、「満州」（昭和製鋼所、本渓湖）からの銑鉄供給が重要な役割を担っていた。満州銑鉄は、四三年には日満総計の二七％を占めていた。戦後、銑鉄供給の重要な地域であった植民地圏の喪失と中国の社会主義への移行は、日本鉄鋼業の編成替えの大きな要因となった。

こうした中で日本鋼管は、一九三六年いち早く高炉を所有し、銑鋼一貫体制を確立していたのである。したがって、日本鋼管は民間鉄鋼業の中でも関西系の有力三社とは異なって独自の企業行動をとっていた。日本鋼管の銑鉄のシェアは十数％にとどまっており、外販分はほとんどなく、自家消費していた。一九四〇年鶴見製鉄造船との合併によって、銑鋼一貫製鉄所を二つ抱えることになったが、八幡の規模には達することはなかった。

次に銑鉄生産量の変遷を検討してみると、銑鉄生産のピークは国内は一九四二年四二六万トン、朝鮮を含めた全生産でもピークは一九四二年四五八万トンである。しかし、戦時中の満州における増産が進み、一九四三年がピークとなる。日本製鉄のピークは、国内四カ所では一九四一年、朝鮮を入れると、一九四三年になる。日本鋼管は、一九四一年が銑鉄生産のピークになる。銑鉄生産の特徴は

生産量

（単位：トン）

国内合計	朝鮮	本邦合計	満州	総計
1,906,787	211,441	2,118,228	607,948	2,726,176
2,007,571	208,958	2,216,529	633,432	2,849,961
2,308,451	226,022	2,534,473	762,495	3,296,968
2,563,043	294,523	2,857,566	827,285	3,684,851
3,178,602	296,058	3,474,660	995,596	4,470,256
3,511,940	246,083	3,758,584	1,068,864	4,827,448
4,172,710	298,466	4,474,708	1,260,269	5,734,977
4,256,348	318,674	4,575,022	1,560,872	6,135,894
4,032,295	517,752	4,550,047	1,710,267	6,260,314
3,156,954	564,120	3,721,074	1,159,400	4,880,474
976,567	193,163	1,169,730		
203,027				
347,417				
808,025				
1,370,938				
1,981,158				
2,886,860				
3,271,693				
4,316,696				
3,791,861				
4,482,726				

「再生銑」の合計。1943～48年については高炉銑，小型高炉銑，木炭

表1-1　主要製鉄会社の銑鉄

年	日本製鉄						日本鋼管		
	八幡	輪西	釜石	広畑	4所合計	朝鮮を含む	川崎	鶴見	日本鋼管計
1935	1,294,386	255,115	240,029		1,789,530	2,009,971		75,043	
1936	1,329,927	250,524	244,350		1,824,801	2,033,759	72,232	75,049	72,232
1937	1,466,855	222,799	241,945		1,931,599	2,157,621	235,415	85,262	235,415
1938	1,525,276	254,863	227,638		2,007,777	2,302,300	299,646	150,917	299,646
1939	1,787,576	286,234	302,890	36,727	2,413,427	2,709,218	384,097	150,454	384,097
1940	1,631,527	391,289	334,677	224,168	2,581,661	2,827,744	428,551	154,412	582,963
1941	1,755,400	544,495	366,080	480,942	3,146,917	3,444,339	442,648	151,520	594,168
1942	1,717,492	635,786	337,019	366,788	3,057,085	3,376,354	478,486	126,081	604,567
1943	1,753,948	639,631	291,982	423,644	3,109,205	3,623,775	420,228	87,117	507,345
1944	1,338,185	480,669	293,578	467,254	2,579,686	3,116,137	326,144	49,150	375,294
1945	389,679	191,180	107,441	151,196	839,496	1,025,805	61,112	10,600	71,712
1946	110,227	27,328		4,152	141,707				0
1947	207,407	38,682			246,089				0
1948	365,332	95,078	86,821		547,231		115,398		115,398
1949	650,332	169,419	216,442		1,036,193		334,745		334,745
1950	769,427	275,712	278,467	204,655	758,834		452,897		452,897
1951	1,013,663	352,668	448,444	436,723	1,237,835		438,565	99,934	538,499
1952	1,190,886	475,196	394,547	509,491	1,379,234		473,670	114,856	588,526
1953	1,378,981	534,445	491,935	626,869	1,653,249		706,863	126,030	832,893
1954	1,404,897	509,078	437,140	603,445	1,549,663		676,062	127,758	803,820
1955	1,588,185	537,366	528,174	663,482	1,729,022		746,292	149,695	895,987

注：(1)　1950年以降日本製鉄は分割されたため，日本製鉄合計欄は，富士製鉄の数値。
(2)　1940～42年については，再生銑，普通銑，特殊銑の合計，1935～39年については，「鉱石ヨリ製錬シタルモノ」高炉銑，再生炉銑，電気炉銑の合計。1949年以降は高炉銑の生産高。
(3)　本邦合計は，台湾を含む合計値。
資料：商工省金属局『製鉄業参考資料』1943年8月。
資源庁長官官房統計課『製鉄業参考資料』(1943～48年)，『製鉄業参考資料』各年。

連続操業する高炉の休止あるいは停止によって大きな影響を受けるが、一九四四年までは一応の生産水準を維持していた。一九四五～四八年には生産水準は一〇〇万トンを切る事態になっており、鉄鋼業が壊滅的な「打撃」を受けたことは明らかである。原料、輸送体系の破壊、戦災、賠償、ハイパーインフレーションの進行などさまざまな要因が複合的に重なってこうした事態を招いたのである。

四五年の敗戦から四六年にかけては満足に操業している高炉はほとんどなく、日本製鉄では八幡に原料を集中することによって、高炉操業を維持した。日本鋼管は四五年七月までにすべての高炉の火を落としており、再開は四八年四月になっている。広畑、釜石の再

（単位：トン）

本邦合計	満州	日満総計
4,801,906	136,817	4,938,723
5,310,031	344,212	5,654,243
5,903,993	451,148	6,355,141
6,577,752	621,630	7,199,382
6,807,887	562,078	7,369,965
6,968,585	554,044	7,522,629
7,006,776	572,653	7,579,429
7,222,920	724,377	7,947,297
	862,061	
	469,200	

気炉鋼（1949～55年）。

表1－2　銑鉄シェア

（単位：％）

年	八幡	富士製鉄	日本製鉄	日本鋼管
1935	67.9		93.9	0.0
1936	66.2		90.9	3.6
1937	63.5		83.7	10.2
1938	59.5		78.3	11.7
1939	56.2		75.9	12.1
1940	46.5		73.5	16.6
1941	42.1		75.4	14.2
1942	40.4		71.8	14.2
1943	43.5		77.1	12.6
1944	42.4		81.7	11.9
1945	39.9		86.0	7.3
1946	54.3		69.8	0.0
1947	59.7		70.8	0.0
1948	45.2		67.7	14.3
1949	47.4		75.6	24.4
1950	38.8	38.3		22.9
1951	35.1	42.9		18.7
1952	36.4	42.2		18.0
1953	31.9	38.3		19.3
1954	37.1	40.9		21.2
1955	35.4	38.6		20.0

注：(1)　国内生産高に対するシェア。
(2)　1950年以降日本製鉄分割により，八幡の欄は八幡製鉄㈱のシェア。
資料：表1－1に同じ。

開によってようやく銑鉄生産は本格的な上昇に転じるのである。戦後の回復の遅れは、原料、輸送などのほかに、日本製鉄の主要製鉄所が賠償指定工場となったためであった。八幡製鉄所では銑鉄生産は、一九五五年に至るまで、戦前水準を回復することはなかった。八幡が戦前水準を回復するのは、一九五六年である。これに対して、輪西、釜石、広畑を抱えた富士製鉄の銑鉄生産は、急速に回復している。五一年には八幡を抜いており、銑鉄生産では大きな躍進を遂げている。

日本鋼管は、四八年に高炉作業を再開し、以後急速に銑鉄生産を回復し、五二年には戦時中のピークを回復した。特に日本鋼管川崎製鉄所では、急速に生産が増加した。銑鉄のシェアも戦後は上昇し、二〇％前後となった。五〇年代には、戦後八幡、富士、日本鋼管の

表1－3　鋼生産高

年	日本製鉄			日本鋼管				国内合計
	八幡	国内計	日本製鉄計	川崎	鶴見	富山	日本鋼管計	
1935	1,967,085	2,419,755	2,517,179	470,225	160,920	12,101	482,326	4,704,482
1936	2,111,818	2,639,512	2,728,526	526,732	187,673	7,089	533,821	5,223,017
1937	2,191,859	2,785,465	2,888,392	552,495	222,624	15,159	567,654	5,801,066
1938	2,368,137	2,951,045	3,054,324	645,980	237,592	4,939	650,919	6,471,506
1939	2,416,110	2,961,081	3,055,380	711,886	220,053	22,486	734,372	6,696,210
1940	2,411,107	3,010,178	3,103,772	740,524	212,321	21,225	974,070	6,855,663
1941	2,452,246	3,067,105	3,174,012	722,904	204,900	20,823	948,627	6,844,359
1942	2,389,284	3,292,975	3,419,180	704,422	209,485	24,787	938,694	7,043,768
1943	2,414,516	3,637,757	3,754,721	703,112	230,187	24,207	957,506	7,630,245
1944	1,967,971	3,194,466	3,302,854	506,558	172,793	27,627	706,978	6,728,588
1945	735,502	1,021,342	1,064,349	54,739	36,454	11,604	102,797	1,962,755
1946	137,687	153,364		33,206	248	11,908	45,362	557,188
1947	250,678	297,031		80,254	17,905	14,002	112,161	952,113
1948	505,541	616,283		132,117	59,684	12,783	204,584	1,714,676
1949	939,353	1,212,573		307,049	109,118	10,621	426,788	3,111,412
1950	1,385,238	717,123		490,817	167,440	18,257	676,514	4,838,522
1951	1,734,252	1,262,891		588,023	223,186	13,975	825,184	6,501,849
1952	1,854,850	1,351,485		627,172	263,210	6,278	896,660	6,988,359
1953	1,927,629	1,449,382		668,899	225,523	6,983	901,405	7,662,161
1954	1,898,788	1,491,339		727,509	259,703	7,037	994,249	7,749,916
1955	2,286,739	1,852,483		790,560	365,249	9,524	1,165,333	9,407,695

注：(1)　平炉鋼＋転炉鋼＋電気炉鋼（1935～42年）。圧延鋼＋鋳造鋼＋鋳鋼鋳込用鋼（1943～48年）。平炉鋼＋転炉鋼＋電
(2)　『製鉄業参考資料』(1951，52年）の合計の相違は訂正。
(3)　日本製鉄計は，朝鮮の生産を含めた。
(4)　日本製鉄「国内計」は，1950年以降は富士製鉄の各事業所の合計。
(5)　日本鋼管の合計は，1940年以前は，川崎と富山の合計値。
資料：商工省金属局『製鉄業参考資料』(1943年8月)。資源庁長官官房統計課『製鉄業参考資料』(1943～48年)。

三社以外の川崎製鉄による千葉製鉄所建設、住金の小倉合併、神戸製鋼所の尼鉄合併などの再編成は進行していた。

　戦時下、日本製鉄は、商工省の指導によって、成立と同時に銑鉄価格を低位安定化させる政策をとっていた。そのため、供給不足のもとで、満州銑との二重価格状態が出現したが（三五年六月）、三八年七月には一元化が実現し、銑鉄の価格統制販売体制は整えられた[2]。市場を通じて相対的に安価に銑鉄を入手できるが、他方で量的には割り当てであったため、購入者は需要を満たすことはできなかった。一方、価格を低く抑えたため、日本製鉄は三八年から銑鉄トン当たり売り上げ利益は急減し、四〇年にはついに損失を計上する

表1-4　鋼生産高各社シェア

（単位：％）

年	八幡	日本製鉄 富士製鉄	日本鋼管	中山	小倉	吾嬬	尼　崎 製鋼所	川崎 重工	神戸	住友金属	日　本 製鋼所
1935	46.0	51.4	10.3	2.9	3.0	2.3	1.6	8.8	5.6	2.8	1.7
1936	44.5	50.5	10.2	3.5	2.7	2.1	1.8	9.0	5.4	2.3	1.3
1937	41.6	48.0	9.8	3.0	2.5	2.1	2.1	8.7	5.4	2.6	1.4
1938	40.3	45.6	10.1	2.1	2.5	1.9	2.4	7.5	5.0	2.9	1.2
1939	39.7	44.2	11.0	2.0	2.2	1.6	3.0	6.1	4.5	3.2	1.3
1940	38.7	43.9	14.2	1.9	2.0	1.4	2.6	5.4	3.8	2.9	1.2
1941	39.4	44.8	13.9	1.8	1.7	1.1	2.2	5.0	4.0	2.9	1.4
1942	37.3	46.8	13.3	1.6	1.2	0.9	1.9	4.5	3.6	3.0	1.8
1943	34.8	47.7	12.5	1.7	1.2	0.6	1.8	4.7	3.2	3.4	2.3
1944	32.2	47.5	10.5	1.3	0.9	0.3	1.3	4.7	3.2	4.3	2.4
1945	41.2	52.0	5.2	0.4	1.0	0.1	0.5	3.7	2.3	4.7	4.0
1946	27.2	27.5	8.1	0.2	1.7	0.0	1.1	5.9	5.0	7.9	2.4
1947	29.0	31.2	11.8	0.3	0.8	0.0	1.6	5.2	5.8	8.4	1.5
1948	32.4	35.9	11.9	0.9	0.9	0.0	2.1	7.0	6.2	6.6	1.9
1949	33.2	39.0	13.7	1.6	2.0	0.0	2.2	8.9	6.3	5.6	2.5
1950	31.5	14.8	14.0	1.6	2.5	0.0	1.8	8.7	5.7	4.3	2.3
1951	29.3	19.4	12.7	1.6	2.7	0.9	1.5	7.3	4.9	3.8	1.9
1952	29.2	19.3	12.8	1.5	2.2	0.9	1.7	7.7	4.5	3.6	1.7
1953	27.7	18.9	11.8	2.2	0.0	1.1	2.0	7.9	3.9	6.4	1.9
1954	27.0	19.2	12.8	3.2	0.0	0.9	0.6	8.1	4.1	6.3	0.8
1955	26.7	19.7	12.4	3.3	0.0	1.0	0.7	8.2	4.0	6.1	1.6

注：(1)　1950年８月川崎重工業から川崎製鉄を分離。49年までは川崎重工業の分を含む。
(2)　1953年住友金属は，小倉製鋼を買収。したがって，1953年以降は住金の中に小倉製鋼を含む。
(3)　国内生産高であり，朝鮮，満州は除く。
(4)　鋼の範囲は，表１-３参照。
資料：表１-３に同じ。

に至った。銑鉄の国内供給不足は、輸入によって補完されなければならなかった。国策会社として、輸入統制を行った日本製鉄は、国内の価格統制を実現するため、輸入銑と国内銑の価格差を補填することさえ（「外銑損失負担」）、強制され銑鉄利益は制約される一方であった[3]。日本製鉄のトン当たり利益の低下は、民間会社に対する補助金交付と同じ効果をもったのである。日本製鉄の赤字分を補填するため、四二年から政府によって、銑鉄については、補助金が交付されたのである。以後補助金に依存した銑鉄生産が続いたのである。

「不足の経済」は、売り手市場にあっても、売り手は政府の統制を受けて市場支配権をそのまま行使せず、民間企業（買い手）にできるだけ安価に大量に銑鉄を供給しようとした。しかし、それでは需要を満たすことはできず、製鉄事業法などのバックアップによって、垂直統合への動機は高まった。また、大量生産には、銑鋼一貫の製鉄所が燃料経済、運搬経済面でも、合理的であるから、高炉建設へと向かう必然性があった。しかしながら、日中戦争に入ると、資材や技術などの制約から、高炉建設を、主要な平炉－圧延企業ができる条件はなくなっていた。

鋼生産

鋼塊の生産は、戦前においては、八幡が圧倒的なシェアをもっていた（以下表１‐３、表１‐４を参照）。傾向的にはそれ以外の企業の伸びによって低下するが、日本製鉄の設備拡充計画の進行によって、輪西（仲町）、釜石などの製鋼設備が充実したため（日本製鉄のシェアは、四〇年頃まで低下したが）、再びシェアが上昇したのである。日本製鉄を構成した、釜石、輪西は、高炉による銑鉄供給から出発し、平炉圧延設備は不十分であったので、日本製鉄の成立とともに、それぞれに銑鋼一貫体制を構築することを目指して、拡充計画が実施された。しかし、日本製鉄の拡充計画は、戦時中に行われたため、不十分であった(4)。特に、日本製鉄以外への銑鉄供給にも一定の役割を果たすことをもとめられていたことから、高炉建設が優先され、銑鋼比率はアンバランスのままであった。

鋼塊生産のピークは、一九四三年七六三万トンである（表１‐３）。その後敗戦とともに生産高は、四六年には五六万トンまで低下した。しかし、その後の回復は急で、銑鉄生産よりも回復は早く、五四年には戦前ピーク時を凌駕した。シェアを見ると、敗戦後の五年間は日本製鉄のシェアは急速に低下したのに対し、川崎、住友、神戸の平炉－圧延企業は、落ち込みを押さえて回復が早かった。川崎、神戸、住友のシェアは、戦時期に停滞ないし低下したが、戦後は拡大したのである。これら、三社は、戦前のピークを比較的早く回復している。特に、川崎、住友は、戦前水準の回復は、それぞれ一九五二年、五三年である。平炉－圧延企業が回復が早かったのは、賠償指定を免れたこと、大量のスクラップなどによって生産再開の原料条件は相対的に恵まれていたためであった。

日本鋼管は、鶴見製鉄所の稼働が遅れたこともあって、生産の回復が遅れた。それでも、一九五四年が戦前水準の回復である。また、敗戦時における鋼塊生産では、富山電気製鉄所のもつ意義が大きかったことも重要である。すなわち、電気炉銑は、四五、四六年における日本鋼管の生産に対する貢献が高かったことを見ておく必要がある（後述）。日本鋼管のシェアは、四五、四六年に一時的に低下するが、四七年には回復し、戦前水準を五五年まで維持したのである。日本鋼管の回復は、銑鋼一貫体制の再開によって確実なものとなったのである。

圧延鋼材生産

次に鋼材生産について、考察してみよう。表1-5は、普通圧延鋼材の生産を、戦前の鋼材の統計分類になるべく近づけて時系列的に整理したものである。この表を見る場合には注意を要する。特に、鋼材の分類は多岐にわたり、それぞれの時期によってかなり変化しているから、時系列的に統一してみることがきわめて困難である。特に、一九五一年以降とそれ以前を比較検討するのは困難である。たとえば、一九五一年以降の統計では、普通鋼圧延鋼材の中には、鋼管の生産量が含まれていないが、それ以前は含まれている。また、一九五一年以降は、普通圧延鋼材のなかにブリキが含まれていない。

したがって、この表では、一九五一年以降の普通圧延鋼材のなかに、鋼管を加えて整理しなおしたが、ブリキは含まれていない。また、戦後の混乱の中で雨後の竹の子のごとく出現した再生

生産高

(単位：トン)

本邦合計	満州	日満合計
3,788,899	25,447	3,814,346
4,320,865	135,154	4,456,019
4,740,002	206,471	4,946,473
4,961,996	342,445	5,304,441
4,717,763	375,146	5,092,909
4,597,941	403,590	5,001,531
4,329,758	410,612	4,740,370
4,235,642	466,138	4,701,780
4,446,679	436,728	4,883,407
3,592,139	272,610	3,864,749
914,185		

と特殊鋼の合計。

いない。
考資料』(1953年)，日本鉄鋼連盟『製鉄業

表１－５　普通圧延鋼材

年	八幡	日本製鉄計	朝鮮を含む日鉄合計	川崎	鶴見	日本鋼管計	国内合計	朝鮮
1935	1,336,266	1,655,226	1,707,058	338,582	161,632	338,582	3,737,067	51,832
1936	1,415,530	1,733,813	1,790,425	334,666	195,509	334,666	4,264,253	56,612
1937	1,481,455	1,914,404	1,980,801	377,892	221,332	377,892	4,673,605	66,397
1938	1,692,161	2,047,963	2,139,452	407,515	270,310	407,515	4,870,507	91,489
1939	1,791,469	2,117,471	2,194,389	466,273	243,335	466,273	4,640,845	76,918
1940	1,756,394	2,086,303	2,161,943	498,720	185,257	683,977	4,522,301	75,640
1941	1,695,856	2,066,533	2,152,303	439,947	206,427	646,374	4,242,071	87,687
1942	1,825,510	2,203,779	2,314,888	427,916	230,518	658,434	4,121,720	113,922
1943	1,743,739	2,361,196	2,461,508	399,587	283,385	682,972	4,346,367	100,312
1944	1,311,341	2,045,235	2,126,192	281,519	230,972	512,491	3,510,672	81,467
1945	402,815	585,362	597,003	45,442	39,776	85,218	897,804	16,381
1946	101,220	112,285		23,310	11,807	35,117	359,405	
1947	112,774	134,041		35,367	36,679	72,046	569,074	
1948	259,465	302,132		75,920	83,204	159,124	1,115,395	
1949	518,537	616,008	（富士）	135,955	149,889	285,844	1,967,930	
1950	782,609		322,782	199,221	239,218	438,439	3,197,322	
1951	1,084,715		677,432	426,019	275,906	701,925	4,850,636	
1952	1,105,506		725,868	357,491	291,896	649,387	4,932,011	
1953	1,243,939		793,500	417,529	278,172	695,701	5,590,793	
1954	1,225,605		844,938	518,471	298,499	816,970	5,729,275	
1955	1,537,129		1,111,249	643,018	422,625	1,065,643	7,113,686	

注：(1)　1955年八幡分には光製鉄所を含む。
(2)　日本鋼管は，1940年から鶴見と川崎の合計を掲載。
(3)　1949，50年は普通鋼圧延鋼材の生産を計上した。再生の部は除いた。
(4)　1951，52年は普通鋼熱間圧延鋼材と筒管の合計を計上した。統計の接続性については問題がある。筒管は普通鋼
(5)　1953年は，普通熱間圧延鋼材（再生は除く）と筒管の合計を計上した。筒管は普通鋼のみを計上した。
(6)　1954，55年は(5)の基準に従った。
(7)　1949年以降の統計は分類が異なるため，戦前からの接続を考慮したものにしたが，ブリキの生産高は計上されて
資料：商工省金属局『製鉄業参考資料』(1943年８月調査)，日本鉄鋼連盟編『製鉄業参考資料』(1951，52年)，『製鉄業参
参考資料』(1954，55年) 工場別編，資源庁『製鉄業参考資料』(1943～48年)。

普通鋼圧延鋼材の生産量は含まれていない。ただし、普通圧延鋼材の中に、新たに加わったもの、特殊鋼とされていたものが一部入っていることを考慮すると、ほぼ数量の趨勢を評価することに問題はないであろう。また、主要な個別企業の生産量については、ほぼ時系列的な比較をして問題はないであろう。こうした点を考慮にいれて、検討してみよう。

　戦前の生産のピークが、一九三八年四八七万トンと早く、その後アジア・太平洋戦争中も低下ないし停滞した。戦後の鋼材生産の回復時期は、この表では、一

表1－6　普通圧延鋼材シェア

（単位：％）

年	日本製鉄計		日本鋼管計			川崎重工	神戸	住友	その他
	八幡		川崎	鶴見					
1935	35.8	44.3	9.1	4.3	9.1	6.5	6.3	1.6	28.0
1936	33.2	40.7	7.8	4.6	7.8	6.9	5.4	1.6	33.0
1937	31.7	41.0	8.1	4.7	8.1	7.1	5.4	1.5	32.2
1938	34.7	42.0	8.4	5.5	8.4	5.5	4.8	1.6	32.1
1939	38.6	45.6	10.0	5.2	10.0	5.1	4.8	1.8	27.4
1940	38.8	46.1	11.0	4.1	15.1	5.1	4.0	1.6	28.0
1941	40.0	48.7	10.4	4.9	15.2	4.6	4.2	1.7	25.5
1942	44.3	53.5	10.4	5.6	16.0	4.9	3.9	1.6	20.2
1943	40.1	54.3	9.2	6.5	15.7	4.7	3.9	1.3	20.1
1944	37.4	58.3	8.0	6.6	14.6	3.9	2.9	1.9	18.5
1945	44.9	65.2	5.1	4.4	9.5	2.6	1.0	2.9	18.8
1946	28.2	31.2	6.5	3.3	9.8	6.4	6.7	7.3	38.5
1947	19.8	23.6	6.2	6.4	12.7	7.2	8.1	7.0	41.5
1948	23.3	27.1	6.8	7.5	14.3	7.9	7.5	4.6	38.6
1949	26.3	31.3	6.9	7.6	14.5	10.7	6.9	3.5	33.1
1950	24.5	**10.1**	6.2	7.5	13.7	9.7	6.0	3.0	43.2
1951	22.4	**14.0**	8.8	5.7	14.5	7.2	4.4	5.2	46.4
1952	22.4	**14.7**	7.2	5.9	13.2	7.8	4.6	5.8	46.3
1953	22.2	**14.2**	7.5	5.0	12.4	7.6	3.6	7.4	46.6
1954	21.4	**14.7**	9.0	5.2	14.3	7.9	3.7	6.7	46.1
1955	21.6	**15.6**	9.0	5.9	15.0	8.3	3.6	7.2	44.4

注：(1)　1950年以降は日本製鉄の欄は富士製鉄のシェア。
　　(2)　川崎重工業は製鈑工場，製鋼工場の合計。
　　(3)　住友金属は，鋼管製造所，製鋼所，和歌山の合計。松坂は合計から除く。
資料：商工省金属局『製鉄業参考資料』（1943年８月調査），日本鉄鋼連盟編『製鉄業参考資料』（1951～52年），『製鉄業参考資料』（1953年），日本鉄鋼連盟『製鉄業参考資料』（1954，55年）工場別編，資源庁『製鉄業参考資料』（1943～48年）。

九五一年四八五万トン、一九五二年四九三万トンである。一九五一～二年には戦前水準を回復した。一九五〇年六月の朝鮮戦争勃発による鉄鋼需要の増加に伴う増産体制を契機に鋼材生産は、戦前水準を突破したと見てよいであろう。

個別にみると、八幡製鉄所は、一九四二年にピークを迎えており、日本製鉄全体では一九四三年が鋼材生産のピークになる。八幡製鉄所は、五五年になって生産を回復した[5]。鋼材の分野でも遅れが目立っている。神戸は回復が遅れるが、川崎（戦前水準回復一九五一年）、住友（戦前水準回復一九五〇年）は生産の回復は早い。日本鋼管は、全体では、一九五一年のことである。日本鋼管川崎製鉄所の戦前水準の回復が五四年であり、やや遅れたことが全体としての生産量の増加率を抑えたのである。しかし、鶴見製鉄所の鋼板関係の生産が増加したので日本鋼管における圧延鋼材の戦前水準の回復は早まったのである。

圧延鋼材生産は、戦時と敗戦後とでは傾向がきわめて対照的である。日本製鉄の圧延鋼材のシェアをみると（表1

－6）、日中戦争が始まるとそのシェアは急速に高まり、四五年には六五％にまで達する。一九三七年のシェアは、四一％から八年間で二四ポイントの上昇である。特に、広畑、釜石といった製鉄所の銑鋼一貫体制の整備拡充によって、日本製鉄の圧延鋼材のシェアは、上昇した。これに対して川崎、神戸、住金およびその他の製鉄業者のシェアは停滞ないし低下傾向になっていた。日本鋼管は、一九四〇年までシェアは伸びているが、全体としては戦時中停滞的であった。戦時中、物動計画によって、半官半民の日本製鉄は、原材料、資金など優先的に投入されており、資源制約条件のもとで相対的に優位な地位をいっそう高めたのである。一方、敗戦後五年間の統制期間中には、川崎、神戸、住友などのシェアが拡大した。日本鋼管も一時低下したが再び上昇し、一四％前後を維持した。また、その他の企業のシェアが伸びている。こうしてみると、八幡、日本製鉄の敗戦による打撃は大きかったが、それ以外のところでは、比較的回復も早かったことになる。また、混乱の中で再生圧延鋼材などスクラップを利用した鋼材生産や小規模なものも多く勃興した。

鋼材は、各製品分野ごとに特徴を見る必要があるので、それを比較したのが、表1－7、表1－8である。上位の各製鉄会社は、各得意分野をもちそこにおいて独占的地位を占めており、日本製鉄は八幡を中心に鋼管を除く各分野に万遍なく十分のシェアを確保していた。しかし、戦後になると、形鋼は大きな変化がないものの、棒鋼、線材では八幡の後退は大きく、その他鉄鋼業者の比重が高まった。鋼板類は戦後の需要の大きな割合を占める分野であり（四〇％）、そこにおいて八幡は後退した。厚板中板でも二〇％前後のシェアしか得ていない。厚板では鶴見、川崎製鉄が大きく伸びている。日本鋼管の独占分野であった鋼管では、日本鋼管がシェアを大きく落としており、住友金属（新扶桑金属）の躍進が著しい。このように戦後の回復のあり方は鋼材の分野の競争関係を一〇年間の間に大きく変えることになった。

以上のように、戦時中の日本製鉄が大きく伸びたのに対して、戦後は賠償指定、日本製鉄の解体などの打撃が大きく八幡を中心に生産はなかなか戦前水準に到達せず出遅れていた。日本製鉄の解体後、本格的な増産体制が始まるの

表1－7　企業別普通鋼圧延鋼材シェア（1940年）

（単位：％）

	軌条	軌条付属品	形鋼	棒鋼	厚板	薄板	ブリキ	その他鋼板	線材	鋼管	外輪	帯鋼	その他	合計
日本製鉄八幡	84.3	87.1	36.2	38.1	42.6	16.5	58.7	51.3	31.4	0.0	22.2	0.0	27.1	38.8
日本製鉄釜石	0.0	0.0	5.6	6.3	0.0	0.0	0.0	0.0	0.0	0.0	0.0	0.0	0.0	2.5
日本製鉄大阪	1.2	0.0	7.9	4.1	6.2	0.0	0.0	0.0	0.0	0.0	0.0	0.0	0.0	3.5
日本製鉄富士	0.0	0.0	0.0	3.3	0.0	0.0	0.0	0.0	0.0	0.0	0.0	24.4	0.0	1.3
日本製鉄合計	85.6	87.1	49.7	51.7	48.8	16.5	58.7	51.3	32.2	0.0	22.2	24.4	27.1	46.2
日本鋼管川崎	4.3	1.1	23.9	11.5	0.0	0.0	0.0	0.0	0.0	71.7	0.0	0.0	0.0	11.0
日本鋼管鶴見	0.0	0.0	0.2	0.0	18.7	5.3	0.0	6.0	0.0	0.0	0.0	0.0	0.0	4.1
日本鋼管合計	4.3	1.1	24.1	11.5	18.7	5.3	0.0	6.0	0.0	71.7	0.0	0.0	0.0	15.1
中山製鋼所	0.0	0.0	0.0	1.5	4.6	12.1	7.9	1.1	10.7	0.0	0.0	0.0	0.0	3.4
尼崎製鋼所	0.0	0.0	8.4	3.6	3.6	3.5	0.0	0.0	0.0	4.5	0.0	0.0	0.0	3.4
川崎重工業	0.0	0.0	0.0	0.4	14.2	18.5	0.0	24.7	0.0	0.0	0.0	0.0	0.0	5.1
神戸製鋼所	0.0	0.0	1.7	3.2	0.0	0.0	0.0	0.0	39.8	0.0	0.0	0.0	0.0	4.0
小倉製鋼	0.0	0.0	0.0	4.3	0.0	0.0	0.0	0.0	10.2	0.0	0.0	0.0	0.0	1.9
住友金属	0.0	0.0	0.0	0.0	0.0	0.0	0.0	0.0	0.0	17.5	77.8	0.0	0.0	1.6
その他	10.1	11.8	16.2	23.6	10.1	44.2	33.3	16.9	7.0	6.3	0.0	75.6	75.6	19.1
合　計	100	100	100	100	100	100	100	100	100	100	100	100	100	100
鋼材構成比	8.3	0.4	14.0	27.6	18.2	8.6	4.1	3.4	7.3	5.8	0.8	1.7	0.5	100.0

注：(1)　日本製鉄の合計には，広畑輪西の生産量を含む。
　　(2)　日本鋼管の合計には，富山電気製鉄所の生産を含む。
資料：『製鉄業参考資料』(1943年8月)。

表1－8　企業別普通鋼圧延鋼材シェア（1950年）

（単位：％）

	軌条	形鋼	棒鋼	線材	帯鋼	厚板	中板	薄板	ブリキ	鋼管	外輪	その他	合計
八幡製鉄	86.4	38.2	17.2	18.2	0.0	23.5	22.3	14.6	57.6	0.0	0.0	0.0	24.5
富士製鉄室蘭	1.5	3.8	4.4	18.2	0.0	0.0	0.0	2.8	0.0	0.0	0.0	0.0	3.8
富士製鉄釜石	0.7	13.1	9.7	0.0	0.0	0.0	0.0	0.5	0.0	0.0	0.0	0.0	2.5
富士製鉄広畑	0.0	0.0	0.0	0.0	0.0	18.4	0.0	0.0	0.0	0.0	0.0	0.0	3.9
富士製鉄合計	2.2	16.9	14.1	18.2	0.0	18.4	0.0	3.3	0.0	0.0	0.0	0.0	10.1
日本鋼管川崎	0.0	16.0	15.6	0.0	0.0	0.0	0.0	0.0	0.0	40.0	0.0	0.0	6.2
日本鋼管鶴見	0.0	0.0	0.0	0.0	0.0	24.1	9.0	11.1	0.0	0.0	0.0	1.3	7.5
日本鋼管合計	0.0	16.0	15.6	0.0	0.0	24.1	9.0	11.1	0.0	40.0	0.0	1.3	13.7
新扶桑金属	0.0	0.0	1.0	0.0	0.0	0.0	0.0	0.0	0.0	30.4	100.0	0.0	3.0
川崎製鉄	0.0	0.0	2.8	0.0	0.0	20.3	11.8	21.1	0.0	0.0	0.0	23.2	9.7
神戸製鋼所	0.0	0.0	8.9	39.5	0.0	0.0	0.0	0.0	0.0	0.0	0.0	0.0	6.0
その他	11.4	28.9	40.4	24.2	100.0	13.7	56.9	49.9	42.4	29.6	0.0	75.5	33.1
合計	100.0	100.0	100.0	100.0	100.0	100.0	100.0	100.0	100.0	100.0	100.0	100.0	100.0
鋼材構成比	6.7	9.7	11.0	12.6	3.2	21.0	4.1	18.3	2.1	7.4	0.6	3.4	100.0

資料：通産省通商鉄鋼局鉄鋼調査課『製鉄業参考資料』(1949～50年，日本鉄鋼連盟，1951年3月調査)。

である。これに対して、川崎、住友、神戸は、戦後生産を相対的に早いテンポで回復していった。日本鋼管は、その中間に位置することになる。同社は、戦時中には八幡に次ぐ民間鉄鋼企業の代表的存在であった。八幡、日本鋼管など銑鋼一貫製鉄所の生産増加率が、関西系の平炉－圧延企業よりも遅れたのは、戦時中フル稼働していた高炉を起点に銑鋼一貫製鉄所として生産システムを構築していたため、高炉の稼働の遅れが製鉄所全体としての生産量を制約したのである。これに対して、平炉－圧延企業は、戦後大量に出回ったスクラップなどを利用し、小回りのきく生産で復興を早めたのである。日本鋼管は、戦時中に体系化された銑鋼一貫体制の中でそれをいったんは復興することから出発せざるをえなかったのである。そのことが、復興の足取りをやや遅らせる結果となった。

価格メカニズムの衰退と企業肥大化集団化の論理

一般に、価格メカニズムを通じて、企業は生産量を調整するが、戦時下においては、市場メカニズムは大きく衰退した。第1-9表をみてもわかるように、一般卸売物価は、戦時下の超過需要の状況を反映してじりじりと上昇しているのに対して、銑鉄と鋼材の価格指標である丸鋼価格は、むしろ三七年以降カルテルによって販売価格は抑えられている。丸鋼のように一般的市場性の高い鋼材品種では、販売価格は戦時中むしろ引き下げすら行われていたのである。したがって、銑鉄については、一九四〇年頃、鋼材については、四三年頃から採算は急速に悪化した。

製鋼原料である銑鉄は、補償金によって、四一年下期以降安価に価格を固定する政策がとられた。銑鉄原価は、三七～四〇年にかけてじりじりと上昇に転じ、三九年の価格統制令によって、一定の原価水準を維持しえた。

鋼材は、三六年末の鉄鋼飢饉によって、価格が急上昇したが、それ以後カルテルの国家統制が強まるにしたがって、価格は据え置きあるいは引き下げられた。三六年末鉄鋼飢饉の価格水準は回復することなく、原価水準だけが日中戦争期に上昇に転じた。したがって、一般の物価水準を反映しない価格政策のもとで、四三年頃から採算は急速に悪化したのである。

こうした市場メカニズムの衰退のもとで、価格は市場のシグナルとしての役割を十分果たすものではなくなった。筆者がすでに明らかにしたように、鉄鋼業においては、日本製鉄を中心にしたカルテルによる価格統制とそれを保証するために、鋼材販売流通機構の再編成と国家統制が抜本的にすすめられていった（指標：日本鋼材販売聯合会一九三七年一〇月、鉄鋼配給統制規則による鉄鋼使用証明書による売買一九三八年七月）[6]。価格メカニズムが十分機能せず、超過需要による売り手支配権の力が強まる「不足の経済[7]」の状況が出現したのである。鉄鋼業の場合はおそらく日中戦争が始まると最も早くこうした状況に入っていった。それは、日本製鉄という半官半民の国策会社によって、一定の市場統制力をもったガリバー的寡占状況におかれていたからである。したがって、鉄鋼業は、市場統制がやりやすい状況にあったのである。生産力拡充計画、物動計画による資源配分の調整が効力を発揮しやすい分野であったのである。

　したがって、個別民間企業は、闇市場へ関与するか、統制の及んでいない分野へ進出するか、市場価格以外の資源配分による収益の獲得を目指さなければならなかった。闇市場への関与は部分的にあったが、それは公的には困難であった。また、統制の及んでいない分野への進出も政府の統制が広がりと、さらに計画化の進展によって生産販売先が決められて、制約されざるをえなかった。唯一、価格保証がされる分野は、軍部注文であった。

価格

（単位：円）

八幡銑鉄原価⑤	八幡丸鋼原価⑥	②－⑤	④－⑥	卸売物価指数
29.37	60.66	18.88	33.76	100
35.92	95.43	35.08	92.57	121
48.70	115.05	25.30	68.95	127
61.66	124.32	19.34	50.68	141
74.77	145.51	6.23	29.49	158
74.96	144.40	6.04	32.60	167
79.89	145.30	1.11	33.70	180
90.94	167.38	−9.94	11.62	190
103.41	186.53	−22.41	−7.53	212

売価格は38年まで銑鉄共同販売株式会社トン当たり製鋼銑，それ以降は日満鉄鋼販売株

期の数値。40年は下期の数値。
ては補助金が給付された。

括1947年５月，資料整備委員会『八幡製鉄資料』圧延編第14巻，1947年５月，『財政経済

表1－9　戦時下鉄鋼

年	銑鉄市中価格①	銑鉄販売価格②	丸鋼市中価格③	丸鋼販売価格④	相対価格②と③
1936	57	48.25	96	94.42	199
1937	82	71	217	188	306
1938	88	74	212	184	286
1939	88	81	191	175	236
1940	88	81	186	175	230
1941	89	81	188	177	232
1942	139	81	189	179	233
1943		81	189	179	233
1944		81	189	179	233

注：(1)　銑鉄市中価格は，1941年まで村上喜代治商店倉出価格，42年は指定河岸着船乗渡価格。釜石コークス3号銑。販式会社トン当たり販売価格。39年以降は統制価格。
(2)　丸鋼市中価格は，16粍ベース，40年以降は小型丸鋼ベース。
(3)　八幡製鉄所の銑鉄原価は，東田製銑工場銑鉄総合原価。各年4～10月期の数値。
(4)　八幡製鉄所丸鋼製造原価は，第2中型工場の丸鋼，無規格中型棒鋼のトン当たり製造原価。40年を除いて各年上
(5)　銑鉄については1941年下期から自家用と外売り用に分けて各生産者価格と消費者価格が設定され，逆ざやについ
(6)　卸売物価は，東京卸売物価指数。
資料：『製鉄業参考資料』『日鉄調査統計』(第2巻第2号，1948年8月)，資料整備委員会『八幡製鉄資料』製銑編第1巻総統計年報』(大蔵省，1948年)。

超過需要の経済下、「売り手優位」の条件のもとで、生産要素を安定的に確保するには、取引安定化のために、企業は取引関係企業を内部化するか組織化することによって、経営の安定性を確保しなければならなかった。戦時下の企業は、巨大化肥大化する必然性があった。一方で、計画化はすべての企業を対象とするものではなく、一定規模の企業をカルテル化したところで推進された。企業は資源配分のための「計画化の事業単位」となったのである、したがって、資源配分は「計画化の事業単位」となった中核企業を通じて、関連企業への資源割当もされる仕組みであったから、中小企業は中核的企業へ組織化されることが経営資源取得の条件となった。この二つの方向から、企業肥大化集団化は進んだのである。

第2節　日本鋼管株式会社の性格と戦時下の概況

「ベンチャー企業」範疇の設定

日本鋼管の性格規定をする前にベンチャー企業についての一定の見解を示しておこう[8]。それによって、ベンチャー企業とし

ての日本鋼管[9]の性格を明らかにする。

経営の革新性という場合、理論的に想起されるのは、シュムペーターの提起した「新結合」という概念と企業者の概念である。シュムペーターは、「新結合」には五つの概念が含まれているとした。①新しい品質の財貨、②新しい生産方法、③新しい販路の開拓、④原料あるいは半製品の新しい供給源の獲得、⑤新しい組織の実現、これらの「新結合」が、非連続的な発展をもたらすとし[10]、それを推進する経済主体として「企業者」という概念を設定した。シュムペーターによれば、企業者とは、「新結合の遂行をみずから機能とし、その遂行に当たって能動的要素となるような経済主体」のことである。企業者には、非独立的使用人、支配人、重役、金融王、発起人などこの概念を構成する機能を果たすすべての人々をさしていた。そして、どのような形態の社会であろうと事実上この機能を果たしているすべての人々をさしていた。したがって、シュムペーターによれば、工場主や産業家などはそれ自体では、「企業者」という概念には含まれないのである。なぜなら、「慣行の循環[11]」に身をまかせている経営者であるならば、それはシュムペーターの概念では、「企業者」ということにはならないのである。「企業者」は、ある意味ではかなり広い意味を持つと同時に狭い意味のものでもあった。

以上のように、「新結合」という概念というのはかなり広い意味をもつものである。同時に発展の経済主体となって、それを遂行する「企業者」は、シュムペーター自身も言っているようにかなり特別な意味をもった概念であった。こうした「企業者」類型の理論的設定を厳密に定義し、発展の起動力の具体的な経済主体を設定したことは大きな意味がある。しかし、それらがなぜ、どのような環境のもとに成立し、発展を導くのかはシュムペーターから出てこない。また、安部悦生も指摘しているように、経済主体である企業という「組織」についての考察もシュムペーターは行っていなかった[12]。しかし、これは、経済史、経営史の重要な研究分野ということになる。

近年のベンチャー企業についての研究をいくつか検討してみよう。森谷正規、藤川彰一によれば、ベンチャー企業とは三つの要件を備えている必要があるとしている[13]。

①新しい未知の要因の多い事業に取り組むこと。
②新たに企業を起こして新事業に全力で取り組むこと、既設の企業の場合でも従来の事業を全面的に転換して新事業に取り組んでいること。企業の分社化、多角化とは区別すること。
③企業の独立性を堅持して独歩すること。大企業に支配されている子会社は、ベンチャー企業の条件からはずれる。

松田修一によれば、ベンチャー企業は、「成長意欲の強い起業家に率いられたリスクを恐れない若い企業で、製品や商品の独創性、事業の独立性、社会性、さらに国際性をもった、なんらかの新規性のある企業」のことである。これらすべてを兼ね備える必要がないが最低限「リスクを恐れず新しい領域に挑戦する若い企業」であると規定している[14]。

清成忠男によれば、ベンチャー企業（ベンチャービジネス）を「知識集約的な現代的イノベーターとしての企業」として定義したうえで、次の六つの特徴をあげている[15]。

①リスクを積極的に引き受け新規事業を起こす企業家によってリードされる企業。
②企業家の知的能力が高い（高学歴あるいは高い専門能力）。
③大企業や中堅企業からスピンオフしている。
④柔軟でスピーディーなダイナミックな組織をもつ。
⑤人的経営資源を蓄積している。
⑥企業外に人的資源のネットワークをもっている。

以上のように、いずれの議論も、現在のベンチャー企業論は、主に戦後の企業成長に関わらせて論じられている。とりわけ、現代のベンチャー企業の研究が、知識集約的産業の勃興に関わらせて論じられる傾向にある。

これをもっと一般化し、「新結合」を駆使して、既存の大企業から独立して独自の経営戦略をとって勃興してくる企業群を想定することも可能である。歴史研究の中にそうした企業群があり、そうした企業範疇を設定することが可能である。筆者は、資金調達上の難点を抱えながらも、独自の技術や経営者としての能力を発揮して、新しい事業分野に進出し、既存の企業群から独立して発生してくる一連の企業群を「ベンチャー企業」という範疇を与えたい。日本の近代経済成長の担い手は、既成の財閥という大きな範疇では括りきれないこうした企業群が群生したことにも注目する必要があると考えている。「ベンチャー企業」という範疇は、歴史的研究に応用することも可能である。

ベンチャーキャピタルやエンジェルにあたるようなものも経営史のなかで存在している。本書の日本鋼管でいえば、白石元治郎、岸本吉右衛門（鐵鋼問屋）であった。またたとえば、新興財閥の昭和電工でいえば、鈴木がベンチャーキャピタルであり、森がまさに企業家にあたるのである[16]。

しかし、この定義を生かしてこれら近代企業の成長に適応すると、ベンチャー企業の類型に入る企業がかなり多いことがわかる。いわば、戦後に特徴的な事業分野の想定をはずせば、ベンチャー企業の定義はかなり広範に近代日本企業の成長の中で適応することが可能である[17]。

日本における近代企業の成長は、主に財閥研究に集約されているが[18]、財閥や企業集団に入らないが、独自の技術、新しい市場を目指して積極的に事業展開をした企業を想定することが可能である。また、こうした類型の企業を想定しない限り、日本の経済発展の要因を説明することは困難である。現代の経営史研究は、「系列」や財閥＝企業集団に研究が集約される傾向があり、経営史研究の範囲をきわめて制約してきているのではないだろうか。こうした研究動向の中で、米倉誠一郎の研究はそういう意味ではきわめて新鮮な提起であった[19]。しかし、米倉の研究は企業家精神や革新性ということをあまりに強調しているところから、それらを取り巻く歴史的条件、経済社会環境、技術的条件を軽視している。

たとえば、明治期の企業勃興も西洋の近代技術や資本主義経済との交流のなかで在来産業の編成替えや新たな産業のビジネスチャンスを広げてきたのである。都市中小工業の中にもベンチャー企業として独自の地位を築いたものも少なくないことは、近年の研究によって明らかである[20]。単に製造業ばかりでなく、流通、金融など新たな展開をみた分野にも注目する必要がある。筆者は、洋鉄商津田勝五郎の事例を分析し、明治期の新しい経済社会環境のなかで、洋鉄という新市場に積極的に展開をした津田勝五郎の事例を「ベンチャー企業」として設定した[21]。

財閥研究もまた日本近代経済の発展の重要な一分野であることを否定するものではない。筆者は、単に、ベンチャー企業型の企業の勃興と成長もまた、理論化する必要があると主張しているにすぎないのである。

しかし、「ベンチャー企業」もまたいつまでもベンチャー企業にとどまっているならば、競争激化のなかで、プロダクトライフサイクルの波に飲み込まれてしまうのである。やはり、資本蓄積を行いながら、購入、製造、販売、マーケティング、労務、研究開発を組織的に行う管理機構をもって、市場の変動に従った経営戦略を採用しなければならない。いわば、ベンチャー企業もまた企業として「組織」を整備することが必要になる。

ベンチャー企業としての日本鋼管と今泉嘉一郎

日本鋼管の成立経緯については、すでに幾多の研究書や論文によって明らかにされている。本書では、これらの研究や資料によりつつその経緯を簡単に解説しておこう[22]。

日本鋼管の創業と展開において、同社の技術的基礎をなしていたのが、今泉嘉一郎である。今泉は、一八六七年六月生まれ群馬県出身、東京帝国大学工科大学校卒業、農商務省所管製鉄所創業（以下八幡製鉄所または単に八幡）に参加し製鉄所の建設創業時の中心的技術者であった[23]。

日本鋼管のそもそものはじまりは、大倉喜八郎がスコットランドのスチュワードロイド社と提携して鍛接管鋼管を製造する交渉を進めていたが、原料になるスケルプの供給予定を農商務省所管製鉄所によってきたところから始まっている。当時製鉄所鋼材部長、兼工務部長であった今泉嘉一郎[24]は、ヨーロッパの製鉄所の調査に際して、大阪鉄商岸本吉右衛門とともにこの件についても調査した（一九〇八年）。帰国調査報告の中で、今泉は、大倉の鍛接管工場は原料スケルプの供給に難点があるため見込みがなく、コストを考慮して最新技術である継目無鋼管による製造の可能性を推奨した。帰国後、大倉が単独でも鋼管事業に進む意思を示したこと、中村製鉄所長官のすすめ、国家に対する報恩の意志などから今泉は、製鉄所を休職、退官して鋼管製造計画の事業に進んでいったのである。[25] 今泉は、製鉄事業は早晩民営によって行われるべきであるし、行うことは可能であるとの考え[26]を自ら実践していった。

当初の計画は、大倉の本渓湖における製鉄事業[27]で生産される銑鉄から小鋼塊を生産、日本に移送し、一部は、日本に建設する平炉による鋼塊から鋼管を製造する計画であった。今泉はこうした構想をもって、大阪、東京で鋼管製造会社の設立運動を開始した。新しい事業推進には、出資者を募るのが大変であった。一方、大倉は海軍からの注文保証が得られないことから悲観的になり、他方本渓湖の建設も遅延した。そこで、大倉は次第にこの計画から手を引いていった。

そこで、今泉は、国内における製鋼事業のために、大阪において鉄問屋岸本[28]とともに銑鉄を製造するべく、大阪湾周辺の肥料、硫酸生産に伴って発生する硫化鉄滓を利用した銑鉄製造所を計画した（資本金一二五〇万円）[29]。この計画中に、東洋汽船の白石元治郎からインド銑鉄の供給の可能性を聞き[30]、岸本を通じてインド銑を輸入する計画に変更した。こうして、銑鉄製造計画は中止された。大阪における製管事業を開始したが、白石から東京方面において事業を展開する提案があり、白石を中心にした製管事業計画へと進んでいった。以後、今泉、白石らが東奔西走して、投資者を集めって行った[31]。表1-10のように大川平三郎、浅野総一郎、渋沢栄一、大橋新太郎、京浜地方の資本家、大阪の資本家、東西の鉄問屋など多くの著名な四七人の発起人を集めて日本鋼管は発足したのである（一九一二年三月二九日発起人総会、同年六月八日創立、資本金二〇〇万円）。技術面での特徴は今泉嘉一郎であったとすれば、資本面での活躍は白石元治郎であった。難航する出資者をかき集めたのは、白石であった。白石は、姻戚関係の浅野、大川、東洋汽船の株主、京浜地方の資本家の動員に重要な役割を担ったのである。

日本鋼管は、八幡においても実現が困難であった鋼管製造事業を、今泉嘉一郎の技術力を中核として海外のネットワークをも活用し、白石元治郎の発起人の組織化によって成立した。今泉嘉一郎は、シュムペーターのいう「現代企業者の指導者的活動」(32)に該当する。「指導者類型を特徴づけるものは、まず事物を見る特殊な方法であり……、またひとりで衆に先んじて進み、不確定なことや抵抗のあることを反対理由と感じない能力であり、『権威』『圧力』『人を服従させる力』といった言葉で表わすことができる、他人への影響力である」。今泉はまさにこういった存在であった。日本鋼管の技術面でのリーダーシップをとったのである。今泉の抱いたあらたな製法革新、新分野への進出は、次々と実現していくのである(高炉建設、トーマス転炉など)。

表1-10 創立期日本鋼管の株主，役員（1912年11月30日）

株主名簿

株主氏名	持ち株数	職業など
大川平三郎	2,000	王子製紙社長
岸本吉右衛門	2,000	大阪鉄問屋
白石元治郎	2,000	東洋汽船，浅野総一郎娘婿
浅野総一郎	1,500	浅野セメント，初代
今泉嘉一郎	1,000	元製鉄所鋼材部長
大倉喜八郎	1,000	大倉財閥
大橋新太郎	1,000	博文館社主，東京商業会議所副会頭
太田清蔵	1,000	福岡貯蓄銀行頭取，徴兵保険，博多実業家
阿部幸兵衛	1,000	横浜財界，砂糖商，石油商，増田屋
佐藤進	1,000	男爵
田中善助	500	東洋汽船株主
松岡修造	500	
渋沢栄一	500	第一銀行
森岡平右衛門	500	東京鉄問屋

株主数　347名　4万株

役員名簿

取締役社長	白石元治郎	東洋汽船，浅野総一郎娘婿
取締役	大橋新太郎	博文館社主，東京商工会議所副会頭
	大川平三郎	王子製紙社長
	岸本吉右衛門	大阪鉄問屋
	大倉喜三郎	大倉財閥
	太田清蔵	福岡貯蓄銀行頭取，徴兵保険
	今泉嘉一郎	元製鉄所鋼材部長
監査役	阿部幸兵衛	横浜財界，砂糖商，石油商，増田屋
	森岡平右衛門	東京鉄問屋
	荒井泰治	貴族院議員，塩水港製糖

資料：『第1回事業報告書』日本鋼管株式会社，『鉄鋼巨人伝白石元治郎』，社史など。

それは、インド銑鉄と屑鉄による平炉製鋼法による鋼管生産という新規の事業へ有力資本を動員することによって成立した現代のベンチャー企業にも匹敵するものであった。

その後の展開については、すでに多くの研究書、論文も発表されているので、それらに譲ることにする(33)。そしてそれらの研究のなかで指摘された日本鋼管の革新的な経営についてまとめておこう。

第一に、鋼管という技術的にも困難な分野へ進出して、一般市場向けの鋼管鋼材の量産体制を築いたこと。
第二に、財務面での巧みな資金調達が実現されたこと。
第三に、インド銑鉄と屑鉄を利用した平炉製鋼法を確立し、一九二〇年代から三〇年代の民間鉄鋼業の製鋼法の原型を作り上げたこと。
第四に、独特な原料基盤をもとにして、原料問題を解決しつつ銑鋼一貫体制を築いたこと（第2章参照）、
第五に、八幡も放棄した転炉技術を選択し、独特のトーマス転炉技術を確立したこと（第3章参照）、
以上の諸点から日本鋼管における技術優位のベンチャー企業的性格を確認することができる。日本鋼管のような企業を、どの財閥に所属するのかを資本系列で色分けすることは企業の性格からいって、その特徴を把握することにならないのである。企業集団分析を始めた途端に企業の性格を見失うことになる。日本鋼管のような企業は、既存の財閥からはずれたところから発生してきた企業であり、戦前期には新興財閥とされてきた企業範疇に近いものである。「ベンチャー企業」として成立した日本鋼管も、今泉嘉一郎の死後次第にその性格を変えていくことになる。戦時期は、日本鋼管にとってその過渡期にあたっていた。戦後改革によって、同社もまた、内部昇進の専門経営者によって経営される戦後日本の一般的な現代的な企業経営へと変わってゆくのである。

戦時下の日本鋼管生産状況概要

日本鋼管の戦時下の状況について、生産、販売について簡単に概要を述べておき、本格的な分析の前提を明らかにしておく。

日本鋼管は、高炉を所有しない平炉―圧延企業であり、主力製鉄所である川崎製鉄所で銑鉄が製造され始めたのは、一九三六年のことである。いわゆる、銑鋼一貫製鉄所としての川崎製鉄所が現代的生産単位を確立する契機となるのである。川崎製鉄所では、銑鉄は、一九三六年六月、三七年二月に二基の高炉が稼働し、さらに三八年五月には第三

高炉、四一年九月には第四高炉が稼働を開始したので、四二年は四基稼働となり、同年生産量もピークに達した。戦時中に建設された第五高炉は完成していたが、火入れをすることはできなかった。四三年までは銑鉄の生産水準は維持されたが、その後は原料問題などから急減し、四五年には高炉は稼働停止に陥った。

また、鋼塊生産では、五〇トン平炉四基が第一、第二高炉の建設に伴って建設され、熔銑の利用がはかられた。これらは、二〇年段階の二五トン平炉水準を抜くものであった(34)。しかし、特筆すべきは、一九三八年から今泉嘉一郎の提唱していた独自のトーマス転炉による鋼塊生産が開始されたことである（第3章参照）。平炉鋼の生産のピークは、一九三八年であり、それ以後生産量は減少したが、かわってトーマス転炉鋼の生産量が急激に増加していった。鋼塊生産量は、四〇年まで生産が増加したが、それ以後低下した。特に平炉鋼生産量の低下が著しかった。屑鉄を使用せず、燃料の節約もできるトーマス転炉鋼は、資源の制約が厳しくなればなるほどその能力を発揮するので増産の期待は高まった。しかし、転炉は熔銑を利用するから高炉の稼働が低くなれば、操業の低下を免れることはできなかった。また、熔銑の質的な悪化は生産を阻害する要因となった。

一九三九年になると屑鉄の供給は、かなり困難になることが予想されたから、製鋼作業をどのように継続するのか大きな問題となった。輸入屑鉄が入ってこない場合を想定して、平炉屑鉄製鋼法を縮小し、転炉製鋼法を拡大するか、転炉平炉合併法を採用するか、銑鉄鉱石法を採用するかなどさまざまな対応の検討に迫られた(35)。銑鉄鉱石法を拡大する場合は、新たに予備精錬炉、混銑炉などの設備を必要とするため、転炉の活用に向かわざるをえなかった。同社の転炉鋼と平炉鋼の割合の変化はこうした背景のもとで進んでいったのである。

日中戦争下の転炉生産強化の方針は、日本鋼管の高炉を転炉用銑鉄の生産に振り向けることになった(36)。

鋼材生産では、一九四〇年にピークを迎える。鋼材生産のうち、鋼管の生産は同社川崎製鉄所の生産量の四〇％前後を占めていたが、アジア・太平洋戦争末期になると、鋼管生産の割合は徐々に上昇した。鋼管の生産量は、安定的で同社は、国内シェアのほとんどを占めていたから海外からの輸入が困難になると鋼管に対する需要は増加した。

鋼管は、一九三五年には生産能力に対してかなり過剰供給の状態で、ドイツ製品のダンピングなどによって、価格を低迷させる原因となっていたが[37]、日中戦争が始まるころから鋼管需要は急増した。特に鉱山向け大径管、油井管、爆弾ケース、高圧瓦斯容器用原管などは、日中戦争が始まると、需要は急増した。特に七インチ以上の大管は、生産力拡充部門である炭鉱、鉄鋼業、化学工業、造船業などの需要が旺盛で、三八～三九年にかけては、「売約辞退に困却する状態であって事態此侭に推移せば、由々しき社会的批判の標的となる」恐れさえ出てきた。油井大径管は、三八年供給高八七〇〇トンに対し一万二〇〇〇トンの注文残高を残し、大径瓦斯管は、七〇〇〇トンに対し注文残高五〇〇〇トン、売約辞退一万トンに達していた。水道管、特殊管などを合計しても実需に対して、供給高は約三分の一という状態であった[38]。

鋼管の採算は、鋼材（棒鋼、形鋼）よりはるかに高かった。鋼管のトン当たり収益（販売単価－製造原価）は一九三七、三八年ともに一五一円、鋼材同六二円、同五二円であった。製造原価率（販売単価に占める製造原価の割合）も鋼管一九三七年五六％、三八年六一％、鋼材同六六％、同七四％であった[39]。戦時下の鋼管生産の安定的な上昇が同社の収益の源泉であった。

生産の停滞から崩壊へ

一九四一年九月には第四高炉が火入れされ、高炉は四基稼働になった。したがって、四二年には川崎製鉄所の銑鉄生産は、戦前のピークを示した。太平洋戦争が勃発しても、銑鉄生産はほぼ一定水準を保っていたが、四二年後半から漸落し、四三年後半に一時回復するが、四四年に入ると急落した。四五年二月第三高炉、四月第二高炉、七月には第一高炉、第四高炉が火を落とした。銑鉄生産の停滞と崩壊の原因は、原料供給の量的、質的問題とそれを引き起こした輸送力の崩壊であった。

前述のように、スクラップの供給が制約されるようになると、製鋼作業はトーマス転炉鋼生産に急速に傾斜して行き平炉鋼の生産は低下した。品質にやや問題のある転炉鋼は、電気炉または平炉の合併法によって、鋼質を改良した。平炉工場では管用鋼塊、信管鋼などに使われる鋼塊の生産も実施された。鶴見では板用の鋼塊の生産が行われたが、不足する鋼塊は外部から購入した。しかし、銑鉄中の珪素分の増加によって、トーマス転炉操業は困難になった。四四年になると鋼塊生産は急速に低下していった。

鋼材生産では、棒鋼の生産は停滞していたが、鋼管は戦争末期まで生産を維持していた。また、一九三九年から機械器具工業、兵器産業での需要の大きい特殊鋼生産に乗り出し、太平洋戦争期に生産を伸ばした（第4章参照）。また、一九四〇年鶴見製鉄所の合併によって鋼板部門、造船部門にまで製品分野を拡大した。船舶需要の増加に従って、鋼板需要は増加した。

鋼材の販売先を検討してみると（表1-11）、川崎と鶴見ではかなり違っており、それぞれの製鉄所の性格の違いを確認することができる。川崎は、四一、四二年では民間向け需要が多く、軍需はそれほど大きくない。しかし、四三年以降になると、陸海軍向けの販売が三〇~四〇%になり、航空機向けも含めると五〇~六〇%に達するようになる。鶴見製鉄所は、造船所向けの鋼板販売が多くなっており、商船向けの販売の占める割合が四〇%以上となっている。全体として、直接軍部に向けての販売は多くなかったが、陸軍向けのものが比較的多くなっていた。

表1-11　日本鋼管鋼材販売先

（単位：%，トン）

		陸軍	海軍	航空	商船	鉄道	その他	合計	数量合計
川崎製鉄所	1941年	10.7	7.7	0.0	0.0	3.1	78.4	100	503,185
	1942	12.8	8.8	0.0	8.9	8.6	61.0	100	470,744
	1943	22.1	14.2	0.0	12.9	6.1	44.7	100	436,667
	1944	18.6	11.1	15.1	18.1	2.5	34.7	100	277,948
	1945	16.1	20.6	25.5	2.8	2.1	32.9	100	20,672
合　計		15.5	10.4	2.8	8.7	5.3	57.3	100	1,709,216
鶴見製鉄所	1941年	10.0	5.0	0.0	45.0	15.0	25.0	100	198,124
	1942	20.0	5.0	0.0	40.0	15.0	20.0	100	212,712
	1943	30.3	10.0	0.0	39.8	10.0	10.0	100	236,783
	1944	11.7	4.3	6.5	42.9	4.2	30.3	100	207,353
	1945	14.2	7.3	6.2	11.3	3.7	57.3	100	22,165
合　計		18.4	6.2	1.7	41.0	10.8	21.8	100	877,137

注：1945年は8月までの数値。
資料：USSBS SECII, 36b (85) Doc (a) Thru (b).
長島修「戦時統制と工業の軍事化」（『横浜市史』Ⅱ　通史編第1巻下，581頁）。

原料問題の悪化

鉄鉱石の供給先は、日中戦争期には、南方と中国大陸からの鉄鉱石に大きく依存していた。[40] 日本鋼管の所有する南洋タマンガン鉄山、中国大陸華中方面からの鉄鉱石に依存する原料供給構造は四一年頃まで変化しなかった。高炉建設当初焼結鉱を利用する計画も実際には比較的安定的な鉄鉱石供給先があったため、計画通りには進まなかった。[41]

アジア・太平洋戦争が始まると、南方から鉄鉱石の供給は、海上輸送力の低下と安全航海の確保との関連で急速に低下し、中国大陸からの鉄鉱石の供給に大きく依存するようになった。そして不足分は国内鉱石、焼結鉱などに依存するようになった。しかし、それも四三年になると大きく変化してきた。船舶の喪失による輸送力の低下によって、原料供給先を国内に大きく転換せざるをえなくなった。四四年になると中国大陸からの鉄鉱石の受け入れも極端に低下し、国内鉄鉱石へ原料供給先をシフトせざるをえなくなった。日本鋼管の国内鉄鉱石供給先は、地理的な関係から釜石鉄鉱石が最大のものであり、次いで諏訪、赤谷など多くの鉱山から雑多な鉄鉱石が寄せられた。[42] それも四四年後半からは急減したのである。

こうした鉄鉱原料の状況は、当然同社各製鉄所の操業に大きな変化をもたらした。内地鉱石は、鉄分比が低く、屑銑を挿入して鉄分比を上げなければならなかった。また、内地鉄鉱石は、珪素分が高く、川崎製鉄所では転炉用銑鉄の生産に傾斜していただけに大きな問題を引き起こした。また、雑多な鉱石が、供給されたことも操業の安定を失わせる原因となった。四三年度下期には鉄鉱石種類三〇種、鉄原三種合計三三種、四四年第1四半期には鉱石種類二一種、鉄原七種合計二八種、「真ニ処置ナシ」という状態であった。[43]

高炉操業に不可欠の原料炭の供給先は、一九三七年五四％が中国炭、国内炭三九％、四〇年各々六一％、三三％であった。[44] 特に、華北の強粘結炭に依存していた。しかし、四三年後半から中国大陸からの強粘結炭の供給は急速に低下した。国内の石炭供給は一定に保たれていたから、四四年上期まで国内炭の量的確保はできていた。しかし、華北からの強粘結炭の供給量低下のために、強弱配合比率の変更を迫られた。その結果、潰裂強度が低下あるいは乱高下して高炉の安定操業を破壊する原因となった。国内炭の割合が増加するにつれて、コークスの品質は低下し、コークス比（銑鉄一トン当たりのコークス消費）も一斉に高まり、高炉操業の能率は低下していった[45]。

制海権が危機にさらされると、海外に依存していた鉄鉱石や石炭などの主原料を国内産のものに切り替える必要に迫られた。ソロモン海域を中心とする激戦と潜水艦攻撃にさらされて船舶の被害が増加してきたことや軍徴用船増加のために、四二年後半から一般商船の保有量は低下した[46]。また、戦局の悪化に備えて、船舶の安全な航路を確保する必要があった。そこで、日本海の安全を確保して原料輸送の大動脈を維持しようとした[47]。一九四二年一〇月六日「戦時陸運ノ非常体制確立ニ関スル件」（閣議決定）によって海上輸送の困難から海上輸送から陸上輸送に転換するべく「陸運転移」という方針が、原料輸送（特に石炭輸送）にも強制された[48]。こうして、輸送上の制約から原料についても、転換を迫られた。

行政査察報告によれば[49]、鉄鉱石については、四三年度以降、内地鉄鉱石と硫酸滓の使用割合の増加を求められた。石炭については、原料炭、ガス発生炉炭ともに入荷が不均衡で操業不安定の原因となっており、貯炭量の確保と京浜港揚げの増加に期待する一方で、日本海側に揚げて陸上輸送によって増加をはかろうとした。

原料基盤は、戦争末期になると国内資源への依存を深めていかざるをえなくなった。

戦時下の経営概観

一九四〇年一〇月隣接する鶴見製鉄造船株式会社（払込資本金四四五〇万円）と合併した。日本鋼管は、戦時下で急速に合併および買収を強化して企業集団として成立した。高炉建設を契機に進みつつあった原料取引を中心にした企業の組織化は、販売、加工、委託加工、原料供給（半製品）などへと積極的に進んでいった。その帰結は第9章で明らかにする。

資本

（単位：千円）

預金現金⑧	流動資産⑨	総資産⑩	(①+②)／⑩	(③+④+⑤)／⑩	⑧／⑨
891	11,805	32,700	68.2	34.8	7.5
2,164	13,846	34,116	62.8	40.3	15.6
2,927	17,381	38,971	58.5	29.6	16.8
2,696	17,503	42,351	62.8	40.8	15.4
5,716	26,355	53,504	55.9	31.9	21.7
5,237	34,750	72,471	56.2	39.1	15.1
8,713	40,124	84,714	59.4	37.5	21.7
3,653	40,153	91,210	62.8	44.4	9.1
5,916	48,454	99,390	58.0	34.6	12.2
7,523	70,571	118,145	48.8	40.8	10.7
16,908	80,167	135,848	50.5	29.3	21.1
24,596	88,269	151,269	51.1	28.5	27.9
27,270	91,363	155,368	52.0	30.0	29.8
27,396	101,077	176,617	52.4	35.1	27.1
17,307	102,947	185,448	55.0	40.5	16.8

前期繰越⑧	当期利益⑨	総資本⑩	自己資本比率	売上高利益率	総資本利益率
145	3,142	32,700	47.5	19.6	19.2
165	3,767	34,116	54.1	21.1	22.1
215	3,742	38,971	66.1	23.6	19.2
822	4,274	42,351	67.4	17.6	20.2
838	4,549	53,504	63.6	16.5	17.0
891	4,829	72,471	67.5	16.2	13.3
954	4,112	84,714	59.4	13.7	9.7
995	3,633	91,210	56.0	11.8	8.0
1,172	4,645	99,390	58.3	9.4	9.3
1,394	6,341	118,145	52.4	10.8	10.7
1,501	8,576	135,848	69.5	11.2	12.6
1,519	9,803	151,269	74.2	13.1	13.0
1,568	10,772	155,368	76.4	13.1	13.9
1,581	12,514	176,617	78.3	16.3	14.2
1,657	10,444	185,448	77.3	12.0	11.3

日中戦争期の財務状況について要点をまとめてみよう（表1-12）

①三六年の高炉建設および平炉、転炉の新増設によって、固定資産は急速に増加した。有形固定資産は高炉稼働直前の三五年上期二七〇〇万円から四〇年の合併直前までに八二〇〇万円と約三倍に増加した。出資金の額も三六

表１-12　日本鋼管資産，負債，

	固定資産①	出資金②	貯蔵品③	仕掛品④	製品⑤	得意先勘定⑥	諸口借方⑦
1933年上期	20,895	1,410	4,111			3,352	119
下期	20,270	1,166	5,584			2,928	
1934年上期	21,590	1,205	2,366	630	2,142	5,115	1,370
下期	24,848	1,758	3,882	975	2,276	4,179	1,494
1935年上期	27,149	2,756	3,912	1,417	3,075	5,571	2,795
下期	37,711	3,037	6,928	2,244	4,401	5,682	2,636
1936年上期	44,590	5,747	7,458	2,283	5,320	6,909	2,366
下期	51,057	6,241	9,033	2,508	6,307	7,903	3,758
1937年上期	50,935	6,752	8,763	3,293	4,721	11,330	4,120
下期	47,574	10,081	13,978	3,364	11,458	13,432	5,050
1938年上期	55,681	12,936	11,999	3,215	8,304	11,785	5,896
下期	63,000	14,317	14,206	3,645	7,338	11,008	5,450
1939年上期	64,005	16,784	14,292	4,702	8,450	12,201	4,032
下期	75,541	17,049	17,523	5,500	12,414	11,257	5,585
1940年上期	82,501	19,497	22,480	6,050	13,181	18,675	3,489

	資本金①	積立金②	社債③	借入金④	購買先勘定⑤	引当金⑥	支払手形⑦
1933年上期	11,025	1,009	9,000	2,296	1,231	231	3,923
下期	11,025	2,969		9,892	1,533	516	1,854
1934年上期	15,850	5,159		7,200	2,170	799	1,911
下期	15,850	6,449		6,300	3,002	1,137	2,285
1935年上期	18,430	8,669		5,400	2,729	1,536	2,780
下期	30,355	11,899	5,000	7,500	3,766	1,923	4,050
1936年上期	30,355	12,649	5,000	14,100	3,804	2,222	8,079
下期	30,355	13,659	5,000	20,900	3,585	2,410	5,673
1937年上期	34,725	14,844	4,000	17,950	10,196	2,603	4,748
下期	34,725	16,584	3,500	15,500	12,054	3,085	6,877
1938年上期	60,985	19,934	3,000	13,060	11,267	3,698	5,897
下期	72,670	24,364	2,500	9,450	9,974	4,333	4,785
1939年上期	72,670	29,364	2,000	7,700	10,342	4,402	3,725
下期	84,355	34,904	1,500	6,450	9,010	5,688	3,012
1940年上期	84,355	41,534	1,200	9,650	8,103	6,424	3,937

注：(1)　積立金は，法定積立金，別途積立金の合計。
　　(2)　引当金は，職員，職夫退職及扶助基金，退職手当準備積立金を合計した。
資料：『日本鋼管株式会社事業報告書』，『日本鋼管株式会社四十年史』。

年から急増し、同社が単一の企業から企業集団へと進化していったことを示している。しかしながら、固定資産の比率はそれほど上昇しているわけではなく、得意先勘定の増加、預金現金の増加など手元流動性および信用供与が増加しているのである。

②手厚い積立金増加政策と増資による資本市場からの資金調達によって、自己資本比率は、膨大な設備投資のかたわらで着実に増加した。この点では、アジア・太平洋戦争期の借入金依存による自己資本比率の低下とは好対照を示している。

③利益率は三七年やや低下したが、再び増加し、利益率は安定的に推移している。

④固定比率は、三三年まで一〇〇%以上であったが、三五年上期には八〇%に改善され、三九年下期には五五%にまで下がった。固定資産はほとんどが、自己資本で賄われていた。戦時期には社債、借入金も急速に減少し、長期負債も減少した。

経営的にはきわめて健全な形を三九年頃までに整えることができた。アジア・太平洋戦争期にはこの経営は急速に悪化するのである。その様相については、第9章で明らかにする。

日中戦争期の工夫された高炉建設、トーマス転炉の導入など日本鋼管の構想計画は、日本製鉄という国家資本をバックアップにもつ巨人に対しても、際だった経営であった。経営的にも借金経営を脱し、高蓄積を実現したのである。しかし、四〇年以降原料問題の悪化や価格システムの不利によって、急速に経営は悪化した。日本鋼管は、明治期ベンチャー事業として成立したが、戦争が深まるにつれてその独自性も次第に制約されていくのである。

注

（1）　日本製鉄株式会社は、国家的、軍事的性格と私的資本としての二重の歴史的性格をもった。日本製鉄株式会社の歴史的性格規定については、長島修『戦前日本鉄鋼業の構造分析』（ミネルヴァ書房、一九八七年）第六章（以下長島①）参照。

(2) 長島修『日本戦時鉄鋼統制成立史』(法律文化社、一九八六年、第二章第二節参照、以下長島②)。
(3) 銑鉄トン当たり売り上げ利益と外銑損失負担については、長島①三三六～三四二頁。
(4) 日本製鉄株式会社の戦時下の拡充計画と変遷については、長島①三九三～四〇五頁。
(5) 『八幡製鉄所八十年史』資料編(一九八〇年)によれば、八幡製鉄所の鋼材生産量は、一九四二年二〇三万トンでそれを凌駕するのは、一九五六年二一八万トンである。
(6) 詳細は、長島②第二章参照。
(7) 社会主義における不足の恒常化した状態での売り手優位の状況が出現していた状況を説明したコルナイ・ヤーノシュ『「不足」の政治経済学』(岩波書店、一九八四年、SELECTED WRITINGS OF JÁNOS KORNAI János Kornai, Iwanami Shoten, Tokyo, 1984 edited and translated by Tsuneo Morita)は、戦時経済の状況を理解するのに有益な示唆を与える。
(8) 革新の概念については、安部悦生「革新の概念と経営史」(由井常彦・橋本寿朗編『革新の経営史』有斐閣、一九九五年)を参照。安部氏は革新についても均衡破壊的なシュムペーター流の革新とカーズナーの均衡創造的な革新を分類し、革新の種類、組織問題にまでわたった理論的研究である。具体的な問題を取り扱う場合、両者を区別するのはかなり困難である。革新の問題は、第3章において具体的に取り扱う。
(9) 日本鋼管の経営の革新性については、従来より指摘されているが、明確に明治期の「ベンチャー事業」として規定されたのは、石井寛治『日本の産業革命』(朝日新聞社、一九九七年、二〇一～二〇二頁)である。この規定をさらに詳細に検討する。
(10) シュムペーター『経済発展の理論』上(岩波文庫、一九七七年)一八三頁。
(11) 同前、二一〇頁。
(12) 安部悦生前掲論文二二八頁。
(13) 森谷正規・藤川彰一『ベンチャー企業論』(放送大学教育振興会、一九九七年)一一～一二頁。
(14) 松田修一『ベンチャー企業』(日本経済新聞社、一九九八年)。
(15) 清成忠男『ベンチャー・中小企業優位の時代』(東洋経済新報社、一九九六年)七八～八〇頁。
(16) 麻島昭一・大塩武『昭和電工成立史の研究』(日本経済評論社、一九九七年)。同書に対する筆者の書評(『土地制度史学』第一六二号、一九九九年一月)、長島修「森コンツェルンの成立とアルミニウム国産化の意義」(『市史研究よこはま』第四号、一九九〇年四月)参照。

(17) 日本経営史における「経営の革新性」については、論究したものとしては、由井・橋本前掲書がある。戦前戦後における興味深い事例を紹介している（日本鋼管ついては、小早川洋一が執筆）。
(18) 三井、三菱、住友のような総合的な財閥がビジネスチャンスをとらえながら、発展してきたことについては、橋本寿朗・武田晴人『日本経済の発展と企業集団』（東京大学出版会、一九九二年）が詳しい。
(19) 米倉誠一郎「戦後日本鉄鋼業における川崎製鉄の革新性」（『一橋論叢』第九〇巻第三号、一九八三年）。
(20) 竹内常善・阿部武司・沢井実『近代日本における企業家の系譜』（大阪大学出版会、一九九六年）、黄完晟『日本都市中小工業史』（臨川書店、一九九二年）。
(21) 長島修「明治期鉄鋼問屋の成立と展開」（『経営史学』第三二巻第二号、一九九七年七月）。
(22) 今泉嘉一郎『日本鋼管株式会社創業二十年回顧録』（一九三三年）。
(23) 今泉博士伝記刊行会編『工学博士今泉嘉一郎伝』（同会、一九四三年）参照。
(24) 今泉嘉一郎の歴史的役割についての論説はまず、飯田賢一の研究が参照されるべきである（飯田賢一『日本製鉄技術史論』三一書房、一九七三年、三八五～四〇〇頁）。飯田は、技術史の観点から今泉嘉一郎が、近代鉄鋼業の発展において果たした役割をまとめた。
(25) 一九一〇年四月二八日休職。同年九月八日製鋼事業への従事許可。
(26) 「欧州土産話」（一九一〇年二月講演）、「製鉄所処分案」（明治末）（今泉嘉一郎『鉄屑集』上所収、一九三〇年）。
(27) 大倉が清国側と交渉によって、商弁本渓湖煤礦有限公司の合弁契約が正式に成立したのは、一九一〇年五月二二日であり、日本鋼管の原料供給見込みは大幅に遅れることになり、現実化しなかった。大倉は、日本鋼管との関係を断ち切って、大陸における鉄鋼業の経営へと進んでいった（大倉財閥研究会編『大倉財閥の研究』（近藤出版社、一九八三年、村上勝彦執筆、四四二、四四五～四四六頁）。
(28) 岸本は、大阪において製鉄部門への進出を考慮していたが、インド銑輸入が可能になったのを受けて一九一一年、尼崎に製釘所を建設した（『岸本商店小史』一九五八年、五頁）。
(29) 硫化鉄滓を利用した高炉建設は、一九三六年大阪ではなく、東京湾において、実現する（第二章）。
(30) 当時東洋汽船の取締役であったが、経営は悪化しており、大川平三郎を社長に迎え、再建しようとしていた。東洋汽船の要務でインドに立ち寄ったとき、インド銑鉄（ベンガル銑）に遭遇する。インド銑をもちかえって今泉に提示したとき、今泉の製鉄事業と銑鉄が結びつけられたのである（『鉄鋼巨人伝白石元治郎』（鉄鋼新聞社、一九六七年、三二〇～三二六頁）。

(31) この間の経緯は、前掲『鉄鋼巨人伝白石元治郎』、前掲『工学博士今泉嘉一郎伝』、『日本鋼管株式会社創業二十年回顧録』に詳しい。
(32) シュムペーター前掲『経済発展の理論』上、二三〇頁。
(33) 長島①一〇八～一一七頁、第八章。奈倉文二『日本鉄鋼業史の研究』（近藤出版社、一九八四年、三四八～三五四頁）。同「日本鋼管株式会社の設立・発展過程」（『神奈川県史』各論編一、所収）。小早川洋一「日本鋼管における経営革新——資源節約型の革新」（由井・橋本前掲書、第五章）。日本鉄鋼業の輸入代替、合理化、輸出産業化における日本鋼管の位置については、岡崎哲二『日本の工業化と鉄鋼産業』（東京大学出版会、一九九三年）。
(34) 岡崎前掲書、二二四～二二五頁。
(35) 松島喜一郎より松下常務宛「屑鉄の不足に対処する製鋼作業対策案」（一九三九年一一〇月一五日、『横浜市史』Ⅱ資料編四下）。
(36) 「輸入屑鉄使用節約案」（一九四〇年五月一三日、同前所収）。
(37) 販売部調査掛「国際鋼管カルテル崩壊後の本邦市況を精査して当社の対策に及ぶ」（一九二六年三月、『横浜市史』Ⅱ資料編四上）。
(38) 販売部調査掛「刻下大管需給の逼迫事情」（一九三九年二月、同前所収）。
(39) 「昭和一二年並一三年製品及鋼塊原価比較表ニ就テ」（一九三八年六月一一日）、「販売部考課状」（一九三八年度）（同前所収）。
(40) 一九三六年下半期鉄鉱石の九五％は華中鉄鉱石であった（松下資料No.26）。三七年中国鉄鉱石三九％、南洋鉄鉱石一八％である（『日本鋼管株式会社四十年史』六一七頁、図表一三）。
(41) 以上の点については、長島修「日本鋼管株式会社の高炉建設」（『市史研究よこはま』第二号、一九八八年三月）。
(42) 『当社鉄鋼生産事情概要付属諸表』（一九四四年七月）松下資料No.299。
(43) 「当社鉄鋼生産事情概要」（一九四四年七月『横浜市史』Ⅱ資料編四所収）。
(44) 『日本鋼管株式会社四十年史』六二四頁図表二五。
(45) 前掲「当社鉄鋼生産事情概要」参照。
(46) 中村隆英「戦争経済とその崩壊」（『岩波講座日本歴史二一』近代八、岩波書店、一九七七年一月、一一三～一二四頁）
(47) 田中申一『日本戦争経済秘史』（コンピューター・エージ社、一九七五年）一八三～一九二頁。

(48) 渡邉恵一「戦時輸送体制下における地方鉄道買収」(『市史研究よこはま』第七号、一九九四年三月)四五頁。
(49) 「第一回行政査察報告書」(一九四三年五月三一日)返還文書、国立公文書館所蔵。

第2章　日本鋼管における高炉建設の意義

はじめに

日本鋼管株式会社は、一九一二年白石元治郎（浅野総一郎の娘婿）、京浜地方の資本家、鉄鋼問屋、大倉によって設立され、民間需要を中心とした鋼管、条鋼を生産する塩基性平炉－圧延製鉄所として操業を開始した。第一次大戦中、造船用鋼材の需要急増で製鋼・圧延部門の設備投資は、急増し、一方で原料銑鉄の不足を補うために、小型高炉、スポンジアイアン製造設備が増設された(1)。しかし、大戦後の需要減少および需要構成の変化によって、日本鋼管も土木建築等の需要に対応した経営方針の転換と設備の再編成を迫られた。また、安価な輸入銑鉄の流入と関東大震災による高炉設備の損壊により高炉操業による銑鉄の自給は断念したのである。日本鋼管は、安価なインド銑と屑鉄によるスクラップ法による鋼生産と民間需要向け鋼材の大量生産により大戦後の状況を乗り切ろうとしていた(2)。

当時の日本鉄鋼業においては、官営八幡製鉄所は、自己完結的な銑鋼一貫作業が確立し、民間企業は、製銑企業と製鋼－圧延企業、単純圧延企業が分離して存在していた。周知のように近代的な製鉄所は、熱管理、運搬、原料の確保などで製銑・製鋼・圧延を統合した銑鋼一貫製鉄所が最も有利とされていた。ところが、日本鋼管をはじめ平炉－圧延企業は、いずれも高炉を所有することなく、銑鉄と屑鉄を購入していたのである。高炉は、一度火入れすると途中で操業を休止することができず、景気変動に対し硬直的な連続生産システムであり、しかも多額の設備投資を必要とし、原料である鉄鉱石、石炭の安定的確保を操業の不可決な条件としていた。したがって、高炉を所有することは、鉄鋼企業にとって安定的な経営を行うために必要であったが、一定の条件が整い、経営の確立の見通しが立たなければ困難な課題であった。それゆえ、銑鋼一貫体制を確立する必要性は強かったものの、民間企業の中には、完全な銑鋼一貫製鉄所を設備している企業は、存在していなかった。そこで、政府は製銑設備（高炉）建設を促進し、銑鋼一貫化を推進するために、「製鉄業奨励法」（一九一七年施行、二六年銑鉄奨励金交付、三七年同法廃止）を制定していた。

一九三四年商工省所管製鉄所（官営八幡製鉄所）を中心に民間製銑企業等が合同して半官半民の日本製鉄株式会社が成立し、銑鉄の生産は同社の独占となり、日本製鉄以外には製鉄業奨励法による高炉建設を認可しない日鉄中心主義による高炉建設抑制政策がとられていたといわれる(3)。本章の課題は、この実態はいかなるものであったのか、日本鋼管の高炉建設の過程を検討することである。商工省の産業政策の評価に関わるものである。

こうした中で、日本鋼管は高炉建設を推進する経営戦略をとり、一九三六年ついに高炉操業を開始するのである。民間製鋼－圧延企業から最初に本格的な高炉を建設したという特殊性、日本製鉄株式会社との対抗、その他の企業との相違などこの高炉建設の過程は、興味深い課題を提供している。日本鋼管の経営戦略の検討が第二の課題である。

本章では、日本鋼管の内部資料によって高炉建設計画がどのように実現されたのかを明らかしていきたい。その際、以下のような分析視点から時期を追って明らかにすることにしたい。第一、高炉建設に対する商工省の政策の意義＝政策的視点。第二、日本鋼管が高炉を持つ目的＝経営戦略的視点。第三、日本鋼管が高炉を所有できた条件＝技術的視点。以上三つ視点から検討する。

第1節　昭和恐慌前の高炉建設計画

一九二〇年代の高炉建設計画

同社は、第一次大戦中鉄鋼原料の不足に対処するために「原料独立自給ノ趣旨ニ基キ」「熔鉱炉工場」を建設していた。二〇トン高炉二基の予定で出発したが、一九一八年下期には二五トン高炉二基、二〇トン高炉一基の計画とした(4)。二〇トン高炉一基は、一九一八年一〇月に完成し直ちに操業を開始した。しかしながら、大戦終了による価格の下落と銑鉄在庫の増加のために、操業は中止され、二五トン高炉の建設も停止した。かくして小型高炉建設は、挫折しその後大震災による被害を受け、高炉の復旧工事も行われなかった。

しかしながら、同社が昭和恐慌以前に高炉建設計画を持っていなかったことを示すのではない。Estimate of iron from two blast furnaces, 230ton day capacity each. 160,000 tons a year. (Tokio, Dec 15th 1925) という見積り資料(5)ではすでに一九二五年の時点で高炉二基操業の場合の収支計算を行っている。これは、全部が英文であるから外国の企業に見積らせたものと予想される。資料によれば、高炉二基一六万トン、コークス炉一七・六万トン、一二〇〇万円の資本投下に対し純利益三七〇万円で、三〇・八%の利益率と計算されている（表2-1）。この資料では、副産物収入がかなり見込まれることによって、利益が上がることになっている。もちろん、技術的な検討や資金調達の見込みなど困難な課題を持っているし、大震災の直後でもあるので当然実現は可能であったかどうか検討の余地はある。

しかし、この資料の日付を注意する必要がある。第五一議会（一九二五年一二月二五日~二六年三月二五日）において製鉄業奨励法の改正案が審議され、一九二六年四月には改正製鉄業奨励法が公布された。一定規模以上の高炉を所有する企業に対しては、銑鉄奨金が支給されることになったのである。同社はこの改正に合わせて高炉建設の見積

表2－1　1925年230トン高炉2基，収益見積り，1928年高炉2基年産10万トン計画見積り

（単位：円，トン）

	収支計算（1925年）Ⅰ			収支計算（1928年）Ⅱ		
	単　価	数　量	合　計	単　価	数　量	合　計
	円	トン	円	円	トン	円
鉄鉱石	10	272,000	2,720,000	10.50	170,000	1,785,000
石　灰	5	72,000	360,000	3.00	50,000	150,000
マンガン	40	8,000	320,000	30.00	5,000	150,000
コークス	4.393	176,000	773,175	9.12	127,000	1,157,900
給　与			330,000			257,000
電　力			204,800			120,000
雑			480,000			350,000
経　費			40,000			40,000
合　計			5,227,975			4,009,900
副産物			−2,332,800			1,850,286
減価償却			608,000		奨励金	600,000
			3,503,175			
販売収入			7,200,000			
純　益			3,696,825			

Ⅰ

注：(1)　原資料はすべて英文である。

(2)　銑鉄トン当たり販売価格45円，年産16万トン，230トン高炉2基の見積り。

(3)　減価償却は，1,200万円の資本投下に対し，年3.4％で行う。運転資本200万円の年利10％。減価償却は両者の合計。

(4)　副産物控除は，余剰ガスとレンガの合計。

資料：Estimate of iron from two blast furnaces, 230ton day capacity each. 160,000tons a year.（Tokio, Dec. 15th, 1925）より作成。

Ⅱ

注：(1)　電力の中に送風費を含む。

(2)　減価償却および販売収入は不明。

(3)　空欄は掲載されていない。

資料：Estimate of iron from 2 Blast furnaces, 100,000 tons a year.（Tokyo, June 29th, 28）.

りをしたことは間違いない。

一九二八年六～七月に再び高炉建設の見積りがなされている(6)。今回のそれも英文で前記の資料と同じ性格のものと思われるが、設備建設費の概算までついており、前述の資料よりかなり具体性がある。高炉二基年産一〇万トン、コークス炉一二・七万トンの計画であって、高炉一基の能力は、かなり低い物になっている。奨励金取得の最低基準が一基日産一〇〇トン（施行令第一条）であるから基準ぎりぎりのものと言わざるをえない。この計画では副産物控除額が、前記の計画と比較しても少なくなっているが、奨励金年間六〇万円を見込むことによって成り立っている。高炉、コークス炉および附属設備の建設コストは、七八四万円となっている。但し、この見積書には減価償却および銑鉄の販売価格が表示されていないので、利益の見積りができない。

一九二九年の計画は、これまでの計画と異なりかなり具体的なものである。二九年の計画は、本格的な高炉建設に

向かうことが社内でもかなり現実化したのではないか。事実二九年の計画は、報道でも一定明らかにされている。[7] 何よりも数字自体がかなり具体性をおびたものになっている。二九年計画の具体的資料は「熔鑛炉ノ建設ニ依リテ受クル利益」（一九二九年一一月一日、以下「高炉資料一」と省略する）「熔鑛炉建設ニ依リ得ベキ利益」（年月不詳、以下「高炉資料二」と省略する）である。以下では「高炉資料一」を中心として述べていきたい。二九年計画の特徴は、以下のようにまとめることができるであろう。[8]

① 熔銑利用によって製鋼能力の増加がはかられ（月額一万八〇〇〇トンから二万二〇〇〇トンの増加）、鋼塊の不足を補うことができる。

② 銑鉄生産費四〇円に対し奨励金六円、熱利用利益五円計一一円の利益を生み出すことができ熔銑コストは二九円となり、屑鉄と銑鉄の比率を四五対五五とした場合、鋼塊原価は六五円（冷銑購入の場合の鋼塊原価）から五七・五円に引き下げることができるのである。このコスト計算は、一九三三年四月の高炉建設申請の際のコスト計算とほとんど数値も内容も類似しており、この時期の計画が、高炉建設申請の下敷きになっていることは、明らかである。

③ 五百トン高炉一基建設予算は七五〇万円（高炉、平炉、運搬設備を含む）、運転資金一五〇万円として、運転資金利子および減価償却を差し引いた建設費に対する利益は、約二八％と計算されている。自社の銑鉄を利用することによって受けることができる利益の大きさを示すものである。

④ 奨励法の適用を受けるために高炉建設が必要となっている。特に一九三一年以降奨励法の免税期間の延長がないかぎり、免税の適用を受けていくためには期間の経過した平炉に対する課税は累進的に増加することが予想された。したがって、それを回避し、補助金を受けるためにも高炉の建設が必要であった（表2-2）。奨励法の免税規程が高炉建設を促進している事例として見ることができる。[9]

「熔鉱炉ヲ建設セサルニ於テハ現行製鉄業奨励法ニ準拠スル製鉄業タル資格ヲ失墜スルカ故ニ……昭和六年以

表2－2　高炉を所有しなかった場合の税金一覧

（単位：円）

利益金	平炉二基（2/9） 課税セラル場合 昭和七年ヨリ	平炉四基（4/9） 課税セラル場合 昭和八年ヨリ	平炉七基（7/9） 課税セラル場合 昭和九年ヨリ	平炉九基 課税セラル場合 昭和十六年ヨリ
昭和四年上期決算 利益￥590,772.80	32,241.25 (64,482.50)	64,482.50 (128,965.00)	112,844.38 (225,688.76)	145,230.87 (290,461.74)
同期決算ニテ利益 ￥1,000,000.00ア リト仮定シ	49,365.69 (98,731.38)	98,731.38 (197,462.76)	172,779.93 (345,559.86)	222.368.00 (444,736.00)
同￥1,500,000.00 アリト仮定シ	73,741.19 (147,482.38)	147,482.38 (294,964.76)	258,101.17 (516,202.34)	332,167.54 (664,335.08)

税金算出資本金額　（昭和四年上期決算ニ依ル）

払込資本金	￥15,225,000.00
法定積立金	776,800.00
社員恩給基金	99,202.84
前期繰越金	44,263.66
計	￥16,145,266.50

注：(1)（　）内は年額。
(2) 高炉を所有せず，製鉄業奨励法の免税期限が切れた場合の予想。
(3) 税金算出資本金額の合計は，原資料の合計と計算が合わないため修正した。
資料：前掲「高炉資料１」。

后ニ於テハ旧製鉄奨励法ノ免税期間満了トナリ漸次多額ノ納税ヲナサザルヘカラズ／其他新式機械類ノ輸入税免除、免税平炉、免税圧延工場ノ建設等凡テ不能トナリ其ノ被ムル不利益ハ蓋シ鮮少ニアラサル也」（「高炉資料一」）

⑤「高炉資料一」と「高炉資料二」との間の違いは、後者がコークス炉の建設を含んだものであるのに対し、前者が、コークス炉の建設を含んでいないという点である。「高炉資料二」は、整備された文字どおりの銑鋼一貫作業を構想しているのに対して、「高炉資料一」はコークスの購入を前提にした計画である。この結果、「高炉資料二」の建設費が一五〇万円高くなって、九〇〇万円になっている。したがって、建設費に対する利益率は、「高炉資料一」が二八％であるのに対して「高炉資料二」が、一八・二％となったのである。以上の事実は、同社の中には、二つの異なった構想があったということを示すものである。

この資料は、非常に注目すべき内容を持っている。

第一に、昭和恐慌以前に高炉建設計画が具体的に推進されており、かなり現実化していたことである。第二に、製鉄業奨励法が高炉建設の促進効果を十分もっていた。第三に、この計画は決して、絵に描いた餅ではなく、実現可能性をもったものである。実際に三三年の高炉建設申請の下敷きになっているのである。もし、という言葉は禁物ではあるが、昭和恐慌に見舞われなかったならば、高炉建設計画はもっと早期に実現していた可能性がある。

第2節　高炉建設の実現

同社は、製鉄業奨励法にもとづく高炉建設の申請を一九三三年四月二八日に商工省へ提出したが、変更をして一九三四年四月二三日再提出し、同年一〇月一八日にようやく認可された[10]。こうした紆余曲折の背後には二つの要因がある。一つは、政府の製鉄業に対する政策に関わるものであり（後述）、もう一つは、同社の内部的要因に関わるものである。本書の性格から後者の問題に重点をおきつつ、必要な限りで、前者の問題にもふれていきたい。

高炉建設認可申請（一九三三年四月）

一九三三年四月二八日付で商工省に提出した資料については未だ発見されていないが、その前後の時期の文書によって同社の高炉建設計画の性格をうかがうことは可能である。

一九三二年関税改正によって、銑鉄関税は、トン当たり一円六七銭から六円に引き上げられ、為替の低下も相まって、銑鉄価格は三二年から上昇し始めた。また、屑鉄価格も上昇していった[11]。したがって、平炉―圧延企業であった日本鋼管は、原料である銑鉄を確保する方策を採る必要が増していた。

同社は、一九三二年一〇～一一月頃に浅野造船所（高炉所有）、富士製鋼との合併を計画していたが[12]、日本製鉄株式会社法の議会上程が確実となるや、挫折の浮き目にあうのである。しかしながら、同社は、別の計画も立てているのである。それが釜石との合同計画である。同社は、一九三二年一二月には釜石鉱山との合同を検討しているのである。[13]それによれば、同社は、釜石より一年間に銑鉄一二万トン、鋼片一〇万トンの供給を受けて、鋼管、鋼材二四・一万トンを生産するというものであった。もし、この計画でいくとすると、日本鋼管では高炉を建設する必要はなくなるのである。つまり、一九三二年一二月の時点では、技監部を中心にして高炉建設に向けて方針が確定していなかったことを示している。しかも、釜石は、日本製鉄に参加していったのに対して、日本鋼管は、三三年四月高炉建設に向かい、合同不参加を表明するのである。

日本鋼管の方針として合同に参加するのかどうかは一九三二年末には確定していなかったものの、三三年四月に高炉建設の申請をしていることは、不参加の場合を想定した措置であったことは明らかである。[14]

一九三三年四月の申請の内容を示す資料は、今の所発見されていないが、三三年九・一〇月には同社がどのような高炉を建設しようとしていたのかを示す資料が存在する。第一は、「現在貳拾五瓲高炉改築案」（一九三三年九月）（松下資料No.51）である。これは、大戦中に建設された二五トン小型高炉二基の改築が四つの場合について検討されたものである。この資料は、手書き原稿であって正式の決定に至ったものではないが、二基の高炉を改造して二つ併せて一〇〇トン前後にもっていこうとするものである。しかし、この場合安価に建設できるものの、高炉一基の規模が小さいため、奨励金の取得が製鉄業奨励法施行令第一条によって不可能となる。こうした案が検討された背景には、高炉建設の認可が下りないもとで、安い建設費で銑鉄の自給をはかろうとした同社の切実な願いを表わしていると思われる。

第二は、「参百瓲高炉建設費」（一九三三年一〇月）（松下資料No.50）である。この資料は、高炉を構内敷地に建設するべきか、構外に建設すべきかを検討していること、使用鉄鉱石中、硫酸滓の使用割合が目立っていること（一〇％）を特徴としている。さらに、コークス炉の設備を自社で所有するのか、設備しないのか、半分所有するのか、三つの場合を検討している。つまり、この資料もまた、製銑－製鋼－圧延の完結した銑鋼一貫の生産技術体系を指向する確実な方針を決定していなかったことを示している。特に、コークス炉を所有して自給するのかどうかについては、のちにまで尾を引く問題となるのである。

このように見てくると、一九三三年四月の申請は、日本製鉄の成立に伴う銑鉄自給の必要性から出発して、高炉建設を申請したものの、細部の詰めを欠いたもので銑鋼一貫生産体系としても自己完結的な体系を備えていたものではなかったと推測されるのである。

昭和肥料とのコークス共同生産構想

一九三四年四月に商工省へ再提出するにあたっては、コークス炉を自社で所有するのか、他社との共同作業とするのかをめぐって社内で意見の対立があったものと思われる。共同作業構想を持っていたのが、同社の高炉建設の技術的指導にあたっていた中田義算であった。

何ゆえ、昭和肥料との共同作業を主張したのであろうか。

「日本鋼管株式会社ト昭和肥料株式会社トハ其ノ工場甚ダ近接シ而モ時ヲ同ジクシテ共ニ骸炭ノ必要ニ迫ラレテ居ル／骸炭製造ノ際発生スル瓦斯ハアムモニア瓦斯タールノ外四〇％以上ノ水素ヲ含有スル、此ノ水素ハ燃料トスルヨリモ肥料化スル事ガ有利デアリ、水素ヲ除キタル後ノメタン瓦斯ハ平炉ニ使用スルヲ有利トスル。故ニ骸炭製造ヲ中心トシテ製鉄ト肥料製造トヲ左右ニ組合セタル事業ハ有無相通ジ長短相補フ事ヲ得テ各事業ノ収益ヲ多大ナラシメ其ノ進展ヲ容易ナラシムル事説明ヲ待タナイ。／以上ノ見地ヨリ日本鋼管ト昭和肥料トガ共同シテ骸炭製造ヲ行フ事ハ極メテ賢明ニシテ合理的ノ事デアリ共ニ利スル所甚大……」[15]。

つまり、骸炭作業の共同化は相互に必要とする副産物の利用を狙ったものであった。昭和肥料はコークスを利用して水素あるいは窒素を抽出し、日本鋼管は平炉用ガスに利用することを目的にした、骸炭製造会社の設立構想であった[16]。

この構想は、日本鋼管の資金調達の観点からみても魅力のある構想であった。高炉建設ばかりでなく、第二鋼管株式会社の設立、「満州」への投資、病院・研究所の設立等で資金の必要は急激に増加していたから、資金上の負担を軽減することになる共同作業会社構想は、浮上する必然性があったのである。

一方、コークス炉を昭和肥料と共同で建設する計画に対して日本鋼管が単独でコークス炉を建設する構想もあった。[17]こうした構想を示す資料が「高炉骸炭炉建設目論見書」（一九三四年四月一日）（松下資料No.28）である。この資料は、重役会に提出された銑鋼一貫計画（骸炭炉を日本鋼管が単独で建設する計画）の基礎となった資料である。同目論見書は、「高炉実現ノ速行ニハ自ラ骸炭併行稼業ヲ可トシ、更ニ二、三次的ニハ硫酸製造続イテ水素ノ肥料化迄ニ進出スベキデアリ敢テ他ニ倚ルノ必要ハナイノデアル、人ヲ制スルニ先ンズルニアリノ妙味実ニ此ニ存スルト思フ」と述べて骸炭炉の建設も含む銑鋼一貫体制の完結的な作業を主張したのである。[18]

一方、昭和肥料側も、三四年四月二三日重役会において、コークス炉建設と硫安製造過程で出る紫鉱（硫酸滓）を利用した製鉄事業（銑鋼一貫製鉄所建設）への進出を決議したのである。この時点で、両者のコークス炉共同建設計画は困難になり、製鉄事業進出をめぐる競争が激化したのである。[19]近接する昭和肥料（昭和鋼管）と日本鋼管の高炉建設競争は、この時点から水面下で熾烈な競争になったと思われる。

「高炉骸炭炉建設目論見書」（一九三四年四月一日）は、単独でコークス炉を建設する場合、重複して積立金等の必要がないこと、骸炭会社の税金の支払い分が免除になること、作業が簡略になることをあげている。不利な点としては、紫鉱の獲得難、石炭瓦斯中の水素の利用不能をあげている。単独作業でも、起業費の増額はさほど大きくなく、銑鉄の値上がりも八〇銭程度である。かくして、「骸炭ヲ共同製造スル事ハ実利ニ於テ其得ル所僅少ナルノミナラズ日常ノ作業ニ於テ誠ニ煩ノ多イモノデ同一社内ニアリテサヘ骸炭工場ト高炉工場トハ骸炭ノ品質、数量等ニツキ兎角ノ争ガ頻出シ結局ハ事業ノ上ニ悪イ結果ヲ与ヘルノデ、況ヤ他社トナリ、経済ヲ異ニスルニ於テヲヤデアル。／之ニ加フルニ、共同ノ声ニ引キヅラレ交渉ニ手間取ル為ニ此肝心ナ好時機ヲ見逃ス恐レガアリ敢然トシテ単独勇往邁進スルトキニ寧ロ他ヲ引キ付ケ追従セシムルモノデアル」と述べてコークス炉の所有による単独の一貫計画を主張したのである。

しかし、一九三四年四月一九日の重役会に提出された「高炉設置ニ要スル建設費及其利益」（一九三四年四月一九日）[20]は、三五〇トン高炉一基、三五〇トン骸炭炉一基、五〇トン平炉一基を建設する第一期計画であった。重役会でどのような議論が戦わされたのか明らかではないが、この提出資料が、同年四月二三日の商工省の再申請書類とほぼ対応していることから、最終的には同社の高炉建設の方向を確定したものと推測されるのである。

かくして、日本鋼管単独による自己完結的生産体系を持つ銑鋼一貫生産計画が確定された。一方、昭和肥料は、コークス製造による硫安製造計画は重役会で決定されたにもかかわらず、実行されず、コークス炉は建設されなかった[21]。その後、昭和肥料は、日本鋼管の副産物を利用した。コークス共同化構想の破綻は、昭和肥料（昭和鋼管）との協調関係の破綻であり、その競争は、日本鋼管の高炉建設によって決着した。

製鉄原料計画――硫酸滓の利用――

戦前日本において高炉を建設する場合、最大の問題は原料として鉄鉱石、原料炭をどのように確保するのかという問題である[22]。『日本鋼管株式会社四十年史』一七八頁によれば、「高炉建設認可の一条件として鉄鉱石の自給または確定的な入手法をもつことが必要であった」とされており、高炉建設と鉄原の確保がかなり密接に関連していたことがうかがわれる。同社は、第一次大戦中に国内の鉄鉱山を買収していたが[23]、高炉建設にあたっては、鉄原として硫酸滓の利用に着眼していた[24]。ここでは、高炉建設の特徴となった硫酸滓の確保について考察してみよう。

同社の技術面での最高責任者であった今泉嘉一郎は、官営製鉄所設立に関連して一八九二年設立された製鋼事業調査委員会のメンバーとなり、野呂景義の指導のもと、住友別子において、塩化焙焼法による含銅硫化鉄鉱の製鉄原料化の研究に従事し、試験を行っていた経験がある。鉄原が不足する日本において、その確保の方策として含銅硫化鉄鉱から湿式収銅法によって銅をとったのち、事前処理を施し、鉄鉱として高炉に用いる構想を検討したのである。[25]また、同社の高炉建設を技術的な面でリードした中田義算は、同社宛に「高炉建設意見書」を提出していた。[26]「硫酸滓は硫黄、銅を含み或は紛状をなすも之に若干の手当を加ふる時は立派なる鉄鉱となる、其量東京湾頭を繞つて十五萬瓲、夫等は採掘の要なく、運搬の煩ひなきもの、鉄の需要増進は国運と共に我社運の愈隆昌に赴く可き指針となり、位置は都会集中方針に合致し之に加ふるに吾に接近して年産十五萬瓲の鉄山の出現を見る、誠に天の時地の利共に相到れると言ふべし」と述べて、東京湾周辺から排出する硫酸滓を利用した高炉建設を構想した。

中田の意見書の特徴は、硫酸滓の利用を前面に出し、京浜工業地帯の中核に位置している同社の地理的優位性を十二分に生かそうとした構想であった。つまり、中田は同社が鉄鋼消費地に立地し、原料面でも工業地帯に隣接している点を利用して飛躍的発展をはかるべきことを主張したのである。中田の構想では、鉄鉱石の中、六〇％を硫酸滓で賄おうとする計画であった。しかし、中田の構想は、骸炭炉を同社が所有するのではなく、昭和肥料と共同で製造するものとなっていたのである。前述のように、中田の主張はこの点で取り入れられていなかったが、硫酸滓の利用という点では、中田の主張が取り入れられていったのである。

「高炉設置ニ要スル建設費及其利益」の試算によれば、紫鉱（硫酸滓）を六五％利用した場合には、外国鉄鉱石を利用する場合より、銑鉄トン当たり約六円安くなるとされていた。同社の原料計画は、東京湾周辺から三〇％と最も安価に紫鉱が入手されるとしていた。その単価という点でも外国鉱石よりかなり安価に利用できるものと予定されていたのである（表2-3）。具体的には同社は、昭和肥料、大日本人造肥料、朝鮮窒素から硫酸滓を得る計画であった。同社が硫酸滓に大きく依存しなければならなかったのは、高品位の安価な鉄鉱石を確保できなかったという苦しい事情を反映した側面もあったが、それを逆手にとって、安価な排出物である硫酸滓に着目したのである。

同社では、一九三四年九月二六日には「硫酸滓ヲ産出スル会社トノ特約ヲ結ビ、其ノ供給ヲ確保シ、当社ノ独特ノ方法ヲ以テ、不純物ヲ除去シ、以テ製鉄原料タラシムベク」一カ年二〇万トンの焼結鉱を製造する新会社設立構想をつくり上げていた[27]。特約した主な会社としては朝鮮窒素五万～一〇万トン、昭和肥料四万～一〇万トンであった[28]。同社の原料計画は、中田意見書の線で京浜工業地帯の安価な硫酸滓と朝鮮の硫安肥料工業と結合していた。

また、高炉建設の一環として、日本鋼管は、海外調査を行っていた。一九三四年七～九月にかけて、高炉建設のための海外調査（ドイツ、スウェーデン、チェコ、フランス、イギリス、ベルギーなど）に派遣された中田義算は、硫酸滓の利用状況を調査している。しかも、これには森、児玉といった日本電工（昭和肥料）関係者と一緒にリュベック、デュイスブルグの硫酸滓処理施設を見学しており、この計画は、かなり現実的なものであった[29]。ただ、中田は、一緒に旅行しながらも硫酸滓の利用に不可欠な脱銅特許の取得などについては、昭和肥料側には秘匿し、協調と対抗を内在した調査旅行であったことも示している。

表2-3　硫酸滓使用の場合（甲案），外国鉱石使用の場合（乙案）の銑鉄製造原価試算（トン当たり）

（単位：円，トン）

	甲案			乙案		
	単価	数量	価格	単価	数量	価格
鉱石費	7.41	1.58	11.71	11.50	1.57	18.06
コークス費	15.20	0.85	12.92	15.20	0.83	12.62
石灰石	2.60	0.15	0.39	2.60	0.10	0.26
平炉滓	1.00	0.40	0.40			0.40
製造費			3.60			3.60
銑鉄運賃			0.30			0.30
高炉修理費			0.25			0.25
支出合計			29.57			35.49
副産物控除②			3.16			3.16
差引製造費			26.41			32.33
償却③			0.98			0.98
一般共通費			0.95			0.95
原価			28.34			34.26

甲案の場合の原料鉱石使用量および単価

	数量		工場着値	焼結の上装入する時の価格
東京付近の紫鉱	(30)	千トン 60	2.00	4.20
朝鮮紫鉱	(35)	70	5.00	7.35
利原鉄鉱	(10)	20	7.00	7.00
外国鉄鉱	(25)	50	11.50	11.50
計	(100)	200		平均　7.41

注：(1)　製造費は経費，工賃，用品等。
(2)　副産物収入は，高炉ガス，鉱滓バラス，スチーム。
(3)　減価償却は，高炉建費265万円に工場一般費の5分の2の106万円を加えた371万円を30カ年で償却するとした。
(4)　乙は，すべて外国鉱石を利用した場合の試算。
資料：「高炉設置ニ要スル建設費及其利益」（1934年4月19日）〔№28〕。

コークス炉建設、硫酸滓

利用など、昭和肥料と日本鋼管は、協調と対抗を秘めながら水面下で高炉建設計画は進行していた。

高炉建設申請書の再提出と建設認可

一九三三年四月二八日に商工省に提出した計画を変更し、約一年後の一九三四年四月二三日、同社は、商工大臣宛に「製鉄事業認可申請書[30]」を提出した。同書類によれば、事業資金一一三〇万八〇〇〇円をもってコークス炉、高炉、平炉など関連設備を建設する計画であった。以下では、同社の正式の計画書を検討していきたい。

①コークス設備

コークス設備については、昭和肥料と共同で建設するかどうか社内に議論があったが、四月一九日重役会提出資料の線で商工省へは提出された。すなわち必要とするコークスを製造する目的で日産三五〇トン、年産一二万七七五〇トン、黒田式コークス炉五〇基の建設が申請されたのである。コークスは灰分の少ない硬度の高いものを目標とした。副産物は当初ガスタール、硫安を製造し、のちに軽油を採取する計画であった。コークス炉加熱ガスは、高炉ガスを用い、石炭ガスは平炉に流用することになった。したがって、後述するように増設される平炉はガス発生炉を備えていないものとなったのである。銑鋼一貫作業による製銑・製鋼の有機的結合が進んだのである。

また、「将来必要ニ応ジ」骸炭千トンとこれに伴う副産物工場の拡張を計画し、同社の自己完結的銑鋼一貫作業の拡大を含んだ計画となった。

コークス原料として、石炭は「北海道炭ヲ主力トシ之ニ支那、樺太炭等ヲ配合」する予定で、内地炭六〇～六五％、外国炭四〇～三五％の割合で使用するものとしていた。

②製銑設備

日産三五〇トン、年産一二万六〇〇〇トン、四九三立方メートルの高炉を一基建設する計画である。「但シ将来必要ニ応ジ五〇〇トンマデ拡大シ得ル如ク計画」されていた。ここでも、より大きな高炉への改造を予定して積極的な銑鋼一貫体制への姿勢を明らかにした。

高炉ガスは、コークス炉に回され、自家製コークスによって精錬されることになっていた。鉄鉱石については、「鉱石ハ東京附近其他ヨリ産出スル紫鉱ヲ出来得ル限リ多量ニ使用シ以テ廃物利用ノ先達タランコトヲ期ス」と中田意見書および重役会提出資料のように、硫酸滓使用を積極的に推進する立場を表明していた。同社の鉄鉱資源確保の方向が鉄鉱石ではなく、紫鉱（硫酸滓）の利用にあり、商工省への再提出書類にもそれが表明されていたことは重要な意味をもつ。安定的な鉄原確保の見通しは、鉄鉱石ではなく、硫安工業の副産物である硫酸滓であった。硫酸滓を加工する焼結工場は、日産能力四〇〇トンで粉鉄鉱および硫酸滓を処理する計画であった。製銑計画では、鉄鉱石五〇%、紫鉱（硫酸滓）を五〇%を利用することになっていた。

熔剤として「自家産平炉滓ヲ出来得ル限リ多量ニ使用シ」マンガンの回収をはかり「満俺鉱ノ輸入ヲ減少セシメントス」と原料自給の態度を表明した[31]。

同社の銑鋼一貫の特質は、「要スルニ廃物ト云ハンヨリハムシロ棄物ニサヘ窮シツ、アル紫鉱ノ利用、平炉滓ノ流用等ニ重キヲ置キ高炉瓦斯ノ利用ノ完璧ヲ期シ高炉ヲ中心トセル骸炭製造、平炉操業ノ完備セル一貫作業ノ実現」を目指した点にあった。

③製鋼設備

従来同社の平炉は、二五トンまたは三〇トンの平炉であったが、大型の五〇トン平炉二基を建設する計画であった。この平炉は、コークスガス、コールタールを使用するため、ガス発生炉を設置しない一貫作業を前提にした平炉であった。

新設五〇トン平炉では、鋼塊一トンにつき熔銑七四三キログラム、屑鉄四〇〇キログラムを使用する予定で熔銑使用の割合を高める計画であった。従来の平炉についても、なるべく熔銑を利用する計画をたてたのである。

第3節　高炉建設認可と高炉建設

高炉の製鉄業奨励法適用についての認可は、一九三四年一〇月一九日におりた（商工省指令九鉱第三七二号）。認可書類は、一九三六年三月三一日までに同社の計画達成を求めていた。特に注目すべきは、政府が製鉄業奨励法改正の意向を持っていることを明らかし、その場合改正法が適用され、免税特典がそのまま継続しないことになることであった。このことは、高炉建設に対する政府の保護政策が従来とは異なって、かなり消極的になっていることを示すものであった。そうしたことがわかっていて、同社は、高炉建設に踏み切ったのである[32]。

同社は、一九三四年五月三〇日扇町地区五万四〇〇〇坪の敷地を購入し、六月二九日登記を完了した。六〜七月にはボーリングによる地質調査を行っている。九月には護岸の設計は「決定的計画ヲ終リ、目下最後ノ審議」に入っていた。九月頃には大体の護岸計画が終了し、黒田式コークス炉の設計図面もほとんど完了していた。また、

鋼塊原価比較表

熔銑及コークスガス使用ノ既設平炉					
銑鉄原価27.97ノ場合			銑鉄原価30.09ノ場合		
数量	@	金額	数量	@	金額
kgs	円	円	kgs	円	円
400	27.97	11.19	400	30.09	12.04
740	40.00	29.60	740	40.00	29.60
1,140		40.79	1,140		41.64
11	168.18	1.85	11	168.18	1.85
1,151		42.64	1,151		43.49
277m³	.012	3.32	277m³	.012	3.32
33.3kgs	22.00	.73	33.3kgs	22.00	.73
		10.06			10.06
		14.11			14.11
57	38.00	−2.17	57	38.00	−2.17
		54.58			55.43
		−8.21			−7.36

料No.25）『横浜市史　II』資料編4（上）所収。

表2-4　「新作業ノ場合」と「現在作業ノ場合」との

	現在作業			新作業					
				新設50瓲平炉（熔銑及コークスガス使用）					
				銑鉄原価27.97ノ場合			銑鉄原価30.09ノ場合		
	数量	@	金額	数量	@	金額	数量	@	金額
原料費	kgs	円	円	kgs	円	円	kgs	円	円
銑鉄	400	44.50	17.80	743	27.97	20.78	743	30.09	22.36
屑鉄	740	40.00	29.60	400	40.00	16.00	400	40.00	16.00
小計	1,140	41.58	47.40	1,143		36.78	1,143		38.36
合金鉄	11	168.18	1.85	11	168.18	1.85	11	168.18	1.85
計	1,151		49.25	1,154		38.63	1,154		40.21
作業費									
燃料代　重油	170	28.50	4.85						
燃料代　コークスガス	—		—	273m³	.012	3.32	277m³	.012	3.32
燃料代　タール	—		—	33.3kgs	22.00	.73	33.3kgs	22.00	.73
其他作業費			10.86			11.34			11.34
計			15.71			15.39			15.39
屑回収代	57	38.00	−2.17	57	38.00	−2.17	57	38.00	−2.17
合計			62.79			51.85			53.43
現在作業トノ比較			—			−10.94			−9.36

資料：「高炉一基及五十瓲平炉二新設後ノ製鋼作業ニヨル場合ト現在ノ製鋼作業ニヨル場合トノ鋼塊生産費ノ比較」（松下資

送風機、瓦斯洗浄機等の機械類の見積りも到着していた(33)。

すなわち、一九三四年九月の時点では、すでに基本的な設計および図面、機械類の見積りも完了していたのである。つまり、商工省の正式の認可が下りる前に、高炉建設はスタートしていたのである。同社は、商工省の保護政策をあてにせず、高炉建設の実現を期す並々ならぬ決意をもっていたのである。認可が下りた後、一九三五年には高炉建設工事を開始した。そして、一九三六年六月には高炉が完成した。

銑鋼一貫作業による鋼塊のコスト低下

高炉操業によって、熔銑を利用した製鋼作業の結果、鋼塊生産費がどのように変化するか、同社が試算し、商工省に提出した資料によれば、次のようである(34)（表2-4参照）。コスト計算では、銑鉄原価を二七・九七円の場合と三〇・〇九円の場合を想定しているが、コストに一円程度の差が出るだけである。大体の傾向に大きな格差が生じてくるわけではない。以下では銑鉄原価三〇・〇九円とした場合を考察する。

製鋼作業の際の原料使用割合は、新作業（熔銑使用の場合）の場合は五〇トン平炉の銑鉄六五％、屑鉄三五％と既設平炉銑鉄三五％、屑鉄六五％の場合に分けている。また、現作業（屑鉄法による作業）場合、銑鉄三五％、屑鉄六五％となっている。

現作業による場合、鋼塊一トン当たり銑鉄使用額は一七・八〇円、屑鉄使用額二九・六〇円合計鋼塊トン当たり生産費六二・七九円である。

新作業による五〇トン平炉利用の場合、屑鉄と銑鉄の使用割合が逆転し、銑鉄使用額が二二・三六円、屑鉄使用額が一六円となり、鋼塊トン当たり生産費は五三・四三円となる。約九円コストを引き下げることができた。銑鉄価格が二・一二円下がれば、鋼塊コストも現作業より約一一円下げることが可能であった。

屑鉄価格を四〇円とした場合、屑鉄使用割合を著しく下げることによって鋼塊生産費を約九円引き下げることが可能となった。銑鉄を自給することによって、市場から購入する場合より、銑鉄単価をトン当たり約一四円引き下げることができた。また、屑鉄使用量を減らすことによって、輸入市場の価格変動と不安定性を最小限にとどめることを計画したのである。

このように、銑鉄を自給することによって、日本製鉄が独占する国内銑鉄市場の管理価格から日本鋼管は開放された。屑鉄価格の場合は、海外輸入市場の動向に左右されるが、屑鉄の使用割合を低下させることによって、屑鉄市場からの変動要因を最小限にくい止めることになったのである。かくして、高炉建設による銑鋼一貫体制の構築は、同社の鋼塊生産費における原料費の安定と相対的低下をもたらしたのである。

特に新作業（熔銑利用）による五〇トン平炉の操業は、画期的であった。生産される熔銑一二万トンのうち、六万八九五〇トンが新設五〇トン平炉に使用され、残りは既設平炉に回された。新設五〇トン平炉の活用による鋼塊生産

円の経費節減が可能になるとした。銑鋼一貫生産は、同社の鋼塊コストの低下と原料の安定的供給の条件を創出していったのである。

第4節　第二回申請による第一高炉建設計画

二基目の高炉は、一九三五年五月二一日商工省に建設申請を提出し、一九三六年四月一三日に認可された。なお、この高炉は位置の関係から第一高炉とされ、最初に建設された高炉は、第二高炉と呼ばれたのである[35]。本章でも以下同社の正式名称で統一することにする。

一九三四年一〇月商工省から第二高炉の建設認可が下りると、同高炉建設途上にもかかわらず、第一高炉の建設を計画していた。「高炉二基及附属工場建設費及其利益」によれば、一年五〇万トンの鋼塊を必要とする同社が、屑鉄製鋼法では四〇万トンの屑鉄を必要としていたが、それだけの屑鉄の購入が困難と判断した。したがって、銑鉄使用量の増加をはかり、熔銑四五％、屑鉄五五％として、銑鉄二五万トンを必要とするから、「第一期計画ニヨリ建設セル高炉ト同容量ノモノヲ更ニ一基増設」しようとした[36]。高炉を二基所有することによって、完全な銑鋼一貫体制を構築しようとしていた。

さらに注目すべきは、トーマス転炉採用方針[37]が今泉と副社長に提出されたのである。のちに同社の採用したトーマス転炉の本格的検討も開始されたのである。この背景には、二つの理由があった。一つは、屑鉄購入難である。もう一つは、免税特典の期限が切れる既設平炉が多くなり、新たな製鋼設備を建設したほうが、免税特典も得ることができるからであった。

また、平炉についても一九三四年九月の時点で五〇トン平炉四基操業を計画していた[38]。すなわち、五〇トン平炉二基だけとすると、鋼塊生産年産九万トン、製鋼原料一〇万トン（熔銑使用率六五％）の場合、扇町地区における熔銑使用は、六万五〇〇〇トンを使用するにすぎず、残りの六万トンの熔銑は川崎工場に運びこまなければならなくなる。扇町地区の完結した銑鋼一貫生産体系を樹立するためにも、また、屑鉄利用の少ない銑鉄鉱石法によるコストの低い能率的な大型平炉の操業を推進するためにも、二番目の高炉建設と大型平炉の建設は組み合わされて計画実行されたのである。

一九三五年二月二〇日の重役会の配布資料によれば、鉄鉱石と硫酸滓の使用割合について検討し、建設費に対する利益率を検討している。鉄鉱石三五％、硫酸滓六五％の場合銑鉄トン当たり一八・六一円、鉄鉱石五〇％、硫酸滓五〇％の場合銑鉄トン当たり一六・九一円、鉄鉱石のみの場合一三・四六円の利益があると試算していたのである。これをみると、日本鋼管は、硫酸滓利用の優位性を確信していたことがわかる。また、別言すれば、高炉原料の確保についていて、同社が、いかに苦心していたかを示している。[39]

それでは、同社が高炉を新たに一基建設する具体的理由はどこにあるのか。同社は次のように説明している。[40]

①一年で五〇万トンの鋼塊を必要とするが、輸入屑鉄に依存している状況は、「経済上頗ル不利ナルノミナラズ鉄鋼供給ノ独立性ヨリ見テモ甚ダ寒心スベキ状態」にある。高炉一基では一三万トンの供給が可能であるが、銑鋼一貫の鉱石法を採用すると、三五万トンの銑鉄を必要とする。その不足を補うために、高炉の増設は不可欠である。

②護岸荷役設備、原料置場、給水、排水などの高炉の付帯設備は、「高炉一基建設ノ場合ト雖モ之ガ省略又ハ簡単ニ為シ得ザルモノナリ然ルニ高炉ヲ増設シ之レヲ二基又ハ三基トナス場合ニモ之等ノ附帯設備ハ殆ンド拡張ヲ要セズ寧ロ其建設費ハ節約トナリ利用価値ハ一層増加スル」。

③高炉の増設により一基当たりの建設費は低下し、産出額は増加するのでトン当たり償却金は低下し、したがってコストを引き下げることが可能となる。

④操業に関する経費は三〇％節約できる。二基操業によりガスの利用も確実になる。

⑤「高炉一基ノ場合ニ於テハ万一故障突発シ休風ヲ余儀ナクセラル、トキハ直チニ給銑ヲ杜絶サレ為メニ平炉操業ニ支障ヲ来ス」すなわち、銑鋼一貫製鉄所の安定操業を確保するうえで、二基操業はどうしても必要であった。また、高炉の改修工事の場合にも、高炉の二基所有は不可欠であった。

同社は、第二高炉建設（最初の高炉建設）の申請の際に「今日ノ計画アルコトナ申副」えていたのである。銑鋼一貫製鉄所の利益を生かし、安定的操業を確保するために二基の高炉を持つことは不可欠であったのである。

同社は、一九三五年五月二一日商工省に対し高炉建設認可申請書を提出し[41]、製鉄業奨励法による高炉建設認可を得ようとした。申請書の特徴は、以下のようである。

①コークス設備は、日産四〇〇トン、年産一四万六〇〇〇トンと第一回申請の際より大きくなっていた。但し、石炭の使用割合は、第一回申請の際と同じであった。

②高炉は、日産四〇〇トン、年産一四万四〇〇〇トンと第一回申請時より大きくなっていた。同社は、三月二〇日の重役会では第一高炉の規模を検討しているが、そこでは五五〇トン規模の高炉建設を計画していた[42]。この大型高炉建設計画が、申請の段階で四〇〇トンに変更された理由は不明である。しかし、同社が大型高炉建設に積極的であったことを示す事実である。

製銑原料としては、自家製コークスの使用と「東京付近ハ因ヨリ広ク国内ニ産出スル紫鉱ヲ利用シ以テ低廉ナル銑鉄供給ノ道ヲ講」ずるとして、第一回申請と同様の方向を採ったのである。ただし、国内の紫鉱を利用することに限定し、朝鮮からの移入に言及していないのは、朝鮮の紫鉱が、割高であったためと推測される。申請書によれば、鉄鉱石五〇％、紫鉱五〇％という割合が計画されたのである（割合についても第一回申請と同じ）。

③製鋼設備として五〇トン塩基性平炉二基（年産一二万トン）の建設が計画された。燃料は、主としてコークス炉瓦斯、コールタールを使用するが、作業の都合によっては発生炉ガス、重油も使用するとしていた（第一回申請

表2－5　製鋼原料配給表（一カ年分数量）

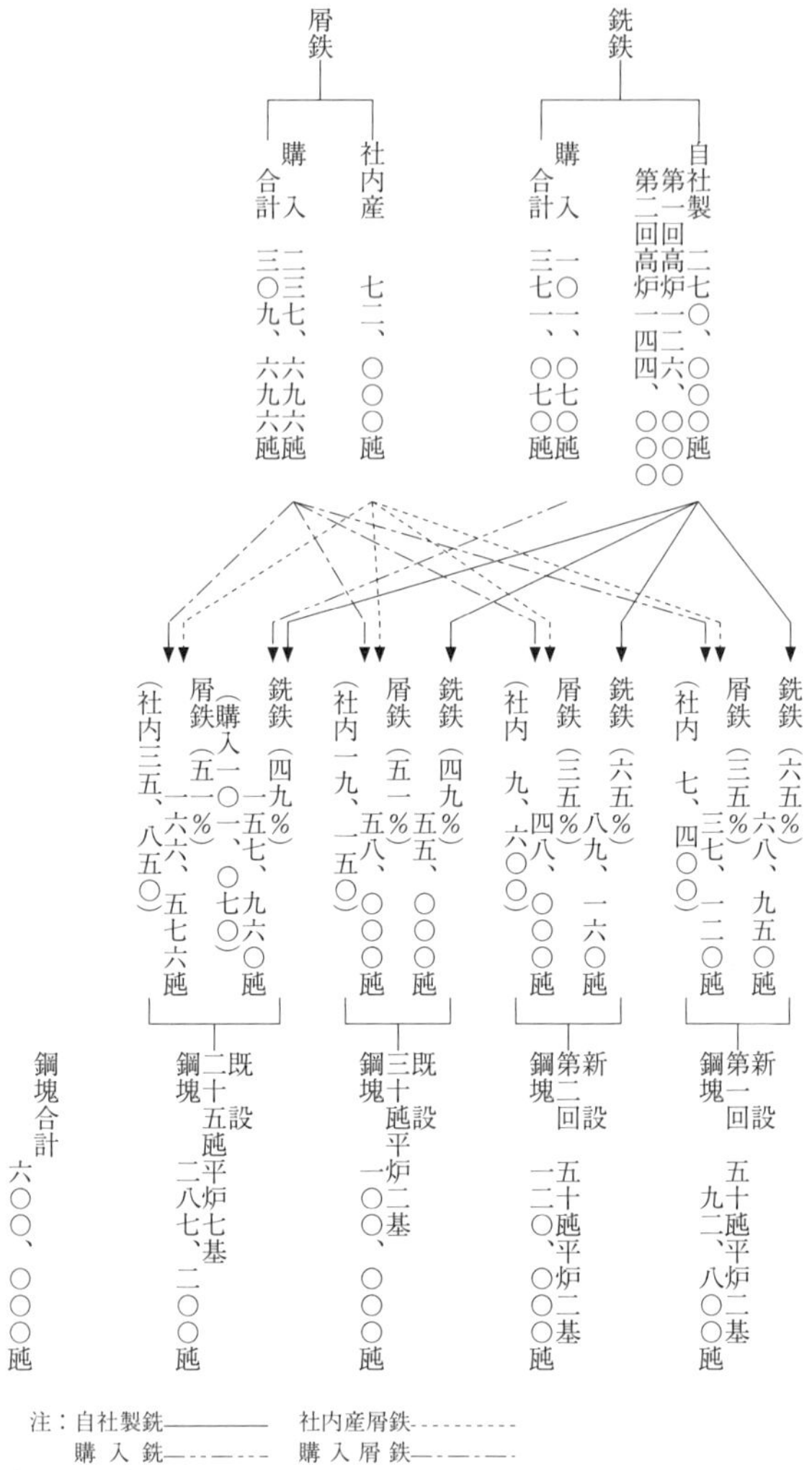

注：自社製銑――――　社内産屑鉄‐‐‐‐‐‐‐‐‐
　　購入銑―‐―‐‐　購入屑鉄―‐―‐―‐

資料：松下資料No.25。

の際はコークス炉瓦斯を使用するとなっていた）。第一回申請の際には、五〇トン平炉二基は、製鋼原料として、熔銑七四三キログラム、屑鉄六〇〇キログラム（鋼塊一トン当たり）となっていたが、第二回申請の際は、熔銑四五五キログラム、屑鉄六八五キログラム（鋼塊一トン当たり）と計画された。第一回の平炉作業は鉱石法を想定していたが、今回は熔銑を使用するものの屑鉄法による製鋼作業ということになっている。これは、「第二増設高炉竣工後ハ製鋼工場ハ全部熔銑ヲ使用スル予定」であるという計画のため、屑鉄の使用割合を増やしたものと推測される。

しかし、第二回申請の認可直前の一九三六年二月商工省に提出した資料によれば(43)、全部の製鋼作業を鉱石法によるものとすれば鋼塊一トンに対して銑鉄七四三キログラム、屑鉄四〇〇キログラムの割合で銑鉄四四万五八〇〇トン必要となる（新設五〇トン平炉四基も含む）。しかしながら、三五〇トン、四〇〇トンの二つの高炉の銑鉄生産量は、年産二七万トンであって、同社の全製鋼作業を鉱石法で行うことは、不可能である。したがって、製鋼作業を最も経済的かつ能率的に行うための製鋼原料の配分が必要になってくる。表2-5によれば、新設の五〇トン平炉が鉱石法（銑鉄六五％）、既設の二五トン、三〇トン平炉は屑鉄法（銑鉄五一％）によって製鋼作業が計画されたのである。しかし、このようにしても、年間約一〇万トンの銑鉄を購入する必要があった。同社の平炉生産能力は、高炉能力との最適均衡はこの高炉二基操業によっても成立しえなかったのである。また、平炉操業に必要となる屑鉄についても、社内で七万二〇〇〇トンが自給できるにすぎず、外部からの購入分が二四万トンにも上っていたのである。

原料の安定的供給のためには、さらに高炉の建設が要請されたのである。

第5節　銑鋼一貫化の実現と条件

同社は、一九三六年六月第二高炉の火入れ、三七年二月第一高炉の火入れが実現し、銑鋼一貫製鉄所の形態は確立した。第二次大戦前には第三高炉が扇町地区に建設され、さらに大島地区に第四、第五高炉が建設された（第五高炉は戦前には操業できず）。生産量だけとってみると、第二高炉は、一九三六年の火入れ以降四一年まで安定的であり、第一高炉も四一年まで安定的である。三八年からトーマス銑用の第三高炉が操業を開始し、銑鉄生産量は、飛躍的に上昇した。

こうした高炉操業を可能にした条件を以下で略述したい。

高炉導入の事前調査と技術者

日本鋼管は、中田義算を、高炉建設事業を推進するために、引き抜いた。日本鋼管に来る以前、中田義算は、釜石鉱山における高炉技術に関する指導をしていた(44)。高炉建設準備のために、中田は、一九三四年六月から一一月にかけて、ドイツ、チェコ、オーストリア、イギリスなど大倉商事、三菱商事、イリス商会などを介して調査した。この調査には、松下長久、松島喜市郎が途中で合流した。また、途中では、昭和肥料関係者である森矗昶、児玉美雄などが参加している。森、児玉らは、昭和肥料のコークス事業に関する計画に関連して参加した。

この調査の目的は、日本鋼管の高炉建設のために必要な知識を獲得したり、技術導入に関する調査を行うことを第一の目的としていた。そのほかに、この調査の目的は、硫酸滓の処理法、トーマス転炉の調査および副産物としての肥料製造、チェコ、オーストリアの製鋼設備、鋼管製造などにわたっていた。そして、中田は、これらの設備を丹念に調査した(45)。調査目的の中にトーマス転炉に関する調査項目があるのは注目される。次章で述べるように、同社の注目するべき技術となったトーマス転炉について、すでに三四年時点で調査を開始し、導入の検討を始めている事実である。ドイツに注目しつつもチェコ、オーストリアの技術にまで目配りができていることも同社の技術陣の目の確かさを証明している。

この調査はすべて、三菱、大倉、イリスなど商社を介して現地の各企業への見学を申し込んでいる。商社が、旅行のアレンジをしているのである。その意味では、欧米からの技術導入における商社のプロジェクト調整機能と日本鋼管の技術評価能力の結合によって、高炉技術の導入が行われたことを示している。

コークス共同事業の構想がかなり進展し、焼結鉱工場の見学を昭和肥料側と一緒に実施した(46)。中田は、両社の共同事業の熱心な奨励者であるが、同時に脱銅特許の秘密裏の取得なども提言していた。彼は、脱銅特許の取得が、将来的に日本鋼管による焼結鉱処理の技術的確保につながることを見越していた。

中田義算は、松下長久らとともに、日本鋼管の高炉建設の中心的役割を担った。日本鋼管は、釜石の高炉技術者であった中田を中心に、海外からの技術情報を商社の援助を得て獲得することによって、実現したのである。

高炉操業と労働力

高炉操業には従来にない技術的訓練を受けた労働力を必要とするはずである。断片的資料からこの問題に接近してみよう。

高炉操業開始にあたって算定した資料によれば[47]、昼夜交代制のもとで二四八名の労働力が新たに必要とされた。量的にはコークス、高炉関係でほとんどを占めていた。二四八名の内、熟練工を必要とするという部分を集計してみると、特にコークス炉、高炉の炉前工などで約五〇名前後の熟練工を必要としていた（表2-6）。しかし、すべての作業で熟練工を必要としているのではなく、コークス炉では五〇名のうち、熟練工は十数名必要とされていた。その他は熟練工の指導監督のもとで作業する労働者で補充することができた。

さらに、第一高炉稼働の際の所用人員予定表によりその職種を検討してみると[48]、モーター運転工六一名のほか一定の熟練ないし教養を必要とするものがかなりの数に上り、一般的稼働者、特定の技能を必要としない労働者は、二三九名中八五名、約三〇％にすぎなかった[49]。

それではこの熟練工の獲得や訓練はどのようにして行われたのか。同社の高炉建設と操業の実質的推進者は、中田義算であった。中田は、田中鉱山時代から釜石製鉄所の次長（技師長）として高炉操業の指導監督にあたっていた。釜石製鉄所が三井鉱山の経営に移行した後、一九三一年には釜石鉱山株式会社の取締役にまでなっていた。その経歴が示すように中田は高炉関係の高度の技術をもつ数少ない技師の中の一人であった。この中田義算を日本鋼管に招聘したのである[50]。

中田は、釜石製鉄所において行われていた操業法を採用しようとしたため、釜石から優秀な炉前工を招致したのである。まず、釜石の高炉従事者を一人スカウトし、そのものがさらに釜石にいって仲間をひっぱってくるという形で釜石の熟練工を引き抜いた。ある労働者の引き抜きには、移住費、旅費などで一人に五〇〇円という破格の費用を支出していた(51)。これらを指導していたのも、中田義算であった(52)。

川崎製鉄所のすぐ近くに民間で高炉操業をしていた浅野造船所（横浜市鶴見区）が存在していた。しかも、浅野良三と白石は姻戚関係にあった。そこで、同社は、高炉作業に従事すべき職工を隣接する浅野造船所に委託して訓練させていたのである(53)。

熟練工は、釜石からの引き抜きと隣接する浅野造船所における訓練によって、賄うことができた。

（1934年４月30日）

其他ノ作業

	昼	夜	計	年齢	其　他
運銑埠頭（２カ所ニテ）	人 2	人 2	人 4	20～40	
運銑船	3	3	6	20～40	
混銑炉	3	3	6	20～50	
ポンプ室	2	2	4	20～50	
配電室	2	2	4	20～40	
車庫	2	2	4		
修繕工場	4	—	4		
電話交換	2	1	3	16～20	昼勤ハ女子
巡視	4	3	7	25～50	兵役終了者
雑	5	3	8		
計	29	21	50		

総　　計

	昼	夜	計	
骸炭関係	人 69	人 30	人 99	
高炉関係	59	40	99	
其他	29	21	50	
	157	91	248	

外ニ船内荷役ノ受員

洗炭，砂型，流鋳，熔滓流シ（バラス作業ヲ含ム）等ノ場合ニハ夫々増員ヲ要ス。

ニ流ストキハ片替リ12人ヲ要ス。」

銑鋼一貫化による製鋼原料使用の内訳変化

トーマス転炉操業前において、同社全体では、銑鉄と屑鉄の使用割合は大きく変化していない（表2-7）。高炉建設が実現したにもかかわらず、屑鉄使用量は、鋼塊産出量の増加とともに増大した。それは、平炉操業においては、一定の割合の屑鉄の利用は不可欠であったからである。もち

表2-6　操業開始後の所要人員

骸炭関係

	昼	夜	計	年齢	其　他
	人	人	人		
石炭荷役	3	—	3	20～40	主ニ起重機操縦
貯炭場	3	—	3	20～40	同上
選炭場	8	—	8	20～50	
骸炭炉	30	20	50	20～50	内十数名ノ熟練工ヲ要ス
ガスタール	5	3	8	20～50	内数名熟練工ヲ要ス
硫安	5	5	10	20～50	同上
雑	15	2	17		
計	69	30	99		

「注：洗炭ヲナス場合ニハ別ニ十名ヲ要ス。」

高炉工場関係

	昼	夜	計	年齢	其　他
	人	人	人		
鉱石荷役	3	—	3	20～40	主ニ起重機操縦
選鉱貯鉱場	4	—	4	20～40	
装入	12	12	24	20～35	数名熟練工ヲ要ス
炉前	6	6	12	20～35	八名以上熟練工ヲ要ス
熱風炉	2	2	4	20～50	二名熟練工
汽缶	3	3	6	20～50	同　上
送風機	2	2	4	20～50	同　上
斤量	4	4	8	20～45	高小卒以上
記録手	3	3	6	17～20	同　上
雑	20	8	28		
計	59	40	99		

「注：以上ノ外熔銑ヲ型物ニ流鋳スルトキハ片替リ15人ヲ要ス。熔滓ヲ型物
資料：松下資料No.16。

ろん、新設五〇トン平炉においては熔銑使用の割合が高まったという事実はあったのである。

一方、銑鉄の社外からの購入は、高炉の操業とともに少なくなり、自給化に成功した。一九三八年にはほとんどが社内銑鉄に切り替えられた。日本製鉄の独占する銑鉄に依存する必要がなくなったのである。このため銑鉄市場価格によって、鋼塊コストが左右されることがなくなったのである。

屑鉄供給の内訳は、八〇%が購入になっている。購入屑鉄の過半は、輸入屑鉄であり、その絶対的使用量も鋼塊産出高の増加とともに増加した。高炉操業の開始以後、鋼塊生産の増加に伴って、輸入屑鉄使用割合は漸増し、輸入依存の傾向から脱却することができない状態であった。

同社は、銑鋼一貫化の実現によって、相対的に安価な銑鉄の自給に成功したが、輸入屑鉄依存の状態を転換することはできなかった。こうした状態を抜け出るために、同社は、屑鉄を一定の割合で使用する塩基性平炉ではなく、屑鉄を使用しないトーマス転炉製鋼法の導入をはかるのである。

使用量

（単位：トン，％）

屑鉄								
入		社産		計		鋼塊産出高	鋼塊トン当たり屑鉄使用量	銑鉄：屑鉄
内地								
(26.9)	27,058	(26.1)	26,259	(100)	100,611	137,431	0.732	35：65
(38.6)	49,994	(19.9)	25,679	(100)	129,353	166,193	0.778	32：68
(35.2)	48,422	(17.2)	23,706	(100)	137,575	182,293	0.755	33：67
(35.3)	60,049	(17.2)	29,282	(100)	170,205	225,862	0.754	33：67
(28.5)	50,198	(21.1)	37,058	(100)	175,921	235,831	0.746	33：67
(24.8)	48,358	(19.0)	37,036	(100)	195,372	263,726	0.741	33：67
(29.4)	56,507	(18.6)	35,769	(100)	192,218	258,501	0.744	34：66
(33.1)	64,972	(15.1)	29,751	(100)	196,436	272,755	0.720	36：64
(28.7)	56,411	(17.2)	33,692	(100)	192,992	273,138	0.707	37：63
(28.6)	70,421	(17.7)	43,737	(100)	246,478	320,617	0.769	32：68
(25.5)	49,137	(20.3)	39,174	(100)	193,037	308,888	0.625	45：55

製銑原料の現実

同社の高炉建設計画の中で硫化鉄滓の利用は五〇％となっており、同社の高炉建設の大きな特徴となっていたが、それは計画どおりにいかなかった。表2-8を見ても明らかなように硫化鉄滓およびそれを原料とする焼結鉱の使用割合は二〇～三〇％であった。

同社の生産する銑鉄の中で、「製造原価ヲ低下セシムル事ニ主力ヲ注」いだ丙号銑には二五％の焼結鉱が使用され、燐、銅分の低い甲号銑では焼結鉱を使用せず、銅分を低くすることに主力を注いだ乙号銑では焼結鉱を五％使用したにすぎなかった(54)。

硫酸滓を事前処理した焼結鉱を利用した銑鉄に含まれる銅分の増加は、特に大きな問題となっていた。平炉精錬の過程でも銅分を減少させることは困難であり、しかも原料中の銅の九〇％は、硫酸滓（紫鉱）からくるものと見られていた(55)。

焼結鉱の単価は、三円五〇銭であるのに対し、華中鉄鉱石一二円、朝鮮鉄鉱石七円九〇銭であったから、相対的に安価な焼結鉱の利用は望ましかった（表2-8）。しかしながら、銑鉄成分に有害な銅分含有量の増加からその利用には制約があった。また、朝鮮からの紫鉱の供給は、価格の面で優位ではなく、東

表2-7　日本鋼管銑鉄・屑鉄

	銑鉄								購	
	購入						計			
	輸入		内地		社製				輸入	
1933年下	(58.3)	32,000	(41.7)	22,903		—	(100)	54,903	(47.0)	47,294
1934年上	(58.8)	35,389	(41.2)	24,762		—	(100)	60,151	(41.5)	53,680
下	(54.1)	37,317	(45.9)	31,609		—	(100)	68,926	(47.6)	65,447
1935年上	(66.9)	55,202	(33.1)	27,334		—	(100)	82,536	(47.5)	80,874
下	(78.1)	68,691	(21.9)	19,252		—	(100)	87,943	(50.4)	88,665
1936年上	(86.7)	82,410	(13.3)	12,605		—	(100)	95,015	(56.3)	109,978
下	(45.9)	46,327	(2.4)	2,406	(51.7)	52,196	(100)	100,929	(52.0)	99,942
1937年上	(18.4)	20,302	(0.2)	196	(81.5)	90,050	(100)	110,548	(51.8)	101,713
下	(1.6)	1,867		—	(98.4)	113,672	(100)	115,539	(52.4)	102,889
1938年上		—		—	(100)	114,019	(100)	114,019	(53.7)	132,320
下		—		—	(100)	156,512	(100)	156,512	(54.3)	104,726

注：(　) 内は％。
資料：松下資料No.37。

京湾周辺の工場からの供給に依存しなければならなかったと思われる。

硫酸滓の利用によって、鉄鉱石の供給を補完しようとした独特の銑鋼一貫体制構想は、部分的に実現したにすぎなかった。

第6節　高炉建設予算と資金調達

扇町地区における三つの高炉建設予算の総括を掲げると表2-9のようになる。第一期工事（第二高炉建設）の予算は、約九三二万円であり、コークス炉・高炉共通設備に二六五万円という多額の支出をしている。その内訳は、敷地の買収（四万坪、一六〇万円）、護岸工事等に対する支出である。こうした支出の構成は、第二期、第三期工事の予算構成とは異なっている。すなわち、最初の高炉建設には、基盤整備のための予算を計上しなければならず、それだけ建設費が膨張することになったのである。しかし、第二期、第三期工事においては、共通設備に対する支出は、減少しているのである。その結果、第二期の投資額は、かなり少なくてすんでいるのである。ところが、第三期工事の各設備に対する投資は、かなり上昇し、共通設備の項目が減少しているにもかかわらず、予算額はかなり多額になっ

表2－8　日本鋼管の製銑原料（鉄源）使用高

（単位：括弧内，％）

	1936年下期		1938年上期		単価
		トン		トン	円
南山（華中）	(42.3)	28,681	(19.7)	23,707	12.40
羅葡山（華中）	(20.6)	14,009	(17.7)	21,265	12.06
黄梅山（華中）	(23.9)	16,214	(2.5)	2,993	12.56
小姑山（華中）	(8.0)	5,403	(1.8)	2,178	10.70
中国計	(94.8)	64,307	(41.6)	50,143	
利原（朝鮮）	(5.2)	3,550	(16.8)	20,265	7.90
ワイヤラ			(0.8)	943	
タマンガン			(22.5)	27,105	
仏領印度			(2.4)	2,939	
インド			(13.5)	16,223	
小川郷			(0.2)	195	
小坂			(2.2)	2,640	
鉄鉱石合計	(100)	67,857	(100)	120,453	
焼結鉱		17,444		53,377	3.50
マンガン		1,912		884	17.40
屑鉄		1,277		1,809	
鉄滓		2,536		8,475	
硫化鉄滓		145		5,985	
総　　計		91,171		190,983	
総計に対する焼結鉱硫化鉄滓の割合		19.3%		31.1%	

注：単価は前掲中田義算「銑鉄原価調」（1936年5月14日）〔No.49〕。
資料：松下資料No.26，34。

たのである。このことは、一九三六年後半からの物価上昇が、大きく影響しているものと思われる。

同社の高炉建設工事は、一九三五〜三六年に集中しており、資金需要もこの時期に集中していたと思われる。その外の設備投資もあるから、同社の資金需要をどのように満たすかは大きな問題となる。高炉建設に伴う資金調達も独得の工夫が施されたのである。

同社は、高炉建設に際して変態増資という形態で資本を調達したのである。商法第二〇一条では株金の全額払い込みの後でなければ増資を行うことができない(56)。そこで新会社を設立し、その後に日本鋼管に合併するという方法を採ったのである。こうした方法を採ったのは、三三〜三四年にかけて三回の払い込み徴収を行っており、株主に対する負担が大きくなっていたこと、会社を設立する際の株式の公募によりプレミアムを稼ぐことができることが理由としてあげられる。

日本鋼管は、この変態増資を行うため、資本金二六五〇万円の川崎コークス株式会社を一九三四年一一月に設立し、

表2－9　鉄鋼一貫計画予算

（単位：千円）

	1934年	1935年	1936年	1937年	1938年	計
第1回申請						
コークス・副産物工場	493	2,051	436			2,980
製銑設備	300	2,263	87			2,650
コークス・高炉共通設備	1,784	743	123			2,650
製鋼設備（平炉2基）	659.7	368.3	—			1,028
合　計	3,236.7	5,425.3	646			9,308
第2回申請						
コークス・副産物工場		540.5	2,167.2	540.5		3,248.2
製銑設備		404	1,652	404		2,460
コークス・高炉共通設備		90	370	90		550
製鋼設備		925	803.3	—		1,728.3
合　計		1,959.5	4,992.5	1,034.5		7,986.5
第3回申請						
コークス・副産物設備				2,919.5	1,251	4,170.5
製銑設備				2,458	1,049	3,507
製鋼設備				3,703.5	—	3,703.5
合　計				9,081	2,300	11,381
総　　計	3,236.7	7,384.8	5,638.5	10,115.5	2,300	28,675.5

資料：各『製鉄事業認可申請書』（松下資料№25，26）より作成。

高炉建設のための資金を調達した。発起人は、大川平三郎、白石元治郎、松下長久、間島三次など一一名の日本鋼管関係者で占められていた。創立趣意書によれば、「日本鋼管株式会社ニ於テ鎔鉱炉建設ノ計画アリ仍而同社ニ対スルコークス供給ヲ主眼トシ尚他ノ確実ナル需要筋ニ対スル製品並ニ副産物ノ供給ヲモ見込ミ」川崎コークスは設立された。しかも、「創立ノ上ハ直チニ日本鋼管株式会社ニ合併シ同社工場ノ一部トシテ同社コークスノ需要ヲ充タス」ことになっていた。払込資本金六六二・五万円（一二円五〇銭×五三万株、但し額面五〇円）でコークス炉、付属機械設備、洗炭設備、副産物工場、土地代金などを捻出しようとした。五三万株の内訳は①四三万株は日本鋼管株主に一株につき一株の割合で割当て、②四万株は日本鋼管役員、従業員に割当て、③二万株は発起人が引受け、適当な方法で売却してそのプレミアムにより、病院改造費、研究所建設費にあてることになった[57]。

予定通り一九三五年七月、川崎コークスは、日本鋼管に合併された。また、同年七月に昭和鋼管株式会社を合併したので公称資本金は、二三五〇万円から五五三〇万円に増加した。

第7節　昭和鋼管の参入と競争激化

昭和鋼管の参入と高炉建設認可問題

昭和鋼管は、一九三三年二月、川崎造船所、昭和肥料、富士興業の共同出資で資本金三〇〇万円（三四年一一月倍額増資により六〇〇万円となる）で設立された。同社は、日本鋼管に隣接し、突合鍛接鋼管工場、継目無鋼管工場、重合鍛接鋼管工場をもち、年産一〇万トンの鋼管生産能力を有していた。さらに、同社は、鋼管材料生産工場として川崎造船所葺合工場に鋼片一〇万トン、スケルプ六万トン、フープ二万トンを生産する工場を持っていた。同社の創立は、住友と鋼管市場を独占してきた日本鋼管に大きな脅威となった[58]。国内における鋼管の需要は約一五万トン（一九三四年）に対して、国内の生産能力は、日本鋼管一二万トン、昭和鋼管一〇万トン、住友伸銅鋼管一〇万トン、今後の満州における鋼管工場の能力も含めると明らかに過剰能力となり[59]、競争の激化はさけられなかった。鋼管の生産は、高度の技術を要するから、日本鋼管の優位性は動かないものの、過当競争を招き市場の混乱を招くことは、必至であった[60]。

森矗昶の鉄鋼進出計画

昭和鋼管の設立は、森矗昶の鉄鋼分野への進出と深く関わっていた。一九三二年一二月一三日開催の昭和肥料重役会において昭和鋼管の設立への参加を決定した。さらに、三四年四月には銑鋼一貫作業による製鉄事業にあわせて硫安増産計画を推進することを重役会で決定した。硫安の増産によって増加する硫酸滓を製鉄事業に関連させる事業計画を決定したのである。[61]森は、三菱製鉄から技術者を迎え入れ、同時にアルミニウムの生産についても援助を得ようと準備していた。[62]少なくとも、一九三四年には、森が日本鋼管の中田と一緒に硫酸滓の処理施設を海外で見学していることからも明らかなように（七四頁参照）、日本鋼管との共同施設（コークス、硫酸滓処理など）によって、製鉄事業と硫安増産計画を結合させようとしていた。

一方、森は、昭和鋼管に川崎、富士製鋼とともに共同出資して鉄鋼業へ進出していた。しかも、昭和鋼管もこの頃、商工省へ高炉建設の申請を出していたことは事態を一段と複雑にしている。昭和鋼管の内部では、川崎造船所と昭和肥料との間で高炉建設をめぐって対立していた。昭和肥料は、硫化鉄滓を利用する高炉建設に積極的であったが、川崎は、消極的であった。高炉建設費一〇〇〇万円の半額を川崎が負担するという提案に川崎が難色を示していたからであった。川崎は、葺合工場に鋼管の素材となるスケルプ製造工場を建設し、昭和鋼管に鋼管の原料となるスケルプを供給しなければならなかった。したがって、高炉建設費を川崎が負担することに難色を示した。一方昭和肥料も単独で高炉建設するだけの技術、資金がなく、単独の高炉建設は困難であった。昭和鋼管内部（川崎と昭和肥料の間）で、建設費負担の折り合いがつかず、昭和鋼管の高炉建設計画は挫折した。[63]昭和肥料は、昭和鋼管における高炉建設が暗礁に乗り上げたのを受けて、日本鋼管とのコークス設備共同建設計画を推し進めたのである。

おそらく一九三四年はじめ頃には、昭和鋼管は高炉建設認可申請書を提出していたものの、昭和鋼管内部での合意がとれなくなっていたと推測される。この結果が、一九三四年六〜一一月の森らと日本鋼管中田との海外共同調査に帰結したのである。しかし、日本鋼管は業績の進展と朝鮮窒素、大日本人造肥料などの硫化鉄滓の目途もついたので、高炉建設とコークス施設を単独事業として推進することにしたのである。

商工省の認可

昭和鋼管は、鋼管の生産ばかりでなく、進んで日産三〇〇トンの高炉建設を計画し、商工省に対し製鉄業奨励法適用認可申請書を提出していた。しかし、一九三四年九月一九日、昭和鋼管は、内部の調整ができず、この申請を取り下げざるをえなくなった(64)。この昭和鋼管の申請取り下げの後、日本鋼管に対して、三四年一〇月一八日に高炉建設の認可が下りたのである。

商工省からこれを見れば、三四年九月に至るまで高炉建設申請において日本鋼管と昭和鋼管が競合していたことを意味するのである。隣接する二つの企業が高炉建設認可をもとめており、両社ともに鉄原に硫酸滓を利用したものであった。したがって、商工省は、昭和鋼管の高炉建設申請が同時に提出されていたため、日本鋼管の高炉建設認可を渋っていた(65)。恐慌からの回復過程にあった当時の状況で、同一地域における原料問題も曖昧な二つの高炉建設を認可することはきわめて無責任であり、商工省は、延期せざるをえなかったのである。したがって、通説のように高炉建設延期を日鉄中心主義による日鉄の民業圧迫の象徴と捉えることには無理があるのである。一九三四年頃の商工省の高炉建設認可行政は、一定の合理性をもっていたのである(66)。

日本鋼管は、一九三五年昭和鋼管を合併し（川崎造船所葺合工場の鋼管原料工場は買収した）、鋼管市場の独占と高炉建設の条件を整えたのである。

小　括

以上の記述をまとめると、以下のようになる。

①政策的視点から見るならば、製鉄業奨励法による免税特典の確保、奨励金の取得を目的に高炉建設を推進した事

例として、日本鋼管の場合を見ることができる。したがって、通説とは異なり、奨励法は、高炉建設推進に一定の効果を発揮したと考えることができる。

また、同社の高炉建設の認可の事情を検討してみると、三四年以降の商工行政を、民間企業の高炉建設抑制策と捉えることはできないことを示している。原料の確保（特徴的には硫化鉄滓の利用）、規模の経済性、需給の均衡等で一定の合理性が整うならば高炉建設は認可されていたからである。[67] 市場メカニズムを通じたインセンティブによって高炉建設を奨励する政策に日本鋼管は対応したのである。

②経営戦略の視点から検討してみると、日本鋼管は、昭和恐慌前から二〇〇～三〇〇トンクラスの高炉建設計画をもっており、奨励法の特典確保、屑鉄供給難の解消を目指して、高炉建設意欲は高かった。同社は、日本製鉄の成立に参加しなかったので、銑鉄市場を独占する日本製鉄と対抗するため、高炉建設の必要性はましていた。屑鉄価格の上昇に加えて、自社で銑鉄を供給した場合には、銑鉄コストを著しく引き下げることができ、屑鉄使用量を減らすことができることから、高炉建設の経営戦略は固まったのである。

これまで、安価なインド銑に依存していた同社は、インド銑が、銑鉄カルテルである銑鉄共販のもとに統制され、恐慌期の銑鉄在庫も減少しているなかで、日本製鉄の合同による銑鉄市場の独占は大きな脅威となったのである。一方、国内での銑鉄採算は岡崎哲二の指摘のように市場のレベルでも十分国際競争が可能になっていた。[68]

垂直的統合の推進によって、高炉部門という新たな事業単位を設置し、鉄鋼業に独特の銑鋼一貫体制が進展した。それは、原料の安定的確保とコストの引き下げ、利益の向上につながった。

③汎用の普通圧延鋼材を生産する民間製鋼－圧延企業の中で、最も規模の大きかった日本鋼管は、原料として大量の銑鉄・屑鉄を購入・消費するため、高炉所有による原料の安定的確保はどうしても必要であった。高炉操業に不可欠な製銑原料としては、硫酸滓は戦略的に重要なものであった。安価な銑鉄供給と鉄鉱石の不足を補完するものとして、京浜工業地帯に位置する地理的便宜性を最大限に発揮するものとして、硫酸滓に着目したのであっ

た。事前処理技術の導入によって、高炉建設は可能になった。鉄鉱石を国内で獲得できない条件のもとで、海外からの資源の取得は国家的バックアップを必要としていたから民間企業の高炉操業はきわめて困難であり、それを解決ないし緩和する手段を講じる技術的先進性こそが高炉建設を可能にした条件であった。これはまた、ベンチャー企業的な側面を示す一つの事例でもある。

④資金調達と設備、原料、労働力が確保されてもそれを調整、機能させる技術がなければならない。それがどのように調達されたのかが考察される必要がある。同社は、指導的企業家である今泉の構想を実現できる高炉技術者として、中田義算を釜石から招聘した。また中田は、彼のもとで作業をしていた熟練労働者を引き抜くことや研修派遣によって、日本鋼管の高炉稼働を支える技術スタッフと現場作業者を整えた。

⑤高炉建設は、新たな競争者＝昭和鋼管（川崎造船所、富士製鋼、昭和肥料の共同出資）との競争の中で実現した。日本鋼管の技術的優位と競争者の内部調整の困難の中で、競争に勝利して、実現したものであった。

注

（1）日本鋼管株式会社の分析については、奈倉文二「日本鋼管株式会社の設立・発展過程――戦前における民間鉄鋼企業の特色ある発展事例として――」（『神奈川県史』各論編二）、『横浜市史』第五巻（第二章第一節加藤幸三郎執筆）を参照。また、小早川洋一「日本鋼管における経営革新――資源節約型の革新」（由井常彦・橋本寿朗編『革新の経営史』有斐閣、一九九五年）は、原料獲得の観点から日本鋼管の革新性を論じている。しかし、小早川は、原料獲得をめぐる競争関係、市場条件を分析せず、結果の「革新性」を主張している。経営史分析の中には、ミクロに終始するがゆえに、経営戦略がどのような市場条件のなかで、競争を通じていかに選択されたのかを厳密に検討しないために、手放しの賞賛や企業家精神に直結させる安易な分析に陥りやすい。筆者も含めてこうした傾向の分析を慎まなければならない。

（2）長島修『戦前日本鉄鋼業の構造分析』（ミネルヴァ書房、一九八七年）一〇五～一一一頁。

（3）通産省『商工政策史』第一七巻（商工政策史刊行会、一九七〇年）三一五～三一七頁。同書によれば、二・二六事件後の小川郷太郎商工大臣の就任による政策変更以後高炉建設が次々と認可されていった。しかし、後述するようにこれは明らかに矛盾するのである。日本鋼管に対する製鉄業奨励法による高炉建設認可は、一九二四年に下りており、闇雲に民間企業を圧迫したというのは事実ではない。認可が下りなかった側の見方である。または多分にジャーナリスティックな見方である。

(4) 日本鋼管株式会社『事業報告書』（一九一八年上、下期）。

(5) そのほかに Fundamental figure for coke and iron estimate. (Tokio, Dec 19th 1925), Estimate of from a 40-oven-battery, latest system. 176,000 tons a year. (Tokio, Dec. 15th) の二葉の資料がある。

(6) Estimate of iron from 2 blast furnaces, 100,000tons a year. (Tokyo, June 29th, 28) / Estimate of coke from 30 oven battery, 127,000tons a year. (Tokyo, June 29th, 28) / Approximate a B. furnace and equipment. (Tokyo July 10th, 1928) の三つの見積書による。（松下資料No.11）。

(7) 森川英正「戦前日本における銑鋼一貫化運動」（『経済志林』第二八巻第三号、一九六〇年、一七五頁）において、『東洋経済新報』（一九二九年四月六日、二一頁）を紹介した。

(8) 「熔鑛炉ノ建設ニ依リテ受ケル利益」（昭和四年一一月一日）、「熔鑛炉建設ニ依リ得ベキ利益」（年月不詳）の二種類の資料がある（松下資料No.51、『横浜市史』Ⅱ資料編4上所収）。後者の資料は、年月が不詳であるが、ファイルされている状態や数値の内容から同じ性格資料と判断される。以下では主に前者の資料によって解説する。

(9) 通説では、製鉄業奨励法および同法にもとづく銑鉄奨励金の効果を否定的に捉える。『商工政策史』第一七巻（通産省、一九七〇年、一九三、二四四～二四五頁）でも財閥系企業の救済効果はあったが、銑鋼一貫を奨励するものではなかったとしている。結果としては、正当な評価であるが、免税適用をもとめて高炉建設が計画されている日本鋼管の事例は、この評価についても再検討を迫る。製鉄業奨励法は、高炉建設を促進する効果はあったのである。

(10) 『日本鋼管株式会社四十年史』一七三～一七四頁によれば一九三三年五月申請となっているが、一九三三年四月二三日付の「製鉄事業許可申請書」（松下資料No.25）によれば、次のようになっている。「昭和八年四月二十八日付ヲ以テ申請仕候製鉄事業ニ付其計画ヲ今般別冊ノ通リ変更致度候間此段及御届候也」。つまり、最初の申請は四月二八日であったことが確定されるのである。

(11) 長島前掲書二三一～二三三頁。

(12) 『大阪朝日新聞』一九三二年一〇月一二日、一一月一五日。

(13) 技監部「日本鋼管及釜石鉱山両社合同後ニ於ケル日本鋼管ノ生産ト販売協定」（一九三二年　一一月八日）（松下資料No.322）および同年一二月一一日（訂正分）（松下資料No.322）を参照。後者の資料と前者の資料とでは数値に違いがあるが、計画の概要は同じである。以下においては、前者の数値を利用した。

(14)『東洋経済新報』一九三三年七月二九日、一二六頁。

(15)「昭和骸炭製造会社設立主旨書」(昭和九年二月)(松下資料No.28)同資料には「中田案」と表紙にペンで書き込みされている。

(16)共同作業会社設立の構想を示す資料は、中田義算「高炉建設意見書」(一九三四年三月一日)(松下資料No.28)「骸炭製造企業目論見書」(松下資料No.28)、「昭和骸炭製造株式会社(第三次訂正)」(一九三四年三月一一日)(松下資料No.28)などがある。昭和肥料は、安価な過剰電力によって水素を製造し、硫安製造に利用する計画で発足したが、余剰電力が期待できることに加えて、半水性ガス法の経済性に着目していた(大塩武「余剰電力と昭和肥料」『経済研究』第九二・九三合併号、一九九二年二月、三三三頁)。

(17)昭和肥料では、硫安需要の増加に対して、電力の不足が顕在化してきたため、一九三二年半水性ガス法による水素および窒素製造を計画しており(昭和電工株式会社『川崎工場史』〔稿〕、九七頁)、こうした計画に日本鋼管の銑鋼一貫計画が関係していたことは確実である。この点、大塩前掲論文三一八〜三三三頁は、昭和肥料の内部事情を克明に分析した優れた業績である。本書主張を裏付ける事実が照会されている。麻島昭一・大塩武『昭和電工成立史の研究』(日本経済評論社、一九九七年)一二一〜一二五頁。

(18)「高炉骸炭炉建設目論見書」(一九三四年四月一日)(松下No.28)では表紙に「当目論見書ヲ基礎トシテ重役会提出書類ヲ作製ス」と書き込みがある。この時点で、コークス炉建設の方針がほぼ決まったと推測される。

(19)この両社のコークス炉建設経過を示す詳細な資料があれば、どちらがコークス炉建設共同化計画を破棄したかがわかるが、現在のところそれを示す資料は存在しない。昭和肥料は、一九三二年一二月一三日重役会において、昭和鋼管の設立参加を決定していたから、日本鋼管にとって、潜在的脅威となっていたことは確かである。

(20)「高炉設置ニ要スル建設費及其利益」(松下資料No.28、『横浜市史』Ⅱ資料編4上所収)は、高炉建設による利益を次のように述べている。「官民製鉄会社ノ合同ニヨリ本邦ニ於テ産出スル銑鉄ノ約八割ハ合同会社ノ手中ニ収メラレタルガ為メ其ノ販売方法ノ統制堅固ニシテ時価A号銑四四円六〇銭ヲ称ヘ居ル有様ナリ、今之レヲ自社ニ於テ製造スルトセバ最悪ノ場合ニ於テモ約拾円(九・七四円)値開キアル……」そのほかに熔銑の平炉装入による利益、製鉄業奨励法の適用をあげている。

(21)大塩武前掲論文三二八頁。大塩は、製鉄事業とコークスガス硫安法の断念の理由は明らかではないとしているが、本章の日本鋼管の高炉建設の経過はこの疑問に回答を与えている。コークス炉建設の共同化構想の破綻は、昭和肥料およびその出資会社である昭和鋼管、日本鋼管との協調関係の破綻である。

(22) 高炉建設の際の鉄鉱石確保としては同社は、マレー半島タマンガン鉱山の開発のために南洋鉄鉱株式会社を設立している（一九三五年創立）。三七年より供給を開始した（長島前掲書四七四～四七六頁）。

(23) 同前、一〇六頁。

(24) 硫酸滓とは、硫化鉄鉱、磁硫鉄鉱、土硫黄等を硫酸工場で焙焼し、硫黄分を回収した後の残存鉱石（残滓）のことであり、鉄鉱石の代替原料としての性格をもっている。硫化鉄鉱は、銅、鉛、亜鉛等を含んでいるため脱銅処理を必要とし、また粉鉱であるためそのまま高炉原料として使用することはできない。低銅銑、鋳物銑としては硫酸滓を原料として使用することはできない。硫酸滓は、粉鉱であるため焼結鉱の原料として利用された（田部三郎『鉄鋼原料論』ダイヤモンド社、一九六三年、三六九～三七五頁を参照）。硫酸滓は、紫鉱とも言う。

(25) 飯田賢一「神奈川県鉄鋼技術史の一断面――今泉嘉一郎と西山弥太郎をめぐって――」（『神奈川県史研究』第三七号、一九七八年一一月）、今泉博士伝記刊行会編『工学博士今泉嘉一郎伝』（同会、一九四三年、一一二～一一八頁）、竹原文雄「住友における製鉄業について――明治から昭和初期までの試み――」(1)（『住友史料館報』第二〇号、一九九〇年五月）八四～八七頁などを参照。

(26) 中田義算「高炉建設意見書」（一九三四年三月一日）（松下資料No.28、『横浜市史』Ⅱ資料編4上所収）。

(27) 「〇〇株式会社創立趣意書（案）」（一九三四年九月二六日）（松下資料No.723）。

(28) 一九三四年九月高炉建設認可の直前に銑鉄生産費、骸炭生産費の再調査を命じられた際に参考資料として原料供給を受ける会社より供給予定数量の念書または契約を添付している（松下資料No.25）。これによって、同社の原料供給計画の概要を考察してみよう。

①株式会社浅野石炭部　一九三六年より雨竜特洗粉炭年九万トン、トン当たり九円五〇銭（川崎工場汽船乗り場渡し）。

②昭和鉱業株式会社　特洗粉炭四万五〇〇〇トン、トン当たり九円五〇銭（川崎工場河岸着）。

③大日本人造肥料株式会社　硫酸滓塊粉年額四万トン、トン当たり一円五〇銭（大日本人造肥料王子または小松川工場艀積込渡し）。

④日本鉱業株式会社一九三六年よりズングン鉄鉱石年五万～一〇万トン。

⑤朝鮮窒素株式会社　硫酸滓（焼結済み鉄鉱）朝鮮窒素工場で副産物として生産される全量を年一〇万トンまでは日本鋼管が全量買い取る。焼結済み鉄鉱トン当たり二円五〇銭（興南湾渡し）契約期間三～五年。

⑥昭和肥料株式会社　硫酸滓年五万トン無償譲渡、これに対し日本鋼管は骸炭ガス中の水素一立方メートル一銭にて分譲。
これらは、いずれも正式の契約ではなく、見込みのものであるが、同社の高炉建設に伴う原料供給計画である。これらの資料は、商工省は高炉建設認可の際に厳密に原料計画をチェックしていたことを示している。

(29) 「中田義算より松下常務宛書簡」(松下資料No.693、一九三四年七月一四日、『横浜市史』Ⅱ資料編四上)。
(30) 松下資料No.25（『横浜市史』Ⅱ資料編四上）。
(31) 平炉滓は、多量の石灰とマンガンを含んでおり、ほとんど輸入に依存していた高価なマンガン鉱を節約するためには、有力な代用品であった（児玉晋匡『鉄・鋼・鋼材』ダイヤモンド社、一九四一年六月、第一七版、六六〜六七、七四頁）。
(32) 長島修「日本鋼管株式会社の高炉建設」（『市史研究よこはま』第二号、一九八七年三月、所収資料二、二三〜三四頁）参照。
(33) 「高炉建設ニ関スル現況」（一九三四年九月一三日、松下資料No.28）。
(34) 「高炉一基及五十瓲平炉二基新設後ノ製鋼作業ニヨル場合ト現在ノ製鋼作業ニヨル場合トノ鋼塊生産費ノ比較」（松下資料No.25）には同名の資料がいくつかある。第一回申請分と第二回申請のものが混合している。本書では、第二高炉の申請（一九三四年四月二三日）において使用した新設高炉の熔銑と屑鉄の混合割合が同じ比率の資料を使用した（『横浜市史』Ⅱ資料編四上、一六八頁）。銑鉄価格、屑鉄価格の違いによって、鋼塊コストの金額は異なっている。
(35) 高炉建設部より白石副社長宛「高炉ノ呼称ニ関スル件」（一九三六年六月六日）（松下資料No.28）最初に建設された高炉を第二高炉、二番目の建設された高炉を第一高炉と呼んだ。その理由は、地理的な関係によるものであった。
(36) 「高炉二基及附属工場建設費及其利益」（一九三四年一一月六日）（松下資料No.28）は、重役会未提出との書き込みがあるが、副社長、今泉、間島、香田には配布されていたと推測することができる書き込みがある。
(37) 「トーマス製鋼法ノ採用及利益」（一九三四年一一月六日、松下資料No.28、『横浜市史』Ⅱ資料編4上所収）。
(38) 「新工場ニ平炉ヲ併置スルニ就テ」（一九三四年五月四日）（松下資料No.16、同前所収）。
(39) 「高炉二基及附属工場建設費及其利益」（一九三五年二月）（「計十五通／二月二十日重役会ニテ配布」）（松下資料No.28）。
(40) 「高炉ヲ更ニ一基増設ノ必要ナル理由ニ就テ」（一九三五年八月二八日）（松下資料No.25、『横浜市史』Ⅱ資料編4上所収）。
(41) 「製鉄事業認可申請書」（同前所収）。
(42) 「高炉一基ヲ増設シテ二基併行作業ヲナス場合ノ利益」（三月二〇日重役会提出原稿）（松下資料No.28）。
(43) 「全製鋼作業ヲ鉱石法ニヨル時ノ計算法（参考）」（一九三六年二月一一日提出）（松下資料No.25）。

(44)　中田義算は、一八八〇年生まれ、一九〇九年東京帝国大学冶金科出身。漢冶萍における製鉄所建設にも参加。一九二〇年田中鉱山（釜石）に入社。釜石製鉄所の創立者である横山家縁戚横山孫一郎の娘婿。田中は、釜石が三井の傘下に入ってから退社。一時、帝国大学冶金科の講師ののち、日本鋼管に入社した（鉄鋼新聞社編著『鉄鋼巨人伝白石元治郎』工業図書出版、一九六七年、六二八～六三〇頁）。中田は、釜石製鉄所の実質的な所長の位置あったと言われる。彼の高炉操業技術はきわめて優秀で「溶鉱炉の神様」と言われた（鉄鋼新聞社編著『鉄鋼巨人伝三鬼隆』鉄鋼新聞社、一九七四年、九八～一〇一頁）。

(45)　'Program for Investigation Trip Nippon Kokan Kaisya.', From MITSUBISHI SHOJI KAISYA to Mr. MATSUSHITA, June 21st 1934.（松下資料No.693、『横浜市史』Ⅱ資料編4上所収）。

(46)　中田義算より松下長久宛書簡（一九三四年七月一四日）（同前所収）。

(47)　「操業開始後ノ所要人員」（一九三四年四月三〇日）（松下資料No.16）。

(48)　「高炉稼働者所用予定表」（一九三五年一〇月三一日、松下資料No.49）。

(49)　「高炉稼働所要予定表」（一九三五年一〇月三一日、同前所収）長島修「日本鋼管株式会社の高炉建設」（『市史研究よこはま』第一号一九八七年三月）二二六～二二七頁参照。

(50)　前掲『鉄鋼巨人伝白石元治郎』六二八～六三〇頁、前掲『鉄鋼巨人伝三鬼隆』九七～一〇〇、一一〇〇頁。

(51)　釜石の作業員の平均月収は一九三五年では、一〇〇円未満であるから、一人に月収の五倍以上の支度金を用意したことになる（『釜石製鉄所七十年史』一九五五年一〇月、四二六頁付表）。

(52)　中田義算「特別職工採用につき内申書」（一九三六年一月一六日、松下資料No.693、資料編上所収）。この資料は、職工引き抜きがどのような形で行われたのかを示すものである（長島前掲「日本鋼管株式会社の高炉建設」巻末所載資料参照）。

(53)　高炉建設部より浅野造船所宛「委託職工給与金ノ件」（一九三五年一二月二一日）（松下資料No.38）。同資料によれば、一九三五年九～一二月の四カ月間で委託職工の賃金四八〇〇円を支払っている。鍛冶工の賃金三円四〇銭であるから大体三〇人前後の職工が委託されていたのではないかと思われる。

(54)　中田義算「銑鉄原価調」（一九三六年五月一四日）（松下資料No.49）同資料は、第二高炉操業前の資料であるが、すでにこうした技術的難点が現実化していたことは、その後もほぼ同様な傾向をもっていたと判断して良いであろう。

(55)　「Cuヨリ見タル紫鉱及ビ硫滓使用可能量」（一九四〇年二月九日）（松下資料No.49）。

(56)　栗栖赳夫『工業金融』（千倉書房、一九三六年）一一〇七頁。

(57)「川崎コークス株式会社定款」「川崎コークス株式会社創立趣意書」「合併契約書」(松下資料No.270)。
(58)『東洋経済新報』一九三五年四月一三日、三五~三六頁。
(59)「鋼管需要統計」(一九三五年、松下資料No.671、『横浜市史』Ⅱ資料編4上)。
(60)『東洋経済新報』一九三四年六月一六日、三一頁。
(61)麻島・大塩前掲書一二二~一二三頁。大塩は、昭和鋼管参加計画と別個に銑鋼一貫計画を立てたという評価を下しているが、これについては疑問がある。昭和肥料が全く別に銑鋼一貫計画を実行することは、あまりに無謀である。昭和鋼管なり、日本鋼管との共同事業として計画されたのである。昭和肥料の森矗昶は、富士製鋼の渋沢正雄と相談し、硫酸工場から出る硫化鉄滓を利用して鉄鋼部門へ進出する計画を立てていたことは、石川悌次郎『鈴木三郎助、森矗昶伝』(東洋書館、一九五四年、二三一~二三二頁)にも指摘されている。
(62)中山三平『アルミニウムに死す』(私家版、一九八一年)三五一~三五三頁。森は、一九三五年当時余剰電力を利用してアルミニウムへの進出を考えていた(長島修「森コンツェルンの成立とアルミニウム国産化の意義」『市史研究よこはま』第四号、一九八〇年四月)。三菱製鉄から受け入れた技術者は、向山哲夫である。
(63)松下長久のスクラップブック(松下資料No.549)。年代は一九三三年と推定される。おそらくこのことを受けて、昭和肥料は、高炉建設の意向を示したのではないかと思われる。
(64)『東洋経済新報』一九三四年九月二九日、四六頁。丹波彌壽夫『重工業株の徹底研究』(栗田書店、一九三四年)三三頁。『川崎工場史』(稿)八八頁。
(65)『東洋経済新報』一九三三年七月二九日、二六~二七頁。
(66)一九三五年の製鉄業奨励法による高炉認可行政は確かに一定の問題を含んでいる。一九三五年五月二一日に出した高炉認可申請は、三六年四月一三日に認可された。認可までに約一一カ月を要している。この間、銑鉄市場をめぐっては、銑鉄共販と日本製鉄株式会社との間で価格引き下げをもとめて対立が深化し、三五年七月には価格は二元化し、商工省は輸入銑の委託販売も廃棄するというきわめてシビアな対立状況にあった(長島修『日本戦時鉄鋼統制成立史』法律文化社、一九八六年、参照)。
(67)安井國雄『戦間期日本鉄鋼業と経済政策』(ミネルヴァ書房、一九九四年)は、「銑鉄飢饉が存在」するなかで、高炉建設認可が遅らされたことを日鉄中心主義として、それは大規模な高炉は認可する経済的要請から出てきたとしている。この主張は、鉄鋼飢饉が一九三六年後半から現実化したという事実について誤認があるうえ、何ゆえ日本鋼管の高炉が認可されたのかを検討していない。また、この時期の高炉建設を軍事的要請に結びつけている点など趣旨にも大きな混乱が見られる。高炉建設の申請は、一九三五年四月以降に小川商相によって、一斉に行われていた。それ以前には、日本鋼管を除いて、浅野の一〇五瓲高炉の申請が出されているにすぎない（長島前掲書一八頁）。高炉建設認可をめぐって、故意に民間会社を圧迫したというのは、当時の商工省の行政に対する批判としてジャーナリズムの論調に左右された考え方である。

商工省が日本製鉄を中心とした統制強化策を採用したことは事実である。日本製鉄の成立した一九三四年以降商工省の市場支配力を強化するために、カルテルが廃棄されたことは事実であるが（長島前掲書第二章）、それは日本製鉄の当初の目的である安価で大量の鉄鋼を供給するという政策から出たものであった。

（68）　岡崎哲二『日本の工業化と鉄鋼産業』（東京大学出版会、一九九三年）一九三〜一九八頁。

第3章　転炉導入における技術情報と技術選択

はじめに

新たな技術を導入する場合、技術情報を取捨選択し、それを自らの国（企業）の自然的、経済的、歴史的条件にあわせて、従来の技術をどのように受け継ぐのかあるいは廃棄するのかは決定的に重要である。技術を単に一括して導入すればそれでよしとするのではなく、技術導入にはその前提となる一定の技術基盤、生産力的基礎がなければならない。また、どのように新技術にアクセスし、それを取捨選択するのか、それはなぜどのようにして行われるのか、そこにまで分析のメスを入れることが必要となる。本章は、そうした理論的な問題を考える一つのケーススタディになる。[1]

普通鋼の製鋼法には大きく分けて平炉製鋼法と転炉製鋼法がある。平炉とは、蓄熱室を備えた一種の反射炉で、重油あるいは発生炉ガス（石炭）によって不純物を酸化除去し、銑鉄中の炭素を酸化して低くし、鋼に変える装置である。転炉とは、炉内に入れた熔銑中に酸化ガス（空気、酸素など）を吹き込んで熔銑中の不純物を酸化除去するとともに、その際発生する熱を利用して外部からの熱の補給を行わず、鋼を熔製する装置である。

戦前日本鉄鋼業の中で、製鋼法は、ほとんどが平炉製鋼法であり、転炉製鋼法は八幡で行われていたが、一九二七年には中止されていた。民間鉄鋼企業は、平炉製鋼法のうちでも安価な屑鉄を大量に使用する屑鉄法を選択していた。[2]一方、官営八幡製鉄所は、将来の屑鉄自給も考慮して熔銑を大部分原料として利用する平炉銑鉄鉱石法を行う第二製鋼工場を建設し、銑鋼一貫製鉄所としての内実を固めていた。[3]したがって、日本鋼管が、高炉を建設し銑鋼一貫体制を整備していく過程で、転炉製鋼法、中でもトーマス転炉製鋼法という日本では全く経験のない技術を導入するということは、かなり思い切った決断であった。トーマス製鋼法とは、塩基性耐火物で内張りした転炉に熔銑を装入し、炉底から空気を吹き込んで熔銑中の不純物を酸化除去する方法で、吹錬中の熱源となるのは燐であるから原料銑は含燐量の高いものでなくてはならない。

日本鋼管のトーマス転炉製鋼法操業の歴史的意義については技術史的観点から今泉嘉一郎の業績を紹介しながら、転炉製鋼法に着目した先駆性が、飯田賢一の研究によって、指摘されている。[4]また、革新的経営の例として、小早川洋一がトーマス製鋼法採用について、指摘している。[5]しかし、飯田の研究は、技術史的観点に傾斜しており、経営内部での採用の経緯が十分検討されていない。また、小早川は、トーマス転炉の採用がどのような技術選択の可能性のなかで採用されたのか検討されていないため、「資源節約型の革新」とされる歴史的意義が明らかではない。革新的な技術を採用した事実を述べているにすぎず、いかなる意味で革新的であり、それはなぜどのようにして可能になったのかについて深い考察を行っていない。

本章は、戦時戦後の経営的観点から日本鋼管の技術選択の具体的過程を追いながら、日本鋼管がどのように技術情報を得、取捨選択したのかを検討し、転炉製鋼法採用の歴史的意義を明らかにし、飯田の研究を補完し発展させようとするものである。そのことが、ベンチャー企業として成立した同社の性格（「革新性」）を確実に証明することになるからである。

第1節　今泉嘉一郎のトーマス転炉製鋼法の紹介

日本鋼管取締役で著名な技術者であった今泉嘉一郎は、一九二六年九月から二七年一月まで鉄鋼協議会によって鉄鋼調査のためにヨーロッパ諸国に派遣された[6]。ドイツ鉄鋼業の復興事情を見聞して、帰国後トーマス製鋼法の優位性を日本に紹介したのである。その見解は、鉄鋼協議会での講演あるいは論文を通じて発表された。

①「独逸製鉄事業の復興と我国に於けるトーマス製鋼法の勧め」（一九二七年三月二六日、日本鉄鋼協会第二回通常総会における講演[7]——）

②「我国製鋼業の合理的刷新と肥料政策[8]」

③「トーマス製鋼法採用を可とする意見」（一九二八年一一月日本鉄鋼協会第三回研究部会講演[9]）

これらの中で今泉は、次のような点を指摘し、トーマス製鋼法採用の合理性を主張した。

平炉鋼は硬質鋼の生産に適しており、世界的にみれば高品質の鋼材生産に用いられるが、日本においてはもっぱら平炉鋼材が生産され、市場に提供されてきた。平炉鋼は、安価な屑鉄供給と高炉を必要としないという便利さはあるので普及した。特に、八幡の場合は「軍器用鋼自給の目的から」平炉が採用された[10]。これに対して、ヨーロッパで生産されているトーマス鋼材は安価で大量に生産され、日本に対しても輸出されていた。日本においては、「平炉鋼材はトーマス鋼材に比して多少高価を保つ高級品として適当なる販路を有するものであるに拘らず、独り我国の市場に於ては……何等の差別を見ない[11]」。自給自足という観点から輸入鋼材との対抗を考え、安価で大量生産が可能であるトーマス製鋼法に注目し、鉄鋼業自立化の技術的基礎をあたえるものとしてトーマス製鋼法を日本に紹介したのである。

一九二〇年代、輸入鋼材からの国内市場確保が課題であった日本鉄鋼業界では、今泉らを派遣してヨーロッパ視察からそのヒントを探ろうとしていたのである。(12) 今泉は、トーマス製鋼法と並んでまたはそれ以上のものとしてヨーロッパから持ち帰ったものは、ドイツの「ラチョナリジールング」(いわゆる「産業合理化」であるが、今泉はこれを「集力整理法」と訳している)という概念であった。この産業合理化とともに、日本鉄鋼業の自立化の技術的政策としてトーマス製鋼法の有効性とその採用を主張したのである。今泉は、ドイツ製鉄業が第一次大戦の結果アルサス・ロレーヌ地方をフランスに占領され、トーマス製鋼法に必要な含燐鉄鉱石の供給が困難になっているにもかかわらず、ドイツにおいてはスウェーデン等から鉄鉱石を輸入してトーマス製鋼法を展開している事実に注目したのであった。(13)

それでは、トーマス製鋼法の技術的優位性はどこにあるのであろうか。また、原料条件の異なる日本においてトーマス製鋼法の採用が可能であるのか。この点に今泉は考察を加え、独自の発想を展開したのである。

日本で採用されている屑鉄を利用した平炉製鋼法は、屑鉄が欠乏してしまった場合操業が困難になってしまうから、屑鉄を利用しない製鋼法を採用するべきである。その場合、ベッセマー転炉製鋼法は原料鉄鉱石の入手が困難であり、(14) トーマス製鋼法が、最も有利であるとした。転炉製鋼法ではなく、平炉を利用して屑鉄を利用しない方法としては鉄鉱石法が考えられるが、製鋼設備が三割安くできること、燃料を使用しないこと、(15) 製鋼作業が簡単なこと、製鋼時間が短いこと、(16) 工場の敷地が相対的に小さくてすむことなど明らかにトーマス製鋼法が優位であると主張した。(17)

また、トーマス製鋼法の利点は、副産物としてトーマス肥料が得られ、肥料政策の上からも益するところが大であり、トーマス鋼材のコストを引き下げることができることであった。

含燐鉄鉱石のない日本でトーマス製鋼法を採用する場合、技術的な困難を解決するため、今泉は、燐鉱石を高炉に装入し、トーマス銑を製造したら良いと主張した。(18) 高炉に燐鉱石を装入したとしても肥料の販売によって十分カバーできる。また、燐鉱は、過燐酸石灰の原料としては不適当な鉄分の多い燐鉱を使用することによって十分供給可能であるとした。(19)

しかしながら、以上のような今泉の主張は、一九二〇年代後半においては日本鉄鋼業で採用する条件がなかったのである。すなわち、この時点でトーマス製鋼法を採用するには、熔銑供給の可能な銑鋼一貫製鉄所でなければならないが、高炉のない民間製鋼企業には技術的にもその条件がなかったし[20]、経営の悪化していた民間製銑企業では新たな技術を導入していくだけの余裕はなかった[21]。銑鉄価格と屑鉄価格を比べても相対的に屑鉄価格が安いという状況にあっては（表3-1）、安価な屑鉄を放棄してまで技術的なリスクの大きい選択をすることは考えられなかったのである。したがって、今泉の主張が受け入れられる条件を持っていたのは、ある程度利益を無視できる官営の八幡製鉄所以外には考えられなかった。実際今泉も八幡がトーマス製鋼法の「初期の試験作業」をやり、「民業に率先して範を示す」必要がある、これによって八幡の作業経済も面目を一新できると主張したのである[22]。つまり、今泉は、ヨーロッパ視察によって、対外的自立を目指す日本鉄鋼業の技術選択として八幡に対してトーマス製鋼法の採用を主張したが、民間企業に対するものではなかった。また、具体的な屑鉄需給の逼迫を回避しようとすることが正面にすわっていたわけではなかったのである。

表3-1　銑鉄・屑鉄価格

（単位：円）

	銑鉄販売価格(a)	屑鉄輸入価格(b)	(b)−(a)
1926	46.22	42.52	−3.70
1927	46.21	39.63	−6.58
1928	46.29	37.50	−8.79
1929	44.79	38.32	−6.47
1930	36.17	37.23	1.06
1931	27.60	24.44	−3.16
1932	28.30	30.19	1.89
1933	41.47	36.68	−4.79
1934	44.60	47.46	2.86
1935	47.75	49.15	1.40
1936	48.25	54.79	6.54
1937	71.00	99.87	28.87
1938	74.00	86.38	12.38
1939	81.00	83.64	2.64
1940	81.00	138.75	57.75
1941	81.00	138.97	57.97

注：(1)　屑鉄はアメリカからのトン当たり輸入価格。
　　(2)　銑鉄は銑鉄協同組合、銑鉄共同販売会社の製鋼用銑鉄の販売価格。
資料：『製鉄業参考資料』。

第2節　官営八幡製鉄所の技術選択

転炉製鋼法の廃止

今泉が日本にトーマス転炉製鋼法を紹介し、その採用を迫っていたとき、八幡製鉄所ではむしろ転炉製鋼法からの撤退を決定し、傾注式平炉などによる平炉の大型化あるいはタルボット式平炉など平炉製鋼法の推進を決定した。本節では、日本鋼管との対比において八幡の技術選択の過程を簡単にまとめてみたい。

転炉製鋼法は、屑鉄を必要とせず、銑鉄（熔銑）中の不純元素の反応により精錬温度を確保し、短時間の中に鋼塊を製造できる「量産型製鋼法」であるから、それが有効に機能するならば、転炉製鋼法の優位性は明らかである。[23]しかしながら、八幡は第三期拡張工事（一九一七〜二九年）の出発から転炉を廃止する方向を打ち出していたのである。すなわち、「第三期拡張ノ目的」の二番目に「現在ノ『ベセマー』製鋼塊ヲ全廃シ『マルチン』鋼塊八十万瓲ヲ製出スルモノトス」[24]と明記していることからも明らかなように、転炉廃止を前提にした拡張が展開されていた。そして、八幡では一九二七年一一月に転炉が操業を中止したのである。[25]八幡で酸性転炉（ベッセマー転炉）が操業を中止したのは以下のような理由によるのである。

①ベッセマー転炉の操業に不可欠なベッセマー銑の供給が不可能になった。[26]脱硫、脱燐の不可能なベッセマー法は、燐、硫黄などの成分の低い熔銑を必要とするが、燐分の多いマレー産鉄鉱石の使用増加に伴って、[27]ベッセマー銑の供給が技術的に不可能になった。[28]

②八幡で生産された燐分の多い転炉鋼塊は、脱燐、脱硫のため、特殊な用途以外には再び平炉に装入しなければならなかった。このような方法（転炉・平炉合併法）は、コストが高くなるため、ベッセマー鋼をわざわざつくる必要を失わせたのである。[29]

③ベッセマー鋼の成分は、良好ではなく、主な用途先であった重軌条（鉄道省納入）も規格に合格するのは困難な場合が多かった。[30]

④屑鉄価格に比べて銑鉄価格が高かったため、すべて熔銑を使用する転炉製鋼法は不利であり、屑鉄を使用する平炉製鋼法の方が有利であった。但し、後述するように、八幡は長期的には屑鉄が不足すると見ていたから、技術的要因が転炉操業中止の規定的理由と判断される。

八幡の技術選択

一方、八幡は長期的に見て平炉製鋼法の不可欠な原料である屑鉄に依存することの不安定性に危惧を抱いており、製鋼法の将来的選択の方向を模索していたのである。久保田省三の有名な「製鉄所製鋼作業の現況及我国製鋼事業の将来に対する私見」(31)という論文は、私見という形をとっているが、まさに八幡のこうした岐路にあたっての技術選択の方向性を明らかにしたものであった。久保田は「屑鋼の如き生産地不定種類形状雑多にして運搬極めて困難且つ土地及時の状況により価格の変動甚だしきものを斯く多量に原料として海外に供給を仰ぐ事は其困難想像に餘あり常に海外市場に脅威せられ、鉄鋼自給策を根本より覆へすもの」であると述べて、屑鉄を使用しない製鋼法の選択として、傾注式平炉による銑鉄鉱石法またはタルボット法(32)が、最も適切であるとした(33)。そして、さまざまな方法を検討している中で塩基性転炉（トーマス転炉）については、「原料操業其他の関係上尚ほ将来研究の餘地を存す」としていた。この時点ではトーマス製鋼法採用を否定したわけではないが、積極的に採用するべき技術とはみなしていなかった。

八幡においては、一九二七年頃ベッセマー転炉操業中止に伴う鋼塊の不足を補い、どのような製鋼法によって銑鋼一貫体制を整備していくかという課題は残っていたが、その際ペンディングとされていたトーマス製鋼法はどう扱われたのであろうか。

八幡は、ベッセマー転炉の操業中止（一九二七年一一月）直前、一九二七年五月七日第四回技術会議(34)においてトーマス転炉を導入するべきかどうか検討した。鵜瀞銑鉄部長は、「燐分多き鉄鉱供給可能ならばトーマス銑の製造には賛成」であるが、燐鉱石を使用するとすれば経済上採算が可能であるかどうか疑問であろとしていた。転炉滓を利用することにより銑鉄原料費への影響を少なくすることができるとも主張していた(35)。つまり、銑鉄製造技術者側からは、条件付きで賛成していた。

これに対し松原第二製鋼課長は「トーマス法の発達は適当原料の供給せらるる地方的状況」から可能になったもの

であって、日本にはその条件がないとはっきり反対した。吉川第三製鋼課長、児玉第一製鋼課長も操業の困難さを挙げて同趣旨で反対した。久保田省三製鋼部長は、平炉の能率が上がり、転炉を廃しても鋼塊製造能力は十分にある、平炉では石炭の費用が増加するものの、トーマス製鋼法は歩止まりが悪く、「トーマス法を採用するも生産費の低下は期待し得られざるべし」として反対の意向を明らかにした。そのうえで「東洋方面の鉱石を利用し一様なる成分の銑鉄製造を目的とするに於ては合併法（転炉と平炉の合併法――引用者）の採用は不利にしてタルボット法に因るべし」と、今後予備精錬炉と平炉の合併法またはタルボット法へ進むことを主張した。

井村技術課長はトーマス滓の高炉への利用、建設費の安さ、生産費の安さ、ヨーロッパの輸入鋼材がトーマス鋼であることなどから検討の余地があるものとしていた。その他の参加者では積極的にトーマス製鋼法に賛成するものはいなかった。結局、第四回技術会議では、製鋼技術者の反対にあってトーマス製鋼法の採用は否定され、平炉操業を中心にした製鋼法へ進む従来の方針が確認されたのである。

今泉が官営製鉄所においてトーマス製鋼法の採用を主張した時、八幡は、トーマス製鋼法を一定の原料供給条件のもとで可能な方法であり、特殊な地域的製鋼方法であると断定した。しかも、コスト的に引き合わないものとして（トーマス肥料の生産販売も考慮にいれず）トーマス製鋼法を採用しなかった。その後八幡はもっぱら平炉の拡張に進み、日本製鉄も銑鋼一貫体制を整備する段階で平炉製鋼法を推進していった(36)。

第3節　日本鋼管株式会社の転炉導入の経緯

トーマス転炉計画

トーマス転炉は、熔銑の供給が前提となる以上、銑鋼一貫体制の成立が前提となる。トーマス転炉のアイディアは普及していたが、高炉をもたない民間の製鋼企業には現実性がなかった[37]。したがって、日本鋼管の高炉建設計画の中で検討されていた。一九三四年夏、高炉建設のための海外調査に派遣された高炉技術者中田義算および松下長久の調査項目の中には、トーマス転炉を採用している製鋼所の訪問調査が挙げられていたことからも明らかである[38]。重役会には未提出に終わったが、二基目の高炉建設計画の段階で作成された「トーマス製鋼法ノ採用及其利益」（一九三四年一一月六日[39]）という書類はきわめて注目すべき内容である。すなわち、第一に、一九三四年一一月というかなり早い段階で導入を検討しているという点で、第二に、二基目の高炉建設の計画段階で検討しているという点で、注目すべきである。しかも、「トーマス製鋼法ノ採用及其利益」によれば、トーマス鋼三〇万トン、平炉鋼二〇万トンを生産するために、四基の高炉で操業するという計画であった。つまり、第一高炉（二番目の高炉）の建設段階で、転炉の導入は第二計画[40]としてすでに射程に入っていたと推測される。

それではこの「トーマス製鋼法ノ採用及其利益」の内容はいかなる特徴をもっているのであろうか。平炉製鋼法による屑鉄需要の増加に対して、「屑鉄ノ購入難ヲ緩和スル点ニ於テモトーマス製鋼ヲ行フヲ利益トス」と述べて、屑鉄需要の点[41]からトーマス転炉の導入を主張した。そして、年産ではトーマス鋼三〇万トン、平炉鋼二〇万トンの割合が考えられていた。

この計画は、四〇〇トン高炉一基、五〇〇トン高炉二基（三五〇トン高炉二基を改築するものとして計画されている）によって銑鉄が供給されるものとなっており、第二期計画の次の段階（高炉三基操業）を構想したものであった。このうち改築された高炉二基によってトーマス銑鉄を三六万トン生産し、トーマス転炉の原料とし、新築四〇〇トン一基で一三万五〇〇〇トンの銑鉄を平炉に供給する計画であった。すなわち、「トーマス製鋼法ノ採用及其利益」は、第三期計画の原型をなすものであった。

また、製鉄業奨励法の改正[42]がない限り、第三〜第九平炉は一九三六年、第一、二平炉は一九四〇年で免税期限が終了するため、新たな方法を考える必要があった。「同法ノ適用ヲ受ケントセバ新ニ平炉ヲ建設スルカ或ハ他ノ方法ヲ選バザルベカラズ。即之レニ対シテモトーマス製鋼法ヲ採用スルヲ便利トス」と述べて、免税期間の終了に伴う対策の一環として新たな方向を模索していたのである。

以上のように、一九三四年末の時点ですでにトーマス転炉の導入が、高炉建設を展望して考えられていたのである。この構想は基本的に一九三六年になっても継続していた。つまり、トーマス転炉の導入に向けた海外調査においても、既存の二つの高炉でできた銑鉄をトーマス転炉に回し、残余を平炉に回す計画であった(43)。

海外調査団の派遣とドイツからの技術導入

トーマス転炉導入に実際に動き出したのは一九三六年七月である。この間に日本鋼管では第三期計画として高炉建設と並んで(44)トーマス転炉導入に傾いていったものと思われる。しかし、社内では、トーマス転炉に進む方向が確定していたわけではない。のちに転炉操業で中心となった木下恒雄は、銑鋼一貫に伴う新たな製鋼法として、八幡と同じ方式の予備精錬炉と平炉を組み合わせた合併法の実習に派遣されている(45)。つまり、トーマス法にするか八幡方式の平炉製鋼法にするかかなりの試行錯誤の過程があったのである。最終的には、今泉嘉一郎の意見が採用されることになった。

一九三六年七月トーマス転炉導入の可否を調査し、新設備の購入のため松下長久、宮原信治、木下恒雄の三名をドイツへ派遣した(46)。しかし、このドイツ派遣は当初よりトーマス転炉採用を前提したものではなかった。「トーマス製鋼法ト鉱石法トノ利害得失ヲ再検討スルコト／此れ（マ）ハ今回の使命にして又之れ（マ）が決定ハ甚ダ困難ニ御座候(47)」と松下が述べているように製鋼法の選択を賭けた調査研究が、ドイツ派遣の理由であった。日本鋼管経営のトップではトーマス法の採用についてかなり不安をもっていただけに(48)、この海外調査は大きな意味をもつものであった。特に白石元治郎は、第一次大戦中に今泉が導入したスポンジアイアン技術が失敗に終わったこともあって、今泉が主導したトーマス転炉の導入が成功するのかどうか心配していた(49)。

以上のことから明らかなように、新技術の導入に積極的であったのは、今泉の薫陶を受けた技術系の人々であった。彼らが、トーマス転炉の導入を主導したのであり、社長の白石元治郎をはじめ経営陣の中には、これに対して疑問をもつ人も多かった。したがって、この調査旅行の成果が同社のトーマス転炉導入にとってきわめて重要な意味をもっていた。したがって、松下は、旅行中にも絶えず、日本鋼管の状況を今泉と連絡をとり、調査結果を逐次今泉に報告していた。そのコピーが大切に保管されていたことの意味も調査旅行の重要性を示している。

松下らはまずドイツデマーグ社でドイツの製鋼事情についてあらかじめ用意していた質問事項について回答を得た(50)。ドイツではトーマス銑のコストは平炉銑のそれよりも安いことがトーマス製鋼法を盛んにしている原因でもあった(51)。しかしながら、トーマス銑の規格範囲(52)は狭いので製造は技術的熟練が必要であるといわれていた。特にSiが〇・四%以上になると「作業困難」が生じ、歩留まりの低下、炉内の侵食、トーマススラグの利用不能などの原因となった(53)。トーマス銑を生産することが転炉操業と並んで重要な技術的課題であった(54)。ドイツ出張中に川崎製鉄所においてトーマス銑生産に成功したという知らせが松下のもとに入り(55)、トーマス転炉導入の方向は確定的になった(56)。

トーマス鋼が軟鋼、特に極軟鋼を生産するのに適していることは(57)、日本鋼管にとっては鍛接管材料の素材として好都合なことであった。フッキンゲンのマンネスマン工場見学においては、油井管のような高級品についてはトーマス製鋼法と平炉の合併法によって生産していることから、トーマス製鋼法の「打開ノ活路ヲ見出シ」「管材ヲ主ナル製品トスル吾ガ社トシテ優良ナル製品ヲ歩止リ良ク作ル見地ヨリシテ真ニ適切ニシテ尚且ツ有利ナル製鋼法(58)」と認識した。

コストについては、デマーグ、クルップの技術者に対して、渡独前に準備していた資料により意見を聴取し、「凡ユル角度カラ検討シテ見タガ thomas 鋼（は）……平炉鋼ニ比シ……採算的ニ有利デアルト云フ結論ニ達シタ(59)」（トーマス鋼は、歩留まりが悪いことを考慮に入れたとしても）。グーテ・ホフヌング・ヒュッテにおいても製鋼工場支配人に鉱石分析表、価格等の資料を示しトーマス銑鉄価格を平炉銑と比較し、肥料の販売益により製鋼費を引き下げることができることを確認した。

さらに、ドイツの経済的条件がトーマス製鋼法を盛んにしていることも確認した。すなわち、ドイツではトーマス銑のコストは三八～四〇マルク、平炉銑のコストより八～一〇マルク安いが屑鉄のコストが三八マルクに「ナレバthomas 法ハ平炉製鋼法ヨリ不利デアル要ハ thomas pig iron ノ生産費ト屑鉄ノ cost ニヨリテ利害得失ガ左右セラルルモノデアル」[60]とデマーグ社側の技師から忠告された。このことは、満州事変後の屑鉄価格の上昇により銑鉄価格との格差が二〇年代と逆転した日本の状況にまさに適合的な条件であった。

技術導入と商社のコーディネーション機能

かくして、トーマス転炉の採用を決定していったが、この過程で三菱商事、大倉商事の果たした重要な役割に注目する必要がある。とりわけ三菱は、宿の手配、製鉄所の工場見学の手配、機械購入の斡旋など三人のドイツ、フランス、イギリスへの調査に案内役を務めていた[61]。大倉商事はグーテ・ホフヌング・ヒュッテと「特殊関係ニアル」[62]もので、グーテ・ホフヌング・ヒュッテの工場見学の窓口になり、デマーグ社の見積りの遅れなどから早く注文できるところから注文しようとしていた日本鋼管は、大倉とも接触していた[63]。日本鋼管は一時グーテ・ホフヌング・ヒュッテにも見積りを提出することを求めていた[64]。

機械購入の際には、当時のドイツの情勢から、納期と価格について詳細な検討をしたうえで、購入を決定していた。ボルト一本に至るまで検討し、国内でできるかを検討している場合もあり、なるべく安価に導入する方策を考えていた[65]。技術導入は、決して先方の言うがままではなく、十分な技術評価能力と日本での操業の可能性（経済的条件、地理的条件など）を考慮して決定していた。日本鋼管は、技術導入でも主体性をもって臨んでいた。

結果的には日本鋼管は、トーマス転炉および付帯設備をデマーグ社から購入することになった。混銑炉（ミキサー）は、グーテ・ホフヌング・ヒュッテから購入することに決定した。

モーターはＡＥＧから購入することにしている。基本施設は、デマーグ社から購入しているが、個別に詳細な価格と納期を検討して必要なものを安価に購入しようと努めていた。つまり、技術導入は、ドイツの技術水準と日本の技術水準を比較検討し、安価にどのような設備や機械類を購入したらよいかという観点からドイツにおける競争見積りをとり、さらに国内で供給できる部品は購入を排除するなどきめ細かな措置がとられていた[66]。

価格交渉と納期の問題は難航した。ドイツは、スペイン戦争への介入や軍事工業の拡大で機械メーカーは「多忙の為鼻いきが荒ひので中々値引せず[67]」交渉は難航した。間に立った三菱商事は、三菱のマージンを減額して交渉を成立させた[68]。ナチス政権下で軍事化を進めていたドイツにおける機械メーカーの繁忙は、初期の方針の変更を余儀なくされた。つまり「納期の延長ハ誠に不得已の次第」であり「可成日本品ニて間に合ふ普通のもの図面あれバ出来得ると考ふるものハ之れを内地ニて製造する事とシ今回電報ニて申上たる範囲ニ縮少せる次第ニ御座候[69]」と述べているように、ドイツからの付属設備機械の購入は最小限にとどめられたのである。

一〇月一三日三菱商事ベルリン支店でデマーグ社との間でトーマス転炉および付属設備と図面の購入契約は成立した[70]。宮原、木下の両名はデマーグ社三菱商事の紹介で工場実習の許可をドイツ国防省より得て、松下の技術上の詳細な指示を受けて、二カ月間パイナーワルツのトーマス工場で実習を行った[71]。

トーマス転炉導入にあたって、調査先の選定、工場見学、ヒヤリング、価格交渉、契約の仲介および工場実習など、日本鋼管は、技術導入にかかわるコーディネーションを三菱商事（総合商社）に依存した[72]。すなわち、商社のコーディネーション機能と日本鋼管の技術力が結合することによって、トーマス転炉の導入は実施された。

六〇〇トン高炉、トーマス転炉建設計画

一九三六年一二月二三日、日本鋼管は六〇〇トン高炉、トーマス転炉建設を進めるため、「製鉄事業認可申請書[73]」を商工省に提出した。木下、宮原がドイツのトーマス製鋼工場で実習している間に並行して建設を進めていた。

申請書によれば、「圧延工場ノ改良ト技術ノ進歩」により、鋼塊年額七〇万トン（約二〇万トンを転炉、約五〇万トンを平炉で生産するものとする）を必要とするが、転炉導入に伴って約三四万トンの銑鉄が不足するものと計算した。[74] したがって、トーマス銑を供給するため六〇〇トン高炉の建設がどうしても必要になった。しかし、鋼塊七〇万トンの生産に必要な銑鉄五三万二八〇〇トンに対し、三つの高炉すべてが一〇〇％稼働したとしても[75]銑鉄を自給することは困難で屑鉄の利用を増加するか、新たな高炉建設が早急に計画されなければならなかった。

商工省に対して提出された計画の特徴は以下の通りである。[76]

①六〇〇トン高炉建設　「骸炭ハ自社製品ヲ用ヒ鉄鉱石ハ南洋、支那産ヲ使用スルモ尚広ク国内ニ産出スル硫酸滓ヲ利用シ以テ低廉ナル自給ノ道ヲ講ゼントス」と第一、二高炉と同じく[77]鉄鉱原料の安価な供給を目指した。この高炉は「燐鉱石ヲ添加投入」し、トーマス転炉向けの銑鉄を生産するものとして計画された。「熔銑ハ取鍋ニ受ケ高架線ニヨリ第二製鋼工場混銑炉ニ送リ製鋼原料トシテ塩基性転炉ニ装入シ完全ナル銑鋼一貫作業ヲ行フモノ」であった。

②すでに述べてきたように、「屑鉄饑饉救済並ニ将来我国製鋼事業発展ニ資スル為メ熔銑ノミヲ原料トスルトーマス製鋼炉」を建設することにした。トーマス転炉二〇トン三基、混銑炉五五〇トン一基の建設計画であった。

③熔銑は、新設六〇〇トン高炉、第二高炉から供給されることになった。日本鋼管の製鋼原料配分の計画については、二つの場合が想定されている。銑鉄を購入しない場合についてみると、五三万二八〇〇トンの銑鉄の中三四万二〇〇〇トン（日本鋼管供給銑鉄の六四・二％）が転炉に向けられ、残りが五〇トン平炉および二五～三〇トン平炉に供給される計画であった。その際二五・三〇トン平炉は、屑鉄七〇％の屑鉄製鋼法、五〇トン平炉は転炉熔鋼の受け入れによる合併法または銑鉄鉱石法を採用するものとして計画されていた（図3-1）。したがって、日本鋼管全体としては依然として年産約一八万トンの屑鉄を購入しなければならなかった。銑鉄を購入する場合は、屑鉄購入量が九万二四〇〇トンと銑鉄を購入しない場合の五二％に減少した。また、社内銑のうち転炉に回

図3－1　製鋼原料配給表（銑鉄を購入しない場合）

（単位：トン）

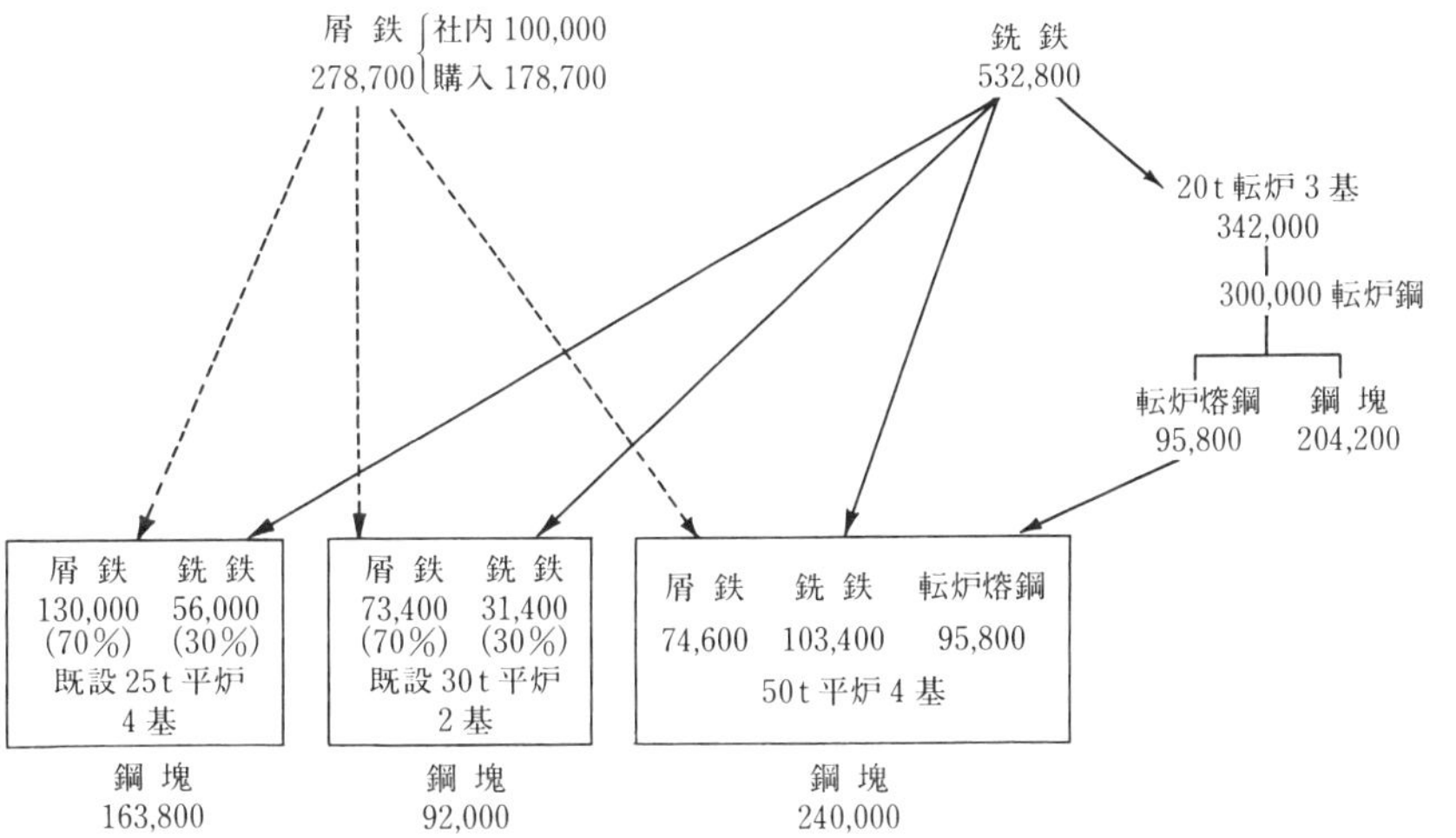

資料：松下資料No.64。

図3－2　製鋼原料配給表（銑鉄を購入する場合）

（単位：トン）

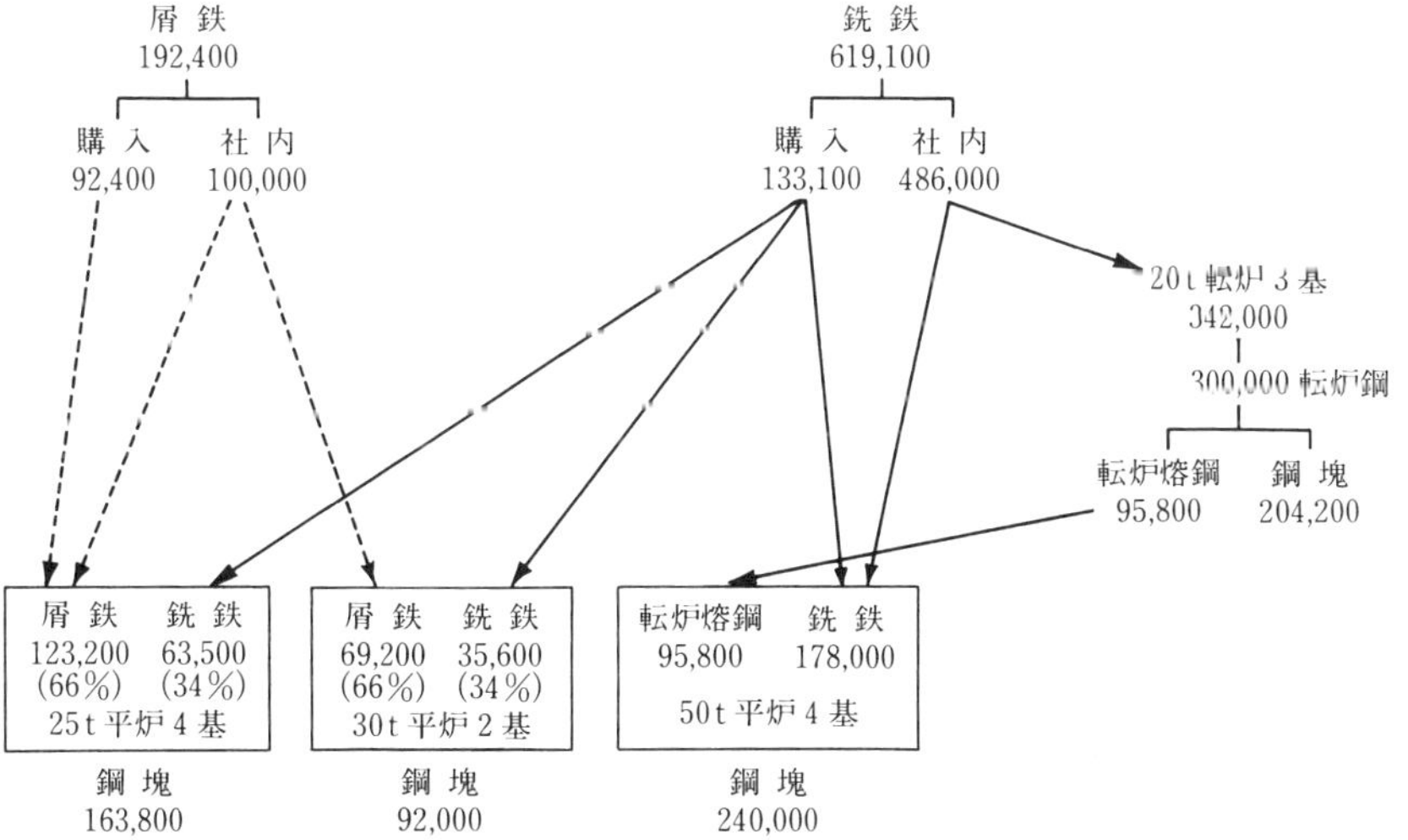

資料：松下資料No.64。

す割合（七〇・四％）が多くなった（図3-2）。しかし、いずれにしても平炉を持っているかぎり、一〇〜一八万トンの屑鉄の購入は避けられなかった。

また、年産転炉生産鋼塊三〇万トンのうち、二〇万トンは、鍛接管および普通条鋼に使用され、一〇万トンは、平炉用原料として使用する計画であった。(78)

④日本鋼管がトーマス転炉を導入した理由について、認可申請書中の「『トーマス製鋼法』ヲ計画シタル理由」(79)という文書は次の諸点をあげている。いくつかに整理してみると、以下のようになる。

第一の理由は屑鉄に依存した平炉製鋼法では屑鉄の供給不安に対処することができないということであった。「最近ノ国際情勢ハ近キ将来ニ於テ其ノ主要原料タル屑鉄ノ取得サヘ容易ナラザルモノアリ」という情勢認識と屑鉄価格の騰貴という現象がトーマス転炉法採用の最大の理由であった。

第二に、平炉による銑鉄鉱石法は「其設備費ヲ要スルコト頗ル多大ニシテ然モ製産量及製産費ハ屑鉄法ニ比シ必ズシモ優良ナラズ之ガ為メ巨大ノ資本ヲ有スル大工場ニ於テ特種ノ場合ニ之ヲ採用スルコトアリトスルモ到底一般ニ推奨スベキモノニアラ」ずという認識にもとづいて銑鉄鉱石法の全面的採用には消極的であった。

第三に、鉄鉱石は輸入に頼らざるをえないが、「一朝有事ノ日ニ備フルタメ貯蔵ヲ必要トスル場合ニ於テモ鉄鉱ノ貯蔵ハ屑鉄ノ貯蔵ニ比シテ遥カニ有利」であること。

第四に、「鋼ノ性質ハ平炉鋼ニ比シ遥カニ多クノ市場需用ニ該当スル一般軟鋼材ヲ特色ト」し「其副産物タル鋼滓ハ燐分ヲ多量ニ含有スルタメ有効ナル肥料トナリ之ガ販売ニヨリ生産費ノ低減ヲ齎ラス等ニ因リ平炉鋼材ニ比シテ著シク廉価ニ生産シ得ル」としていた。一般市場向けの大量生産に適合的でコストも安いことが採用の積極的理由としてあげられた。コストを比較してみると、屑鉄を必要としないこと、燃料をほとんど必要としないこと、副産物控除額が大きいことなどが、トーマス鋼の原価を引き下げる要因となっていた（表3-2）。

第五に、トーマス銑は少ない燃料を使用するのでコストが低く、技術的にも燐鉱石を装入することにより生産できる。

⑤燐酸石灰を含む転炉滓は、肥料として加工生産し、販売する計画であった。この肥料販売は、前述のようにトーマス鋼のコスト引き下げのためには不可決であった。

表３－２　平炉鋼塊・転炉鋼塊コストの比較

（単位：円）

	平炉			転炉		
	鋼塊トン当使用高（kg）	単価	鋼塊トン当金額	鋼塊トン当使用高（kg）	単価	鋼塊トン当金額
原料費						
銑鉄	390	45.84	17.88	1,120	42.78	47.91
屑鉄	744	49.29	36.67			
その他			1.85			5.09
小計			56.40			53.00
作業費						
燃料費（重油）	140.8	29.50	4.15			
工賃			2.48			1.74
改良修繕費			3.20			2.24
その他			6.42			4.02
小計			16.25			8.00
副産物控除			1.58			6.35
合計			71.07			54.65

注：(1)　平炉燃料費で石炭を使用する場合は4.55円。
(2)　副産物控除は平炉の場合は屑鉄回収。
資料：「製鉄事業認可申請書」（1936年12月23日提出）〔松下資料No26〕。

この商工省へ提出した計画は一九三七年二月二〇日付で認可された。三八年後半から深刻化した鉄鋼飢饉(80)により、認可は二カ月でとりるという早さであった。第二高炉、第一高炉の時とは提出から認可までは異例の早さである。

第４節　トーマス転炉操業の実際

トーマス転炉作業の特徴

トーマス転炉（第二製鋼工場）は、一九三八年六月操業を開始した。当初は、トーマス銑の品質が適格ではなかったが(81)、ドイツから技師一名、転炉吹錬工二名、炉材工二名を招き技術指導を受けて熟達していったのである。数カ月でドイツ人技術者の指導を要しないまでになり(82)、ドイツ人は一九四〇年までにすべて帰国した(83)。

転炉操業は、平炉操業と根本的に作業のシステムが異なっており、その操業に熟達するには大きな困難がつきまとった。[84] 転炉操業の特徴をまとめると、以下のようになる。

①平炉の一チャージの時間は数時間であるが、転炉は三〇分程度であるため、転炉工程にあわせて、前後の作業が円滑に連続して行われる必要があり、関連する作業（前工程、後工程）のチームワークを必要とする「機械的な製鋼法」であった。

②熔銑の質を的確に判断して、分析報告を利用しながらも副原料を手配し、判定し、ストップウオッチで測定判断しなければならなかった。戦前段階においては、かなりの熟練に依存する部分が高かった。[85]

③温度管理は平炉は外部から熱を使ってあげることができるが、転炉は吹錬の各段階での調節が困難であった。

④トーマス転炉の操業は築炉作業が重要な要素として入ってきた。炉体寿命は二〇〇回、炉底寿命は五〇回程度であるため、複数の転炉が必要であった。また、煉瓦を積んでいく築炉作業は、重筋肉、高熱のきわめて過酷な労働であった。しかも、製鋼作業を継続するため、迅速で正確な築炉作業が要求され、「年中突貫作業」を強いられた。

⑤全体の作業は、「分を争う流れ作業」であり、周辺機械装置（起重機、水圧機器、動力機器など）の稼働率も上がり、交代修理、保全などきわめて高度な知識と経験を要求された。

⑥日本への導入に種々の考慮があったとはいえドイツから導入された機械器具類は、ドイツ人の体格にあったものであった。諸工具、操作機械類、築炉煉瓦単重など日本人の体格に合っていないため、特に築炉作業は「屈強な要員」によって担われた。

要するに、トーマス転炉は、平炉製鋼法の「作業内容と性質の相当に異質な高能率作業であった。設備も当時としては種々機械化の進んだ立体的なものであって大量生産製鋼の機械化の原型的要素を含んでいた[86]」のである。こうした転炉操業の経験を戦前段階で積んでいたことは戦後のＬＤ転炉導入の基礎となったのである。

戦時下の生産

実際の粗鋼生産量をとってみると（表3-3）、転炉鋼の生産が順調に伸びて全生産量の中で転炉鋼の割合が急上昇し、トーマス転炉の導入に基本的に成功したことを示している。トーマス転炉の用途を考察して見ると（表3-4）、一九四二年までは鋼板用の半製品であるシートバー、普通鋼（おそらくは条鋼類の半製品）が多くなっているが、四三年以降は鍛接管用の原材料であるスケルプが多くなっている。全体でみるとこの三種類で九〇％以上を占めている。普通圧延鋼材向けにほとんど利用されていたと推測されるのである。半成鋼の割合は少ないので、平炉（または電気炉）との合併法は、あまり行われなかったものと推測される(87)。

さらに注目すべきは、銑鉄生産中の転炉用銑の生産が急上昇し、四〇年代には七〇〜八〇％に達していた。一九四〇年上期からは屑鉄使用の制限を受けたので平炉屑鉄法作業中心から転炉作業中心に移行していった(88)。したがって、熔銑として、自社で供給する必要のある銑鉄も、転炉用が急速に増えたのである。

屑鉄を使用しないトーマス転炉は、戦時中の屑鉄の絶対的不足のもとで大いにその威力を発揮したのである。実際日本鋼管以外で高炉を所有していた小倉製鋼、中山製鋼所では、太平洋戦争期に入るとトーマス製鋼法の導入を検討し始めたのである(89)。トーマス鋼は、コスト上の優位、屑鉄の不必要など平炉鋼と比べて利点もあるが、品質の面から見ると、トーマス鋼にも一定の限界があった。トーマス鋼は、軟鋼として鍛接性、熱間変形性、切削性に優れていたが、窒素、燐、酸素などの含有量が平炉鋼と比較すると高くなっていた。したがって、鋼材の使用条件、加工法について制約があり、成分調整が容易で広範な種類の鋼を生産できる平炉製鋼法と比べて用途が限定されたのである(90)。

トーマス鋼の生産に不可欠なトーマス銑鉄の製造は戦時下大きな制約を受けた。最も大きな問題は珪素分の上昇であった。珪素が〇・四％以上の場合は、煉瓦積みの命数低下、噴出物の増加、出鋼歩留まりの低下など不利な条件が現われるが、一九四一年までで〇・六％まで上昇し、さらにアジア・太平洋戦争下で急上昇し、一九四五年には二・

表3-3　日本鋼管川崎製鉄所鉄鋼生産高

（単位：トン）

年	銑鉄			粗鋼			転炉銑の割合（％）	転炉鋼の割合（％）	トーマス肥料
	平炉銑	転炉銑	合　計	平炉鋼	転炉鋼	合　計			
1936	72,185		72,232	526,732		526,732			
1937	235,415		235,415	552,495		552,495			
1938	284,484	15,242	299,646	586,306	59,174	645,930	5.1％	9.2％	5,379
1939	216,757	167,348	384,097	560,381	151,505	711,886	43.6％	21.3％	39,011
1940	220,815	199,380	428,551	507,176	233,348	740,524	46.5％	31.5％	54,434
1941	135,327	307,321	442,648	399,299	323,605	722,904	69.4％	44.8％	86,828
1942	89,585	389,901	478,486	353,924	350,498	704,422	81.5％	49.8％	81,516
1943	53,867	366,361	420,228	369,945	333,167	703,112	87.2％	47.4％	76,506
1944	72,877	253,267	326,144	250,977	248,088	506,658	77.7％	49.0％	65,422
1945	22,733	38,379	61,112	12,320	38,790	54,739	62.8％	70.9％	10,837

注：(1)　銑鉄の合計には鋳物銑の生産を含む。
　　(2)　粗鋼の合計には，電気炉鋼塊の生産高を含む。
資料：『日本鋼管株式会社四十年史』625，648頁。『製鉄業参考資料』（1943年8月，1943〜48年）。

〇％に達した(91)。珪素の高い銑鉄を使用する場合、同社では珪素吹き(92)という方法を考案し対処してきたが、珪素の異常な上昇は歩留まりの低下および炉体命数の低下を防止することができず、一九四五年七月には転炉製鋼法を中止せざるをえなくなったのである。

トーマス製鋼法の副産物として生産されるトーマス燐肥については、一九三八年一〇月製鋼工場に隣接して建設された肥料工場で生産が開始された。肥料生産額は四一年には八万七〇〇〇トンに達し順調に伸びていった（表3-3）。トーマス肥料は、三菱商事を通じて販売された。売行きは好調でドイツ、ベルギー産に劣らず、過燐酸石灰に「優るとも劣ら」ぬものであったと言われている(93)

第5節　戦後製鋼法における技術革新とトーマス転炉

現代の製鋼技術は平炉はすでに過去のものとなり、LD転炉（純酸素上吹き転炉）が、支配的である。最後にトーマス製鋼法が、戦後高度成長期の鉄鋼業を支えた技術的基礎の一つであるLD転炉（純酸素上吹き転炉）とどのように関わるのか検討しておこう(94)。平炉と転炉双方をもつ日本鋼管では、戦後、製鋼法の選択と技術改良の方向を模索していた。

表3-4　トーマス鋼の用途

（単位：トン，%）

年	シートバー	スケルプ	普通鋼	規格材等	半成鋼	良塊合計
1938	24,349	11,957	21,227	1,641	0	59,174
1939	47,613	38,411	65,066	414	31	151,535
1940	85,528	55,939	88,962	2,919	1,542	234,810
1941	125,668	68,008	125,363	4,565	1,474	325,078
1942	106,452	72,179	123,960	49,195	231	352,017
1943	125,361	124,565	58,163	25,077	6,072	339,238
1944	74,400	104,184	61,978	3,528	11,428	259,518
1945	11,825	13,525	12,419	1,024	3,159	41,952
合計	601,196	488,768	557,138	88,363	23,937	1,763,322
1938	41.1%	20.2%	35.9%	2.8%	0.0%	100.0%
1939	31.4%	25.3%	42.9%	0.3%	0.0%	100.0%
1940	36.4%	23.8%	37.9%	1.2%	0.7%	100.0%
1941	38.7%	20.9%	38.6%	1.4%	0.5%	100.0%
1942	30.2%	20.5%	35.2%	14.0%	0.1%	100.0%
1943	37.0%	36.7%	17.1%	7.4%	1.8%	100.0%
1944	28.7%	40.1%	23.9%	1.4%	4.4%	98.5%
1945	28.2%	32.2%	29.6%	2.4%	7.5%	100.0%
合計	34.1%	27.7%	31.6%	5.0%	1.4%	100.0%

注：1940，44年は合計が合わないが原資料のままとした。
資料：日本鉄鋼協会『最近日本鉄鋼技術概観』（日本学術振興会，1950年3月）197頁。

鋼質改善

戦後トーマス転炉の生産が始まったが、最大の問題は、トーマス鋼の質をどのように改善するかという問題であった。トーマス鋼は、炭素を下げやすいからスケルプとして利用するには好都合であったが、燐と窒素分が多いため、平炉鋼と比較すると、用途が限定された。戦時中の生産は、品質について多くを問わないものであったが、市場経済への移行が始まると、トーマス転炉鋼の限界は明らかになっていた。したがって、転炉鋼の品質を向上させ、市場における競争力を高めなければならなかった。こうした条件のなかで、トーマス転炉の改良に着手せざるをえなかったのである。

アメリカからの平炉技術指導と技術情報の収集

戦後の技術指導は、戦略爆撃調査団、賠償に関する調査に関連して、アメリカから技術指導が行われたが、四九年一月屑鉄調査団の来朝による本格的な技術指導が始まった。W・G・ウォーク、R・S・

コールターによる平炉および熱管理に関する技術指導が行われた。

四九年四月から半年、フレッド・T・ヘイズ、ジェイムス・T・マックロードらが全国各地の工場を視察して、平炉、均熱炉、加熱炉の燃料費の切り下げ、各種原単位歩留まりの向上などに関する勧告を与えた。日本側は、平炉操業に関するさまざまな改良について指導を受けた[95]。

一九五〇年二〜三月にはアメリカピッツバーグに調査団を派遣し、アメリカの平炉作業の様子を中心にアメリカ鉄鋼業の状況を調査している[96]。

調査団の一行は、現地で技術指導を受けた、ヘイズ、マックロードなどと会っており、この調査がこうした人々とのつながりの中で実施されたことを示している[97]。現地の報告は英文に翻訳されてNRSのデービス宛に送るように記しており、ESSの資料の中に残ったものと思われる。

調査団は、コロンビアスティール株式会社（Columbia Steel Co.）の平炉、コールドストリップミル、亜鉛スズメッキ工場などを調査し、その作業の様子を社長宛に送付している。

カーネギーイリノイ会社のホームステッド製鉄所では、平炉作業を見学している。そのほかにも製鋼作業に関連するところを見学したようである。マックロードは調査団を自宅に招いて、歓待した。

日本鋼管は平炉の技術上の問題（Turbo hearth process）についてマックロードに質問を出しており、マックロードは回答を与えた。しかし、これに対してヘイズ（Hays）は、調査団に対してマックロードの回答は子供じみた考え方（a childish idea）であり、「考慮するに値しない」と言っており、調査団を困惑させたようである。これに対して調査団の姿勢は慎重な実践的研究とマックロード以外の意見や情報を収集することによって、ターボ平炉作業についての研究をすると言っている[98]。ここに日本鋼管の技術情報収集の冷静な姿勢を見ることできる。同時に、アメリカ側の技術上の問題についての意見の相違あるいは内部の軋轢を見ることもできる。

この調査に参加した第二班富山栄太郎（日本鋼管）は一九五八年に次のような率直な感想を述べている。

「アメリカの製鉄業は、確かに日本の製鉄業よりマスプロダクションという点において進んでいる。しかし同じ条件をもって日本人があの仕事にあたれば、アメリカ人よりまだまだうまい仕事をしてみせる。というようなウヌボレというか、自信をもって帰ってきたのが大部分の方だったと思う。一例をあげれば、溶鉱炉の成績にいたしましても……、あれだけ原料がコンスタントなものがでるんだったら、そのくらいのことはできる。また平炉の作業にいたしましても、炉容が大きいということ以外に、そうかけ離れていることはない。ただ圧延については、マスプロダクションの関係がありまして、およそ及びもつかない」（一九五八年九月　五日「座談会：戦後の鉄鋼業を回顧する」[99]）。

アメリカへの調査団の派遣について、やや低い評価と思われるが、戦後の第一次合理化の中心となったホットストリップミルの導入の技術的な面からの示唆には大きな影響力を与えるものであった。しかし、アメリカにおける技術評価、特に平炉のさまざまな改良点についての示唆は多かったものの、技術転換を決定的とする情報を獲得したわけではなかったのである。

転炉技術情報の収集と調査

敗戦後、鉄鋼企業の中で転炉を持っていたのは日本鋼管のみであった。表3-5のように一九五一年清和商事（旧三菱商事）鈴木泰次郎の日本鋼管社内における帰朝報告会において、純酸素上吹転炉法による転炉技術情報がもたらされた[100]。日本鋼管は、一九五一年七月トーマス転炉製鋼法の発展事情を視察するため、木下恒雄、栗山俊治、高野宏、土居襄ら[101]をヨーロッパに派遣した。そこで彼らはアルピネ社ドナヴィッツ工場でLD転炉のパイロットプラントを見学し、その優れた技術に注目した。ヨーロッパ各国を視察して、「酸素を使ってやらねばならぬ事は動かせぬ事実で之については何処に行って聞いても全く同じ意見である[102]」とヨーロッパの動向を把握し、酸素を吹き込む方向を確認した。さらに、続けて「日本の転炉としては平炉銑が転炉銑より安く出来るから平炉銑を底吹O_2法で処理するのが

表3-5　転炉導入に関する年表

年	月	日本鋼管関係	その他関連事項
1949	6		リンツにおける小型実験炉成功，4社協定成立
	7	トーマス転炉稼働	
1950	1		LD 法特許出願
	4		日本製鉄解体，八幡，富士成立
1951	1	清和商事（三菱商事）純酸素上吹き法についての情報をもたらす	
	7	トーマス法の事情視察のために木下，栗山，高野，土居らをヨーロッパへ派遣 リンツ，ドナヴィッツを訪問	
1952	6	5ｔ純酸素上吹き転炉実験（～11月）（転炉技術者の自発的判断による実験）	
	6	河田社長海外出張に際し上吹き法の調査依頼，オーストリアとの技術提携の促進を希望する書類提出	
	11		オーストリアにおける上吹き法の研究結果公表（「Stahl und Eisen」），リンツで LD 転炉商用炉完成
1953	5		八幡試験転炉設置決定
	6	20t 転炉上吹き操業実験案を本社へ提出，受け入れられず	
	7	上吹き法について GHH に質問，返答得られず	
1954	3		八幡転炉横吹き吹錬試験
	4		八幡 LD 法の詳報入手
	6	河田（建設部）欧州帰朝報告においてドナヴィッツ転炉工場の見学説明	
	7		八幡転炉上吹き法への決定
	10	上吹き法促進依頼書を本社へ提出	カナダドファスコ社 LD 転炉稼働
	11	常務会において上吹きへの1基改造を決定	
	12	上吹き法担当商社を大倉商事から三菱商事へ変更 特許に関する質問書を BOT 社へ提出	八幡転炉上吹き試験開始
1955	2	上吹き法の特許調査常務会にて決定	
	3		八幡技術関係者実用機建設を決意
	4	特許問題解決のために欧米へ調査決定	
	5		八幡武田製鋼部長欧州派遣 BOT との技術提携交渉開始
	6	ヨーロッパへの調査 アルピネ社との技術提携を推進 通産省重工局の調整	
	9	日本鋼管，八幡で協定書を締結 日本鋼管 LD 転炉のジェネラルライセンシー取得	
	11	アルピネ社と日本鋼管正式調印	八幡転炉工場建設決定
1956	5		八幡転炉工場建設開始
	8～11	リンツ，ドナヴィッツにおいて日本鋼管八幡転炉技術実習	
	10		八幡炉体の国内製作決定し，石川島播磨重工へ転炉炉体発注
1957	9		八幡 LD 転炉火入れ
1958	1	LD 転炉稼働	

資料：日本鉄鋼協会前掲書（宮下芳雄論文），各社社史などより作成。

差当り最も容易な方法と考へられるが結局は平炉銑を Auf Blassen する様にすべきであると考へられる」と同社に報告した。特にリンツの工場は、アメリカの技術者がホットストリップミルによる連続圧延の鋼塊に純酸素上吹転炉を使用するのは止めるべきであるという「勧告」を振り切って建設工事を進めていることも報告し、ますます転炉法へ進むべきことを確信した。そして、酸素製鋼法の研究者であるデュラーから平炉より、建設費、高操業度の酸素上吹転炉法が支配的になるという話を聞きここに着目した[103]。

一九五二年三月製鋼二課は、「転炉に対する酸素製鋼の効果[104]」という文書を提出し、六回の試験結果から酸素を転炉に吹き込むことによって、従来平炉鋼によらなければならなかった自動車用鋼板、冷間引抜き線材、造船用厚板、高級軌条、高級管材などにも大部分が転炉鋼が使用可能になったという報告を行った。

一九五二年六月木下らは、LD転炉について簡単な実験を行い、経営陣に対しLD転炉採用を進言した。当時日本鋼管の転炉技術者の最大の課題は、トーマス鋼の鋼質を改善し、平炉鋼の鋼質へ接近させることであった。ただし、酸素富化法などにより改善を施していたが、完全に平炉鋼に匹敵するまでには至らなかった。しかし、トーマス転炉の酸素製鋼の開始は、平炉銑使用を可能にした。LD転炉法に移行する直前には、平炉銑を八〇％使用するまでになっていた。そして、五七年には第四高炉は、トーマス銑製造を中止した[105]。この過程をみると、戦後日本鋼管の場合は、吹錬過程からいえば、トーマス転炉とLD転炉の中間過程を経験していたのである[106]。

この成果の上に立って、トーマス転炉技術のこの限界を突破するものとしてLD転炉へと進んでいったのである。つまり、トーマス転炉の技術を前提にしてあるいは媒介してLD転炉技術を導入することになった。日本鋼管は、トーマス転炉技術とLD転炉の技術の間は連続性が強かったのである。

LD転炉導入をめぐっては八幡と競願となり、通産省の斡旋で日本鋼管が、ジェネラルフイセンスを取得し、八幡はサブライセンスを取得することになった[107]。日本鋼管のLD転炉操業は八幡に四カ月遅れることになったが[108]、日本鋼管はトーマス転炉の操業をしていた優位性を十分発揮することができた。日本鋼管ではLD転炉操業に不可欠の耐火煉瓦をトーマス転炉で使用されていたものを使用することができ新たに開発する必要がなかったこと、転炉操業になれていたため、従業員の訓練にも転炉の要員を回すことで新たな特別の訓練を必要としなかったこと、トーマス工場のレイアウトを変えず既存の装置を使用することができたこと、などトーマス転炉からの転換を、摩擦を最小限にして実行することができた。したがって、設備投資額も八幡と比べて少なくてすんだのである(109)。すなわちトーマス転炉の導入は日本鋼管にとっては、LD転炉導入の前提であったのである(110)。言い換えれば、トーマス転炉は戦後段階の技術を媒介する役割を果たしたのである。

LD転炉導入の遅れ

日本鋼管は、確かに技術情報を集め、それを評価することのできる技術者を蓄積していた。しかし、技術評価ができたとしても、それを企業として実行することについては、遅れた。LD転炉を最初に導入したのは、八幡製鉄であった。日本鋼管は、一九五八年一月LD転炉の稼働が始まったが、八幡では一九五七年九月にLD転炉は稼働していた。こうした遅れは、なぜ生じたのであろうか。すでに一九五一年にヨーロッパの調査で技術の優秀性について評価を加えることができ、五二年にはLD転炉導入の必要性について技術陣は意見書を提出していた。しかしながら、遅延したのは、日本鋼管を取り巻く社会的条件や復興の途上という状況が大きく左右していたことは事実である。この点が戦前の日本鋼管と戦後の日本鋼管の相違である。この問題については、リンの研究が示唆的である(111)。

リンの研究は、各社の転炉導入にあたった技術者の聞き取りをはじめ、詳細をきわめており、有益である。日本鋼管では、社内に転炉を推奨するグループと平炉を推奨するグループがあり、いち早くLD転炉に着目した転炉技術者の意見は、日本鋼管の意見として取り上げられることなく、実験が繰り返されていた。社内の意見として採用されるべく、木下らは文書を作成し説得に努めた。決定的には、八幡がLD転炉へ関心を強めているという情報を得ると、一九五五年日本鋼管では海外に調査班を派遣した。いわば、八幡の採用という外的環境変化が日本鋼管を新技術採用へ踏み切らせる大きな要因となった。

新技術に着目しながら、戦後の日本鋼管は、ＬＤ転炉について、ジェネラルライセンシーをとったものの、操業は四カ月遅れざるをえなかった。それは、技術採用における評価能力を取締役が十分評価することができなかったこと、またそうした新しい技術を採用して経営革新を実行して行く組織能力に戦前と大きな相違ができていたからである。

戦後改革によって、役員のなかで技術系役員が減少し、法律、商学系の役員が比重を高めていた（第9章参照）。特に、今泉嘉一郎、松下長久（戦時中日本鉄鋼協会会長）、中田義算など優れた鉄鋼技術者であり、役員構成のなかでも重要な役割を果たした人々は、他界するか公職追放によって、役員から一掃されていた。特に、今泉嘉一郎の技術者として、政治家として、役員としてのもつ意味が大きかった日本鋼管の創業から一九三〇年代の状況は、戦後大きく変わってしまったのである。日本鋼管は、新技術の導入によって、新しい分野を開拓してきたベンチャー企業的な側面が、戦後、急速に後退した。創業に参加した技術者、経営者がいなくなり、技術選択も組織的にリスク管理をしながら遂行する組織を基本とする巨大企業に変化していたことが、ＬＤ転炉採用の遅れの一つの原因であった。そして、その組織能力自体は、八幡の巨大な研究開発能力および資本力とは大きな差をもっていた。

小　括

トーマス転炉製鋼法は、日中戦争の勃発、アメリカの対日屑鉄輸出禁止、アジア・太平洋戦争による第三国輸入の途絶という事態の中で、いくつかの問題をもっていたものの有効に能力を発揮したと評価してよいであろう。日本鋼管は、三七年以降の国際的環境の急変を予想したわけではなく、漠然と屑鉄の需給逼迫を予測して大胆な技術選択を行ったのである。その意味では結果的に有効であったという評価が妥当と思われる。

それにしても八幡が断念した転炉製鋼法を採用し、ドイツからの技術導入により地域的製鋼法として退けられてきたトーマス法を採用し、日本鋼管の基軸的な製鋼部門に築き上げたことは、高く評価されるところである。こうした積極的技術選択が何ゆえ可能であったのか、以下で整理して戦後の製鋼技術の関連にもふれてその歴史的意義をまとめておこう。

第一に、一九三〇年代半ば頃の積極的革新的経営戦略をあげることができる。日本鋼管は鋼材の需要増加と銑鉄価格の動向から高炉を建設し銑鋼一貫体制をいち早く成立させた。高炉稼働以前の、二基目の高炉建設計画の段階で導入が検討されていることからも明らかなように、銑鋼一貫体制確立過程において、トーマス転炉の導入を考えていたのである。圧延能力にふさわしい製鋼製銑設備の完備を目指し、より完全な銑鋼一貫体制を構築するため、第三高炉と並んでトーマス転炉の建設を計画したのである。その革新性とは、官営製鉄所が転炉操業を断念したことを受けて、その問題点を検討したうえで、転炉の優位性を活かそうとした点にある。

第二に、軍需ではなく一般民需の普通圧延鋼材の大量生産販売を指向した日本鋼管は、品質に若干の問題はあるが、量産型でコストの安いトーマス転炉製鋼法を採用したのである。日本鋼管は、その販売戦略に適合的な方法としてトーマス転炉製鋼法を採用したのである。

第三に、日本鋼管における技術的蓄積の深さが、転炉操業を可能にした。一九二〇年代後半今泉嘉一郎のトーマス転炉製鋼法の紹介に見られるように、当初からこれに注目していた。松下長久、木下恒雄、宮原信治らをドイツに派遣し、ドイツでの調査研究と日本からの資料と突き合わせてトーマス転炉製鋼法の採用を決定した。的確な判断を下し、円滑に操業できる豊富な現場の技術者を抱えていたことがトーマス転炉製鋼法操業を成功に導いた。こうした日本鋼管の技術的蓄積の深さが成功の大きな要因であった。と同時に、意思決定が技術者の判断に委ねられたことも重要な意味をもっていた。企業の成長段階から言えば、組織的な能力よりも個人の能力によって意思決定される側面が強い、ベンチャー企業[112]としての側面が未だに強かったことが、早期に果敢に新たな技術選択をしたことに結びついた。すでに日中戦争も始まり、ヨーロッパではナチスの台頭と軍事経済化が進展する時期であり、時期的にもこれより遅れれば、トーマス転炉の導入は不可能であった。戦後ＬＤ転炉の導入は、社内での調整に時間をとられ、意思決定が遅れたことと対照的であった。戦後改革の結果、日本鋼管の役員構成は一変し、創業に関連した人々はいなくなり、技術力を基礎にしたベンチャー企業としての性格は後退していた。その意味では、トーマス転炉の採用は、「指導者的企業者」今泉嘉一郎の技術面でのリーダーシップと経営への影響力がこれを可能とした最後の産物ということもできる。

第四に、屑鉄価格の上昇により、銑鉄と屑鉄の相対価格は一九二〇年代と三〇年代後半では逆転していた。理論的には屑鉄を使用しない製鋼法が優位に立っていた。一九三〇年代の経済的国際的環境の変化がトーマス転炉製鋼法採用に踏み切らせる要因となった。

第五に、日本鋼管は銑鋼一貫体制を敷き、熔銑の供給が可能であったこと、またその前提として製鋼圧延能力が高炉をもつだけの最小最適規模を実現していたことが、トーマス転炉導入の前提にあった。一定の生産力的な基礎を実現していたことが前提条件として存在していたのである。

第六に、トーマス転炉製鋼法は戦後のＬＤ転炉導入の直接的な技術的前提となった。日本鋼管が、ゼネラルライセンシーをとれたのも、またいち早くＬＤ転炉に着目したのも、トーマス転炉製鋼法を改良しようとする過程からでたものであり、酸素の利用、平炉銑の利用と順次ＬＤ転炉への移行を果たすことができた。また、平炉操業と転炉操業とは、質的に異なった作業であった。短時間の緻密な分業体制を必要とする転炉操業になれていたことも移行を円滑にした。その意味では、日本鋼管にとって、トーマス転炉とＬＤ転炉の間は技術的な連続性、発展の必然性をもったものであった。

第七に、技術導入、技術移転の際に、大きな役割を果たしたのは、総合商社（三菱商事）であった。技術導入における相手方の企業との仲介をなし、工場見学の手配からディスカッションにおける立ち会いまで、現実の交渉を行ったのは、総合商社である三菱商事であった。価格交渉から契約の締結までのコーディネーション機能は三菱商事が担った。日本鋼管の技術判断能力と商社のコーディネーション機能が結合することによって、トーマス転炉の導入は可能になったのである。

注

（1）本章は、「日本鋼管株式会社におけるトーマス転炉導入の歴史的意義」（『市史研究よこはま』第三号、一九八九年三月）を全面的に改稿補訂したものである。

（2）民間鉄鋼企業で、銑鋼一貫製鉄所を所有しているものは限られており、それも完全な銑鋼一貫体制を構築し、銑鉄から圧延鋼材までをバランスをとって生産している製鉄所はなかった（堀切善雄『日本鉄鋼業史研究』早稲田大学出版部、一九八七年、第三章第一節）。

（3）長島修『戦前日本鉄鋼業の構造分析』（ミネルヴァ書房、一九八七年）九頁。

（4）飯田賢一『日本鉄鋼技術史論』（三一書房、一九七三年）二八一〜二八六頁。飯田賢一『日本鉄鋼技術史』（東洋経済新報社、一九七九年）三二三〜三二八頁。飯田賢一「神奈川県鉄鋼技術史の一断面――今泉嘉一郎と西山弥太郎をめぐって――」（『神奈川県史研究』第三七号、一九八七年一一月）。

（5）小早川洋一「日本鋼管における経営革新――資源節約型の革新」（由井常彦・橋本寿朗編『革新の経営史』有斐閣、一九九五年）。

（6）ヨーロッパの調査報告については、今泉嘉一郎「欧州鉄鋼業調査報告」（『鉄屑集』下、工政会出版部、一九三〇年）を参照。

今泉嘉一郎は、一八六七年群馬県出身、帝国大学工科大学卒業後農商務省技師補となり、さらに製鉄所技師となり、八幡製鉄所の創立に参加した。製鉄所鋼材部長、工務部長を歴任した後、一九一〇年製鉄所を退き、白石元治郎らと日本鋼管株式会社を創設した。以後、取締役として同社の技術面の最高責任者となる。一九二〇年衆議院議員に当選し政友会に所属し、政治活動も行う。一九四一年没（今泉博士伝記刊行会『工学博士今泉嘉一郎伝』一九四三年、参照）。

（7）松島喜一郎編『トーマス製鋼法』（千倉書房、一九四三年）、『鉄と鋼』（第一三年六号、一九二七年六月）所収。この論文は前掲『鉄屑集』下では「独逸製鉄事業の復興事情」という表題で収められている。以下では今泉第一論文とする。

（8）『鉄と鋼』（一九二七年八月）。松島前掲書所収。以下では今泉第二論文とする。

（9）松島前掲書所収。以下では今泉第三論文とする。

（10）今泉第二論文、松島前掲書一三頁。この点についてはやや疑問である。平炉鋼はそのままでは軍器に用いられる場合は多くなかった。八幡の場合は、屑鉄の処理や銑鉄の品質などから平炉に頼らざるをえなかった。

（11）今泉第二論文、松島前掲書二四頁。

（12）今泉がヨーロッパへ派遣された目的は「製鉄鋼業に関する各種の時局問題、並びに将来の国策に関する諸種の参考資料調査の為」（今泉嘉一郎「欧州鉄鋼業調査報告」前掲『屑鉄集』下、八〇九頁）であった。今泉らは「欧州製鉄鋼国就中鉄鋼の輸出国に於いて」「㈠製鉄鋼業の現状如何㈡現在の鉄鋼生産費如何㈢将来の鉄鋼輸出能力如何㈣将来の輸出政策の変遷如何㈤最近の企業経営法並びに生産施設及技術進歩の状況如何」（同上八一〇～八一一頁）について調査し報告した。その中でトーマス法の優位性を取り上げたのである。

（13）今泉第一論文、松島前掲書五頁。ドイツにおいては五一〇万トンのトーマス鋼生産に対して、平炉鋼は六四〇万トンであった（同前一一頁）。

（14）ベッセマー転炉製鋼法は、酸性転炉製鋼法であるため燐分の低い銑鉄の供給が不可欠の条件となるが、官営八幡製鉄所ではそれに適合的な鉄鉱石を得ることができなかった。一九二〇年代後半から増加したジョホール鉱石は、燐分が高く、ベッセマー転炉用の銑鉄を製出することができなくなった（奈倉文二『日本鉄鋼業史の研究』近藤出版社、一九八四年、一七五～一七七頁）。ジョホール鉱石は、燐分は〇・二％程度であるが、トーマス銑には二％程度の燐分を必要とする。したがって、ジョホール鉱石は、ベッセマー銑としては燐分が高すぎるが、トーマス銑としては低すぎるという難点をもっていた。

（15）転炉は空気を吹き込むことにより、不純物を酸化するので、平炉のようにガス発生炉（石炭）を必要としない。

（16）転炉の場合は三〇分程度で銑鉄を鋼にすることができるが、平炉は六～七時間かかる。

（17）今泉第三論文、松島前掲書五六～五七頁。

（18）この方法を「日本式トーマス製鋼法」とのちに評価したのである。今泉は、「塩基性転炉製鋼法の開始に就いて」（一九四〇年一月日本鉄鋼協会講演会、松島前掲書所収）において、自らこの方法を上記のように呼んだ。しかし、ドイツにおいてこうした方法が第一次大戦後わずかであるが行われていたことを、自らの論文（今泉第一論文、松島前掲書一九頁）で明らかにしている。

（19）今泉第一論文、松島前掲書一九～二〇頁。

（20）日本鋼管は、一九二〇年代後半に高炉建設を検討していたが（長島前掲「日本鋼管株式会社の高炉建設」第一章『市史研究よこはま』第二号、一九八七年三月）、その時にトーマス転炉の導入を検討していたと思われる資料はない。
(21) 長島前掲書第四章第三節。
(22) 今泉第二論文、松島前掲書三七頁。
(23) 日本鉄鋼協会『わが国における酸素製鋼法の歴史』（日本鉄鋼協会、一九八二年）二二頁。
(24) 『官営時代八幡生産関係資料』（新日本製鉄株式会社本社所蔵）。
(25) 『八幡製鉄所五十年誌』（八幡製鉄株式会社、一九五〇年）九四頁。
(26) 奈倉前掲書一六七～一七七頁。
(27) 従来八幡の主要な消費鉄鉱原料であった大冶鉄鉱石は漢冶萍公司に対する低廉な銑鉄、鉱石供給の日本側の強制によって公司の経営が悪化したため、八幡への納入は契約数量を下回った（奈倉前掲書第一章第一節）。大冶鉄鉱石は一九二〇年代後半から民族運動の勃興もあって八幡納入量は低下し、かわってマレー産鉄鉱石の納入量が増加した。
(28) 日本鉄鋼協会前掲書二二、二五頁。吉川平喜「本邦製鋼業の発達及現状」（『鉄と鋼』第一六年五号、一九三〇年五月）四九九頁。
(29) 日本鉄鋼協会前掲書二五頁。久保田省三製鉄所製鋼部長によれば、平炉屑鉄法の鋼塊を一〇〇とすると再製鋼は一一七・四、ベッセマー鋼塊は一〇三・四になったという（久保田「転炉作業廃止の理由」同上書二四～二五頁）。玉井義雄『製鉄所転炉工場報文』（一九一七年、京都大学工学部所蔵）一三三頁によれば一九一六年の転炉鋼塊の生産費は重軌条用鋼塊四六円、線材用鋼塊四五円、熔鋼四一円、再製鋼塊五〇円であった。
(30) 長島前掲書六八頁。
(31) 久保田省三「製鉄所製鋼作業の現況及我国製鋼事業の将来に対する私見」（『鉄と鋼』第一一年一〇号、一九二五年一〇月）。久保田は一九二三年から三四年まで製鉄所製鋼部長についており、八幡製鋼技術についての最高責任者であった（資料整備委員会『八幡製鉄資料』製鋼編第一巻、一九四七年、五頁）。したがって、久保田論文は私見という形をとっているにもかかわらず、その主張は、八幡の今後の展開を規定するほどの重要な意味をもつものであった。
(32) タルボット法平炉操業とは、傾注式一五〇～二〇〇トンの平炉で精錬した熔鋼の三分の一程度を出鋼し、残った熔鋼に鉄鉱石、石灰石を加えて加熱し強い酸化性の鋼滓をつくり、出鋼した程度の熔銑を装入する。強い酸化性鋼滓のため、銑鉄は直ちに鋼になる。この作業を繰り返して製鋼する（児玉晋匡『鉄・鋼・鋼材』ダイヤモンド社、一九三七年、鉄鋼報国会『鉄鋼総覧』商工行政社、一九四〇年、三二頁）。

(33) 久保田前掲論文六九七～六八〇頁。

(34) この会議には技監、銑鉄部長、熔鉱課長、製鋼部長、第一、第二、第三製鋼課長、技術課長が出席していた。以下会議の内容については、「第四回技術会議」松下資料No.724によって記述する。

(35) トーマス転炉滓を肥料生産に向けることに言及していない点で今泉の意見とは違っていた。

(36) 一九三〇年代後半に日本製鉄が銑鋼一貫体制を整備拡張していく際に、日本鋼管のようにトーマス転炉採用に進まなかったのか、またその検討を行わなかったのか、資料的に明らかではない。

屑鉄の相対価格の上昇しているもとで屑鉄法による平炉操業は限界に突き当たるはずである。これに対し日本製鉄は屑鉄を消費しない銑鉄鉱石法による平炉操業を行っていった。原料供給、技術的リスクを考えると容易に新技術の採用に踏み切れなかったと思われる。このことは日本製鉄および他の民間企業に比べても、日本鋼管は技術的蓄積の深さと積極的な経営戦略を展開した事を物語っている。

(37) 但し、川崎重工業葺合工場では西山弥太郎によって、熔銑炉で冷銑を熔解し、転炉製鋼法で鋼を製造する計画が立てられていた（飯田賢一前掲論文一八頁）。この事実は今泉の提案が日本鋼管ばかりでなく、民間の製鋼企業にも一定の影響を与えていたことの証左である。

(38) 'Program for Investigation Trip Nippon Kokan Kaisha.', From MITSUBISHI SHOJI KAISHA, June 21st 1934.（松下資料No.693、『資料編』上所収）。

(39) 松下資料No.28。このファイルには同じ日付の一九三四年一一月六日付で「高炉一基及付属工場建設計画及其利益（第一期計画）」（重役会提出）、「高炉二基及付属工場建設費及其利益（第二期計画）」（重役会未提出）の二つがある。

一基目の高炉（第二高炉――位置の関係から最初の高炉は第二高炉と呼ばれた）の建設認可は一九三四年一〇月一九日に商工省より下りている（長島前掲論文一三頁）。したがって、「トーマス製鋼法ノ採用及其利益」は、二基目の高炉建設の計画である第二期計画の段階で作成されたものと推測される。

(40) 第二期計画は日産五〇〇トン高炉二基、二〇トン転炉四基の計画であった。

(41) 第二期計画で五〇トン平炉四基に増加する場合、「大量ノ鋼塊ヲ製造スルニ必要ナル屑鉄ハ現在採用シツツアル屑鉄製鋼法ニヨルトキハ一カ年約四十万瓲ヲ要スベク殆ンド其購入不可能ナリ」（「高炉二基及付属工場建設費及其利益（第二期計画）」（重役会未提出））（松下資料No.28）と言われていた。屑鉄製鋼法のこれ以上の拡大はかなり困難な状況になっていたと推測される。

(42) 製鉄業奨励法は一九三一年改正され営業税営業収益税の免税期限が延期されていたが、一九三六年には期限切れの設備が出てくるというものであった。

(43) 松下長久から今泉嘉一郎宛書簡（一九三六年九月一〇日）松下資料No.464、『資料編』上所収）。こうした措置を採用した時の最大の問題は、同一の高炉で平炉用銑とトーマス用銑を分けて精錬することであった。この問題を調査することも一九三六年の調査の重要な調査項目となっていた。

(44) 「我社は第三高炉建設に当り其銑鉄の処理問題に直面するや敢然同博士（今泉――引用者）の意見を採用するに決定し昭和十一年工場設備一切の買切と作業研究の為社員を独逸国に派遣」（「当社のトーマス製鋼法に就て」松下資料No.53）。

(45) 木下恒雄「日本鋼管における転炉製鋼法の推移概況について」（一九六〇年四月講演記録、『転炉工場閉鎖記念』一九七四年所収、『鉄と鋼』一九六〇年七月）。

(46) ドイツ出張の経過については、宮原信治「日本鋼管株式会社に於てトーマス製鋼法採用に至る迄の経過一般」（松下喜市郎前掲書所収、以下では「経過一般」と省略する）。また同論文の基になったと推測されるより詳細な報告書「トーマス製鋼法ヲ吾ガ社ニ採用スルニ至ル迄ノ経過ニ就キテ」（松下資料No.740、以下では「経過」と省略する）がある。

(47) 松下長久より今泉嘉一郎宛書簡（一九三六年八月）。

(48) 『日本鋼管株式会社四十年史』（二〇七～二〇八頁）。ドイツ派遣の責任者であった松下長久は大川平三郎社長からトーマス法が「もし研究して成功しないと思ったら、やめた方がいい」と注意されていた（鉄鋼新聞社編著『鉄鋼巨人伝白石元治郎』工業図書出版、一九六七年、六四四頁）。白石も松下に同趣旨の手紙を送った（同上六六四頁）。白石元治郎も出発に際して宮原に「先方の工場を良く調査して成功覚かないと思ったら他の製鋼法を採用して宜しい」と忠告した（宮原信治『あゆみ』二二頁）。和田正道『随筆日本鋼管――七〇年の歩み――』（一九八三年）三七二頁参照。

(49) 高松誠談『熱鉄』一九五七年六月二〇日、松下資料No.423。

(50) 「経過」参照。

(51) 歩留まりが良いこと、燃料費が安くつくこと、使用鉱石が安いことなどがトーマス銑のコストを有利にしている原因である（同前）。

(52) c三・五～四・〇、Si〇・三～〇・四、Mn一・〇〇～一・三、S〇・〇四～〇・〇七、P一・八～二・〇（同前）。

(53) 同前。

(54) 今泉の主張した燐鉱石を高炉に装入する方法はトーマス銑として使えるようなものができるのに二～三日かかり、また燐の低い銑鉄に戻すのに二〜三日かかると言われた（松下より今泉宛書簡一九三六年八月、松下資料No.614）。
(55) 調査の結果トーマス製鋼法採用のためには、トーマス銑製造の必要があると判断して、本社に対して川崎の高炉でトーマス銑の試製を要請した結果、その成功が松下らに知らされた（和田前掲書二七三〜二七四頁、松下長久回顧録『日本鋼管株式会社五十年史』四〇四頁）。
松下長久より中田義算宛書簡（一九三六年九月一〇日）、松下長久より間島三次宛書簡（一九三六年九月一一日）、松下長久より今泉嘉一郎宛書簡（一九三六年八月）にはトーマス銑製造の成功についてふれられている。以上松下資料No.614。
(56) 「『トーマス』製造に成功し得たりとせバ当然当国の如く其の製造費も低下致すべく又前述の如く信州の鉱石にても安く使用し得るとせバ益々経済的にして其上スラグが売却出来得れバ見積安く出来る製鋼法ハ無ひと云ふ事に相成り候」（松下長久より今泉嘉一郎宛書簡一九三六年八月、松下資料No.614）。
(57) 「経過」参照。
(58) 同前。
(59) 同前。
(60) 同前。
(61) 「経過」。宮原前掲『あゆみ』二三頁。
(62) 「経過」。
(63) 松下長久より今泉宛書簡（一九三六年一一月九日）（松下資料No.614）。
(64) 同前。
(65) 松下長久より今泉嘉一郎宛書簡（一九三六年一〇月二一日）（松下資料No.614、『資料編』上所収）。
(66) 松下長久より今泉嘉一郎宛書簡（一九三六年一一月二〇日）（同前所収）。
(67) 松下長久より三浦嘉一宛書簡（一九三六年一一月一九日）（同前所収）。
(68) 宮原前掲『あゆみ』二四頁。デマーグ社との契約価格は一二〇万円であった（『立業貿易録』二〇五頁）。「経過」参照。
(69) 松下長久より今泉宛書簡（一九三六年一〇月一日）（松下資料No.614）。
(70) 「経過」。但し、松下長久より今泉宛書簡（一九三六年一〇月二一日）よれば、「目下正式契約書調印の用意中」とあるから正式契約は一〇月末か一一月初旬と思われる。日本鋼管は、三菱商事と契約してトーマス転炉関係施設および図面を購入したのである（「契約書」の日付は一九三六年一一月一一日）。

(71)「経過」。

(72)従来総合商社あるいは商社機能については、「取扱商品・地域・業務の総合的多面性」(森川英正「総合商社の成立と論理」宮本又次・栂井義雄・三島康雄『総合商社の経営史』東洋経済新報社、一九七六年)について議論されてきた。具体的には貿易活動における取引品目の総合性、金融機能、企業のスピンオフなどについては指摘されてきたが、商社のコーディネーション機能についてはあまりふれられてこなかった。工業化を考える場合、商社機能と製造企業の技術導入をめぐる密接な協力関係とコーディネーション機能こそが具体的には必要であった。

(73)「製鉄事業認可申請書」(一九三六年一二月二三日、松下資料No.26、『資料編』上所収)。

(74)「六百瓲高炉及転炉工場建設ヲ計画シタル理由」(同前所収)。

(75)第一高炉四〇〇トン年産一二万六〇〇〇トン、第二高炉三五〇トン年産一四万四〇〇〇トン、新設第三高炉六〇〇トン年産二一万六〇〇〇トン、銑鉄生産合計四八万六〇〇〇トン。

(76)以下の商工省への提出計画は「製鉄事業認可申請書」注(73)によって内容の検討を行う。

(77)硫化鉄滓の利用という点では、同じ発想である。

(78)トーマス転炉で生産された熔鋼を再び平炉に入れて不純物をより減少させる合併法を採用したことを意味するものである。

(79)松下資料No.26。和田正道前掲書二七七～二七九頁。

(80)長島修『日本戦時鉄鋼統制成立史』(法律文化社、一九八六年)一〇二頁、一一〇～一一二頁

(81)前掲『日本鋼管株式会社四十年史』四二八頁。

(82)同前二〇八頁。

(83)前掲『鉄鋼巨人伝白石元治郎』六六五頁。

(84)土居襄『日本鋼管における転炉製鋼法の歩み』(一九八七年一月)一〇～一二頁。

(85)戦後開発されたLD転炉でさえ、コンピューターコントロールが完成するまでは、最終判断は人の熟練に依存する部分があった(水木栄夫『転炉製鋼の歴史と現状』水星社、三六～三七頁)。

(86)土居前掲書一二頁。

(87)日本鉄鋼協会『最新日本鉄鋼技術概観』(日本学術振興会、一九五〇年)二〇三頁。

(88)前掲『日本鋼管株式会社四十年史』二五一頁。

(89)「製鉄技術懇談会第一回製鋼部会記録」(一九四〇年一〇月二三日、松下資料No.228)。中山製鋼所については『鉄と鋼』(第

二七年九号、一九四一年九月）七二五頁参照。

(90) 菊池浩介・岩藤孟平「トーマス鋼と平炉鋼の材質比較研究」（松島前掲書、一〇八頁）、鉄鋼新聞社編『新訂　鋼材の知識』（鉄鋼新聞社、一九七二年）八〇頁。

(91) 木下恒雄「日本鋼管における転炉製鋼法の推移概況について」（『鉄と鋼』第四六巻第七号、一九六〇年七月）五二～五四頁。

(92) 熔銑中に珪素が高くなると、鋼浴の粘性と炭素の突発的な燃焼のため突噴が起こり、吹錬が困難になるとともに歩留まり不良の原因となる。そこで、珪素を燃焼しその滓を排除してから吹き上げ石灰を装入してから本格的な吹錬に移行する方法のことである（同前、前掲『最新日本鉄鋼技術概観』二〇三頁）。

(93) 和田前掲書二八九頁。

(94) レオナード・H・リン『イノベーションの本質——鉄鋼技術導入の日米比較——』（東洋経済新報社、一九八六年、Leonard H. Lynn, HOW JAPAN INNOVATIVES: A Comparison with the U. S. in the Case of Oxygen Steelmaking, 1982, U. S. A)。前掲『わが国における酸素製鋼法の歴史』には日本におけるLD転炉の導入の経過が紹介されている。以下の記述では特に断らない限り上記の文献による。

(95) 戦後鉄鋼史編集委員会『戦後鉄鋼史』（日本鉄鋼連盟、一九五九年）六六～七〇、七六五～七六七頁。

(96) 日本鋼管では、一九五〇年二～三月にかけて、富山英太郎等がアメリカで鉄鋼技術関連の調査を実施している。彼らは、三通の報告書を社長の河田重宛に現地から送っている。現地の鉄鋼現場の様子を感想も交えて送っている（RG331, Box 7146, sheet ESS (c) 08347）。Report No. 1 (26 Feb. 1950), No. 2 (1 March 1950), No. 3 (9 March 1950) が保存されている。この調査は、日本鉄鋼協会がGHQに懇請して実現したものである。前掲『戦後鉄鋼史』七〇頁。

(97) Report No. 2 参照。

(98) Report No. 3 参照。

(99) 前掲『戦後鉄鋼史』。

(100) 日本鉄鋼協会『わが国酸素製鋼法の歴史』（日本鉄鋼協会、一九八二年）六八頁。以下同書宮下芳雄執筆箇所を参照。

(101) 木下らいずれも、当時の川崎製鉄所、鶴見製鉄所の課長、技術者であった。

(102) 『渡独報告』第三信（一九五一年七月二八日、松下資料№446）宛先は、社長河田重となっている。

(103) 『渡独報告』第六信（一九五一年九月一〇日、同前所収）同報告には、リンツ工場のレイアウトをはじめ、実験装置の純酸素上吹き転炉のスケッチが書き込まれ、討論の結果なども報告されている。同工場見学には、清和商事（三菱商事）の人間が立ち会っている。

(104) 松下資料No.446

(105) 土居前掲書三八頁。

(106) 木下恒雄前掲論文「日本鋼管における転炉製鋼法の推移概況について」一五〜一六頁。

(107) ＬＤ転炉に関する基本的特許はオーストリアのアルピネ社とフェースト社が所有していたが、両社はその所有する特許を有利に取引するため上吹き法に関する特許や技術を管理運営するＢＯＴ社を設立していた。ＬＤ転炉を導入するにあたってＢＯＴと技術導入契約を結ぶべきであるが、工場の計画、建設、操業等の技術指導を含んでいるのでアルピネ社と直接契約しアルピネ社はＢＯＴ社と特に契約を結んだ。日本鋼管は、三者が日本において取得している特許権を譲り受け、排他的ライセンスの所有者となり、日本において第三者がＬＤ転炉技術を導入する場合、日本鋼管を通じてサブライセンスを与えることになった。日本鋼管は特許を独占することなく希望する国内業者に均等な機会のもとに実施を許諾した（赤坂武「酸素上吹転炉製鋼法に関する技術提携契約について」『鉄鋼界』一九五六年六月）。ＬＤ転炉の発明の過程については、前掲『わが国酸素製鋼法の歴史』七〜一四頁（雀部実執筆）を参照。日本における導入過程については、同上書「二、ＬＤ転炉の導入」（佐藤真住・宮下芳雄・甲谷知勝執筆箇所）を参照。

(108) 一九五七年九月八幡が操業をいち早く実現できた状況については、『八幡製鉄所八十年史』部門編上、八六〜九〇頁参照。なお、日本鋼管がＬＤ転炉を操業開始したのは、五八年一月であった。

(109) 操業を開始するまでの転炉に対する設備投資額は八幡三七億円、日本鋼管一六億円であった（通産省重工業局編『鉄鋼業の合理化とその成果』鉄鋼新聞社、一九六四年、三七〇〜三七一、三九〇〜三九一頁）。八幡は五〇トン二基、日本鋼管は四二トン二基と規模の違いはあるが、投資額の差は歴然としていた。

(110) 日本鋼管の木下恒雄は、トーマス転炉なくしてＬＤ転炉は語れないと言っている（『日経産業新聞』一九七六年一〇月五日）。

(111) 八幡は、当初横吹き転炉の実験に力をそそぎ、ＬＤ転炉には関心を示していなかった。横吹き転炉による実験を繰り返していたが、その見通しがつかなくなると、ＬＤ転炉への転換をはかった（一九五二年）。八幡は、社内の技術陣を動員し、開発に努めた（レオナード・Ｈ・リン前掲書六三〜六六頁）。

(112) ベンチャー企業あるいはベンチャービジネスという言葉は、日本で生まれたものである。ベンチャー企業は、新しい未知の領域への進出、企業を創設し新事業の展開をはかること、企業の独立性を維持することなどが要件となる。その発展は、画期的な技術開発によって、戦後小企業から大企業へ発展していったソニー、パイオニア、本田技研などが戦後のベンチャー企業としてあげられる。これらの企業は、技術者の主導性は発揮され、いち早く新たな技術を製品化に結びつけた。日本鋼管は、一九三〇年代にはすでに当時としては大企業といってもよいが、未だに創業期のベンチャー的な性格をもっていたから新たな画期的な技術選択を可能にした。ベンチャー企業の概要はとりあえず、森田正規・藤川彰一『ベンチャー企業論』（放送大学教育振興会、一九九七年）を参照。

第4章　特殊鋼分野への進出

はじめに

日本鋼管株式会社川崎製鉄所[1]は、戦前においては民間市場向けの普通圧延鋼材を大量に生産＝販売する平炉―圧延製鉄所であり[2]、一九三六年に高炉建設を実現し、銑鋼一貫製鉄所へと発展した。同社のこの生産体系は、基本的に変わらなかったが、戦時期において産業の軍需工業化要請の高まりとともに、同社は、直接兵器の素材となる特殊鋼[3]生産への本格的進出を計画した。

日本鋼管の特殊鋼分野への進出については、『社史』においてはふれられておらず、研究論文においても全く明らかにされてこなかった。しかしながら、戦時下の日本鋼管にとって、水江地区への特殊鋼一貫製鉄所計画は、設備投資額一億円という当時としては莫大な額に上るもので、重要な問題であった。しかも、高度成長期の日本鋼管の主力製鉄所である水江製鉄所は、この特殊鋼一貫計画と分かち難く結合していたことを考えると、日本鋼管の特殊鋼分野への進出は、戦後の歴史的研究にも関連をもつものである。

歴史のページから消えていたこの問題を具体的に明らかにすることを、本論文の第一の課題としたい。そして、この過程を分析することによって、戦時期の企業が軍部の要請にどのような対応をとり、それが企業経営にどのような意味をもったのか明らかにしていきたい。

第1節　日中戦争期の生産販売概況

日本鋼管の特殊鋼生産

日本鋼管の特殊鋼生産は、富山電気製鉄所において、一九三二年より行われていた[4]。富山電気製鉄所は、早くから豊富な電力を利用して合金鉄を生産してきた代表的な電気炉製鉄所であった。富山電気製鉄所は、一九三二年川崎製鉄所のエルー式電気炉を移設して特殊鋼生産を開始した。その生産量は、日中戦争以前は、三五年を除いて一万トン以下とごくわずかであった。しかし、三九年以降二万トン以上を生産していた。

一方、川崎製鉄所で電気炉鋼の生産高が統計上現われてくるのは、一九二九年から三年間で、その生産高も五〇〇トン未満であって、わずかであった。川崎製鉄所の特殊鋼圧延鋼材の生産高は、三七年に七二〇トン、三九年四九五二トン、四〇年三八二六トン、四一年二八九一トンとわずかであるが、統計には現われてくる[5]。川崎では、電気炉鋼塊の生産はやっていなかったが、圧延作業については、日中戦争期に行われていたのである。

川崎製鉄所で特殊鋼鋼塊の生産が始まるのは戦時中も末期の一九四四年のことであり、その生産量も富山電気製鉄所（二万トン）には及ばなかった（表4-1）。しかし、後述するように川崎においては、水江地区に特殊鋼一貫製鉄所建設計画がスタートしていたのである。

日本鋼管の特殊鋼の生産工程は、富山電気製鉄所と川崎製鉄所との間で有機的関係によって遂行されていた。富山でつくられた鋼塊は、焼鈍、皮剝などをして、川崎へ送られ、川崎で圧延され、酸洗、社内検査、立会検査を受けて出荷された。川崎で発生した不合格品や圧延作業で発生した屑鉄は再び富山へ送られた。また、富山で生産された鍛

表4-1　日本鋼管川崎製鋼所電気炉鋼，特殊圧延鋼材生産高

（単位：トン）

年	電気炉鋼塊			特殊圧延鋼材
	特殊鋼	普通鋼	小計	
1943	—	—	—	9,000
1944	7,434	59	7,493	11,058
1945	3,575	54	3,629	6,523

注：電気炉鋼塊はいずれも圧延用のもの。
資料：『製鉄業参考資料』（1943～48年）。

図4-1　日本鋼管用地位置図

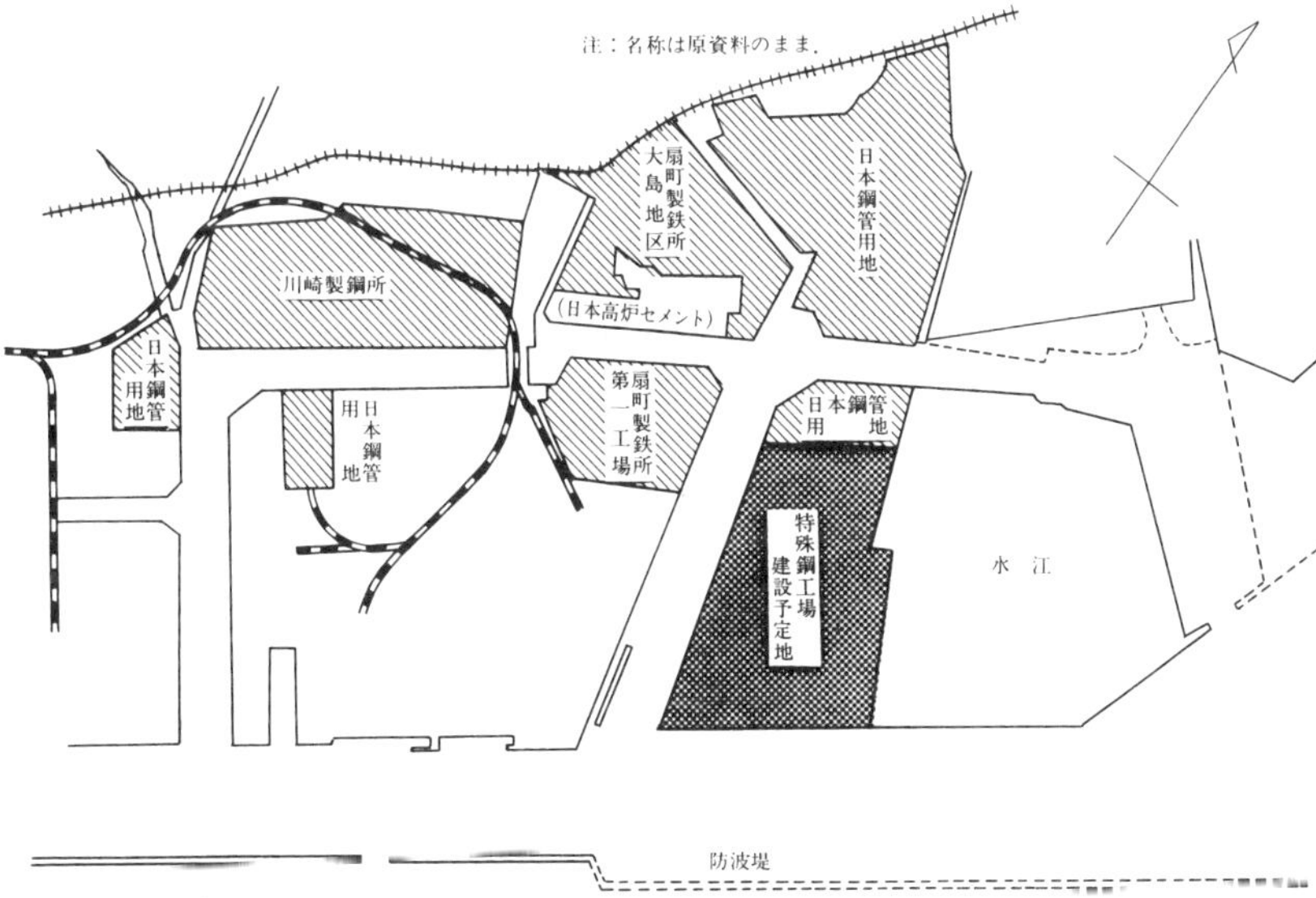

資料：松下資料№246。

造品なども川崎で立会検査が実行された[6]。

日本鋼管の特殊鋼生産は、川崎で最終的な加工や検査を行っていたのである。特に圧延は川崎が担当していた。日本鋼管では、特殊鋼の圧延は部分的に城東製鋼所に委託していたが、圧延能力は不足し始めたので、第二製条工場を改造して特殊鋼圧延の能力を高める措置をとった[7]。したがって、日本鋼管川崎製鉄所は、日中戦争期にも本体としては特殊鋼生産にはあまり関わっていなかったのである。

表4－2　電気炉鋼品種別受注高

（単位：トン，円）

	数量		単価	
	1937年	1938年	1937年	1938年
鋼塊	6,015	8,506	266	319
鍛鋼品	2,266	2,170	399	786
鋳鋼品	241	19	530	737
圧延鋼材	180	1,104	548	672
合計	8,702	11,799	307	439

注：1937年の数量には銑鉄製造用200トンを含んでいない。
資料：『販売部考課状』（1938年度）松下資料№361。

特殊鋼の受注先

次に日中戦争期の特殊鋼の受注状況を考察してみよう（表4-2、4-3）。電気炉鋼の品種別受注状況をとってみると、一九三七年ほとんどが鋼塊で、それに鍛鋼品が次いでいるが、三八年になると、圧延鋼材の生産高が急増している。また、その単価をとってみると、鋼塊の単価は、あまり上昇していないが、鍛鋼品、鋳鋼品の単価は急上昇している。兵器用部品として、鍛鋼品・鋳鋼品の単価は上昇しているが、生産量そのものは増加せず、需要の増大に対して日本鋼管が対応しきれていないことを意味している。

受注先をとってみると（表4-3）、第一に、軍工廠および軍工廠が発注した民間企業の製品の原材料としての特殊鋼[8]を合わせて、約六〇%であり、特殊鋼が軍需依存の製品であることを示している。第二に、特殊鋼受注先は、軍工廠の中でも、陸軍航空本廠（約三〇%）、海軍工廠（二〇～一四%）の割合が高かった。日本鋼管の特殊鋼需要が航空機に関連する軍需に依存していることがはっきりとわかる。第三に、会社別の受注高はいずれも少なく、一つの注文量が小さいことがわかる。第四に、軍需はほとんどが間接軍需であって、直接軍需は小さくなっている。陸軍航空本廠が民間会社へ発注した製品に対して日本鋼管へ原材料の供給を依存するという形態をとっていた。また、特殊鋼の鋼種についてみると、ニッケルクロム鋼と炭素鋼がほとんどである[9]。

詳細な受注データは、一九三八年のみであるが、それ以降についても概括的な資料は存在する。三九年の軍需品受注高は、陸軍航空本廠六〇〇〇トン、陸軍造兵廠一二八〇トン、海軍艦政本部一〇五〇トン、海軍工廠三八〇トン、合計八七一〇トンとなっていた[10]。三九年においても、陸軍航空本廠の受注割合が高く、日本鋼管と陸軍航空本廠との関係が強かったことを示している。

第2節　日中戦争期の特殊鋼分野への進出構想

特殊鋼分野への進出

一九三九年頃より、特殊鋼分野への進出構想は、社内で検討されていた。販売部ではさらに早く内部で検討が進められ、『特殊鋼ノ経済的研究』（一九三九年七月、松下資料No.243）という資料を作成した。販売部の調査[11]では、日中戦

表4－3　1938年度電気炉鋼（特殊鋼）受注先

（単位：括弧内，％）

	金　額	数　量
	円	トン
陸軍航空本廠関係		
陸軍航空本廠	91,494	112
三菱名古屋航空	185,382	258
中島太田製作所	171,013	254
宮田製作所	155,886	238
日本パイプ製造所	99,000	180
中島武蔵野製作所	80,333	130
東京計器製作所	68,728	68
岡本工業株式会社	66,034	119
中央工業株式会社	58,540	103
その他共計	(31.7) 1,055,002	(32.8) 1,594
陸軍造兵廠関係		
陸軍造兵廠	72,828	77
日本火工株式会社	225,000	500
小　計	(8.9) 297,828	(11.9) 577
海軍艦政本部関係		
芝浦製作所	5,980	5
渡辺鉄工所	4,809	6
小　計	(0.3) 10,789	(0.2) 11
海軍工廠関係		
三菱商事（横須賀）	694,480	680
三菱商事（呉）	40,045	32
小　計	(22.1) 734,525	(14.7) 712
民間会社関係		
角栄一商店	539,854	770
森岡商店特殊鋼部	249,339	401
森岡商会	193,816	340
菅原商店	100,007	336
岡谷商店大阪特殊鋼部	44,387	27
その他共計	(37.0) 1,231,431	(40.4) 1,963
合　計	3,329,575	4,857

注：①　円未満，トン未満は四捨五入。
　　②　（　）は％。
資料：『昭和13年度販売部考課状』松下資料No.361。

争勃発以降、特殊鋼需要の増大により、特殊鋼の大量生産体制の成立する条件が出てきたことを指摘している。特に、特殊鋼需要の増大に対して、政府が小規模の電気炉の建設を総花的に許可してきたために[12]、大量の特殊鋼を効率的に供給することができなくなった。その結果、輸入価格に比して国内価格は、割高となってしまった[13]。こうした事情をふまえて、販売部は、普通鋼材生産と特殊鋼生産をミックスした鉄鋼企業経営に進むべきことを提案していた。日本鋼管の特殊鋼シェアを普通鋼塊のシェアと同程度の一〇％前後まで高めることを提案したのである。したがって、販売部は特殊鋼生産を一〇万トン程度に拡大するべきだとしていた。そして、特殊鋼大量生産は電気炉によってばかりでなく、一般市販用特殊鋼は平炉によって大量生産する体制を提案した。これらの提案のいくつかは、のちの水江特殊鋼一貫製鉄所建設計画の中に取り入れられていったのである。

一九三八年頃日本鋼管は、特殊鋼鋼材の需要をどのように、予測していたのであろうか。販売部『特殊鋼ノ経済的研究』によれば（表4-4）、一九四一年までに消費は、三・七三倍六六万トンまでのびるという予測を立てていた。四一年以降の消費はほとんど頭打ちとの予測であった。そして、需要先としては、自動車、航空機を中心に需要が急速に増加するという予測であった。特に航空機の需要増加は、一三・四倍という急速なものになるという予測を立てていたのである。実際の生産高は、一九四四年には一〇〇万トン（満州、朝鮮を含む）に達していたのであり、三八年の予測をはるかに上回る規模で特殊鋼需要が急速に増加していったことを示している。

一九三九年特殊鋼専門会社分離構想

日中戦争の勃発によって、軍需の割合が高い特殊鋼需要が増加し、従来普通鋼生産を主としていた日本鋼管も特殊鋼分野へどのように進出するか、議論が生まれていた。

特に日本鋼管が特殊鋼生産に消極的であることは、軍部との関係において一つの問題となっていた。一九三九年八月技監部長松島喜市郎の白石社長宛の文書ではこの点を次のように述べている。

表4－4　本邦主要産業別特殊鋼消費実績および予想

（単位：トン，括弧内，％）

	実績		予想				1944／1937
	1937年	1938年	1939年	1940年	1941年	1944年	
自動車	(32.0) 56,689	(23.6) 87,144	193,485	171,858	(46.3) 305,740	(46.3) 305,740	5.39
航空機	(8.7) 15,395	(10.9) 40,264	93,523	103,440	(19.6) 129,300	(31.3) 206,880	13.44
鉄道	(9.0) 15,853	(4.8) 17,855	24,097	28,302	(5.2) 33,775	(5.2) 33,775	2.13
工作機械		(1.2) 4,500			(2.7) 18,000	(2.7) 18,000	
鉱山・炭鉱	(3.1) 5,500	(2.0) 7,200	9,100	11,700	(2.3) 15,230	(2.3) 15,230	2.77
造艦		(2.7) 10,000	10,000	10,000	(1.5) 10,000	(1.5) 10,000	
造船	(0.3) 450	(0.1) 440	410	410	(0.1) 500	(0.1) 500	1.11
電力		(0.8) 3,000			(0.6) 3,930	(0.6) 3,930	
化学工業			120				
小計	(53.0) 93,887	(46.2) 170,403	330,735	325,710	(78.3) 516,475	(90.0) 594,055	6.33
兵器その他	(47.0) 83,137	(53.8) 198,347			(21.7) 143,525	(10.0) 65,945	0.79
合計	(100.0) 177,024	(100.0) 368,750			(100.0) 660,000	(100.0) 660,000	3.73
特殊鋼実生産高	155,211	260,098	396,706	369,496	410,439	1,011,373	6.52

注：(1)　1938年までは実績。39年以降は，予想推計。
(2)　生産高は，内地・朝鮮満州の合計。
(3)　生産高は，特殊鋼圧延鋼材・鋳鋼・鍛鋼の合計。
(4)　1941，44年の純軍需は328,871トンと推測している。
資料：販売部『特殊鋼ノ経済的研究』（1939年7月，松下資料No.243）28頁，『製鉄業参考資料』。

「一、従来軍部ガ鋼管会社経営ニ係ル特殊鋼製造ニ対シ兎角ノ非難シ居レリ、即チ鋼管会社ハ片手間ニ特殊鋼ヲ製造シ居ル為メ其事業ニ対シ熱心ノ度ヲ欠キ居ルコト

二、従来ノ特殊鋼設備ハ甚ダ貧弱ニシテ斯カル設備ヲ以テシテハ軍ハ特殊鋼製造者トシテノ信用ヲ与フルヲ得ザルコト」。

「四、上述ノ如ク鋼管会社単独ノ仕事トナス時ハ今日ノ時局下ニ於テ工事ノ進捗ヲ妨グ時機ヲ失スルノ恐多分ニ存ス、依テ此際軍ノ管理工場トナシ其大ナル力ヲ支援トシ一日モ早ク設備完成ヲ庶期スルコトガ邦家百年ノ計ノ為メ緊急ナリト確信ス[14]」。

特殊鋼に関しては富山において合金鉄生産のかたわらわずかに生産しているにすぎなかった日本鋼管は、兵器用素材として不可欠な特殊鋼需要の増大を無視していることができなくなってきたのである。軍との関係において、普通鋼材生産だけではすまなくなってきたことをこの文書は物語っている。

この時松島喜一郎らの特殊鋼生産計画は、①電気炉によって年産一一万トン、第一期に五万五〇〇〇トンの特殊鋼塊を生産し、鍛造品あるいは中小型圧延特殊鋼材を生産すること[15]、②工場敷地は第一、二期で合計六万坪を必要とすること、③

立地条件としては海運の便がよく地盤が堅固であること、④電力は一日平均三〇万キロワットアワー必要とすることという内容であった[16]。

設置場所としては、新製鉄所を川崎に建設するか、富山に新工場を設けるかは、二案が考慮されていたが[17]、富山の拡張には消極的な見方をしていた[18]。

ここで問題となるのは、日本鋼管が特殊鋼生産の事業所であった富山電気製鉄所をどうするのかということであった。富山新湊にあった電気炉設備は、他所に移転して特殊鋼生産を一箇所にまとめることが適切であるとの判断が有力視されたと思われる。富山が特殊鋼製鉄所として不適切であるとした理由は、熟練労働力を得ることが困難であること、気象がよくないこと、需要地より遠く離れているため販売面で不利になること、国防上適切ではないことなどがあげられていた[19]。

この時の計画では、富山電気製鉄所を日本鋼管から分離し、特殊鋼生産のために日本鋼管の傍系会社を設立するというものであった。この際には、富山を現物出資して経験と技術を新会社に生かしていくことが企まれたのである[20]。

日本鋼管においては、特殊鋼分野への進出の必要性は上記のように指摘されていたが、三九年後半頃より重点主義的な資材配当が始まると[21]、どのように特殊鋼分野へ進出するかは、大きな問題となった。

日本鋼管では、政府の物動計画や生産力拡充計画の方針をみながら、検討を加えていた。特殊鋼分野で小規模会社が乱立している時、特殊鋼分野へあえて進出するには、日本鋼管の特徴と優位性をはっきりと出して、政府の重点主義方針に対応できる計画でなければならなかった[22]。そういう差別化されたプランでない限り、なかなか政府の許可は下りないし、たとえ下りたとしても発展の展望をもったものにはならなかった。むしろ、企業整備が進行する段階にあっては、中途半端なものは整理の対象となる恐れが多分にあったのである[23]。

日本鋼管の特殊鋼原価

水江に進出する以前、特殊鋼鋼材の原価およびその収益の実態は、いかなるものであったのか。限られた資料ではあるが、検討してみよう。この場合、特殊鋼鋼材は、品種がきわめて多く、しかもロットが小さいため、一つ一つの原価および収益の状況を把握することは、困難である。

一九四〇年六月から四〇年一〇月にかけて調査された特殊鋼鋼材（四〇～五五ミリ）の原価内訳を示したのが、表4-5である。特殊鋼鋼材のうち、二二～三八ミリが日本鋼管の多量生産品目であるから、四四～五五ミリは、生産量は少なかったはずである。[24] 資料としては、四四～五五ミリがあるのみである。したがって、資料自体は、制約があるものとして、この表を検討する。

鋼塊費をみると、自家発生屑に依存して鋼塊生産が行われていることを確認することができる。屑鉄に劣らず重要な構成をなしているのが（表には掲げなかったが）、ニッケルや合金鉄の類である。特にニッケルは、単価も高く入手が困難になっていたことから、特殊鋼生産のうえでは貴重な原料であった。

特殊鋼鋼材の原価をみると、圧延費特に第二圧延費が膨らんでいることが注目される。また、特に製造原価の高いものは、還元屑鉄として還元される分が多くなっており、原価を引き下げているが、歩留まりが悪くなっていることを示している。

さらに、製造原価に間接費を加えた販売原価と契約単価を比較してみると、第二五種を除いて、いずれも原価が契約単価を上回っており、四四～五五ミリに関する限り、利益をあげることができない品目となっている。但し、二二～三八ミリは収益を出していたとのことであるから、[25] これだけで特殊鋼鋼材はすべて損失であったとはいえない。いずれにしても、特殊鋼鋼材の製造販売が大きな利益をもたらすものではなかったことは確実である。

これをさらに、同一鋼材について、他社と原価を比較してみたのが、表4-6である。この表をみると、イ一〇二

（肌焼鋼）という品種を除けば、日本鋼管の鋼塊費は他社よりも高いというわけではない。むしろ鋼塊費は他社よりも低いとみたほうがよいであろう。日本鋼管の原価を膨らませている要因は、第二圧延費の異常な高さである。したがって、第二圧延費の増大の原因を検討するべきであることがわかる。

第二圧延の工程は、日本鋼管川崎製鋼所の第二小形工場で行われていた。第二小形工場は、一九三八年七月工場設

鋼材原価

（単位：kg，トン，円）

		第49種（イ207）			第4，5，21種（イ001，イ005，イ101）		
単価	金額	数量	単価	金額	数量	単価	金額
103.93	23.51	108.2kg	94.00	10.17	876.0kg	105.48	92.40
181.75	170.30	779.3kg	224.36	174.84	314.6kg	108.30	34.07
	251.20			336.49			140.58
	16.77			14.43			14.70
	23.42			16.04			17.74
	6.18			5.32			5.42
	69.45			60.31			60.38
	8.32			8.32			7.75
	375.34			440.91			246.57
375.34	521.35	1.883t	440.91	830.23	1.335t	246.57	329.17
	33.88			43.19			32.59
	204.76			259.01			140.75
	32.06			32.06			32.06
	21.49			27.19			14.78
	813.54			1,191.68			549.35
	56.30			176.64			34.90
	757.24			1,015.04			514.45
	20.25			25.77			15.06
	777.49			1,040.81			529.51
	730.00			950.00			500.00
	−47.49			−90.81			−29.51

製造原価

（単位：円）

イ207		
日本鋼管	三菱鋼材	日本特殊鋼
830.23	1,187.74	596.91
43.19	60.33	43.20
259.01	87.58	89.32
32.06		28.35
27.19		49.83
361.45	148.91	210.70
176.64	200.60	
1,015.04	1,135.05	807.61

表４－５　日本鋼管特殊鋼

		第22種（イ102）			第25種			第13種
		数量	単価	金額	数量	単価	金額	数量
鋼塊費	鋼屑	398.8kg	98.17	39.15	842.1kg	104.98	88.40	226.2kg
	自家発生屑	820.3kg	163.81	134.37	470.9kg	183.54	86.43	937.0kg
	その他共計原料費			235.44			271.88	
	電力費			16.40			17.20	
	電極費			22.99			23.98	
	工賃			6.04			6.34	
	間接費			68.04			71.00	
	運賃			8.32			8.32	
	小計			357.23			398.72	
製造費	鋼塊費	1.70t	357.23	608.72	1.239t	398.72	494.01	1.389t
	第1圧延費			37.94			27.34	
	第2圧延費			220.54			124.11	
	疵取費			32.06			32.06	
	精整費			23.15			13.03	
製造費計				922.41			690.55	
還元屑代				110.95			29.99	
製造原価				811.46			660.56	
間接費				21.42			18.19	
販売原価				832.88			678.75	
契約単価				790.00			840.00	
収益				−42.88			＋161.25	

注：イ101，005は炭素鋼，イ100代は肌焼鋼，イ200代は強靱鋼。
資料：陸軍航空本部東京監督班『日本鋼管株式会社第57期特殊鋼原価調書』（1941年２月）松下資料No.314。

表４－６　各社特殊鋼材

	イ001～イ005			イ102		イ204	
	日本鋼管	三菱鋼材	日本特殊鋼	日本鋼管	日本特殊鋼	日本鋼管	三菱鋼材
鋼塊費	329.17	408.55	325.03	608.72	442.75	521.35	656.86
第一圧延	32.59	35.96	34.56	37.94	34.56	33.88	39.51
第二圧延	140.75	36.37	50.75	220.54	58.87	204.76	36.13
キズ取	32.06		21.27	32.06	28.35	32.06	
精整	14.78		49.83	23.15	49.83	21.49	
圧延費計	220.18	72.33	156.41	313.69	171.61	292.19	75.64
屑鉄還元	34.90	46.47		110.95		56.30	121.96
製造原価	514.45	434.41	481.44	811.46	614.36	757.24	610.54

資料：陸軍航空本部東京監督班「日本鋼管株式会社第17期特殊鋼材原価調書」（1941年２月）松下資料No.314。

備を一部改造して富山電気製鉄所から送られてくるかまたは購入した特殊鋼鋼塊を素材とした特殊鋼圧延工場となった[26]。その月産能力は三〇〇〇トン（普通鋼ならば、七〇〇〇トン）である。しかしながら、特殊鋼月間四〇〇トン、普通鋼月間二〇〇〇トンにすぎず、第二小形工場の能力は過剰であった。そのうえ、キズ取り、精整設備の能力に対しても、第二小形工場の能力が過大で製品加工工程の間でバランスがとれていなかった。第二小形工場のロール一時間当たり費用は、日本鋼管七六九円三〇銭に対して日本特殊鋼一〇三円二九銭、三菱鋼材一四三円六二銭であり、過剰能力に伴う稼働率の低下が圧延費用を押し上げる原因となり、それが日本鋼管の特殊鋼鋼材の原価を引き上げることになったのである[27]。日本鋼管が、特殊鋼鋼材の分野で利益を上げるためには、特殊鋼鋼材の大量生産へ転換し、製品工程間の能力の調整をする必要があったのである。

この分野では、日本鋼管は契約単価を原価が上回っていたが、他社はいずれも原価は契約単価以下であったから、他社は収益を上げることのできる契約価格であった。したがって、この資料を見る限り契約単価が不当に低く抑え込まれていたわけではなかった。問題は、日本鋼管の特殊鋼生産のシステムであった。

第3節　水江地区への特殊鋼設備建設

特殊鋼一貫製鉄所の計画

特殊鋼分野への本格的な進出は、一九四二年四月一八日陸軍航空本部田畑監督官より大増産計画について「慫慂」されたのを契機としていた。すでに述べたように特殊鋼分野への進出については、日本鋼管としても独自に考えていたのであるが、これを契機に航空機用素材としての特殊鋼生産の本格的な進出が始まった。そして四二年六月一日には柿原少尉に対して「生産拡充計画書」を提出した。

この計画の最大の特徴は、特殊鋼を銑鋼一貫製鉄所で建設するというものであった。原料を屑鉄に依存し、電気炉によって特殊鋼を生産する方法が従来からの特殊鋼生産の一般的な製造方法であったが、屑鉄の不足と屑鉄の品質が一定しないことによる特殊鋼の品質低下は、戦時下においては深刻な問題となっていた。[28] 鉄鋼統制会では、「原鋼を依然屑鉄に依存するは当を得ざるものにして、良質鉱石を原料とし高炉より一貫作業により特殊鋼用優良原鋼の生産に着手するにあらざれば根本的解決は困難にして、本措置は躊躇なく直ちに実施に入るべきものと思料する」[29] と所見を述べていた。

注文のロットが小さく、注文者が多種類に分散し、しかも鋼種の多様な特殊鋼生産の性格に規定されて、特殊鋼企業は一般に小規模で、特殊鋼生産専用の一貫製鉄所はきわめて異例の計画である。しかしながら、屑鉄の不足と特殊鋼の品質確保のためには、特殊鋼専用の一貫製鉄所は、必要とされたのであった（補論参照）。

この時提出した日本鋼管における特殊鋼一貫製鉄所建設計画の概要は以下の通りと推測される。[30]

①工場の位置

川崎工場地区を建設に利用する。水江町に一貫工場を建設する。

②製品の種類

航空機用特殊鋼（炭素鋼、強靭鋼、肌焼鋼、特殊用途鋼）

③製造方法および規模

高級特殊鋼は、成分の明確な社内返屑を使用し、電気炉によって生産する。また、炭素鋼は、熔銑を塩基性転炉（トーマス転炉）によって精錬しさらに電気炉によって製造する方法を採用した。「本計画ノ特色ハ特殊鋼製造ニ当リソノ大半ヲ銑鋼一貫作業ト転炉製鋼法ノ活用ニ」あった。

④生産規模

生産能力は年産一二万トン、工場敷地一五万坪。

⑤予算

建設工事予算一億円に上るものであった。

四二年一〇月一二日〈一〇月七日〉には、陸軍航空本部長より特殊鋼生産量を指示され（航需動一〇〇六号）、計画書の提出を求められたのである。その示達された拡充目標は、一九四三年度二万三〇〇〇トン、四五年度三万五〇〇〇トン、四六年度九万トンという膨大なものであった。[31] 四二年一〇月一九日〈一〇月一四日〉にはこの示達書にもとづく計画書のうち工場立地と生産額に関する計画書を航空本部宛に提出した。一二月二日製鉄事業法による許可申請案を陸軍航空本部へ提出したのである。

ところが、四二年一二月〈四三年一月〉陸軍航空本部は大拡充計画とは別個に二〇トン電気炉を川崎製鋼所第二製鋼工場内に設置するように命じた。これがいわゆる第一期工事にあたるものである（のちの川崎製鋼所内に仮設された〇号電気炉建設のことを指す）。この第一期工事は、どのような形で認可されたのか資料は残っていない。「特殊鋼工事（第一期工事建設経緯）」によれば、四三年三月二六日に陸軍整備局長より工場新設証明書が下付され、四月六日鉄鋼統制会に上記証明書を添付して提出したのである（受理は四月一二日）。

一方、四三年八月二三日には、陸軍航空本部田畑中尉より緊急増産のため、電気炉四基を急ぎ建設し、鋼塊月産一万トンを製造するべしとの命令を受けるのである。[32] これが、第二期工事計画である。この電気炉月産一万トン計画が、四三年一〇月五日に許可となるである。

当初、水江地区への特殊鋼一貫製鉄所計画は、軍部の要請によって、川崎製鋼所への電気炉建設と水江への分塊、圧延設備の建設という形に変形された。もちろん、水江への一貫製鉄所構想が消えたわけではなかったが、当面の建設はこの修正された計画で進行したのである。水江地区への特殊鋼工場建設の計画を推進する一方で、川崎に二〇トン電気炉建設を建設する計画が並行して進行する錯綜した特殊鋼分野への進出は慌ただしく開始されたのである。

日本鋼管社内での特殊鋼工場建設計画案の検討

特殊鋼一貫製鉄所の建設をめぐって、日本鋼管の社内にもいくつかの意見があったようである。川崎製鋼所建設部「水江町地区ニ於ケル工場建設ニ関スル意見書」（一九四二年九月二八日、松下資料No.306）によって、検討してみよう。それによれば、日本鋼管の内部の意見は、以下のパターンに分類することができる。

（第一案）川崎製鋼所内に既設転炉との合併法によって特殊鋼鋼塊を製造し、第六製管工場用の鋼片は、(ア)川崎製鋼所の第一製鋼工場、大形工場で生産する、(イ)水江町に新設する平炉並びに特殊鋼用分塊工場で生産する。この場合でもさらに電気炉を恒久的設備とする場合と将来水江町に転炉を新設し、電気炉の移転を考える場合が考えられた。

（第二案）は、平炉、電気炉を水江町に建設し、水江にて特殊鋼圧延工場所要の鋼材のすべてを製造する。(ア)一時に全部を新設する場合、(イ)資金資材を考慮して鶴見製鉄所平鋼工場を移転して資金資材の節約をはかる。

結論として、建設部資料によれば、第二案の(イ)でいくべきであると具申している。詳細な理由は、省略するが、第一案の場合には、川崎製鋼所内の圧延工場向け鋼塊の不足、材料運送上の複雑性、川崎製鋼所内の工場を移転する費用などを考慮すると、水江に特殊鋼工場を集中する第二案でしかも費用材料節約が可能な案が望ましいと結論を下した。ただし、この場合銑鉄が不足するため、特殊鋼月産一万トンの場合は、水江において七〇〇トン高炉一基増設、特殊鋼二万トンの場合は七〇〇トン高炉一基増設が必要であった（現在の日本鋼管の他の製造能力を維持するとして）。

社内の意見では、水江地区に特殊鋼一貫工場建設という方針を最も合理的とした。しかも、水江地区への特殊鋼設備の集中の背景には、高炉建設計画が前提になっていたのである。日本鋼管の内部では、水江地区での銑鋼一貫製鉄所の建設を最も有利であると判断していた。しかし、高炉建設の申請は実現しなかった。すでに、資材その他の事情から高炉建設の物的条件が整っていなかったためであろう。

さらに重要なことは、水江地区の計画と川崎製鋼所内の計画が並行して展開されたことである。運搬などから「川崎製鋼所内ニ転炉ニ合併スベキ電気炉ヲ建設スルハ作業上殆ド不可能ト考ヘラ」れていた。それにもかかわらず、電気炉設備の川崎製鋼所内での建設を遂行せざるをえなかった。効率性を無視して陸軍航空本部からの命令で第二製鋼工場内に電気炉設備を製造することを強いられたのである。

製鉄事業許可の内容と特殊鋼生産の特徴

日本鋼管は、一九四三年四月一二日製鉄事業法による許可申請書を鉄鋼統制会に提出し(33)、さらに鉄鋼統制会の検討を経て、一九四三年一〇月五日鉄鋼統制会を通じて許可になった(34)。

申請のうち許可になった内容は以下の通りである。

①設備内容および建設日程

傾注式五〇トン平炉二基、エルー式電気炉一二基（二〇トン炉四基、一〇トン炉五基、六トン炉三基）高周波二トン電気炉二基、圧延ロール機五組（分塊大形、中形、小形、線材）、プレス三基、以上は一九四五年九月三〇日までに完成（但し、エルー式二〇トン電気炉一基と付属設備は四四年三月三〇日までに完成すべしとの命令を受けていた(35)）。

日程。一九四五年一〇月一日までに事業を開始すること。但し書きの設備は四四年四月一日までに開始すること。

申請書では、第一電気炉工場（転炉鋼用の電気炉四基、炭素鋼）、第二電気炉工場（平炉鋼利用による電気炉一〇基、高級鋼）となっており、ともに水江地区に建設するものとなっていた(36)。

②作業方法の特徴

炭素鋼は塩基性転炉（トーマス転炉）によって素鋼を製造してから電気炉で精錬する二重製鋼法を利用する。

高級特殊鋼は、特殊鋼用銑鉄を製造し、平炉、電気炉を利用するか、「品種ノ明確ナル特殊鋼返屑使用ニ依リ電気炉」によって精錬する方法を採用しようとした。「特殊鋼工場新設理由」ではこうした方法を次のように述べている

「本計画ニ於テ最モ特色トスル所ハ特殊鋼製造ニ当リソノ大半ヲ銑鋼一貫作業ト転炉製鋼法ノ活用ニ俟ツ点ニアリ殊ニ転炉ニ於テ屑鉄ヲ要セズ操作ノ簡易迅速ナル事ハ特殊鋼製造ニ際シテモヨク其ノ効力ヲ発揮スベク弊社ガ曩ニ御当局ノ御許可ヲ得テ設置セル該設備ハ茲ニ其ノ運用上新生面ヲ画シ得ルモノト言フベク軍当局ノ御慫慂モ此處ニ着眼セラレタルニ出タルモノト察セラルル次第ナリ」。

この計画が、普通鋼材ではなく、特殊鋼の銑鋼一貫作業を追求している点が従来にない特徴になっていた。しかも、それにトーマス転炉をからめているところは、日本鋼管の特徴であった。軍部の関心もこの点にあったのである。

この計画で転炉、平炉と電気炉を組み合わせて特殊鋼鋼塊を生産し、製品として販売する内訳は、図4-2の通りである。これによれば、炭素鋼など比較的低級の特殊鋼は転炉＝電気炉合併法で、高級特殊鋼は平炉＝電気炉合併法で生産された。そして、全体量のうちの六七％が炭素鋼で占められており、特殊鋼生産でも同社の生産は、比較的大量生産の可能な炭素鋼に比重を置いた計画であった。

③原料

原料は、製品種類によって異なっていた。炭素鋼は、トーマス転炉との合併法かまたは自社発生屑鉄を利用した。また、強靭鋼、肌焼鋼は、平炉と電気炉の合併法か屑鉄を利用した電気炉製鋼法によることになっていた。平炉製鋼法用の原料は、自社銑鉄二万六八〇〇トン、自社発生屑鉄四万二〇〇トン、電気炉製鋼法用としては、転炉素鋼一三万八〇〇〇トン、平炉素鋼六万二〇〇トンとなっていた。したがって、原料を自給しながら特殊鋼が一貫作業によって製造される計画であって、屑鉄不足の原料難に対応した原料対策が立てられていたのである。

図4-2　特殊鋼工場原料需給表

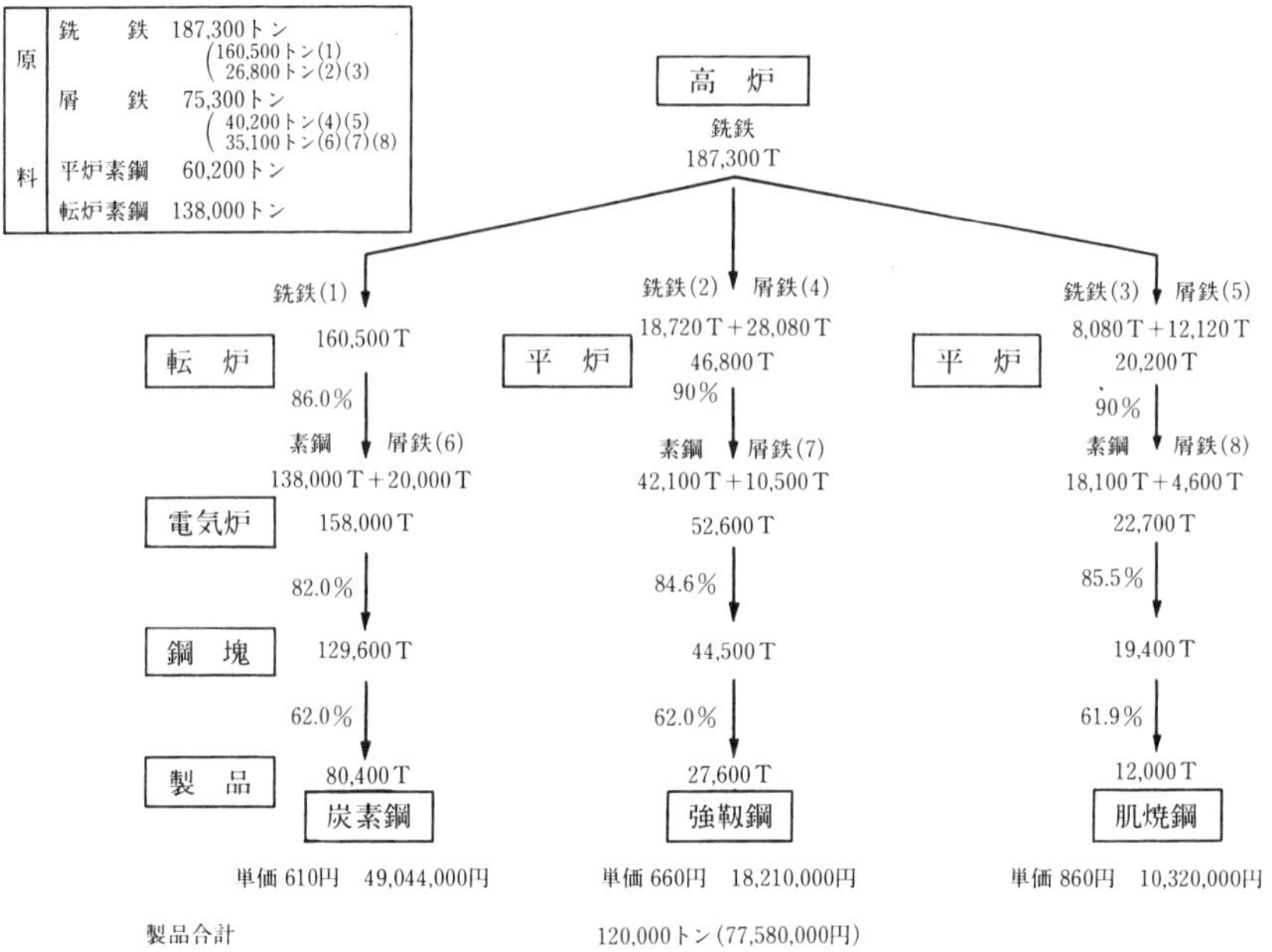

注：%は歩留りを指す。屑鉄は，生産工程外から投入されたものと考える。
資料：松下長久より鉄鋼統制会宛1943年4月15日，松下資料№250。
「製鉄事業許可申請書」1942年11月7日，松下資料№247。

④事業資金

事業資金の総額は、固定資金一億円、運転資金二〇〇〇万円合計一億二〇〇〇万円という巨額の設備投資を必要とした。その資金の調達は、払込資本金の増額および預金が二〇〇〇万円、残りの一億円はすべて借入金（強制融資）によって賄うというものであった。

巨額の設備投資のほぼ全額が借入金によって賄われるということは、有利で確実な資金を借り入れることができるという側面[37]もあるが、同社の他人資本の割合を引き上げることにつながるものであった。

日本鋼管の目論見によれば、同社は特殊鋼分野への進出によって、一九五五年までに約一億五七二〇万円の純益を上げると見込んでおり、利益率は一三・一％となっていた。

資金調達計画の変更

当初予算一億円で出発した計画も四五年二月には早くも修正を余儀なくされた。特殊鋼設備の建設計画は、第一電気炉工場、中形粗ロール工場およびその付帯設備を建設することを優先させ、完成後に残余の設備を建設するという方針で進められた。しかしながら、申請予算は、四二年に編成されたものであるため、物価の騰貴などが原因で修正を余儀なくされたのである。四五年二月で、予算は一億三三〇〇万円に変更せざるをえなくなったのである[38]。同社では、未着手分の予算を流用するのではなく、新たに製鉄事業法の許可をまたずに、日本興業銀行に借入れをもとめ、許可されたのである[39]。

関係会社への出資

企業の新たな分野への進出は、関係会社の設立や新規事業に伴う新たな関連分野の会社との取引関係を創出する必要がある。そのためには、中核企業は、こうした関係会社や取引関係会社への資金の投入を必要とする。特殊鋼分野への進出は自己の建設設備に対する事業資金の調達ばかりでなく関連する分野への投資を拡大して日本鋼管の資金調達力のいっそうの拡大を求められたのである（第9章参照）。確かに一般的に、戦時期は、主要企業は、財務上長期的投資が増加している。それがどのような要因によるのかは、比較的曖昧にされているので、ここでは日本鋼管が特殊鋼分野への進出にあたって、不可欠な原材料である電極確保のために、投資したケース（日本カーボン株式会社）[40]を取り上げてみよう。

陸軍航空機用特殊鋼増産に伴って、電極需要が増加し、日本カーボンでは、鶴見、富山両工場の拡張計画[41]を立てたが、資本金一五〇〇万円の同社が、拡張に必要な費用三三〇〇万円を調達することはきわめて困難になっていた。しかも、電極の公定価格では採算がとれないこと、しかも、電極価格の引き下げすら実行されていたので、電極生産における欠損が見込まれる状況であった。したがって、日本カーボンでは、電極生産拡充のため、一部を大口需要家の特別援助に依存しようとした[42]。

同社の資金計画によれば、一七六四万円は軍の斡旋により戦時金融金庫より借り入れ、残額一五〇〇万円は増資によって調達するというものであった。増資分の半額七五〇万円は株主に割当、もう半分七五〇万円を大口需要家（川崎重工業、神戸製鋼所、日本鋼管）で引き受けるという計画であった。しかも、大口需要家向けの株式は電極公定価格の改正まで配当を行わない後配株であった。しかしながら、その代償として、日本鋼管に対し増産された電極は優先的に納入するというものであった[43]。日本鋼管の立場からは、投資は資材を優先的安定的に獲得するための費用であった。

特殊鋼分野への進出は、資材確保のために投資を強いられることになった。日本鋼管の日本カーボンへの投資は、資材、部品確保のため友好的な関係を維持することを目的とした「取引関係維持的株式投資」であった。戦時期においては、物資不足のなかで、安定的に原材料を確保するためには、支配を目的としないが、取引関係を維持するための投資が不可避であった。売り手優位の戦時経済（恒常的な超過需要経済）においては、「取引関係維持的株式所有」は急速に拡大した（第9章参照）。一方日本カーボンにとっては中核会社との関係を強め「計画化の事業単位」に入ることによって事業の拡大と継続が保証されたのである。

計画の現実性

特殊鋼進出計画については、鉄鋼統制会の検討を経て許可になる際に、鉄鋼統制会山懸特設部長の意見が付せられていた。それによれば、申請計画書には賛成であるが、資材不足のために実行が困難であることを指摘していた。

「一、申請書ノ計画ニハ賛成ナレ共資材不足ノタメ直チニ実行シ難シ

二、依リテ統制会トシテハ第二案ヲ提出シテ研究中ナリ

三、現下ノ状勢ヨリ見テ本案ニ関スル今後ノ処置ハ次ギノ如キ三ツノ方法ヨリナキモノト考フ

(イ)電気炉一基仮設ノ第一期作業ニ止ムルコト

(ロ)或ハ代案ヲ作製シ遊休設備ヲ利用シテ水江工場トハ別個ニ小規模ノモノヲ作ルコト

(ハ)水江工場ノ建設ノ資材ノ許ス限リ一小部分ヅヽ建設スルコト

四、第一期建設ノ進捗ニ付テハ軍ノ指示ニヨリテ進マレ度シ[44]」

となっており、鉄鋼統制会のほうでは、日本鋼管の計画自体には反対していなかったが、計画の実現性にはかなりの疑問を提出していた。一九四三年頃には、すでに原材料、資材とも在庫が低下する時期であり、鉄鋼統制会の懸念は合理的根拠のあるものであった。ここで第一期建設とは、第一電気炉工場（二〇トン電気炉四基）の建設を指しており、現実には、この建設に集中するべきことを鉄鋼統制会は命じていたのである。しかし、一方で、第一期計画は、軍部の指示に従うべきであるということであった。このため、当初の第一期計画は軍部の指示に従って、変更されることになった。

計画の変更

水江における電気炉建設計画とは別個に電気炉の応急的な建設を迫られていた[45]。一九四二年一二月（一九四三年一月）には川崎製鋼所第二製鋼工場内に二〇トン電気炉（〇号電気炉）の建設を、陸軍航空本部川崎在勤監督官より「慫慂」されて、同年三月には水江とは別個に川崎における電気炉建設の計画書を陸軍航空本部に提出した[46]。特殊鋼需要の増大に緊急に対応するため、水江建設工事が完成するのを待っていることができなくなった陸軍は、水江の大計画のうち緊急の増産に対応するため、既存の川崎製鋼所のなかに電気炉建設を急ぐことを命じた[47]。この〇号電気炉を第二製鋼工場内（転炉工場）に建設する計画は、水江における特殊鋼工場建設計画とは別個の計画であった。

二〇トン電気炉四基を建設する第一電気炉工場計画は、水江に建設されるものとして許可申請書に記載されていた

表4-7　1944年度特殊鋼生産拡充計画（製鉄事業法許可申請）

設　　備	場所	主要設備	備　　考	予算（千円）
（製鋼設備）				(23,200)
第1電気炉工場	川崎	エルー式電気炉　20t×4	転炉素鋼用	6,720
平炉工場	水江	傾注式平炉　50t×2	強靱鋼肌焼鋼の原料を製造し，電気炉による精錬	4,500
第2電気炉工場	水江	エルー式電気炉　10t×5 エルー式電気炉　6t×3 高周波誘導電気炉　2t×2		11,980
疵取工場				
（鋼材製造設備）			鋼片製造用，鋼塊から直ちに圧延することのできない高級鋼種に対して鋼片を加工するための設置	(45,300)
鍛造工場	水江	2,000t 水圧鍛造機 600t 水圧鍛造機		3,200
分塊大形工場				23,500
中型工場	水江			9,900
小型工場	水江			4,600
線材工場	水江			4,100
（附帯設備）	水江			(17,650)
熱処理工場				4,000
材料試験工場				2,800
製品検査工場				3,200
修理工場				2,600
製品倉庫				2,500
原材料倉庫				900
原料工場				1,650
（共通設備）	水江			(13,850)
				100,000

注：(1)　製鉄事業法による許可申請は，1943年4月12日提出，同年10月5日許可（「昭和19年度特殊鋼生産拡充計画概要」1944年6月，松下資料No.253）。

(2)　予算は4カ年の合計金額。

資料：「製鉄事業許可申請書」（松下資料No.247），「昭和19年度特殊鋼生産拡充計画概要」（1944年6月，松下資料No.253）。

（表4-7）。しかし、鉄鋼統制会の助言や軍部の意見を入れた結果と推測されるが当初の意図とは異なり、二〇トン電気炉四基の第一電気炉工場計画は、川崎製鋼所内に建設するという計画に変更された。社内では作業上問題が多い計画とされた川崎製鋼所内での電気炉工場計画が実行された。早急に航空機用特殊鋼の増産をもとめたために、比較的計画期間が短縮可能な川崎製鋼所内に電気炉工場を建設せざるをえなかったのである。

したがって、川崎製鋼所転炉工場に二〇トン電気炉一基（〇号電気炉）をまず建設し、さらに川崎製鋼所内に電気炉四基を建設して、水江における平炉―電気炉を建設し、四五年四月までに年産約一二万トンの特殊鋼鋼塊（富山と川崎の合計）を生産するというものになった(48)。結局、日本鋼管は、電気炉を川崎製鋼所に建設し、分塊、圧延設備を水江地区に建設する計画の途中で、敗戦を迎えることになったのである。当初の特殊鋼一貫製鉄所構想は、時々の軍部の要請を受けて変更を余儀なくされ、水江地区建設は未完に終わったのである。

以上を整理してみると、当初社内で最も合理的とされた特殊鋼一貫製鉄所計画は、許可申請書の段階では、平炉、電気炉、圧延鍛造などの特殊鋼計画に規模を縮小した。さらに、増産を急ぐ陸軍航空本部は第二製鋼工場（トーマス転炉工場）内に〇号電気炉を割りこませた。そして、第一電気炉工場（転炉利用による炭素鋼製造）は、川崎製鋼所内に変更され、水江では、平炉および第二電気炉工場による合金鋼生産へと変更された。その結果、三つの計画が四四年段階に並行して進むという錯雑した状況になったのである。

資材、労働力などの状況を考慮して、まず、第一電気炉工場、中形粗ロール工場、および付帯設備の建設を先行させ、その完成後に残余の工事を施行するという現実的な建設が遂行されたのである(49)。しかし、実際には、第一電気炉工場に電気炉が一基建設されたにすぎなかったのである。

特殊鋼生産、販売の実態

川崎製鋼所の電気炉は、〇号炉は、一九四四年六月一三日に完成し、一号炉は四五年二月に完成した。両者合わせた月産生産能力は六〇〇〇トンである(50)。

一九四四年六月川崎電気炉が稼働して以降の生産額は、表4-8の通りである。四五年四月以降の詳細な生産額については、データが得られなかったが、資材、労働力の不足に加えて工場疎開の準備や空襲などによって、前年より生産が増加したとは考えられない。『製鉄業参考資料』でも四五年は生産額は減少している(51)。

陸軍航空本部向けの航空機用特殊鋼生産を目的とした川崎地区の特殊鋼生産は、四四年第二、四半期をピークに早

表4－8　川崎製鋼所電気炉生産高

（単位：トン）

	生産割当	生産実績	達成率（%）
1944年第1四半期	1,200	475	39.6
第2四半期	9,500	4,482	47.2
第3四半期	5,500	3,649	66.3
第4四半期	6,000	3,766	62.8
	22,200	12,372	55.7

注：第4四半期の生産実績のうち，45年3月は推定生産高である。
資料：「川崎製鉄所電気炉ニ於テ特殊鋼増産ニ関スル件」（1945年3月14日，松下資料No.246）。

表4－9　1944年度陸軍航空本部特殊鋼材主要需要先内示表

（単位：kg，%）

会社名	数量	割合
中島飛行機	8,114,756	19.9
計器会	4,210,258	10.3
川崎航空機	4,090,117	10.0
日本パイプ	3,384,000	8.3
三菱航空機	2,255,595	5.5
立川航空機	1,771,626	4.3
三菱発動機	1,671,388	4.1
東芝鋼管	1,380,000	3.4
小計	26,877,740	66.0
その他	13,872,088	34.0
合計	40,749,828	100.0

資料：松下資料No.246。

くも生産は減少し、大幅な伸びは示さなかった。軍需省による生産割当に対しても、達成率は六〇％台が最高で軍部の要請に応えることができなかった（表4-8）。

特に一号電気炉は、資材の不足などで建家が完成しておらず、光が洩れるため、夜間作業ができず、増産に向かうことができなかった[52]。二月に稼働を始めたとはいえ、周辺設備が未完成であった一号電気炉は満足のいく稼働状態ではなかったのである。

トーマス転炉作業を前提にした電気炉生産にとって、転炉吹錬の作業低下および休止は原料供給の道を絶たれ、電気炉そのものの故障ともあいまって、増産の阻害要因となった[53]。そのほかにも電極の不足および品質の悪化、熟練労働力の不足、資材の不足、空襲などによって、電気炉鋼の生産は伸びなかった。

主に陸軍航空本部向けの特殊鋼材を生産販売していた日本鋼管の販売先は、一九四四年の内示額をみると（表4-9）、中島、川崎航空機、三菱航空機、立川航空機など航空機会社への販売が圧倒的に多くなった。これらの需要先は、一九三八年の受注先と大きく変わっておらず、航空機関連会社との販売関係は、日中戦争期の関係が継続していた。

軍需省ができて、航空機増産の方針が前面に出てきたことによって、特殊鋼の需要先も航空機関連部門に傾斜したのは当然のことであった。しかし、四四年の内示量は、一九三八年の陸軍航空本廠の受注額と比べてみると、二〇倍以上にもなっており、建設が順調に進んだとしても、かなり過大な内示量であった。

太平洋戦争期の特殊鋼の契約価格と販売原価に関する資料を時系列的に一定の基準にもとづいて明らかにすることは困難である。また、特殊鋼のような小ロットの注文生産に依存する品種では、利益も品種によるばらつきがあるため、特殊鋼の収益を確定することは困難である。以上のような制約条件のなかで、各種資料より抜粋して四〇〜四三年にかけて状況をまとめたものが、表4-10である。まず、一九四〇年時点では、特殊鋼鋼材（ベース物）の契約価格（表では販売単価）と販売原価の格差は逆鞘となっており、特殊鋼生産は収益のあがるものとは判断されない。しかし、四二〜四三年には一定の収益があがる状況になっていたことをうかがわせる。すなわち、日本鋼管の特殊鋼生産で最も大量に生産していた炭素鋼では、販売単価が四〇年五〇〇円から四二年五八〇〜六〇〇円に約二〇%値上げされた。また、四三年の計画書や予想利益の資料から推察される販売原価の低下が、特殊鋼鋼材における収益構造を大きく転換させたものと推察される。ちなみに、川崎製鋼所における特殊鋼鋼材の生産高は、四〇年三二八六トン、四二年七〇五四トン、四三年九〇〇〇トンと急増しており、特殊鋼鋼材の原価上昇の原因となっていた過剰圧延能力の問題も一定解決に向かっていたと推測されるのである。太平洋戦争初頭（四〇〜四二年）における陸軍航空本部の大幅な契約単価の引き上げと量産効果による販売原価の維持ないし低下が収益構造の転換につながったのである。この点、強靱鋼、肌焼鋼も同じ傾向をみることができる。こうした状況をふまえて日本鋼管は特殊鋼一貫製鉄所建設計画に踏み切ったのである。

しかし、四三年になると状況はやや変わってきたようである。水江地区、川崎製鋼所における電気炉建設計画が進行している時に、強靱鋼、肌焼鋼の特殊鋼単価はわずかであるが引き下げられているものがある（表4-11）。日本鋼管は、炭素鋼の生産割合が多いとはいっても約半分を占めた強靱鋼、肌焼鋼の特殊鋼鋼材契約単価の引き下げは特殊鋼分野への進出のインセンティブをそぐものとなっていた。しかし、炭素鋼類は一〇%程度の値上げになっており、

表4-10　日本鋼管特殊鋼販売単価・収益

炭素鋼

（単位：円）

		販売単価	販売原価	収　益	備　考
1943年	(1)	650（イ001，002）			
（予想）	(2)	(594)	(446.11)	(147.89)	
（許可申請書）	(3)	(610)	(403)	(207)	
42年	(4)	600（イ001） 580（イ002）	— —	(5)〈150.22〉	42年収益は，42年上期平均
40年上期	(6)	500	529.51	−29.51	イ001〜005

注：(1)　イ001〜005は炭素鋼の種類。
(2)　いずれも陸軍航空本部の契約単価・収益である。
資料：(1)，(4)　鋼材課特殊鋼係「陸航18年度17年度単価比較表」松下資料No.246。
(2)「特殊鋼収益予想」松下資料No.250。同資料は，1942年上期川崎製鋼所実績原価による。各品種別原価及販売単価を平均したもの。価格はベース価格（40〜55mm）を採用している。
(3)『製鉄事業許可申請書』(1942年7月浅野良三より商工大臣，正式受理43年4月12日，許可10月5日）松下資料No.247。
(5)「十七年上期特殊鋼売上高（川崎工場分）」松下資料No.246。
(6)「日本鋼管株式会社第57期特殊鋼鋼材原価調」松下資料No.314。

肌焼鋼

（単位：円）

		販売単価	販売原価	収　益	備　考
1943年	(1)	1,020（イ111） 1,000（イ107） 650（イ101）			
（予想）	(2)	(1,140.66)	(744.55)	(395.11)	
（許可申請書）	(3)	(860)	(451)	(349)	
42年	(4)	910（イ111） 1,067（イ107） 650（イ101）		(5)〈144.84〉	収益は，イ101，102，104の平均
40年上期	(6)	500（イ101） 790（イ102） 840（イ104）	529.51 832.88 678.75	−29.51 −42.88 161.25	
		(7)840（イ111）			三菱鋼材契約単価

資料：(1)〜(6)　上表に同じ。
(7)　陸軍航空本部東京監督班「三菱鋼材株式会社特殊鋼材原価調書」松下資料No.314。

強靱鋼

（単位：円）

		販売単価	販売原価	収　益	備　考
1943年	(1)	750（イ202） 800（イ203）			
（予想）	(2)	(700)	(549.45)	(150.55)	
（許可申請書）	(3)	(660)	(548)	(112)	
42年	(4)	630（イ202） 810（イ203）			
40年上期	(6)	730（イ204） 950（イ207）	777.49 1040.81	−47.49 −90.81	
		(7)550（イ202）			三菱鋼材契約単価

資料：(1)〜(7)　上表に同じ。

表4-11　特殊鋼単価および陸軍航空内示量

	特殊鋼単価①				1944年度内示量（kg）②	1943年度内示量 トン③	1942年度内示量 トン④
	1943年	1942年	差額	値上率％			
イ001	.65	.60	.05	8.3	1,319,823		
イ002 005	.65	.58	.07	12.1	2,073,171	6,159	4,899
イ101	.65	.61	.04	6.5	401,064		
イ106	.85	.915	−.065	−7.1	381,293		
イ107	1.00	1.065	−.065	−6.1		764	545
イ108	1.25	1.35	−.10	−7.4			
イ111	1.02	.91	.11	12.1			
イ201	.72	.63	.09	14.2	1,927,593		
イ202	.75	.63	.12	19.0			
イ203	.80	.81	−.01	−1.2			
イ224	.90	.965	−.065	−6.7			
イ225	1.05	1.125	−.075	−6.6		5,007	3,654
イ226	1.25	1.41	−.16	−11.3			
イ227	1.25	1.41	−.16	−11.3			
イ228	1.40	1.50	−.10	−6.6			
イ501	.90	.80	.10	12.5			
内示量合計					35,946,128	11,950	9,114

注：(1)　001～005炭素鋼，イ101～111肌焼鋼，イ201～イ228強靱鋼。
　　(2)　特殊鋼単価は，kg当たり円。
資料：(1)　鋼材課特殊鋼係「陸航18年度17年度単価比較表」松下資料No.246。
　　(2)　営業部長より松下技監宛「陸軍航空関係特殊鋼材　昭和十九年度内示表（修正分）御送付ノ件」（1943年12月5日）松下資料No.246。
　　(3)「陸軍航空特殊鋼材　昭和17年度内示品種別受註概況表」松下資料No.246。
　　(4)「陸軍航空特殊鋼材　昭和18年度内示品種別受註概況表」松下資料No.246。

全体としてどのように作用したのか確定することは困難である。一方、既述のように特殊鋼一貫製鉄所計画が、緊急増産をもとめる軍部の要請や資材不足、労働力の不足によって、変更されてきたのであるから、特殊鋼分野への進出を積極的に進めるインセンティブが後退していたことは事実であろう。

戦争末期電気炉鋼塊の製造原価の資料を検討してみると、素材費の値上率は他項目と比べて低くなっており、統制がきいていたようである（表4-12）。問題は、作業費（労務費、経費、管理費）の値上がりの激しさである。特に労務費は四五年に入って大きく上昇した。四五年に入ると、最大の問題は労働力の確保と管理に関わる経費が最大のネックになっていた。四五年の契約単価に関する資料はなかったが、製造原価は二倍以上になっており、収益構

表4-12　川崎製鋼所電気炉鋼塊トン当たり原価

（単位：円，トン）

	素材費			作業費				回収費	製造原価
	数量	単価	金額	労務費	経費	管理費	計		
1944上	1.289	255.11	329.87	12.42	60.85	19.65	92.92	7.07	415.72
〃 下	1.466	283.46	415.56	29.53	140.55	59.36	229.44	10.82	634.18
1945上	1.490	319.08	475.43	178.77	401.82	407.13	987.72	8.83	1,454.32
1944上			100	100	100	100	100	100	100
〃 下			126	238	231	302	247	153	153
1945上			144	1,439	660	2,072	1,063	125	350

注：上期4月～9月，下期10月～翌年3月
資料：松下資料No.402。

造は急速に悪化したと予測される。

以上をまとめると、四〇～四二年における契約単価の上昇によって、特殊鋼分野の採算性は一定改善されたと予想されるが、四三年頃から販売価格（契約単価）の改訂もインセンティブを高めるものとはならなかったと思われる[54]。また、四四年以降は製造原価が急増し、建設計画の混乱もあって、特殊鋼生産へのインセンティブは急速に失われていったものと推測されるのである。

建設遅延と資材確保

特殊鋼生産が計画どおりに進行しない大きな原因は、建設に必要な資材や機械類の供給が混乱したためであった。

一九四四年春になると、航空機増産に直接関連しない分野について、資材の供給がかなり困難になっていた。浅野良三社長は、ある会議で次のように述べている。

「資材割当僅少ナル理由ハ必要ナル工事ニテモ直接戦力ニ関係ナキ工事ハ打切ルトイフ理由ノモトニ飛行機ノ原材料トイフモ第二段的ナル為ナリト思フ故軍需省ニ対シ鋼材ノ提供ヲ願フノハ無駄ト思フ鋼材ニ限リ自社ノ物ヲ使用シ施行サレタシ[55]」と述べている。

日本鋼管の特殊鋼は陸軍航空本部向けの軍需資材であったから、一般の企業より優先的に資材を供給されていたはずである。しかしながら、すでに供給は困難になっていた。特殊鋼は、いわば原材料であり直接航空機生産に直結する部品や機器ではないため、四四年頃になると、建設資材の割り当ても困難になっていた模様を以上の資料は伝えて

いる。したがって、鋼材のように自社で生産しているものは、計画の変更などによって自社で入手できるものを使用せざるをえなくなったのである。

「官給品ニテ名古屋航本ニ申請セル富山工場分ハ相当入手セルモ川崎分ハ日鉄製品ノ関係上岩井商店扱ニテ全量ノ五割程度獲得セルノミナリ。工事全体ニテ購入ヲ必要トスル鋼材ハ二千頓ニ達ン此ノ内契約済分ノミニテモ明年中ニ入手ハ困難ト思ハル、状態ナルニヨリ土建資材ハ自社圧延ノ寸法ニ設計変更ヲ希望スル次第ナリ」(56)。

航空本部などが供給する資材による建設工事は比較的資材の供給も円滑であったようであるが、それ以外のものは割り当てがあっても実際に獲得することは相当困難になっていた。そのため、日本鋼管では、鋼材などは、自ら生産できる寸法に建設計画を変更して供給の確保に狂奔しなければならなかった。

また、発注した機械を入手するためには、発注先の機械メーカーに対して資材の面倒をみなければ発注した機械を早期に入手することができなかった。たとえば、大谷重工業に発注した中形粗ロール圧延機を入手するために、日本鋼管は木材九〇〇石と銑鉄の斡旋をもとめられた(57)。

大谷重工業に対しては、こればかりでなくたびたび日本鋼管が資材を供給して圧延機の製造を促した。「発注承認書付ナリシモ」「資材ノ割当ナキタメ吾社（日本鋼管――引用者）ニテ資材ヲ支給」せざるをえなかったのである(58)。発注承認済みの機械であっても、資材の不足のため、割り当て分を取得することができず、発注者が必要資材を供給しなければならなかった。

さらに、発注各メーカーに対して監督を強化することによって資材の取得に努めた。「各メーカーヲ積極的ニ監督セザレバ工事ノ遅延ハ免レザル状勢ナレバ推進班ヲ設ケ担当者ヲ決定サレ度シ(59)」と述べて、資材納入督促の特別措置をとった。

戦争末期の特殊鋼工場建設は、軍部の強い要望にもとづいて遂行された。しかし、資材、機械類を発注しても、資材の不足から実際の割当額を受注者は獲得することができず、日本鋼管自体が供給しなければならなかった。また、受注者に納期を守らせ、製品の製造を督促するため、発注者自身が受注者の生産現場のモニタリングをしなければならなかった。不足の経済のもとでは、供給者（生産者）のモラルハザード（倫理の欠如）を起こしやすく、どうしても需要者の管理監督機能を強化する必要が増加したのである。それは、企業の組織に新たな部門を追加し、企業組織（協力工場部）を大きくすることになった。(60)

第4節　用地取得と地方官庁

日本鋼管による県営埋立地の取得

特殊鋼一貫製鉄所の計画された水江地区は、県営埋立事業として埋め立てられた臨海工業地帯である。この埋立ての経緯と日本鋼管の用地取得の実態を解明し、さらに戦争末期に日本鋼管と神奈川県との間で協定された大規模な産業廃棄物埋立計画とその結末について明らかにしておこう。

神奈川県による京浜工業地帯造成事業は、横浜港から鶴見、川崎、多摩川河口、大森を経て東京港に至る航路を結ぶ京浜運河の開鑿計画に伴って計画され、一九二七年臨時港湾調査会によって決定された。(61)一九三四年四月京浜運河株式会社が、鶴見から川崎に至る地先を臨時港湾調査会の計画に則って関係漁業権者の同意を得て、神奈川県に免許申請していた。神奈川県知事は、これを川崎市会に諮問したところ、異議なく、事業実現に向けて促進運動が繰り広げられた。神奈川県当局も、同社の埋立事業を早く認可するように内務省に働きかけていた。(62)しかしながら、内務省では、この造成事業は事業の性格上（公共的性格と重要性）、公営とすることが適当であると認め、工事費の一部に補助金を公布して実施することに閣議決定した。そして、一二月九日には申請中であった民営免許は返戻され、造成事業は県によって実施されることになったのである。(63)京浜運河会社は、一九三七年行政訴訟を起こして神奈川県と争った結果、両者で協定が結ばれて、京浜運河会社は県営埋立工事の請負をすることになり、京浜運河会社所有土砂の県への無償譲渡、買収した漁業権の県への譲渡、埋立予定敷地の鉄道幹線道路敷地の県への寄付が決定された。親会社である東京湾埋立会社は、三七年一一月京浜運河株式会社を合併した(64)。臨海工業地帯の形成は、すでに公的な事業となって、地方官庁あるいは政府の所管事業として展開されることになったのである。

一九三六年一二月の通常県会において京浜工業地帯造成事業が決定された(65)。造成事業は、三七年から四六年度までの一〇カ年計画で完成予定、総事業費二一八〇万円となっていた。造成事業は、その後繰り上げて四五年度までとした（一九四〇年八月臨時県議会）ため、九年計画に変更された。

県営埋立事業は、東京府の埋立計画とも連動して、鶴見地区から川崎、東京に至るまでの大工業地帯計画の一環であった。その概要は以下の通りであった。

「本計画ハ昭和十二年度ヨリ同二十年度ニ至ル九箇年継続事業トシテ前記京浜運河開鑿計画ニ準拠シ鶴見川崎臨港地帯ヨリ多摩河口ニ至ル間川崎市大師河原地先海面ニ於テ航路水路並ニ埋立ヲ施行シ東京府営計画ト相俟テ京浜間船舶ノ航行ヲ安全ナラシムルト共ニ一大臨港工業地帯ヲ建設セントスルモノナリ。

即チ鶴見川崎臨港地帯地先既設防波堤終端ヨリ多摩川河口ニ至ル間延長五千八百七十米ノ防波堤（提頭ヲ含ム）ヲ新設シ其ノ内側ニ幅員七百米水深九米（有効幅員三百米）ノ航路ヲ開設シ又埋立地区間ニハ幅員二百八十米水深九米及幅員百三十米水深三米五ノ水路ヲ設ケ一萬噸級船舶及艀船ノ航行ニ便ス。

尚水深三米総面積十六萬五千平米（約五萬坪）ノ船留ヲ設クルコト、シ百三十米水路ノ両側交互ニ且幹線道路ニ近接シテ分散築設シ艀船ノ繫留ニ備フルコト、セリ。

斯クシテ水運ノ便ヲ計ル一方之等航路並ニ水路ノ開設ニ伴フ浚渫土砂ヲ利用シテ約五百十四萬二千平米（約百五十五萬坪）ノ埋立地ヲ造成シ之ニ公共物揚場及幹線道路橋梁並ニ鉄道等ヲ施設シテ水陸連絡ヲ至便ナラシメ更ニ工業用水ノ供給ハ別ニ計画セル県営相模川河水統制事業ニ依存シ、尚保健施設トシテ緑地ヲ設ケ理想的一大臨港工業地帯タラシメントスル」[66]。

新たに建設される工業地帯は、地方官庁が、港湾、鉄道、水道、緑地などを設け、進出した工場の操業を支援する体制を整えていたのである。単に埋立地をつくってそれを販売するだけでは、工場の操業はできない。一定の社会資本を整備することによって、操業が可能になるのである。

私営ではなく、県営の埋立とする根拠について、県側の整理によると、以下の点にわたっていた。要約すれば、県営であるから資金が潤沢であること、公共的設備（防波堤、水路、道路、橋梁、鉄道、引込線、公共物揚場、上下水道、照明など）の充実完備がはかれること、公共施設の維持管理を完璧にすることができること、造成地の価格を公正にして利用処分を合理的に行うことができること、工場誘致を速やかに行うことができること、などであった[67]。巨大な産業集積の地帯に必要な社会資本を供給するには、一資本の力では不可能な段階にまで、工業の生産単位が巨大化し、さらにそれらの集積した工業地帯の建設は、地方官庁主導にならざるをえなくなったのである。

造成事業計画は、一五五万五四〇〇坪、五つの区画に分けて実行された。四一年には、第一区、第二区が完成した[68]。第一区三八万六〇三〇坪は、水江町にあたり、ほとんどが日本鋼管の用地となった。前述の「京浜工業地帯造成工事計画説明書」によれば、土地売却代は、坪三九円を毎年一〇万坪ずつ一三年で売却すると計画されていた（最終年度は三万坪）。この埋立事業は、戦時中の資材不足、労働力の不足から四五年には中止されたため、約五〇％が完成したにすぎなかった。

しかし、日本鋼管の資料によれば[69]（表4‑13）、実際の日本鋼管の県からの用地取得額は、坪単価六〇円または三一円であって、三九円ではなかった。それぞれの施設の状況や場所によって、土地価格は異なるため、適正価格を算定することは困難である。東京湾埋立会社から取得した坪単価が四〇円から五二円と開きがあるが、b部分の価格は、aとcにはさまれた部分であり、当初計画の三九円よりも低い三一円という価格で売却しているのは、明らかに低かったと思われる。県が日本鋼管に販売したc部分の坪単価六〇円については、一九三〇年代に行った横浜市市営埋立地の販売価格と比較するとやや高かったが、民間業者よりは安価に取得していたといえる(70)。

扇島地区の埋立と土地取得

扇島は、横浜と川崎市にまたがる埋立地で、戦後第二次合理化の際、原料センターが建設され、高度成長期の京浜製鉄所の製鉄原料ヤードになった(71)。扇島原料センターは、接岸岸壁、荷役・運搬設備、貯鉱貯炭場、鉱石事前処理設備を設け、一九五八年から使用した。その後、京浜製鉄所のリプレース計画にもとづいて、現在の扇島製鉄所になるのである。扇島の用地取得は、戦時期の日本鋼管と神奈川県との埋立契約に端を発しているのである。

一九四三年一二月鶴見川崎臨港工業地帯から排出される残滓を利用して横浜鶴見―川崎の防波堤外を埋め立てる計画が神奈川県議会で提案され、可決成立した。総事業費二四五〇万円、一〇年継続事業として、一九四四年度から開始された。この財源は、全額日本鋼管から納付され、県費は支出されない計画であった。

残滓処理埋立事業について、日本鋼管と神奈川県との契約書によれば、その概要は以下のようであった(72)。

①日本鋼管は、工場から排出する残滓を横浜港鶴見防波堤前面の面積六九万二〇〇〇坪の埋立てに利用することができる。

②神奈川県は残滓については、代金を支払わず、事業費は全額日本鋼管の負担によって支払われる。そのかわり、公共用地を除く埋立地面積の九〇%は日本鋼管に交付される。

③総額は二四五〇万円で毎年度決算額の一〇%を神奈川県に納める。

④日本鋼管が契約不履行のため、神奈川県に損害を与えた場合は、日本鋼

表4-13 特殊鋼一貫製鉄所の敷地面積および金額

	面積	単価	金額
早山石油と肩替，東京湾埋立より買収 (a)	坪 18,307	円 52	円 961,121
神奈川県より買収(イ) (b)	13,160	31	407,550
〃 (ロ) (c)	112,925	60	6,770,690
東京湾埋立より買収 (d)	1,094	40	43,760
計	145,486	平均56	8,183,121

注：(1) 不足分4,500坪については賃借するとなっている。
(2) 書き込みによって水江地区内のどの用地を買収したかわかる。
(3) 面積×単位はイコール金額にはなっていない。
資料：「特殊鋼工場敷地ノ件」(1942年7月28日) 松下資料No.250。

管が賠償責任を負う。

この契約が日本鋼管にどのような意味をもったのか。実際の支払金額が不明のため、おおざっぱな金額しかわからない。面積の九〇％を取得するとして、六二万二八〇〇坪となり、二四五〇万円支払うとして坪単価は、三九円三四銭となる。このほかに日本鋼管は、毎年度決算額の一〇％を支払う。しかし、埋立地に投棄することによって残滓処理費用をほとんど支払う必要がなくなる。利子を含めて考えても日本鋼管には有利な土地取得であったと推測される。日本鋼管にとっては、残滓処理によってきわめて安価に埋立地を取得できる一石二鳥の事業であり、神奈川県にとっては、県費を用いずに埋立事業を実行し工場誘致をはかることができる事業であった。両者の利益にかなう事業であった。この事業は、敗戦で中断されたが、一九五九年四月再開され六四年四月完成した。その後日本鋼管扇島製鉄所としてよみがえったのである。

以上のことから明らかなように、戦時期に行われた一括した用地（資産）取得は、地方官庁の公共事業と密接に関連していた。この用地取得によって、高度成長期の最新鋭の銑鋼一貫製鉄所が建設されたのである。

第5節　特殊鋼設備の疎開計画

特殊鋼設備疎開についての軍需省の方針

特殊鋼設備の分散疎開についての方針が、いつごろから具体化されたのかはっきりと確定することができないが、現在管見するかぎりでは、四四年一二月の資料によるものである。

一九四四年一一月には、B29による偵察飛行が開始され、空襲も現実的になってくると、兵器素材として不可欠な特殊鋼の生産を確保するため、生産設備の疎開が急浮上してきた。四四年一一月二三日には、「特殊鋼生産転移ニ関

スル件」[73]が出されている。これによれば、「空襲被害ニ依ル生産低下ヲ極力防止」するために、

①特殊鋼工場を地区設備内容および製造鋼種の関係を考慮して地域的な生産分業体制をもとにした企業集団[74]を結成する。同一集団の中で転移可能な鋼種については、軍需監理部が生産転移を実施する。企業集団は、常時編成し設備の相互利用、原材料労務の相互融通、技術交流を行い、意志疎通をはかる。

②設備、労務、原材料等の企業間の転移を同一企業集団内において実施する。

③同一企業集団内において転移不可能でかつ他企業集団内特定工場に転移可能なものは中央または軍需管理部において転移を計画実行する。

④生産転移不可能なものは「特殊鋼生産設備疎開実施要綱」により生産転移を行う。特定工場に限定されている重要鋼種については、技術指導等により鋼種の分散をはかる。

⑤生産転移計画は、中央および地方の特殊鋼連絡会議に付議し、実施については発注部門と連絡を緊密にとる。中央は疎開連絡会議、地方については新たに軍需監理部長主催のもとに軍需監理部、軍関係者、地方官庁、統制会などの関係者によって構成される特殊鋼連絡会議を組織するとなっていた。

乏しくなった原材料、不足する労働力を効率的に利用することを目的として地域的な分業体制を構築するべく「企業集団」が結成された。「企業集団」は集団内の工場の分業と協業を推進することを目的にしていたが、生産設備の移転に伴い、そのあり方を編成替えする必要に迫られたのである。資本系列を基本とする企業集団を越えた分業体制の再編成に直面していたのである。同一集団内で生産転移できない鋼種については、生産転移に伴い他の「企業集団」への所属の変更などに直面したのである。疎開は、このように従来の分業体制、取引関係の再編成を強いたのである。

特殊鋼設備の疎開方針を定めた「特殊鋼生産設備疎開実施要綱」[75]によれば、疎開の基本的な方針は、京浜、東海、近畿地区など密集している「地区ニ於ケル現有竝ニ拡充中ノ特殊鋼生産設備ヲ内地他地区、朝鮮満州等ニ分散セシム

ルト共ニ更ニ能率的ナル配置ヲ行ヒ以テ特殊鋼ノ生産確保ヲ図」るということであった。

①疎開の対象は、空襲危険地区内の生産設備、他工場へ生産移転困難な限定品種の重要生産設備、拡充中の設備、遊休または非能率設備となっていた。このなかでは、日本鋼管の水江地区における特殊鋼設備や川崎工場内の設備は拡充中の設備であり、まさに疎開対象となったのである。

②疎開先は、内地、朝鮮、満州など空襲の危険の少ない地域、電力、原料、労働力、輸送など総合的な立地条件の良好なところ。

③現在拡充中の設備で②の条件を満たしているところに他の拡充中の設備を移設統合すること。

④「疎開実施ニ当リテハ之ガ完了後ニ於ケル設備ノ全国的配置ガ熔解、鍛造、圧延其ノ他ノ各能力間ニ於テ相互ニ均衡ヲ保持シ得ル様配意スル」という方針であったから、全国的な工場立地の観点からも考えられていた。しかし、疎開は緊急性をおび、全国的な配置まで考えてやる余裕はなかった。

⑤「疎開設備ハ原則トシテ同一資本系の工場内ニ移設セシムルモノトスルモ右実施困難ナル場合ハ有力特殊鋼工場又ハ別ニ定ムル特殊鋼決戦企業集団ノ傘下工場ニ移設セシムルコト」となっていた。つまり、原則は、資本の系列ごとに移設することになっており、強制的な資本系列の編成替えは特殊な場合とされた。

⑥「現有設備ノ活用ニ依ルモノトシ新規資材ノ使用ハ極力之ヲ節約スルコト」つまり、資材の不足のため、既存設備を活用せざるをえない状況であった。

⑦生産を低下させないこと。

⑧第一次疎開は四五年一月一日から三月末日までに終了すること、第二次は四五年六月末日までに完了する。

⑨疎開にあたっては、資金の融通、補償をすること、などが定められていた。

空襲に備えて、緊急に特殊鋼設備の疎開が実施されることになったが、資材不足のなかで、一応資本系列に即して移転されることになった。しかし、設備の移転は、場合によっては企業集団の再編成を伴わざるをえなくなった。また、インフラストラクチュアが整備されている地域は当然都市に限られるから、そういう地域は当然空襲の危険地帯になるのである。疎開先においてインフラストラクチュアを短期間で整備することは基本的に困難であった。しかも、戦争末期の資材が不足しているなかで、新規のインフラストラクチュアを整備することが困難であった。したがって、疎開自体が生産力を著しく低下させることにつながったのである。すなわち、疎開は、自らの手で生産力を破壊に導く政策であった。

工場疎開政策

疎開事業もここであげる工場疎開と都市疎開とは性格がかなり違うものであった。

一九四三年一二月二一日閣議決定の「都市疎開実施要綱(76)」では、人員の疎開、建物疎開などに言及しているが、空襲における延焼を防ぐための空地の設定や都市における重要工業の施設を守るための防火帯の設置を伴うものであった。地域としては、京浜、阪神、名古屋、北九州地域の主要な都市が対象となっていた。

一九四四年一月には「神奈川県都市疎開実行本部」がつくられ、人員疎開の指導が行われ、四四年二〜四月頃から横浜、川崎では建物疎開による防火帯の設定によって防空体制が整備された(77)。日本鋼管川崎製鋼所の西側の住宅地除却は次のような理由によって、行われている。「同製鋼所ニ空襲災害ノ波及スルコトヲ防護スルト共ニ他面川崎市ニ於ケル住居地帯ト工業地域トノ緩衝防火帯トシテノ効果ヲ期待」したのである。ここでは、軍需産業として重要産業企業であった川崎製鋼所を空襲から守るための周辺地域の疎開事業であった。既設工場あるいは建設中の工場の再配置という工業全体の再配置計画とは異なっていた。

南太平洋における日本軍の後退は、本土空襲の脅威を増していった。特に、一九四四年七月サイパン島の失陥は「日本本土を米軍の戦略爆撃下におくという意味において決定的な意味をもっていた(78)」。

工場の疎開は、鉄鋼業の場合、八幡が最初に空襲をうけた四四年六月一八日から当然大きな問題となっていた。四四年六月二二日に八幡の設備の一部が北支那製鉄へ移設されることが決定されているのである[79]。九月には日本製鉄においては、「防空指導要綱」が定められ、工場疎開を含む防空体制の詳細が決定されていった。すでに述べたように特殊鋼についても、四四年一二月頃には工場疎開方針が決定されている。したがって、工場疎開についての各企業で方針が具体化するのは、一九四四年後半期のことと推測される。四四年からの疎開は既設または建設中の工場の移転であった。

一九四五年一月一八日には最高戦争指導会議において「緊急施策措置要綱」が決定され、軍需工業の強化をはかるために、企業整備と分散疎開を「徹底的ニ実施スルト共ニ此等工業ノ地域的総合自立性」を高めることが決定された。一九四五年一月二五日「決戦非常措置要綱」において生産防空体制を強化するために、分散疎開を急速に強め、地下工場を建設することなどが閣議決定された[80]。こうして一九四五年一月から本格的な工場疎開が始められたのである。

一九四五年二月二三日「工場緊急疎開要綱[81]」が閣議決定され、広範な工場疎開が本格的に進められた。この方針は「一時ノ不利ハ忍ビ計画的、系統的ニ工場疎開ヲ徹底実施スル」というもので、「緊要工業ノ地域的総合自立ヲ図リ軍需生産ノ長期確保強化ヲ期スルモノトス」とされていた。しかも、工場疎開は単に工場を安全な場所に移すというものではなく、これは一種の企業整備的な意味ももっていた。すなわち「工場疎開ハ企業再整備ト一体的ニ実施スルト共ニ軍作業庁及軍管理工場ヲモ総合シテ全体的ニ之ヲ計画ス」となっており、軍の計画にもとづいて、系列企業、場合によっては全く資本関係のない企業の一部の設備移転や工場疎開が組み合わされて行われるということを意味していた。

特殊鋼工場の疎開計画

完成途上にある水江および川崎製鋼所の特殊鋼設備は、建設に着手した途端に、疎開を迫られるという、アジア・太平洋戦争期の軍需施設の典型的な運命をたどったのである。本問題の解明の困難さは、口頭による命令や会談の中で事態が進行した点にある。その実態を把握することは、困難であるが、断片的な資料から再構成してみよう。[82]

一九四四年一二月一四日鉄鋼統制会特殊鋼部（田畑大尉の代理）より電気炉一基、分塊工場（水江地区小分塊工場）、中管工場を秋田へ疎開するために、一二月一七日までに立案計画を提出すべきことを口頭で通告された。[83]

そこで、日本鋼管企画部では疎開案を、一七日軍需省特殊鋼課長に提出した。一二月一七日提出の疎開案によれば、[84]敷地七万坪、資金六五〇〇万円、作業人員一八〇〇名、所要期間電気炉一年半、中管工場一三カ月、すべての完成が四六年六月末という膨大なものであった。特に、中管工場の疎開に伴って、平炉一基の移設も追加されており、当初計画はかなり大きなものになった。秋田への疎開は、同社の関係会社である秋田製鋼[85]との関連から立案されていた。短期間で計画したため、訂正すべき点があるとはいうものの、このままでは、疎開計画実施中に特殊鋼生産の大幅減産も避けられないものであった。

一二月二六日には、電気炉の疎開は適当であるが資材不足のため、小分塊、中管工場については、「沙汰止ミトナレルヨシ」と企画部に対して通知されてきた。

四五年一月二五日には、日本鋼管を訪問した軍需省関係者より、第三、四号電気炉の疎開を軍需省で決定したとの情報が伝えられた。そして、同時に二〇〇〇トンプレス（川崎重工が小島鉄工所[86]に発注したもの）一台をつけることをほぼ決定したとの情報も寄せられた。水江地区の工場が広すぎるので、最小限度にとどめるという観点からも疎開は提起されていた。特に、川崎重工業の発注していたプレス設備を日本鋼管の疎開に際して結合させるというかなり強引な内容になったのである。それは航空機部品製造工場として位置づけられていたからであった。

さらに、四五年二月六日には、軍需省鉄鋼局特殊鋼課が各特殊鋼製造業者を集め、次のような方針を「口頭」で伝達した。

「(イ)費用ヲ国庫負担トシテ疎開ヲ実施ス

(ロ)都合ニヨリA会社ノ設備ヲB会社ニ移設セシムルコトアリ

(ハ)疎開ニ要スル資材ハ最少限度ニテ計画サレ度シ
(ニ)疎開ニ関スル報告書ヲ二月十三日迄ニ提出セラレ度シ
(ホ)右報告ニハ設備資材輸送計画建設担当者（当区及疎開先）完成時期費用等ノ記入ヲ要ス」[87]。

このことは、疎開に際して、企業設備の再編成を同時に行うという内容を含むものであった。しかも、それは財政資金によって強制的に行われるという内容であった。

日本鋼管に対しては次の事項が「通達」された。

「(イ)疎開対象第三、四号電気炉及二〇〇〇トンプレス一基（将来ハ中管一工場ヲ考慮ス）
(ロ)疎開地区ヲ秋田トス
(ハ)秋田製鋼ト関聯作業ヲ考ヘルモ可ナリ」[88]。

こうして、正式に疎開先、疎開すべき設備が決定されていった。疎開先の決定は、日本鋼管が最初に提出した秋田を指定していたが、移設すべき設備については軍需省からかなり変更されて通達された。しかも、移設設備は全く関係のない企業の設備を結合させることを求められるといった状態で、日本鋼管の独自性の入る余地は少なかった。また、疎開決定はきわめて短期間のうちに慌ただしく行われた。

この「通達」ののち、日本鋼管は群馬県渋川町の関東製鋼に隣接した地区に社員を派遣（四五年二月八日）して疎開先として検討した。しかし、渋川は、土地の収容の困難、引込線の敷設の不適切など群馬県の工場建設状況も考慮して不向きであるとの結論を出したのである。

二月一三日には、日本鋼管は「電気炉工場疎開計画」[89]を軍需省に対して提出した。この計画では、第一候補地秋田（なお秋田は軍需省「田畑大尉ノ意向ニ基ク」）、第二候補地新潟（新潟電気製鉄所位置）、第三候補地群馬県（渋川または高崎市付近）、さらに資料中には手書きで岩手県盛岡が書き加えられていた。しかし、秋田、群馬については調査の結果かなり問題があることが、日本鋼管の調査ですでに明らかになっていた。二月一三日の両者の審議では、マンネスマン穿孔機工場または六管工場の移設も考慮するよう新たに求められた。これに対して日本鋼管側は、独自の調査をベースにして、製管機の移設を拒否するとともに、新潟地区への疎開を軍需省に提案したのである。これに対して軍需省側は、秋田県田沢湖付近および岩手県盛岡地区の調査を再び指示したのである。そして、「資材ハ極度ニ窮迫セル現状下吾社計画案ハ過大ニ過ギル故極度ニ圧縮セラレ度シトノ」指摘を受けたのである。

二月一五日には、軍需省は秋田地区以外でも高崎、盛岡、新潟を候補地とすることを承認した。なお、盛岡は東北軍需監理部が推薦したものであった。この会談では「会社側ニ於テ現地ヲ調査シ至急設定アリタシ」「資材ヲ多量ニ要セヌ様立案アリ度シ」「特急完成スルヲ要ス」「移設ニ際シ附加スル設備アラバ追加スルモ可」「疎開ノ対象ハ差当リ二〇トン電炉二基及二〇〇〇屯プレス」ということが指摘された。そして、同日行われた軍需省田畑大尉立会いのもと川崎重工業西山弥太郎との打ち合せにおいて、小島鉄工所発注の二〇〇〇トンプレスは日本鋼管に一三五万円で譲渡されることになった[90]。

ところが、発注先の川崎重工業では、その二〇〇〇トンプレスについて、海軍艦政本部より、他社へ融通するように命令を受けており、川崎重工業側も困惑していたようである[91]。川崎にとっては、軍需省の系統からの命令（日本鋼管）と艦政本部からの命令が重複して出されたことになった。日本鋼管は、プレスの譲渡を催促していたが、川崎との連絡がとれなかったため、疎開準備は、遅れる一方であった[92]。五月八日付の報告では、艦政本部と交渉して、日本鋼管に対して二〇〇〇トンプレスは譲渡するつもりであるとの川崎側の意向を日本鋼管は、確認することができた。

四五年二月二二～二四日岩手県盛岡市付近の疎開候補地を調査している。しかし「電力、労務、食料等良好ナルモ輸送関係不良（海運ナシ）」「重製品ノ製作ニハ不適」と結論を下した。

さらに四五年三月二一～六日新潟県新潟市沼垂の調査を行い次のような結論に達した。

「(イ) 吾社幹部ノ意向通リ本敷地ヲ最モ適当トスルコト明瞭トナル

(ロ) 被爆ノ虞ナシトセサルモ付近ニハ大工場僅少ニシテ大工業地帯トナリ居ラズ敷地開豁ナリ

(ハ) 電力、労務、食料等ハ何レモ宜シク
(ニ) 運輸ハ陸運海運ニ恵マル
(ホ) 疎開地トシテハ最モ適当ト考ヘラル
(ヘ) 合金鉄拡充実施中ナル現工場隣接地区ニ建設セラレテモ現工場及現拡充工場何レモ疎散シテ建設シ得ラル
(ト) 社宅、合宿敷地用地ハ十分ニシテ
(チ) 本地区ハ土盛ヲ要スル点ハ不利ナルモ方法アリ新潟地区ヲ最モ可ナリト認ム」[93]。

日本鋼管は、新潟電気製鉄所[94]に隣接して電気炉およびプレスを疎開することに方針を決定した。三月一三日、疎開候補地の比較表を添付して、軍需監理部に届け出したのである。

五月二日には軍需省鉄鋼局長から関東および東北軍需監理官次長あてに秋田から新潟地区に疎開先が変更したという決定通知が出されて、疎開先は最終的に新潟と決定されたはずであった[95]。

一九四五年六月二九日には、臨時生産防衛対策中央本部総裁軍需大臣豊田貞次郎から日本鋼管生産責任者宛に疎開準備の命令が下された[96]。この示達によれば、

①疎開の範囲は、川崎製鉄所航空機特殊鋼鋼材製造設備の四〇%とされていた。
②疎開完了時期は、四五年七月末日とされていた。
③労働力は自家労働力を活用し、疎開施設で働く者は、疎開先に移転することを強制された。
④所要資材は、工場所有のものを活用すること。
⑤疎開施設および物件の移転費、職員労働力(家族を含む)の旅費および移転料は、最高全額国庫負担で補助する。

などが示されていた。

しかしながら、疎開先の工事は、十分に計画されておらず、疎開準備はできても受け入れ態勢は不十分であった。日本鋼管の特殊鋼設備の建設用地の整地作業に関して、作業を命じられた新潟鉄道局では、阿賀野川橋梁工事を命じ

られ、さらに岐阜県の地下工場建設工事の加勢も命じられていたため、労働力の不足は著しくなっていた。「軍ノ要請ニヨリ電気炉建設ガ先カ、阿賀野川迂回橋脚ガ先カ」という事態に陥っていたのである。これが、七月一六日の時点であるから、疎開作業は計画通りにはとうてい行かなかった[97]。

さらに、新潟沼垂地区への移転について、軍需省は一九四五年の終戦直前になると、きわめて曖昧であった。いったんは、新潟への疎開準備の命令を出しておきながら、「軍需省ノ態度ガ判明シナイ」という状況になっていた[98]。他方では、「新潟市内ヘノ疎開ニハ反対者多ク大臣ヨリ疎開命令ヲ出シ難」い状況になっていた[99]。特に工場立地予定地は「工場疎開禁止区域」となっていたため、準備命令だけで軍需省の正式認可がない状態では身動きのとれない状況になっていた。軍需省は「承認動揺シ来」ったため、運輸省が疎開施設の輸送を拒否してくるに至る[100]。また、新潟への疎開についても空襲のおそれがあることから、社内においても電気炉の移転については懐疑的な意見が出ていた[101]。

かくして、政府内の調整も行われない不十分な命令のため整地、輸送の目処がつかないまま、特殊鋼設備の疎開は準備が進められたが、未完で敗戦を迎えたのである。

鋼管製造設備についても、四五年七月には山形県泉田への疎開が命じられた[102]。この命令に先だって、日本鋼管では疎開地が、鋼管製造事業の条件があるかどうか、第一回（四五年五月二八日から六月三日まで）、第二回（六月八日から六月一四日まで）の出張を行っている記録がある[103]。この出張報告では、電力、住宅、食料などで問題を抱えていたが、買収交渉の準備作業に入っていた。実際には、この疎開は結実するだけの余裕はなく中途半端なまま敗戦を迎えたようである。

小　括

日本鋼管は、普通圧延鋼材を生産する一貫製鉄所であったが、軍部の勧告と社内での検討を経て特殊鋼分野への進出を計画した。日中戦争期に、日本鋼管は、富山電気製鉄所で特殊鋼鋼塊を生産し、川崎で圧延する体制をとっていたが、それは必ずしも収益が上がるものではなかった。したがって、航空機生産の本格化に伴って大量に特殊鋼需要が見込まれ、特殊鋼契約単価が引き上げられ、利益が確実になった時に、陸軍航空機関連の素材＝特殊鋼分野への本格的な進出を企図して、特殊鋼一貫製鉄所建設を計画したのである。日本鋼管は、屑鉄を使用しないトーマス転炉、電気炉の合併法による特殊鋼生産という特徴を前面に出して水江地区に一貫製鉄所の建設を申請して許可されたのである。しかし、実際には特殊鋼生産は、期待利益の保証された分野ではなかった。実際の建設過程は、軍部の要請によって合理的な計画とはいえないものを強いられた。軍部の緊急増産要請や資材不足などによって、当初の計画は変更され、戦争末期には政府内の十分な調整も行われない疎開の要請も受けて、一貫製鉄所構想は未完に終わった。軍需と密接に関連する特殊鋼分野への進出は、日本鋼管の当面の利益を確保するものとはならなかったが、これを契機にした水江町県営埋立地の取得（資産の増加）、さらに扇島の有利な取得という戦後の日本鋼管京浜製鉄所、扇島製鉄所の展開の前提条件をつくり上げたのである。

注

（1）日本鋼管川崎製鉄所という名称は、高炉建設以降、名称がかなり社内資料でもさまざまである。平炉、転炉、圧延工場がある川崎製鋼所と高炉がある扇町製鉄所（第一、二、三高炉）、大島製鉄所（第四、第五高炉）に分けている場合もある。これらを総称して川崎製鉄所という場合もある。川崎製鋼所という場合は、主に創立以来の製鋼圧延設備の集中している地区を指す。

（2）平炉－圧延企業の鉄鋼業における位置づけについては長島修『戦前日本鉄鋼業の構造分析』（ミネルヴァ書房、一九八七年）参照。

（3）特殊鋼についての厳密な定義はない。一般的に認められている特殊鋼概念は、ＪＩＳ規格で規定されているものである。ＪＩＳで特殊鋼としてとみなしている鋼種の特徴は、①炭素鋼では、普通鋼に比べて燐、硫黄、銅などの不純物の含有量が少ないこと、②合金鋼では、国際的に認められている最少限度の量の合金元素または特殊元素を含んでいることである。したがって一般的には、合金鋼および高級炭素鋼または熱処理をほどこして使われる高級鋼のことを特殊鋼という（以上は、鉄鋼新聞社編『鉄鋼実務用語辞典』鉄鋼新聞社、一九八三年、による）。

（4）『日本鋼管株式会社四十年史』七三一〜七三三頁。

（5）商工省金属局編纂『製鉄業参考資料』（一九四三年八月調査）。

（6）「特殊鋼製造作業工程図表」松下資料No.246。

（7）『昭和一三年度販売部考課状』（松下資料No.361、『横浜市史』Ⅱ資料編4上所収）。

（8）軍工廠のこの時期の物資取得システムの詳細は、山崎志郎「陸軍造兵廠と軍需工業動員」（『商学論集』第六二巻第四号、一九九四年三月、三二一〜三二五頁参照）。統計上現われているのは、第一種軍需、第二種軍需に相当するものと推測される。

（9）『昭和一三年度販売部考課状』松下資料No.361。

（10）松下資料No.246。

（11）販売部「特殊鋼調査の―所感―対策―提案」（作成一九三九年推定、松下資料No.249）。

（12）長島修『日本戦時鉄鋼統制成立史』（法律文化社、一九八六年）四七〜四八頁。

（13）前掲「特殊鋼調査の―所感―対策―提案」。以下この資料による。

（14）技監部長から白石社長宛「特殊鋼増設部門ヲ鋼管会社ヨリ分離スル事ヲ有利トスル諸点」（一九三九年八月七日、松下資料No.244）。

（15）表4-4から見ると、需要予測を六六万トンとしていたから、最終的には約六分の一のシェアを日本鋼管が占拠するというプランであった。

（16）松島喜市郎「特殊鋼工場計画ノ概要」（一九三九年七月一一日、松下資料No.244）。

（17）松島喜市郎「特殊鋼製造会社設立ニ関スル提議書」（一九三九年七月四日、同前所収）。上記資料によれば、富山に設置する場合には、合金鉄工場は電力豊富な他の地域に移設し、富山を特殊鋼専門製鉄所として編成することが必要であった。

（18）松島喜市郎「特殊鋼製造工場建設ニ関スル意見書」（一九三九年七月二五日、同前所収）。「建設地撰定ニツキ種々考究ノ結果現在ノ新湊電気製鉄所ノ設備ヲ拡張増設シ之ヲ新工場ニ充当スルコトハ多大ノ難点之有」と述べており、富山の拡張には否定的な見方をしていた。

（19）電気製鉄所長土田富二「特殊鋼製造ノ必要性ニ就テ」（一九三九年八月三日、同前所収）。

（20）松島前掲「特殊鋼製造会社設立ニ関スル提議書」、松島前掲「特殊鋼製造工場建設ニ関スル意見書」。

(21) 宮島英昭「戦時経済統制の展開と産業組織の変容――国民経済の組織化と資本の組織化」(『社会科学研究』第三九巻第六号、一九八八年)四〇頁。
(22) 「重点主義ノ問題ハ既ニ云々サレ、無能ノ小会社ハ漸次淘汰サレルコトトナル、商工省トシテモ軍ト連絡シテ優秀会社ノミ残ス方針ヲトッテキル」(「第二一回特殊鋼会議議事録」一九四〇年一一月一四日、松下資料No.249)。
(23) 「高級品ニ付キ他社ノ追従ヲ許サヌ技術ヲ練リ少ナクトモ三種類ハ独特製品ヲ出スコトガ必要デアル……然ラザレバ将来重点主義ニ基ク整理ガ行ワルル時存在ノ理由ガ無クナッテ来ル」(条鋼掛、森山達郎「三菱発動機ニオケル特殊鋼調査報告」同前所収)。
(24) 陸軍航空本部東京監督班「日本鋼管株式会社第五七期特殊鋼原価調書」(一九四一年二月、松下資料No.314)。
(25) 同前。
(26) 『日本鋼管株式会社四十年史』六六三頁。
(27) 前掲「日本鋼管株式会社第五七期特殊鋼材原価調書」。
(28) 長島修「戦時下の特殊鋼企業――大同製鋼を中心に――」(下谷政弘編『戦時経済と日本企業』(昭和堂、一九九〇年)五一頁。
(29) 鉄鋼統制会特殊鋼部「航空機用特殊鋼の増産対策に関する所見」(一九四四年一月五日、松下資料No.236)。
(30) 「特殊鋼工場新設計画ニ関スル件」(一九四二年七月)松下資料No.250。特殊鋼工場新設計画は、この時点では確立されていたわけではなく、さまざまな案が検討されたようである。以下で紹介するのは、右記資料の最初の案である。別の案との相違は鍛錬工場でビレット製造しそれから圧延するかどうかという点であって、大きな相違はない。
(31) 「特殊鋼工場建設ニ関スル経緯」(一九四四年八月一一日、松下資料No.248)。以下では主に上記資料にもとづいて経過を述べる。日付については、資料によって若干の相違がある。〈 〉は「特殊鋼工場(第一期工事)建設経緯」(一九四三年五月一二日、松下資料No.252)の日付である。
日付については、資料によって異なっている。たとえば、陸軍航空本部宛「指示目標ニ対スル生産拡充計画ノ件」(四二年一〇月一九日、松下資料No.246)では、一〇月一〇日に指示されて、一〇月一九日に川崎一万トン、富山五〇トンという目標を提出している。
(32) この八月二三日下命の計画がどのように策定され、いつ統制会に提出されたかは不明である。
(33) 「特殊鋼建設計画ニ就テ」(一九四三年一一月三〇日、松下資料No.236)。

(34)「鉄鋼統制会指令一八第一一一七号」(松下資料No.247)。鉄鋼会社が、設備を新増設する場合、統制会の成立によって、それ以前と申請の仕方が異なってきた。許認可の申請書は、統制会に提出され統制会で検討され、妥当とされたものが副申を添付のうえ、商工省へ送られ、そこで建設認可がなされるようになった(長島前掲『日本戦時鉄鋼統制成立史』三二六～三二七頁)。こうした機能は、軍需省成立後も引き継がれたが、統制会の頭越しに命令されることがあったことは、本章の分析で明らかである。また、統制会からの許可内容は、建設期間の指定が主であり、それに付帯意見が添付されていた。とすると、統制会は計画遂行における現実性などを検討し、計画の遂行が可能であるのかモニタリングする機能を果たしていたことになる。

(35) ここでは、第一電気炉工場(二〇トン電気炉四基)は、川崎製鋼所内に建設すると申請書には書かれていない。水江地区に建設するものとして、その他の設備と一緒に記載されている。

(36) 許可申請書には、第一電気炉工場および第二電気炉工場とも場所が違っているとのことは書かれていない。したがって、申請書を提出した段階では電気炉工場を水江地区に建設する予定であったと思われる。

(37) 事業目論見書によれば、建設費一億円の借入金利子の支払い額は三九二万四〇〇〇円であり、低利の資金を調達することを想定していた。

(38)「特殊鋼工場建設工事予算改編ニ関スル件」(一九四五年二月、松下資料No.250)。

(39) 経理部「特殊鋼工場建設資金借入ニ関スル件」(一九四五年二月三日、同前所収)。製鉄事業法による予算変更願は、鉄鋼統制会に対して提出されていたが(「製鉄事業設備予算金額変更許可申請書」一九四五年一月二〇日、同上所収)、その許可が下りる以前に興銀より、貸出の認可が下りたのである。軍需会社法体制のもとで、戦争末期には、こうした資金の供給が可能であったようである。

(40) 日本カーボン株式会社は、横浜財界の中村房次郎、近藤賢二らが一九一五年設立した炭素工業会社で、横浜に工場をもつ電極生産のトップメーカーであった。日中戦争が始まると、アルミニウム工業、電気化学、特殊鋼工業の発展に伴って電極の注文は急増し、生産量も増加した。一九四二年には商工省より、アルミニウム電解用カソードカーボンの増産命令、四二年一二月には陸軍航空本部陸軍航空用電極生産標準の通牒を受け、増産を強いられた。四三年一月には臨時建設本部を設け、大拡充計画の検討を開始した(以上『日本カーボン株式会社五十年史』一九六七年八月)。

(41) 日本カーボン株式会社「弊社富山、鶴見両工場拡充計画ニ関スル件」(一九四二年一二月七日、松下資料No.258)。

(42) 日本カーボン株式会社「弊社増資新株引受方御依頼の件」(一九四三年二月二四日、同前所収)。

(43) 日本カーボン株式会社前掲「弊社増資新株引受方御依頼の件」。

(44) 申請許可書中の添付資料「鉄鋼統制会山懸特設部長ヨリ発表サレタル特殊工場建設ニ関スル意見」(一九四三年六月一六日、松下資料No.247)。

(45) 「昭和十九年度特殊鋼生産拡充計画概要」(一九四四年六月、松下資料No.253)では明らかに、第一期第二期の電気炉工場建設とは別個に建設が進んでいることを明示している。

(46) 「特殊鋼工場(第一期工事)建設経緯」松下資料No.252。但し、別の資料では四三年二月に陸軍航空本部より二〇トン電気炉設置を「慫慂」されたとなっている(「川崎製鋼所特殊鋼製造設備」同上所収)。

(47) 「特殊鋼工場建設計画ニ就テ」(一九四三年一一月三〇日、松下資料No.236)。なお四三年度緊急増産目標月産一一二〇トンに対応した「金属材料緊急増産施策計画現地懇談会社説明概要」(一九四三年五月一四日、松下資料No.246)では、川崎製鋼所に電気炉二〇トン三基新設、一基移転となっているから、四基を川崎製鋼所に建設する案は、四三年四~五月頃に緊急に重点項目に指定されたと推測される。その根拠は、四二年一一月七日申請の計画では、電気炉二〇トン四基の建設は、第一電気炉工場として提出されており、水江地区に建設するものとされている。また、四月一二日再申請の際にもこの点についてはふれられていない。したがって、四三年四~五月頃に修正されたと考えざるをえない。

(48) 「昭和十九年度特殊鋼生産拡充計画概要」(一九四四年六月、松下資料No.253)なお、この一九年の計画では、〇号電気炉を第一期計画、第一電気炉工場を第二期計画、水江の平炉、電気炉、圧延鍛造建設計画を第三期計画としている。

(49) 「特殊鋼工場建設工事予算改編ニ関スル件」(一九四五年二月、松下資料No.250)。

(50) 「当社昭和九年以降稼働開始設備一覧」(四七年四月二一日、松下資料No.394)。

(51) 四五年の川崎電気炉月平均生産額は一八四トンと大幅に低下していた(「川崎製鉄所生産高一覧表」松下資料No.402)。

(52) 「川崎製鉄所電気炉ニ於テ特殊鋼増産ニ関スル件」(一九四五年三月一四日、松下資料No.246)。

(53) 「電気炉減産理由報告書」(一九四五年三月一六日、同前所収)。

(54) 岡崎哲二「戦時計画経済と価格統制」(『年報・近代日本研究』九、山川出版社、一九八七年)は四三年価格統制が変更され、増産を阻害する要因が緩和されたことを指摘しているが、特殊鋼の場合にはむしろ引き下げなども行われている。個別にみると、増産のインセンティブは多様な要因によってはかられていた。

(55) 建設局連絡課「第一回特殊鋼工場建設促進会議」(一九四四年四月一三日)、松下資料No.245、浅野社長発言。

(56) 建設局連絡課「第五回特殊鋼工場建設促進会議記録」(一九四三年一二月一六日、同前所収)。

(57) 建設局連絡課「第一回特殊鋼工場建設促進会議」(一九四四年四月一三日、同前所収)。
(58) 「水江特殊鋼工場中形粗ロール機械製作用銑鉄支給方御願ノ件」(一九四四年一一月一六日、同前所収)。発注品を確保するため、発注者(日本鋼管)に対する資材の供給を求める書類が松下資料No.250にはかなりある。
(59) 建設局連絡課「第五回特殊鋼工場建設促進会議」(一九四三年一二月一六日、松下資料No.245)。
(60) 一九四四年の職制一覧によれば、第一作業局(製鉄部門)の中に、協力工場部が設置されている(第8章参照)。
(61) 神奈川県『京浜工業地帯造成工事計画説明書』(一九四〇年)。
(62) 東亜建設工業株式会社『東京湾埋立物語』(一九八九年)一六六～一七一頁。
(63) 半井知事提案説明『神奈川県議会史』四五三頁。
(64) 前掲『東京湾埋立物語』一七三～一七四頁。
(65) 埋め立て事業の概要については、『神奈川県史』通史編七、近代現代(四)、六六七～六七四頁。『神奈川県企業庁史』六～七頁。
(66) 前掲『京浜工業地帯造成工事計画説明書』。
(67) 神奈川県「弁駁書」(一九三七年五月二六日、『京浜工業地帯埋立関係訴訟に関する本県弁駁書関係綴』神奈川県立文化資料館所蔵)。
(68) 前掲『神奈川県企業庁史』六～七頁。
(69) 「特殊鋼工場敷地ノ件」(一九四二年七月二八日、松下資料No.250)。
(70) 一九三五年横浜市は、市営埋立地恵比須町宝町の販売単価は三九円三二銭である。これを市街地価格指数(六大都市工業地)を利用して四二年価格に換算すると約五三円である。したがって、県の販売価格は横浜市埋立地販売価格よりはやや高かったと推定される。しかしながら、横浜市が民間業者より、かなり安価に市営埋立地を販売しており、民間業者の価格(一九二八年価格五〇円一三銭)と比べると安価であった(同じく換算すると約六八円、但し、この場合二八年の数値がないため、三六年を一〇〇としたもの)。
なお、横浜市の埋立の販売価格、浅野埋立の販売価格は、『横浜市史』Ⅱ通史編第　巻上、四六五頁参照。市街地価格指数は、日本銀行統計局『明治以降本邦主要経済統計』を利用した。
(71) 『日本鋼管株式会社七〇年史』七四～七五頁。
(72) 前掲『神奈川県議会史』八五九～八六〇頁。

(73)「特殊鋼生産転移ニ関スル件」(一九四四年一二月二三日、軍需次官通牒　水津資料P‐Ⅱ‐7)。
(74) 戦争末期における企業集団に結成については、長島修「企業整備と系列化」(長島修・下谷政弘『戦時日本経済の研究』晃洋書房、一九九二年)参照。企業集団が、産業全体に広がって形成されたのは戦時工作機械生産において典型的に現われた。一九四三年八月の閣議決定を受けて各地域ごとに責任工場を決定しその下に分業工場が組織化され、戦時工作機械の生産が行われた(沢井実「戦時型工作機械生産について」『大阪大学経済学』第四五巻第三・四号、一九九六年三月、五～一三頁)。
(75)「特殊鋼生産設備疎開実施要綱」(一九四四年一二月推測、水津資料P‐Ⅱ‐7)。「特殊鋼生産転移ニ関スル件」(軍需次官通牒、四四年一二月二三日 水津資料P‐Ⅱ‐7)の中には、疎開の基本的な方針は、「特殊鋼生産設備疎開実施要綱」によるとなっていたから、一二月の時点には疎開の実施の方針はできていたことになる。但し、それが同時に一二月に策定されたものかどうかは確定できない。軍需省鉄鋼局長より近畿軍需監理部長宛「特殊鋼生産設備疎開実施ニ関スル件通牒」(一九四五年二月一三日、水津資料P‐Ⅱ‐7)に添付された「特殊鋼生産設備疎開実施要綱」によって、以下では述べることにする。
(76) 東京都商工経済会『大都市疎開に関する資料』一(一九四四年)。
(77) 横浜市横浜の空襲を記録する会編『横浜の空襲と戦災』三公式記録(一九七五年)二〇四～二一〇頁。
(78) 安藤良雄『太平洋戦争の経済史的研究』(東京大学出版会、一九八七年)三三三頁。
(79)『日本製鉄株式会社史』(一九五九年四月)一六四、一六六頁。
(80) 参謀本部『敗戦の記録』(原書房、一九八九年二月)二二〇～二二八頁。
(81)『公文類聚』第六九編第五八巻、一九四五年、国立公文書館所蔵。
(82) 建設局森山達郎「特殊鋼工場疎開経過並ニ対策」(一九四五年三月一五日、松下資料No.294)によって疎開の経過を知ることができる。以下では、特に断らない限り、同資料による。
(83) この口頭での通告がどのような法的根拠にもとづいたものであるか明らかではない。閣議決定以前のことであり、軍はすでに先行して軍関係工場に四四年末から疎開の準備をさせていたことを意味している。こうした曖昧さは疎開をいっそう混乱させる一因となったのである。
(84)「特殊鋼工場疎開ニ関スル件」(一九四四年一二月一七日、松下資料No.294)。
(85) 一九三八年七月創立された特殊鋼会社で、秋田第一、第二工場で電気炉による鋼塊生産を行っており、鶴見工場において鍛造、熱処理などを行っていた。一九四二年現在資本金二五〇万円（秋田製鋼株式会社「営業経歴書」一九四二年九月一五日現在、松下資料No.669）。一九四三年日本鋼管は、軍の命令によって、秋田製鋼を傘下に収めた。

(86) 小島鉄工所は、払込資本金二七五万円で、群馬県高崎市に本社を持ち、群馬郡倉賀野に一二三名の労働者を有する中規模プレスメーカーである（一九四四年六月～九月調査、産業機械統制会『会員業態要覧』一九四四年版）。

(87) 前掲「特殊鋼工場疎開経過並ニ対策」。

(88) 同前。

(89) 「電気炉工場疎開計画」（一九四五年二月一三日）松下資料No.294。

(90) 一九四五年三月一八日には群馬県高崎を調査するとともに、軍需省田畑大尉の紹介状を持参して小島鉄工所において製作中の二〇〇〇トンプレス（部品のかなりの量は川崎重工業で製作）の見学と仕様書を受け取ったのである。

(91) 建設部森山達郎より松下技監多田部長宛「川崎重工業二〇〇〇屯プレスノ件報告」（一九四五年五月八日、松下資料No.294）。

(92) 日本鋼管建設局森山副長代理第三係橋文叔より田畑大尉宛「二〇〇〇屯プレス譲受ニ関シ川崎重工業ト交渉ノ件御報告」（一九四五年三月二〇日、松下資料No.294）。

(93) 前掲「特殊鋼工場疎開経過並ニ対策」。

(94) 新潟電気製鉄所は、低廉豊富な電力、安い労働賃金、完備した港湾施設を備えている新潟に一九三五年富山電気製鉄所の分工場として建設された。新潟電気製鉄所は、合金鉄を生産していた（『日本鋼管株式会社四十年史』七三六～七四一頁）。

(95) 軍需省鉄鋼局長「特殊鋼生産設備疎開実施ニ関スル件」（一九四五年五月二日、松下資料No.398）。

(96) 「分散疎開準備ニ関スル件示達」（一九四五年六月二九日、松下資料No.294）。

(97) 陸運部副長より松下技監宛「川崎電気炉ヲ新潟埋立地ニ建設用地トシテ整地工事ヲ新潟鉄道局ニ委託請願ニ関スル件」（一九四五年七月一六日、同前所収）。

(98) 「建設会議」（一九四五年七月一六日、松下資料No.398）、軍需省の態度がここへきてなぜ曖昧なものになったのかについては、理由が明らかではないが、新潟も空襲の危険が迫っていたことや移転後の生産の見通しも立っていなかったためと推測される。

(99) 「新潟工場疎開命令ノ発令ノ件」（一九四五年七月四日、松下資料No.294）。

(100) 建設本部長根本茂より松下技監宛「二〇特建発五四号」（一九四五年七月九日、同前所収）。したがって、日本鋼管では、正式の許可がないまま「内密ニ送付スルヨリ外ニ方法ガナ」い状況になっていた。

（101）「新潟電気製鉄所ニ於ケル打合」（一九四五年六月二九日、松下資料No.294）。

（102）軍需省航空兵器総局総務局長より東北地方軍需監理局長官宛「日本鋼管及東芝鋼管疎開ノ件通牒」（一九四五年七月七日、松下資料No.396）。

（103）「出張報告（第一回）」（四五年六月二〇日、同前所収）「出張報告（第二回）」（四五年六月二〇日、同上所収）。調査の日付は異なるが、発行日は第一回、第二回とも同じ。

補論　戦時期の特殊鋼生産と特殊鋼銑鋼一貫製鉄所構想

戦時下特殊鋼生産の特徴

戦時期において特殊鋼は、兵器、精密機械、工作機械などの需要増加とともに重要な素材となっていた。特殊鋼は、一九三〇年代には自給を達成していたが、日中戦争前後から合金鋼を中心に輸入が急増した（合金鋼炭素鋼合計一九三六年約一万トン、四〇年二・三万トン）。しかし、それもアジア・太平洋戦争期には急減した。いずれにしても、量的には輸入は大きな意味をもたなかった[1]。特殊鋼鋼材は、四〇年代に入って、増産が進み、ピークは一九四四年（九七・七万トン）であった。一九三七年（一五・五万トン）から四〇年（三六・二万トン）の間では、生産の伸び率は二・三倍、四一～四四年のそれは二・五倍であった（四一年三九・六万トン→四四年九七・七万トン）。アジア・太平洋戦争期のほうが伸び率が高いという特徴をもっている[2]。いずれにしても、戦時中に生産は急速に伸びた[3]。

特殊鋼生産は、軍需比率が高く、物動実績を検討してみると、一九三九年軍需比率六四・五％、四〇年六一・七％であった。アジア・太平洋戦争期の年度計画でみても軍需比率は約七〇～九〇％に達するのである[4]。特殊鋼は、兵器素材およびそれに関連する機械類の素材としての用途が大きな割合を占めていたのである。

特殊鋼生産について注意すべきは、軍工廠における生産である。軍工廠の特殊鋼生産高は正確なところはわからない。日中戦争の勃発とともに増加したが、民間企業の増産が進んだために、特殊鋼鋼材の生産高に占める軍工廠の割合はむしろ低下した[5]。

次に特殊鋼の競争構造、市場構造の特徴を検討しておこう。特殊鋼は多品種小ロット生産であり、兵器などの注文生産が基本になっている。量産型の市況見込み生産としての性格が強い炭素鋼のようなものもあるが、特殊鋼の特徴は、小ロット多品種が基本である。一九四二年の電気炉鋼塊の生産高をとってみると、一位が日本製鉄八幡であるが、シェアは一〇%にも達していない。しかし、八幡の特殊鋼鋼材シェアは一・三%であり、鋼塊を生産したあと鋼材に圧延、鋳鍛造する数値が非常に小さくなっている。この点は、鋼塊を外販したかまたは所内の軍関係の工場で生産されたため、統計的に現われてきていない可能性がある。特殊鋼鋼材のシェアの一位は大同製鋼星崎工場であるが、シェアは一〇%に達していない。いずれも抜きんでたシェアをもった事業所は少なく、小規模な事業者が分散している状況である。(6) また、生産している企業規模についても、上位企業は資本規模は銑鋼一貫製鉄所や上位平炉－圧延企業と比較すると、著しく小さいものも多い。したがって、競争は激しく中小規模企業が乱立している状況であった。特に、戦時下で需要が急増したため、この傾向が助長された。

特殊鋼の需要予測と特殊鋼統制の混乱

一九四一年まで、特殊鋼の需要予測と特殊鋼生産の将来的な見通しを、商工省、統制会が立てることは困難な状況であった。

特殊鋼は、普通の鉄鋼関連製品とは異なって、鉄鋼統制会の統制の枠外にあって、統制会の統制が及ばなかった。特殊銑鉄、特殊鋼、鍛鋳鋼「ニ関スル受註及生産設備拡充等ノ計画若シクハ其ノ実施ニ当リ、統制鉄鋼ノ生産ニ影響アルヲ予見セラルルニモ不拘之ヲ当会ニ御連絡ナク、従テ鉄鋼全体ノ基本計画又ハ事項ノ総合調整ニ十全ヲ期セラレザル為却テ鉄鋼全体ノ生産ヲ阻害スルト共ニ、特ニ統制鉄鋼ニ関スル諸計画ノ遂行ヲ制圧シ之ニ重大ナル支障ヲ招来スル」(7) 状況にあった。特殊鋼が普通鋼鋼材の物動計画の生産割当、資財割当などとは無関係に生産されていたことを示している。そのため、特殊鋼生産の増産が普通鋼設備と共存している場合には、特殊鋼計画の一人歩きによって、普通鋼物動計画を阻害する恐れがあったのである。

特殊鋼の分野では、物動が全く意味をもたない事態になっていた。統制会の一資料はこの点を次のように述べている。

「従来特殊鋼ノ生産額ハ物動ノ所定額ト実績トノ間ニ著シキ相違アリテ、特殊鋼ニ関シテハ物動ハ殆ンド有名無実ナリ、斯クテハ独リ特殊鋼自体ノ生産ノ計画性ハ失ハシムルノミナラズ鉄鋼物動全部ノ計画性ヲ破壊スル」(8)。

一九四二年度の生産高を例にとってみると、物動では、軍需三〇万トン、民需一〇万トン合計四〇万トンであるのに対して実績では軍需五一万トン、民需四万トン合計五五万トンに達していた。つまり、計画高に対して、約一五万トンの実績オーバーになっていた。しかも、超過達成分はすべて軍需に配当された。一方、民間需要は大幅に削られることになっていた。

さらに問題を複雑にしていたのは、特殊鋼のうちでも、炭素鋼、とりわけ塩基性平炉によって生産される特定炭素鋼（航空機規格炭素鋼）の存在であった。特定炭素鋼は、塩基性平炉によって生産される部分をもっていた。塩基性平炉は、普通鋼を主に生産する製鋼設備であるために、特殊鋼生産の物動には算定しなかった。また、特殊鋼生産にも算定しなかった。したがって、塩基性平炉で生産される特定炭素鋼は、普通鋼物動にも特殊鋼物動にも算定されない部分をもっていた。一九四三年度特殊鋼推定生産高は九〇万トン、電気炉、酸性平炉分は七五万トン、それ以外の特定炭素鋼は一五万トンもあり、このうち四万トンは普通鋼物動に含まれていたが、残りの一一万トンは物動に計上されないままであった。したがって、特定炭素鋼を塩基性平炉で生産する場合、当然普通鋼生産部分が食われることになったのである。物動でカバーされない部分は必然的に普通鋼生産と競合することになったのである(9)。こうした事態に対して陸軍省が召集した「陸軍用特殊鋼ニ関スル懇談会」（一九四三年九月一四日）において解決の方向が示された。「継子扱」いになっていた特定炭素鋼は特殊鋼物動に入れることになったのである(10)。

特殊鋼統制が物動や生産力拡充計画以外のところで動いていた。以下の資料は、鉄鋼統制会が生産量すら把握することができていなかったことを示している。鉄鋼統制会は、陸海軍大臣、企画院総裁、商工大臣宛に次のような申し入れをしていた。

「弊会ハ現在普通銑鉄及普通鋼材ノ生産及配給統制ニ従事致シ居リ、特殊鋼、鍛鋳鋼方面ニ対シテハソノ原料配給統制ニ当リ居ルニ過ギズ、其ノ生産及生産拡充計画ハ現在直接統制外ニ有之候得共、之等ニ関シテモ適当ナル方法ト必要ナル限度ニ於テ関係方面ヨリ弊会ニ随時御連絡願度コトニ関シテハ豫テ御当局ニ御願申上ゲ御了承ヲ賜リタル次第ニ御座候、然ル處近時軍関係諸機関ヨリ弊会々員業者ニ対シ直接高級普通鋼、特殊鋼、鍛鋳鋼等ノ急速増産又ハ設備拡充等ノ御内命相当量ニ達シ居ルヤニ被存候、斯ル場合普通銑鉄及鋼材ノ生産諸要素ハ制圧セラレソノ生産ニ重大影響アルベキハ必至ニシテ自然我国銑鋼ノ生産計画ハ混乱ニ陥リ、延イテハ本来普通鉄鋼ニ基底ヲ置ク特、鍛、鋳鋼ノ需給計画ノ実施ニ齟齬ヲ生ズルノミナラズ弊会統制下ノ普通銑鉄及鋼材ニ関スル物動計画モ亦画餅ニ帰シ軍官需ハ勿論民需方面ニモ重大支障ヲ惹起スル虞有之候」(11)。

ここで明らかなように、特殊鋼など軍需に直接関連する素材については、統制会を飛び越えて、直接軍部が発注するばかりでなく、設備拡充についても直接製鉄企業に命令するという混乱が起こっていた。そのことは、全体の物動計画を著しくゆがめ、制約する事態になっていた。

また、特殊鋼工場が、ほとんど軍管理工場になっていたため、商工省も統制会も工場の情報を得ることができなかったことも大きな問題であった。そのうえ、出先の軍当局は、物動の数字が少なすぎるという理由で、民需部分に食い込ませる事態が起こっていた。計画と実績のズレも大きな問題であったが、他方で現場情報を統制会や商工省に開示せず、軍が独占して勝手に生産を左右していた状態が進行していた(12)。

特に特殊鋼設備拡張工事の許可事項に関する軍の命令は、他の官庁と十分協議してなされていなかった。「専ラ軍ノ必要ニ基キ一切ヲ軍ニ於テ指図セラレ居ル為其ノ許可ニ付工事ノ遂行及竣工後ニ於ケル原料ノ支給ニ付如何ナル基準ニ依リ審議セラレタルヤ不明」(13)な状態であった。特殊鋼工場の増産計画については、統制会が関与することができなかった。こうした鉄鋼統制の混乱は、一九四三年五月に特殊鋼協議会が鉄鋼統制会に吸収され、特殊鋼統制業務が鉄鋼統制会に引き継がれてから整理された。鉄鋼統制会による一元的統制は一九四三年下半期からようやく始まったのである。(14)

こうした特殊鋼設備の軍による無統制な拡充命令は、大きな問題を含んでいた。四三年四月の資料(15)では、四五年特殊鋼鋼塊の生産見込額を二〇一万トンと予想した。四五年鋼材換算生産可能額を一二〇万トンと予想した。ところが、これに申請中のものや準備中の特殊鋼製鋼設備の生産額は四五年度はじめには二二六万トン、四五年度末には三一二万トンに上ることが判明した。しかしながら、特殊鋼鋼材の四五年の推定需要量は一三五万トン（鋼塊換算六〇％として二二五万トン）になると推測していた。ここに、軍による増産設備の示達乱発によって、四五年には所要能力と示達拡充能力の差が大きく開くことが懸念された。原材料の確保の見通しのないままにいたずらに設備拡充がなされていたことを物語るものであった。

このように、軍需に依存した特殊鋼は、軍の無政府的な拡充示達の乱発を招いていた。統制会は原材料などを考慮に入れた場合、こうした軍の命令が大きな問題を含んでいることを暗に指摘していたのである。戦時統制は、軍によって厳しくなされていたという事実はあるが、反面、実は需要や原材料の見通しを十分に検討しない、政府内の調整不十分な無政府的な示達、命令の乱発であり、統制（計画）という名に値するものではなかった。

戦時期特殊鋼生産の限界

特殊鋼生産は、四四年まで増加しているものの、四〇年前後には大きな問題に直面していた。特殊鋼生産のために電気炉に挿入される主原料である屑鉄は、三九年七月日米通商航海条約の破棄通告、四〇年七月のアメリカの輸出規制によって、供給量は大きな制約を受けた。日本の屑鉄は、一九三〇年代には輸入依存率三〇～四〇％であり、輸入のうちアメリカからの分は七〇～八〇％を占めていた。(16)

こうした原料面からの制約は生産量の問題ばかりではなかった。兵器素材として品質の高さを要求される特殊鋼の生産は、原料である屑鉄の明確な成分を要求されるにもかかわらず、屑鉄の品質悪化が急速に進んだ。屑鉄は「成分不明且形状ノ悪シキ」ダライ粉の割合が四二年第1四半期で四一％を占めており、特殊鋼の品質悪化の大きな要因となっていた。[18] さらにもう一つの問題は、アメリカからの屑鉄輸入途絶によって、屑鉄代用品として原鉄を使用せざるをえなかったことである。炭素分と硫黄分が多いうえスラグが含まれているルッペ[19]を使用せざるをえなくなったのである。しかもルッペは普通屑よりも八五％も高い価格であったため、特殊鋼コストを引き上げる要因となった。軍需に応える品質のよい特殊鋼を生産するため、原料確保は大きな困難に突き当たったのである。

「特殊鋼原料確保方策試案」[20]によれば、原料確保のために、①ダライ粉を抑制して普通屑鉄を増やすこと、②普通鋼の圧延返屑を供給すること。③平炉で不良原料をあらって供給すること、④電気炉で不良原料をあらって供給すること、⑤銑鉄を溶解し転炉で精錬したものを供給すること、⑥高炉熔銑を転炉または平炉で精錬したものを供給すること、⑦①②および③⑥を組み合わせること、という七つの解決法を提示した。③④⑤⑥⑦はいずれも製鋼工程を複数経ることによって、特殊鋼を生産する方法であった。この二重製鋼法は製鋼工程を二回実施するためにコストがかかるとしても、一定の品質のものを確保するためには、次善の策として採用せざるをえなかったのである。

同資料では、応急策と恒久策に分けて考察したのち、恒久策として、特殊鋼原料生産のために高炉操業によって特殊鋼生産に使用する銑鉄を確保することが必要であると提言していた。

「銑鉄ノ精錬作業モ少数ノ製鋼設備及圧延設備ヲ以テ常ニ特殊鋼用良質素材ヲ確保スルコトハ技術上、経理上ニ多大ナル困難ヲ伴フガ故ニ結局普通鋼ノ大製鉄所ノ一部設備ヲ利用シ之ニ特殊設備ヲ付設シテ銑鉄ヨリ特殊鋼用素鉄ヲ製造スルコトガ最モ有効適切デアル」[21]と述べていた。

屑鉄の量的質的問題を解消するためには、高炉操業を行う普通鋼一貫製鉄所と特殊鋼設備を接続する必要があることを提唱していたのである。一貫製鉄所の銑鉄と圧延設備などから発生する屑鉄を利用して特殊鋼の生産をすすめるべきことを提案していた。こうした製鉄所としては当面八幡製鉄所と満州昭和製鋼所が考えられた。日本鋼管はまだ具体的な計画に入っていなかったが、高炉－転炉－電気炉－圧延という日本鋼管の特殊鋼一貫計画の構想は、こうした政策的背景の中で構想されていたのである。

特殊鋼銑鋼一貫製鉄所建設計画の登場

特殊鋼生産に必要な屑鉄の輸入が困難になっている中で、特殊鋼需要の増加に直面した政府当局は、特殊鋼銑鋼一貫製鉄所建設によって、この苦境を打開しようとした。屑鉄にかわって、銑鉄から平炉あるいは転炉を経て電気炉による特殊鋼生産の方法が浮上してきたのである。こうした構想は、普通鋼と特殊鋼の統制が鉄鋼統制会に一本化され、特殊鋼の拡充の実体が把握されてようやく現実化することができたのである。

この特殊鋼一貫製鉄所計画の構想には、いくつかの案があったようであるが、大体次のような内容であった。特殊鋼用の良質銑鉄を製造するために、高炉を「特定」して、これを利用して特殊鋼を製造するというものであった。

但し、高炉を「特定スルト云フモ永続的ニ或ル一定ノ炉ヲ機械的ニ特殊鋼原料向トシテ釘付ケスルコトハ却ツテ不便ナルガ故ニ炉其ノ物ヲ永続的ニ特定スルヨリモ年々物動ニ於テ特殊鋼原料用銑鉄ノ数量ヲ確定シ其ノ割当数量確保ノ為メニスル炉ノ選定ハ作業上ノ都合ニ依リ之レヲ決定スルコトトスルヲ可トスル（場合多カルヘシ）」[22]（括弧内は書き込み）。

こうした考え方は高炉による銑鉄供給は、特殊鋼ばかりでなく普通鋼にも向けられなければならず、そのバランスをとる必要があったからである。特殊鋼に多く銑鉄を回すことによって、普通鋼の生産を制約したり、あるいはその逆の事態を招かないように調整する必要があったのである。しかし、いずれにしても一貫作業による特殊鋼生産の方針は変わらなかった。

すなわち「特殊鋼需要ニ付テモ其ノ需要ノ増加極メテ顕著ニシテ多量生産ヲ必要トシ而カモ屑鋼ノ供給意ノ如クナラズ其ノ原料ヲ銑鉄ニ求メザルヲ得ザル現状ニ於テハ品種ニ依リ技術上差支ナキ限リ熔銑ヨリ一貫シテ製鋼作業ヲ行フコトノ有利寧ロ必要ナルコトハ普通鋼ト同様ト云フヨリモ、夫レ以上ニ有利且ツ必要ニシテ最近ニ於テハ独逸ノ如キトーマス炉ト電気炉トノ合併法ニ依リ特殊鋼ノ大量生産ヲ行ヒツツアリ」[23]。

以上の資料に見られるように、特殊鋼一貫製鉄が原料問題をクリアするために必要であること、しかも日本鋼管の行うトーマス転炉と電気炉の合併法を特殊鋼大量生産の有力な方法として位置づけていることを確認することができるのである。

四五年までに特殊鋼一貫製鉄所を行うべき工場として八幡、兼二浦、日本鋼管扇町が指定された。また、別の資料[24]では、この三つのほかに広畑、住金和歌山が加えられている。しかし、四五年目標では、広畑は造船用厚板の生産への集中、住金は高炉の完成の見込みなしとしており、当面の重点は上記三カ所にしぼられたとみて間違いないであろう。そのほかには、清津は、高炉に製鋼設備など付属設備をつけて内地向け特殊鋼鋼片の供給と朝鮮内における電気炉による特殊鋼生産を追求した[25]。

これらの特殊鋼一貫製鉄所の原料鉄鉱石は、良質の海南島鉱石を利用する計画であった。そのほかには、朝鮮においては、清津銑、兼二浦銑を利用した特殊鋼一貫製鉄が考えられた。満州はルッペの供給、「希望スル場合ハ」昭和製鋼所における特殊鋼生産も考えられた。

なお設備拡充計画における四五年度の予想では、八幡二八万三〇〇〇トン、日本鋼管二〇万三〇〇〇トンになっていた。日本鋼管は八幡に次ぐ銑鋼一貫特殊鋼設備の重点製鉄所であったのである。

以上の検討からも明らかなように、特殊鋼設備の拡張は、軍の主導で始められたが、統制会によってオーソライズされ、統制会が調整して、政府の政策として進められることになった。しかしながら、製鉄事業法の統制もきかず[26]、小規模企業＝事業所の乱立する特殊鋼分野では、市場の統制は難しく、一九四三年まで特殊鋼は鉄鋼統制会の関与するところではなく、計画化の網からはずれていた。したがって、軍部の介入を招きやすかったし、普通鋼生産と競合することになり、矛盾はすべて企業＝生産現場に集中的に現われる結果となった。

技術的にみると、特殊鋼需要の増加する中で、屑鉄不足を補うために、銑鉄から二重製鋼法（転炉平炉と電気炉）によって特殊鋼を製造する方法（特殊鋼一貫製鉄所）を選択せざるをえなかったのである。特殊鋼一貫製鉄所建設計画は、特定の高炉と特殊鋼設備を結びつける形ですすめられていったのである。日本鋼管の場合は、トーマス転炉と電気炉を結びつけるという屑鉄を利用しない独特の特殊鋼生産体系を選択したのである。

注

（1）但し、特殊鋼のうち特別な用途に使用されるものは、輸入が必要であった。

（2）普通圧延鋼材の生産高のピークは、一九三八年四八七万トンであり、鍛鋳鋼品を含めてもピークは三八年五二三万トンであった。したがって、特殊鋼鋼材生産と普通鋼生産では、増産のカーブが全く異なっていたのである（数値は、鉄鋼統計委員会『資料：日本の鉄鋼統計一〇〇年』一九七三年）。

（3）長島修「戦時下日本鋼管における特殊鋼分野への進出」（『市史研究よこはま』第六号、一九九二年一二月）四一頁参照。

（4）『物動計画の推移』日本製鉄社史編集資料。

（5）注（3）参照。

（6）数値はいずれも『製鉄業参考資料』を利用した。なお特殊鋼鋼材のシェアについて見ると、一位大同製鋼星崎工場九・二％、二位日本製鋼所室蘭工場六・九％、三位日本特殊鋼四・六％となっている（長島前掲論文四二頁参照）。

（7）鉄鋼統制会会長平生釟三郎「特殊鉄鋼ノ受註、生産、設備拡充計画等ニ関スル件」（一九四二年一〇月二七日、水津資料P-Ⅱ-6）。

（8）「昭和十八年度特殊鋼生産確保ニ関スル件」（一九四三年四月二八日、柏原兵太郎文書一九一-七五）。

（9）同前。

（10）陸軍は、四三年度は普通鋼に入れることを希望したが、今後は特定炭素鋼は特殊鋼に入れるという企画院からの意向が示された（「陸軍用特殊鋼ニ関スル懇談会議事要録」一九四三年九月一四日、柏原兵太郎文書一九一-六一）。

（11）鉄鋼統制会会長平生釟三郎より陸海軍大臣、企画院総裁、商工大臣宛「高級普通鋼、特殊鋼、鍛鋼、鋳鋼等ノ生産、設備拡充計画連絡ニ関スル件」（一九四二年一〇月二七日、水津資料P‐Ⅱ‐6）。

（12）前掲「陸軍用特殊鋼ニ関スル懇談会議事要録」参照。

（13）「銑鋼一貫作業ニ依ル特殊鋼製造事業確立ニ関スル件（其ノ二昭和二〇年目標）」（一九四三年四月三〇日、水津資料P‐Ⅱ‐6）。統制会が作成したものと推定される。

（14）『石原米太郎回想録』（石原米太郎回想録編集委員会、一九六三年三月）六二〇〜六二一頁参照。

（15）注（11）に同じ。この資料は鋼材、鋼塊の区別がやや曖昧で注意深く検討することが必要である。四五年推定量は一三五万トンは本文では特殊鋼鋼材となっているが、表では単に特殊鋼となっている。本文の指示に従って推測した。もし、これを特殊鋼鋼塊とすると、過剰はあまりに大きすぎる。いずれにしても、軍の示達が全く無政府的に需要や原材料の状況を考慮しないで発せられていたことは間違いない。

（16）長島修『戦前日本鉄鋼業の構造分析』（ミネルヴァ書房、一九八七年二月）四九二〜四九三頁参照。

（17）旋盤のような機械で切削、旋削した際に発生する鉄屑をダライ粉という。

（18）鉄鋼統制会「特殊鋼原料確保方策試案」（一九四二年七月、水津資料P‐Ⅱ‐6）。以下屑鉄原料の問題は、特に断らない限り同資料による。

（19）ルッペは屑鉄代用品で、クルップレン法の特許を導入したことによって生産された。ルッペは鉄鉱石（粉鉱）、還元剤などを回転炉に入れて、鋼を直接製造する方法の一つである（鉄鋼報国会『鉄鋼総覧』一九四二年版、商工行政社、一九四二年、二〇〜二一頁）。クルップレン法は、ドイツから導入され、日本では昭和製鋼所、三菱鉱業、川崎造船所、日本火工において操業された。技術導入の経緯については、工藤章『日独企業関係史』（有斐閣、一九九二年）第四章を参照。

（20）前掲「特殊鋼原料確保方策試案」。

（21）同前。

（22）「銑鋼一貫作業ニ依ル特殊鋼製造事業確立ニ関スル件（其ノ二・昭和二〇年目標）」（一九四三年四月三〇日、水津資料P‐Ⅱ‐6）。

（23）同前。

（24）「銑鋼一貫作業ニ依ル特殊鋼製造事業確立要綱（案）」（一九四三年推定、水津資料P‐Ⅱ‐6）。

（25）前掲「銑鋼一貫作業ニ依ル特殊鋼製造事業確立ニ関スル件（其ノ二・昭和二〇年目標）」。

(26)　日中戦争期、製鉄事業法のもとで、小規模な電気炉設備が次々と許可された(『昭和一二乃至昭和一四年製鉄事業委員会』商工政策史編纂室所蔵、長島修『日本戦時鉄鋼統制成立史』法律文化社、一九八六年、四七～四八頁)。

第5章　戦時下の海外進出――小型高炉建設を中心として――

はじめに

アジア・太平洋戦争も末期に鉄鋼増産の壁に突き当たった日本の政府および関係機関は、植民地朝鮮、中国大陸において小型高炉の建設方針を確定した。限られた資材で、現地の原材料を利用することで、鉄鋼増産をはかろうとした。輸送力の低下により、原材料の日本への供給は不自由となり、建設資材の不足するなかで、小型高炉の建設は、鉄鋼増産の大きな柱となった。しかしながら、小型高炉建設は、資材、労働力、原材料を広範に分散させ、非効率的な事業所を増加させるという結果を招き鉄鋼生産力の衰退を促進したのである。従来小型高炉の建設については、中村隆英、小林英夫によって研究され、概要が明らかにされている。小林英夫は、「巨額の資金と資材を『開発』の名に値しない泥縄的政策遂行のために投入し」た(1)。中村隆英は、華北の戦時期の小型高炉建設の経過を一次資料によりながら検討し、「急拠立案された華北における鉄鋼生産計画が、結局見るべき成果を収めえなかったことを示している。それは客観的には無理の連続であり、『不可能を可能に』しようとした精神主義の破綻であった」という結論を得ている(2)。こうした評価はもちろん妥当なものである。

しかし、非合理的な政策の中で、企業として足を踏み出さざるをえず、何らかの方針をもって突入していったはずである。また、こうした国策の中で、企業としての将来展望や合理性をもちこむための努力もなされていた。こうした点にも留意して、戦時企業経営の実態に接近するため、日本鋼管の小型高炉分野への進出についてケーススタディしていきたい。

その場合、戦時期とりわけ軍需会社法のもとでの企業の理解に対して最近出現している見解について、以下の分析は一定の批判を含むものである。すなわち、戦時下で、経営者は株主の影響力を排除され、あらゆる関係者に対してフリーハンドを得ているという理解である。(3) こうした見解は、戦時期の具体的な企業分析の不十分さをついて出たものである。そしてこの見解はさらに発展させられて戦後の日本の企業システムの原型として捉えられようとしていることである。(4) こうした事実にそぐわない理解には賛成できない。戦時期の企業を国家と軍部との関係で捉えていない点で、また戦後改革の意義を軽視するという点で、筆者は、このような見解に賛成できない。(5)

さて、この小型高炉の建設は、戦時期の緊急的な措置であり、戦後の鉄鋼業への直接の連続性をもつものではない。むしろ、研究史にも見られるように戦時期の日本における非合理的な生産増強政策の一つのよい例でもある。その意味では、第一に、非合理的生産増強政策の検討によって、戦時期の日本の生産増強政策の性格を明らかにすることができる。同時に、この非合理的な小型高炉建設に対しても、企業が思惑をもって対応した。また、こうした非合理的な措置と知りつつ、その中で企業の利害や発展の方向を追求する技術者や経営陣、現地スタッフの動向にも留意していきたい。第二に、結果は失敗に終わったが、こうした企業と国家の葛藤が戦時期の企業経営の一つの側面であった。以上二つの側面に留意して分析を進めていきたい。

本章は、日本鋼管の小型高炉建設・操業の過程を分析して上記の課題に応えていきたい。

第1節　小型高炉建設の経緯

小型高炉建設方針の決定

小型高炉建設は、一九四二年末になって、太平洋戦争の初期作戦の「成功」による楽観的幻想が消えて生産増強の課題が重視されてきた時に、浮上してきた。四二年一一月一五日閣議決定で設置された臨時生産増強委員会は、第一回会合（四二年一二月一一日）で小型熔鉱炉建設の方針を検討した。一二月一四日には企画院において、陸海軍、商工省、大東亜省、朝鮮および台湾総督府の代表が集まって企画院から銑鉄五〇万トンの生産を目標として小型熔鉱炉（朝鮮、台湾、蒙彊、華北、華中）を建設する方針が提起された(6)。この会合で提起された方針(7)は以下のような内容であった。

①四三年度に五〇万トンの銑鉄を生産するために、地域別、企業者別に責任生産量を定める。
②コークスに依存する小型高炉に重点をおき、無煙炭依存の方式は逐次建設する。資源の賦存状態を考慮すると、華北、蒙彊に重点をおき朝鮮、満州、華中などは局地的条件を考慮して建設する。
③完成を早めるために、建設資材のうち、電動機、送風機(8)は回収して配分するかまたは緊急発注する。
④所要資材。鋼材については、四二年度第4四半期、四三年度第1四半期に優先的に確保する。電動機、送風機などは陸海軍の力を借りて収集する。
⑤また、国内の遊休中の小型高炉を現地に移設する（これは実現せず(9)）。
⑥資金については、戦時金融金庫、産業設備営団を利用する。
⑦「価格及採算ニ支配セラルル処ナク」生産目標の確保を第一の目標とする。

つまり、小型高炉建設は、採算を無視し、緊急の増産をはかるために国内の遊休資源あるいは非効率的な施設を活用して、資源供給地に近接して応急的に生産量を確保するための戦時政策であった。

この間企画院を中心に具体案作成のための会合が開催され、個別の問題が詰められていった。

そして、一二月二三日の臨時生産増強委員会第三回会合で建設方針が決定された(10)。翌日の四二年一二月二四日閣議決定された「小型熔鉱炉建設方針ニ関スル件(11)」によれば、華北一八万トン、「蒙疆」七万トン、華中四万トン、朝鮮一六万トン、北海道三万トン、台湾三万トン、合計五〇万トンの銑鉄を、原則として二〇トンの小型高炉で生産するというもので、四三年度物動に組み込まれることになった。建設期間は着手後三カ月(12)という短期間で、そのための内地などで遊休していたりあるいは稼働率の低い資材（電動機、送風機など）を転用し、内地既存の小型高炉や非能率な設備の移設によって充足しようとした。価格は生産原価を保障するものとなっていた。基本的な骨子は、当初の企画院案と閣議決定との相違はない。しかし、閣議決定では、建設所要期間を着手後三カ月という項目が挿入された。つまり、閣議決定において、期間をきわめて短くすることによって、方針の緊急性を強化したのである。このことは、のちに、操業の条件を考慮せず火入れだけを急ぐ緊急性だけが前面に出る原因となった。

四三年度物動計画の策定は、ソロモン作戦、ガダルカナルの激戦で船舶の被害が激増し、船舶の徴用が実施され、物資の輸送が大きな壁にあたっていたことと深く関連したものであった(13)。不足する資材は、国内の状況では多くは見込めないことから、華北よりの銑鉄の緊急の供給が「突如、重点政策として(14)」浮上してきた。

小型熔鉱炉の建設は、一つは輸送対策として考えられたものであった。小型熔鉱炉を鉄鉱資源地帯に建設し、鉄鉱石の輸送の負担を軽減するために考えられたものであった。生産増強のために、輸送力が大きな問題になってきたため、現地で銑鉄にして、鉄分のみを日本に供給することを目論んだのである。また、小型高炉は、本格的な高炉建設より、建設が簡便で資材も少なく、建設期間も短期間ですむという利点をもっており、緊急の増産には適していることから、推奨されたのである(15)。

かくして建設され、計画が予定された小型高炉の一覧表が、表5-1である。これによれば、小型高炉は、朝鮮、中国大陸の華北、華中の広範な地域にわたって建設され、四四年半ばにはかなりの稼働炉もつことになった。

建設に際しては、「各担当製鉄業者ニ対シ大東亜省、商工省、朝鮮総督府又ハ台湾総督府ヨリ建設炉ノ建設箇所

表5-1　小型高炉一覧表

（単位：トン）

地域	会社名	工場	炉数 トン*基数	1944年度 出銑目標	1944年4，5月 実績	1944年5月 末稼働炉
朝鮮	日本製鉄	兼二浦	20*10	46,500	10,379	10
	日本製鉄	清津	20*10	39,750	3,144	8
	朝鮮製鉄	平南	20*10	30,300	1,283	2
	是川製鉄	三和	20*10	23,620	1,044	3
	利原鉄山	利原	20*5	14,930	410	1
	日本無煙炭	海州	20*2	6,450	670	1
	日本無煙炭	鎮南浦	20*8	24,450	0	0
	日本鋼管	元山	20*10	27,700	845	1
	鐘淵実業	平壌	20*10	26,200	619	1
	合計			239,900	18,394	
台湾	高雄製鉄	高雄	20*5	25,200		
	台湾重工業	台北	35*1	8,820		
	合計			34,020		
蒙彊	竜烟鉄鉱	宣化	20*10	26,750	1,852	4
	竜烟鉄鉱	宣化	100*2	38,250		
	蒙彊興業	宣化	20*5	24,870	1,342	3
	合計			89,870	3,194	
華中華北	北支製鉄	石景山	20*11	49,800	2,384	7
	開欒炭鉱	唐山	20*20	90,000	6,061	14
	山西産業	太原	20*2	25,280	1,451	2
	山西産業	陽泉	20*1	5,460	629	1
	中山製鋼	天津	20*5	29,783	2,930	3
	日本鋼管	青島	250*3	164,400	5,250	1
	日本製鉄	馬鞍山	20*20	84,300	2,132	4
	合計			449,023	20,837	
総計				812,813	42,425	

注：(1)　日本製鉄馬鞍山の炉規模，数は原資料の数値に疑問があるので，大東亜技術委員会「支那溶鉱炉建設状況」(1943年10月8日)」の数値を利用。『日本製鉄株式会社史』と同じものを使用した。

(2)　当初の計画と1944年度の目標とには若干の相違があるが，19年度計画で実態に近づけた。

資料：「昭和19年度小型炉出銑目標」「19年4月5月朝鮮及支那ニ於ケル高炉出銑状況調」(松下資料No.169)。

（一）炉容、基数及火入時期ヲ明記セル依命通牒ヲ発シ請書提出ニ依リ其ノ履行厳守ヲ確約」させた[16]（括弧内は引用者）。同じことが、小型高炉用機器製作業者に対しても実施された。計画変更などの場合は、関係官庁および統制会によって構成される小型熔鉱炉建設連絡会が開催された。連絡会の幹事は、原則として鉄鋼統制会がなった。

本書で分析の対象となる日本鋼管は、小型高炉ではなく、二五〇トン三基を予定しており、最も重要な位置を占めるものであった。何ゆえ、日本鋼管が、独特の進み方をしたのか、以下で詳しく見ていくことにする。その前に小型高炉の政策的な側面を概観しておこう。

小型熔鉱炉銑鉄の価格設定と補給金

小型熔鉱炉によって生産された銑鉄は、どのような価格設定がなされたのかを考察する。

小型熔鉱炉銑鉄については、当初より価格がかなり上昇することが予想されていた。「小型（溶）鉱炉関係資金及製品価格ニ関スル件」（大東亜省、四三年五月五日）[17]によれば、

「二、小型熔鉱炉製品ノ生産原価ハ極力之ガ低減ニ努ムベキモ内地価格ニ比シ著シク高価トナルハ已ムヲ得ザルヲ以テ其ノ差額ハ内地ニ於テ負担スルモノトス

右生産原価ノ算出ニ当リ設備ノ償却ハ原則トシテ五ケ年以内トス

三、小型熔鉱炉製品ノ対日供給ノ方法ニ関シ要スレバ北支那開発ニ於テ製造者ヨリ買入レ之ヲ一括内地へ供給スル如キ措置ヲ考慮スルモノトス

備考　骸炭生産設備ハ差当リ各銑鉄製造者ニ於テ施設スルモノトスルモ将来其ノ運営方式ニ関シ調整ヲ加フルコトアルベキモノトス」。

この時期においては、生産原価を補うような価格をどのように設定するか明らかではないが、かなり高くなると予想される小型熔鉱炉銑価格と内地価格との差額分の内地負担による補償が打ち出され、償却年限の短縮、一括買取り

など基本的方針が策定された。

特に小型熔鉱炉の建設は、戦時緊急措置的なものとして推進されるものであることから、製造主体にとってきわめて危険負担が大きいものと政府も認識し、損失補償制度を設ける必要があるとしたのである。

北支那開発が作成したと推測される「北支那開発及中支那振興両会社ニ戦時緊要事業ニ関スル損失補償制度ヲ設クルノ件」（一九四三年一二月六日）(18)によれば、

「一、本制度ノ必要ナル理由」として、小型熔鉱炉や礬土頁岩を原料とするアルミナ生産については次のように述べている。

「斯ル戦時緊要事業ハ極メテ巨額ノ資金ヲ短期間ニ支出シ、而モ建設設備ノ能力、能率、生産品ノ品質数量等ニ関シ技術的ニモ見透ヲ為スコト困難ナルモノアリ、或ハ情勢ニ応ジ施設ヲ中途ニ不用ニ帰セシメザルベカラザル事態等モ予想セラレ通常ノ企業形態ニ於テハ之ヲ引受運営スルコト極メテ至難ナル実情ニアリ。之等ノ戦時緊要事業ノ経営者ヲシテ国家ノ要請ニ即応シ戦力増強ニ専念セシムル為ニハ損失補償制度ノ如キ特別ノ救済措置ヲ講ジ、以テ事業ノ危険損失ニ関スル限リ経営者側ニ於テ何等懸念スル所ナカラシムル要アリ」。両会社（北支那開発、中支那振興）は、「戦時的色彩薄」い時に設立されていて、「小型熔鉱炉ノ如キ危険性高キ戦時緊要事業ヲ推進セシムルコトハ会社ノ経理運営上全ク不可能」である。北支那開発のような国策会社でさえ、小型熔鉱炉建設にはかなりの危険が伴い、投融資には何らかの措置を要するとしていた。「国家緊急ノ要請ニ基ク本件戦時緊要事業ノ如ク、巨額ナル資本ヲ投ジタル施設ノ急激ナル減耗ヲ来シ、或ハ情勢ノ変化ニ依リ中途ニシテ不用ニ帰スル恐レアリ、又ハ将来採算可能ノ見込ナキモノニ対シ返還ノ義務ヲ課スルベキモノニアラズ」「戦時緊要事業ハ前述ノ如ク其ノ投下シタル資本ノ元本自体ノ喪失ヲ来ス危険アル」から補給金ではなく補償金でなければならないとした。

「本件小型熔鉱炉ノ如キハ建設費自体ニ於テスラ確固タル見透ツキ得ザル実情ニ在リ、逐次実況ニ即シ今後モ補強施策ヲ必要トシ、且其ノ耐久力ニ関シテモ的確ナル見透ヲツクルコト困難ナル事業ナルヲ以テ予メ通常ノ予算的措置ニ依ル価格調整策ノミニテハ全ク償ヒ得ザルモノアリ」。

北支那開発は、小型熔鉱炉建設のために、価格の補給金はもちろんのこと、投融資の損失補償が必要であることを力説していた。

実際に損失補償がどのような形で実施され、それはどのような性格をもっていたのかを簡単に考察してみよう（表5-2参照）。

小型熔鉱炉銑鉄は、すべて鉄鋼原料統制会社が買い取り、販売価格から問屋口銭、鉄鋼原料統制会社の費用を差し引いた価格を補償基準価格とし、鉄鋼原料統制会社の買取価格と補償基準価格との差額を国庫（または銑鉄価格平衡資金）より供給するというシステムであった。販売価格は公定価格で、日本製鉄を除いて、鋳物用号外銑とした。買取りは、輸入銑については交易営団、朝鮮については、原料会社買い取りとなった(19)。

企業にとっては、買取価格がどのような基準によって設定されるかが大きな問題となる。買取価格の算定は、以下のように行われた。①「会社別工場別ニ適正生産費ヲ基礎トシ」た。②適正生産費の算定にさいしては、主、副原料、労務費、製造経費、工場管理費等は、「各社提出ノ原価ヲ基礎トシ之ニ技術的考慮ヲ加ヘ算定」し、償却費は炉体熱風炉は三年諸機械設備は一〇年とした。③買取価格は適正生産費に営業費、販売直接費（会社別工場別）および商工省財務管理委員会試案の利潤率を加えたものとした(20)。

以上のことから明らかなように、戦時下の緊急増産のため、将来にわたって損失がきわ

調整補給金見込み

（単位：トン，円）

販売価格	問屋手数料	欠斤	会社店費	補償基準価格
139.00	2.50	2.00	0.25	134.25
83.00	0.75	2.00	0.25	80.00
81.00	0.75	2.00	0.25	78.00
	2.50	2.00	0.25	133.25
80.00	2.50	2.00	0.25	77.00
138.00	2.50	2.00	0.25	133.25
140.00	4.15		0.25	135.00

表5－2　小型高炉銑鉄価格

	会社名	工場	数量トン		買取価格	補償基準価格	差引トン当補償価格	要補償金額
朝鮮	日本製鉄	兼二浦	30,250	銑，銑物，特	132.00	134.25	＋2.25	＋68,062.5
		清津	1,140	銑型定盤用，	132.00	80.00	52.00	59,280.0
			2,610	銑鉄管，鋼	132.00	78.00	54.00	140,940.0
		小計	34,000					132,157.5
	朝鮮製鉄	平南	2,200	銑，銑物，特	200.00	133.25	66.75	146,850.0
			1,100	鋼，銑鉄管	200.00	77.00	123.00	135,300.0
		小計	3,300					282,150.0
	是川製鉄	三和	1,700	銑，銑物，特	200.00	133.25	66.75	113,475.0
	利原鉄山	利原	250	銑，銑物，特	270.00	133.25	136.75	34,187.5
	日本無煙炭	海州鎮南浦	2,000	銑，銑物，特	290.00	133.25	156.75	313,500.0
	日本鋼管	元山	1,200	銑，銑物，特	200.00	133.25	66.75	80,100.0
	鐘淵実業	平壌	1,200	銑，銑物，特	200.00	133.25	66.75	80,100.0
	合計		43,650					1,035,670.0
台湾	高雄製鉄	高雄	3,800	銑　銑物　特	241.00			400,520.0
	台湾重工業	台北	1,000	銑　銑物　特	243.00			107,400.0
	合計		4,800					507,920.0
総計			48,450					1,543,590.0

注：(1)　買取数量は43年度出銑見込量，したがって補給金も見込み。
　　(2)　銑＝銑鋼用，特＝特殊鋼用，鋼＝製鋼用
資料：銑鉄談話会『銑鉄販売史』742～743頁。

めて明らかである小型熔鉱炉銑鉄の生産は、各社各工場の提出した原価を基礎として算出された適正生産費に一定の利潤率をかけた価格を買取価格として企業の損失が必ず補填されることを条件に展開されたのである。

朝鮮、台湾について設定された補給金の計算書によれば、日本製鉄の一部を除いて買取価格が、補償基準価格を上回っており、いずれも補填を必要としていた。日本製鉄の買取価格はその他の買取価格より安くなっており、生産の条件が異なっていたようである。利原、日本無煙炭などは、買取価格は補償基準価格の二倍以上であり、経済法則を無視したものといわざるをえず、平時においてはとうてい成立し難いものであった。結局、小型溶鉱炉銑鉄価格調整金は、四四年度一七八〇万円、四五年度一七〇万円が支払われた(21)。戦争という国家目的を私的資本を通じて実現するためには、利潤保証システムを整えることが必要であった。

第2節　日本鋼管の華北進出

日本鋼管の青島製鉄所建設構想——青島製鉄所の立地条件——

日本鋼管は、華北進出の意思をかなり以前からもっていたようで、小型高炉の進出計画とは別個に青島において、銑鋼一貫製鉄所建設計画を小型高炉計画を進めるかたわらで進行させていた。一九三八年九月から一〇月にかけて華北方面に日本製鉄の取締役と日本鋼管の松下長久は製鉄工場敷地を定めるために調査に行っている[22]。もちろんこれは、日中戦争による華北の占領とそれに伴って軍部の要請を受けて、現地で鉄鋼生産を本格的に展開するにあたっての予備調査であったが、日本鋼管は華北における立地に関わる情報を日本製鉄とともに蓄積していたことを示すものである。

日本鋼管は、政府の方針にもとづき華北、朝鮮での高炉建設を推進することになった。当初計画によれば、日本鋼管の小型高炉の建設は、青島五〇トン一〇基、張店二〇トン一〇基、（以上華北）、朝鮮海州二〇トン一〇基であった[23]。それが、最終的には、青島二五〇トン三基、朝鮮元山二〇トン一〇基に落ち着くことになった。

注目すべきことは、日本鋼管の高炉建設は、華北では、五〇トンの小型高炉ではなく、二五〇トンの中型高炉三基に集約され、朝鮮においても場所が変更されていることである。これは明らかに当初方針から大きく異なる方針の転換であった。日本鋼管のみ何ゆえこのような方針の転換が可能であったのか。軍部や政府の厳しい統制の中で方針の転換ができたのか。日本鋼管の内部資料と政府側資料を突き合わせながら、検討してみよう。

まず、華北の経過から検討してみよう。

企画院案では、青島に五〇トン高炉一〇基、張店に二〇トン五基の小型高炉を建設するように計画されていたが、日本鋼管は、中田義算を中心に政府、統制会の方針に対し中型高炉の建設を対案として示して、計画の変更を迫ったのである。(24)

四二年一二月一四日に提案された小型高炉計画は次のような経過に従って、二五〇トン高炉三基に変更になった。(25)四三年一月二三日政府関係者の会議において、大東亜省より青島五〇トン一〇基を二五〇トン二基に変更の申し入れがあり変更を決定、二月三日には各方面が「諒解」したのである。また、三月一日には当初日本鋼管に割り当てられていた張店二〇トン五基も地理的条件などから中止し、青島二五〇トン一基を追加した。(26)これも四月五日には決定した。すなわち、中田らは大東亜省を動かして政府レベルの会議で青島製鉄所二五〇トン三基への変更を三〜四月に実現した。

こうして、小型高炉を二五〇トンに変更させたのは、鐘紡の青島工場の遊休設備、敷地、資材の利用などを考慮したものというのが対外的理由であった。日本鋼管青島製鉄所は、「小型炉建設方針ニ即応スル簡易設備ヲ急速整備スル」ものであり、「小型熔鉱炉建設計画ニ準ジテ措置スルコトト決定」したのである。(27)青島製鉄所はかくして政府レベルでも、二五〇トン高炉でありながら、小型高炉建設計画の対象とされたのである。

対外的な理由は以上のものであったが、日本鋼管社内では、五〇トン小型高炉から二五〇トン高炉へ変更を主張した理由について、次のように述べている。(28)

①五〇トン一〇基建設の場合より二五〇トン二基のほうが資材が少なくてすむ。

②扇町製鉄所の予備の送風機を移設して五月までに操業を開始することができる。五〇トン一〇基では基数が多いためにかえって、期間が長くなる可能性がある。

③労働力に関しては、五〇トン高炉一〇基の場合一二〇〇名、二五〇トン高炉二基一〇〇〇名と算定される。

日本鋼管では、政府の要請に応えるために、工期を短期間にしたうえで、しかも効率的なやり方は、小型高炉建設ではなく、中型高炉建設であることを確信してあえて、華北では小型高炉を選択しなかった。しかも、青島製鉄所は決して政府の要請ばかりでなく、独自の構想とドッキングさせようとして、計画されていた。

日本鋼管が、青島に二五〇トン高炉を建設して、製鉄事業を展開しようとした背景には、政府の閣議決定の線を越えた構想が建てられていた。すなわち、日本鋼管は、単に銑鉄増産のための「戦時の緊急的な措置」として青島の製鉄所建設を考えていたのではなく、東南アジアまでをにらんだ中国大陸における鉄鋼供給の拠点として銑鋼一貫製鉄所を考えていたのである。北支那開発、華北交通、北京総領事館との協議の結果、膠州湾での次のような製鉄所建設推進の結論を得たのであった。

「北支ニ於ケル製鉄事業ノ趨勢ト大東亜ニ於ケル状勢トヲ考察シテ製鉄所ノ建設地ヲ山東省膠州湾内青島付近ニ選定セシムルトスルハ蓋シ策ヲ得タルモノナルベシ而シテ銑鉄年産百万屯程度ヲ基根トスル銑鋼一貫作業可能ノ製鉄所ヲ建設スルニ当リ北支ニ賦存セル石炭、鉄鉱石其他製鉄用副原料中特ニ鉄鉱石ニツキテハ山東地方及ソノ付近ニ於ケル現況ヨリスレバ銑鉄年産百万屯ニ対シテハ一ケ年約百二十万屯程度ノ鉄鉱石ヲ南方或ハソノ他ノ地方ヨリ搬入シ来タルコトヲ予期スルヲ要スル状態ニアルガ故ニ従テ大型航洋船舶ヲ利用スルコトヲ必要トスベク又製品ハ専ラ北支ノ需用（ママ）ニ応センコトヲ目途トスルガ故鉄道輸送ヲ本体トナストスルモ必要ニ応シテハ大型航洋船舶ニヨリ之ヲ各方面ニ搬出スル場合ヲ考慮スルコト極メテ肝要ナリ[29]」。

この構想に示されている点で注目すべきは、華北の資源ばかりでなく、南方からの資源の供給を考慮していること、原料の輸送は海運を利用しているため、臨海立地を考えていること、などである。こうした点を考えたとき、青島における製鉄所建設は、有利な地理的条件をもった場所として浮上してきたのである。

日本鋼管の小型高炉建設に関する見解——中田義算の見解——

日本鋼管は、小型高炉建設については、技術的にみて大きな問題があるとみており、青島における建設を二五〇トンに変更するように商工省、大東亜省に働きかけて、一人二五〇トン高炉建設に進んだ。それは、日本鋼管の銑鋼一貫製鉄所建設の技術面での指導者であった中田義算の確固とした自信に裏付けられ、大東亜省に対して堂々と議論を展開したためであった。

中田は、小型高炉の建設そのものに大きな疑問を提示しており、早急に二〇〇トン以上の高炉に建設方針を変更すべきであるとの意見書を提出していた。

「筆者ノ知ル範囲デハ小型即チ二〇トン程度ノ高炉ハ、朝鮮ノ無煙炭高炉トシテ考ヘ出サレタコトデ、骸炭ヲ使用スル上ハ、二〇〇屯以下ノ高炉ハ考ヘラレナイコトデアル

炉ノ数ガ多ケレバ

(1)　鋼材、耐火煉瓦、付帯設備、係員、工員従テ其住宅、敷地等悉ク多ク必要デアル

(2)　工場敷地ガ広ケレバ、従ツテ線路、水道、電路等モ長キヲ要スル

(3)　従テ建設費ハ高クナル

(4)　建設期間モ炉多ケレバ、結局長期ニ亘ル

(5)　日常作業モ手数ト混雑トヲ増ス

(6)　防空上カラモ好マシクナイ

故ニ骸炭ヲ燃料トスル限リ中型（二〇〇屯）以上ノ高炉ヲ採用シ、五〇トン以下ノ小型炉ハ速ニ整理縮少スベキモノデ、稍モスレバ捉ハレ易キ面子ナドニ拘泥シオル可キデハナイ」

と小型高炉建設に明確に反対の意見を述べていた[30]。特に、小型高炉が建設コストの上昇要因、工期長期化の要因になり、優位な選択であるとは言えないことを政府に向かって発言した。コークスを利用した高炉の場合には、小型高炉はコスト的に採算に合わず、無煙炭を利用する朝鮮のみに限定することを提言した。そして、日本鋼管は、この中田の方針にもとづいた方向に進んでいった。日本鋼管は、こうした技術者のリーダーシップのもとに華北における中型高炉建設に進んでいった。

統制会、企画院方面からもさまざまな反対や危惧の念が日本鋼管に寄せられた。

一九四三年一月「二四日午前十一時半大来技師ヨリ電話」の松下メモによれば、

「二、統制会ノ意見

イ、二五〇屯トシテハ資材ノ少ナキコト

ロ、冷風吹込ハ出銑量ヲ減少セサルヤ

ハ、五〇〇屯用送風機ヲ二五〇屯二基ニ利用スルハ資材関係ニ於テ如何ニナルヤ又左様ノ事カ出来ルヤ

ニ、豊田会長ハ閣議決定事項ノ変更量大ナルニ付慎重研究スベシト言フ[31]」。

これに対して大東亜省は「中田氏ヲ信頼シテ二五〇屯炉ニ進ム方針ニ基ツキ来ル水曜日企画院ニテ根本方針ヲ決定スル予定」であるとのことであった。

統制会は、資材の獲得見込みの点で二五〇トン高炉に慎重であり、日本鋼管の方針に疑問もっていたことは明らかである。しかしながら、大東亜省は中田を支持し、企画院の決定に持ち込んでいたのである。また、日本製鉄社長、鉄鋼統制会の会長の豊田貞次郎は、閣議決定を覆すことの困難さを指摘していた。こうした中で、中田は、大東亜省の賛成をとりつけて、二五〇トン高炉の建設に方針を変更させることに成功した。

戦争末期の企業において、中田義算は、閣議決定した国家の方針を大きく変更させて技術の合理性と採算性を貫こうとした。日本鋼管の二五〇トン高炉建設を可能にしたのは、中田の技術者としての確信と現地出先機関の合意を取りつけていたことが決定的であった。このことは、戦争末期の厳しい状況にもかかわらず、企業が合理的決定を貫こうとして、意思を貫徹した事例でもある。

日本鋼管の青島製鉄所の将来構想

日本鋼管は、青島製鉄所を単に銑鉄製造工場として位置づけるのではなく、トーマス転炉、平炉、圧延設備をもっ

た本格的な銑鋼一貫製鉄所として進んでいく構想をもっていた。日本鋼管社長浅野良三名で出された意見書では「近キ将来資材其他事情ノ許ス時期ニ至レバ、製鉄事業ニ止マラズ、転、平炉ヲ設置シ銑鋼一貫作業ニヨリ、中国地区ノ鋼材需要ニ相応ジ且転炉ノ副生（ママ）物タル燐酸肥料ノ供給ニ依リ同地区ノ食糧増産ニモ貢献致度ク念願致居候次第何卒北支那製鉄会社同様定款ノ目的事項ヲ『鉄鋼及ビコレニ付随スル副生（ママ）物ノ製造並ニ販売』ト致スコトニ御承知賜リ度願上候」(32)と述べており、トーマス転炉も導入した本格的な銑鋼一貫製鉄所を将来的には建設する意図をもっていた。

中国市場への本格的な進出の足がかりとして、青島は位置づけられており、日本製鉄の系列である北支那製鉄の進出に対抗する意味さえもっていた。こうした構想が、当時どの程度の現実性があったかは疑問であるが、日本鋼管は、単に受動的に政府の方針を受け入れていたのではなかった。中田義算によれば、七〇〇トン高炉四基（年産八五万トン）、一二五トントーマス転炉五基、五〇トン平炉五基、軌条圧延工場などを備えた銑鋼一貫製鉄所が描かれていた(33)。

また、立地条件の検討の箇所でも明らかなように、青島製鉄所は、南方からの鉄鉱石の供給を前提にしており、大東亜共栄圏構想の中の製鉄所として位置づけられていた(34)。したがって、青島製鉄所は、中国大陸の鋼材需要に応え、海外からの鉄鉱石の購入を前提とした臨海立地の銑鋼一貫製鉄所として構想されたのである。

青島製鉄の成立

青島における製鉄事業をどのような経営形態で行い、資金をどのように調達するのかに関しては、四三年四～五月頃から検討が行われていたようである。北支那開発と日本鋼管との話合いでは、出資金は両社で折半すること、戦時金融金庫から借り入れること、当初は「匿名組合」で発足し運営は日本鋼管があたること、建設工事終了後に株式会社組織に改めること、などが合意されていた(35)。

こうした合意を受けて、五月二二日大東亜省大臣決済では「青島ニ於ケル小型熔鉱炉ノ運営ハ北支那開発会社ト日本鋼管ノ共同出資ヲ以テ両者間ニ組合ヲ結成セシメ之ニ当タラシムルコト」となった。前記書類では小型高炉は「元来戦力増強ノ為緊急措置トシテ考案セラレタルモ運営後ノ実績ニ徴シ漸次恒久的施策ヲ考慮スルコト」とされており、匿名組合は当面の措置であることが確認されていた[36]。日本鋼管は青島を中国市場進出の拠点として位置づけていたから、日本鋼管にとっては、早晩株式会社組織への変更を計画の中に含んでいたのである。

大東亜省は「青島ヘノ移設高炉及製鋼圧延施設カ一応内定セルモノト思料セラルル[37]」と述べていたことからも明らかなように、匿名組合から株式会社への組織変更の意味するところは銑鋼一貫作業を目標とした事業であった。青島製鉄は、大東亜省公認の一貫製鉄所の方向性をもったものであった。

一九四三年一一月二日、在青島総領事によって、青島製鉄株式会社の設立が許可された。但し、許可にあたっては、下記のような付帯事項がついていたのである。

「一、事業統制ニ関シ当局ノ指示アルトキハ之レニ従フベシ

二、製産品種並数量ノ制限等ニ関シ必要アルトキハ当局ニ於テ指示スルコトアルベシ

三、設備ノ拡張変更ヲ為サントスルトキハ許可ヲ受クヘシ

四、付帯事業ヲ為サントスルトキハ種目ヲ定メ改メテ許可ヲ受クヘシ[38]」

青島製鉄は、形式は民間会社の形式をとっていたものの、戦時下の内地製鉄会社と同じく、設備投資、販売、事業内容について政府（大東亜省）の統制下におかれたのである。形態上から見ると、青島製鉄は、民間企業であったが、経営者のフリーハンドの経営は実現しえなかった。

青島製鉄の性格

青島製鉄会社の性格について、事業計画書、定款などによってやや立ち入って検討してみよう。

①資本金五〇〇〇万円の日本法人の株式会社として発足した（出資は北支那開発と日本鋼管で折半出資）。

②事業の目的は、「一、鉄鋼及之ニ付随スル副生物《ママ》ノ製造竝販売、二、前号に付帯スル事業」（定款）であった。

③設備は、二五〇トン高炉三基、コークス設備（ビーハイブ式コークス炉）などで当面は高炉関連施設に限定された。

④原料については、鉄鉱石は、金嶺鎮、コークスは自家製造と山東鉱業より購入、石炭も山東鉱業博山炭鉱より購入とされていた。

⑤製品の販路については「銑鉄販売機構ヲ通ジ全部対日輸出ス」[39]ることになっていた。

すなわち、青島製鉄は、華北の鉱物資源を利用して、銑鉄を生産する製鉄所であり、できた製品はすべて対日供給にあてる資源略奪型の企業であった。経営主体は、日本鋼管であり、設備投資、事業計画、財務など経営の重要事項は、現地の政府出先機関の統制を受けていた。

第３節　高炉操業の実態

第一高炉の操業の失敗

第一高炉は、一九四三年九月二〇日火入れ、二二日送風を開始した。二二日から二八日まで雨天のため、「労働者ノ出動不良」、や「不馴」のため、鉱滓処理が進まなかった。二四日には羽口が破損し、炉内に水が入り、休風、二七、二八日には炉底が次第に上昇した。その後、軽装入・低圧操業を行ったが、一〇月二日再び羽口が破損し、炉況は不良になった。以後いったんよくなってきたが、鉱滓の流出が思うように進まず、炉底が羽口付近まで上昇して、二三日には吹き卸しせざるをえなくなった[40]。

結局第一高炉は、九月二〇日から一〇月二三日までわずか約一カ月の操業を行ったにすぎなかった。

第一高炉の操業に失敗した原因について日本鋼管では以下のような分析を加えた。

①山東鉱業が納入した野焼コークスが粗悪であった。灰分三〇％以上のものが多く、また脆弱であった。「高炉用コークスト言フコトヲ得ズ、斯ノ如キコークスニヨリテ作業ヲナスハ極メテ困難」という状態であった。

②また、中国人労働者は鉄鋼労働に全く不慣れであった。「一二四日ヨリ数日間ハ該地方稀ニ見ル暴風雨ニシテ寒気亦甚シク殆ンド華工ノ出勤ヲ見ズ。出勤セル者モ、華人ノ習慣トシテ降雨下殆ンド作業ヲナサズ、又熱滓ニ恐レヲナシ活動極メテ不活発タリ。為メニ熔滓ノ流出ヲ妨ゲ遂ニ、羽口ニ逆流シテ之ヲ破損シ、冷水ノ浸入ヲ来シ炉況益々不良トナリタリ」。つまり、鉄鋼作業への教育訓練が全くできていなかった。戦時下において、中国大陸の地で敵対する現地労働力を利用して鉄鋼業を立ち上げることはきわめて困難であったのである。

③冷風操業であったこと。「原料特ニ燃料優良ナラバ（灰分一八％以下）冷風操業不可能ニハアラザリシモ、上記ノ如キコークスヲ使用シテノ冷風操業ニテハ、活力ニ欠クルトコロアリタリ」とその結果を述べていた。[41]

第一高炉が失敗したため、その後の方針をどのように立てるのか、混乱が生じた。結果的に、第一高炉をそのままにして、第二高炉の操業に進むことになった。[42]

しかし、第二高炉の火入れをいつにするかをめぐって、当初は四三年一一月二〇日とする予定であったが、原料炭確保の見透しと資材の入手状況から二月に延期し、第一高炉は四月から操業することになった。[43]

結局、第二高炉は中田らの意見を入れて準備を整えて操業されたようで、一九四四年三月から「比較的順調」[44]であったようである。四三年に失敗した第一高炉は火入れができず、第二高炉のみで敗戦まで操業を実施、約五万トンの銑鉄を製造した。但し、実際の操業は四月頃までであったと推測される。四五年四月頃には、石炭の不足、応召者の増加などで五月には操業は困難に陥っていた。すでに家族には青島より「疎開せよとの内命」もあり、存立が危ぶまれていたという。[45]

コークスの量的、質的問題

計画では、日本鋼管の建設するビーハイブ炉からのコークス三五〇トン、山東鉱業の野焼コークス三〇〇トン計六五〇トンの供給によって賄うことになっていた。(46) しかしながら、こうした方法は、「姑息ノ方法タルハ言ヲ俟タザル処ナルモ、本計画ノ特殊性ヨリ之亦止ムヲ得ザル次第ナリ」と述べていたが、日本鋼管は、本格的なコークス炉の建設の必要性を訴えていた。(47)

こうした訴えを受けて、小倉製鋼の黒田式コークス炉の移設が決定されていたが、第一高炉の操業には、移設はとうてい間に合わなかったのである。(48)

①山東鉱業からのコークス

青島製鉄のコークスは、山東鉱業から供給されることになっていた。しかし、山東鉱業からのコークスがきわめて粗悪であったことは、高炉操業失敗の最大の原因であった。この点は、当初よりわかっていたが、(49) 緊急の増産要求に応えるため、あえてこうした措置をとらざるをえなかった。

日本鋼管は、コークス灰分二〇％以下を要求していた。鉱石品位五五％以上灰分二〇％の時は出銑高一〇％増加、灰分一八％以下なら一炉二〇〇トン確保することができるが、灰分二三％以上の時は、「出銑高ノ予想全ク不可能」であるとしていた。(50) 実際に供給されたコークスは、灰分三〇％と失敗の原因で述べていることからも明らかなように、操業がうまくいく保証は当初よりなかったのである。

②日本鋼管向け原料炭の確保

日本鋼管のコークス製造に要する原料炭は、博山炭が割り当てられていたが、そこでも大きな問題があった。

青島の高炉用コークスを賄う山東鉱業の博山方面の出炭量は「春以来減産一方にてよき炭坑にて三分の一～四分の一悪キ所ハ六分の一に減産其為めはき集め炭のコークスなる為め粗悪ハ免がれず加ふるに送炭量一日百屯に充たず……第一高炉が順調なる時ハ一日三百屯以上消費す可きにつきどの道第一高炉ハ訴う可き道なき運命に惜かれたるものに有之、監督官庁何故に此の如き事情を放任におきしかが不思議に思はれ申し候、事情の如何を問はず炉況不如意なる時ハ高炉当事者のみが苦しむ事と相成、此の不側にして而も吾々の力の及ばざる所に大なる欠陥あり」と述べて製鉄業者の全く解決できない条件によって生産を停止せざるをえなくなった事情を吐露している(51)。

小型高炉建設が進んでいたにもかかわらず、操業が円滑にいかなかった大きな原因の一つは、原料炭の量的質的な確保の問題であった。華北は、日本の物動の範囲に組み込まれていたため、現地生産を推進しようとすると、日本の国内の物動と対立することになった。日本への原料炭の供給量が各炭坑別に割り振られており、現地で製鉄業の原料炭を確保しようとすると、内地での原料は確保できないという関係にあった。華北での原料炭の割当を小型高炉向に確保せず、操業を強行したことに大きな問題があったのである(52)。この点でも現地生産の推進は計画性という視角からみて整理がつかない状態で進められていたのである。

青島製鉄は、こうした計画性のない原料炭割当方針にゆさぶられていたのである。山東煤鑛産鎖公司は、青島製鉄に対して次のような回答を寄せていた。

「原料炭ハ物動ニテ出炭ノ殆ンド全部ガ対日向ト相成居候為対日向予定量確保ノ場合ハ必然貴社向皆無ト相成候為先般来御当局ニ指示方仰ギ居候処此程日本向ヲ第一トシ余力アル場合貴社向トスル様指示有之候ニ就テハ極力余力ヲ生ズル様努力可致候モ到底貴社予定ノ確保ハ困難カト被存候間左様御諒承相成度(53)」。

緊急増産のために、原料を確保して操業を急ぐべきであったのに、原料炭やコークス操業では日本国内への供給を第一とし、余力を小型高炉に回すという命令が出ており、政府省間の調整は全くついていなかったのである。余力を出すだけの生産量確保が、供給保証になっていたのである。当時の状況では、資材、労働力が逼迫しており、計画量を確保することも困難であった。これでは、原料の確保ができるはずはなかったのである。

これに対して青島製鉄は、大東亜省および大使館に働きかけて、対日供給量の削減により、原料炭の確保を計ろうとした[54]。

表5-3　青島製鉄所原料受入および払出表

（単位：数量トン，金額円）

	受入			払出			
				作業向	その他	計	残高
	数量	単価	金額	数量	数量	数量	数量
鉄鉱石							
金嶺鎮（赤）	6,759	39.04	263,871	764	910	1,674	5,085
金嶺鎮（磁）	25,174	39.04	982,789	123	443	566	24,608
利国（富）	14,153	48.18	681,892	1,156	1,100	2,256	11,897
利国（負）	518	48.18	24,957	190		190	328
粉鉱	2,240		97,503				2,240
計	48,844		2,051,012	2,234	2,452	4,686	44,158
石炭							
山東粘結炭	28,281	25.75	728,236	18,486	2,939	21,425	6,856
黒山炭	4,742	27.05	128,271	4,166		4,166	576
春柴炭	9,921	28.90	286,717	4,704		4,704	5,217
新泰炭	1,912	31.63	60,477	8		8	1,904
洪山炭	1,243	25.75	32,007	81	39	119	1,124
不良山東炭	1,900	25.75	48,912		868	868	1,032
計	47,999		1,284,620	27,405	3,845	31,289	16,709
コークス（購入）							
石門	2,028	72.30	146,624	425		425	1,603
山東	6,043	62.40	377,083	962	2,809	3,771	2,272
計	8,071		523,707	*1,387	2,809	4,196	3,875

注：(1)　＊印は原資料では合計が誤っているので訂正。
(2)　トン未満，円未満は四捨五入。
資料：『第1期　決算諸表』（1943年4月1日～44年3月31日）。

そのために、北京在駐の陸軍参謀第三課輸送統制係に働きかけ、鉄道輸送のための配車の指定を獲得するという手段に出なければならなかった[55]。大使館と陸軍の力を借りてようやく物動の枠から原料炭の現地取得が可能となった。

原料がどのような割合で購入され使用されたのか、その実態を考察してみよう。表5-3からも明らかなように、鉄鉱石は、金嶺鎮と利国から購入されている。単価は金嶺鎮が安く、数量もかなり購入されているが、実際の使用量は利国の方が多かったようである。鉄鉱石については、あまり多くの問題が指摘されていない。しかし、金嶺鎮の鉱石はそれほど品位は高くなかった。

購入コークスは山東鉱業から購入しているが、野焼コークスであったため、製鉄用に使用できず、作業向けにはほとんど利用されなかったようである。作業への使用はわずかである。石炭は、山東粘結炭（博山炭）が、主要なものであった。しかし、すでに指摘したように量的に確保が難しいうえ、品質にも問題があった。

青島製鉄の経営

一九四三年一一月に設立された青島製鉄の経営実態を示す資料はきわめて限定されている。現在までのところ、組合時代から四四年三月三一日までの財務関連資料が一期分のみ使用しうるにすぎない。少ない資料から経営の実態に迫っていく以外に方法はない。戦争末期の外地企業実態について、検討したものはほとんどないから、戦時企業の実態を把握するうえで一定の意味のある分析であろう。

貸借対照表をみると（表5-4）、固定資産は、資本金と長期借入金で賄われており、財務的には問題はないように見える。ただ、固定資産の過半は、高炉建設途上のため、建設仮勘定となっている。したがって、実際の操業は、流動資産まで含めて長期資金によって賄われたことになる。建設途上の設備は、すべて完成せず敗戦を迎え、接収されたり、解体して資産として価値を失うことになるから、投資は全く回収されなくなるのである。

流動資産のなかでは、棚卸資産の比率（二三％）がかなり高くなっている。棚卸資産は、貯蔵品、半製品、製品に分けられるが、貯蔵品が棚卸資産の六八％を占めていて、製品、半製品は、三二％にすぎない。貯蔵品の割合がかなり高いことは大きな特徴である。貯蔵品の内訳をみると、原料品、材料品、食料品に分かれている。原材料品が九五％であるが、五％を食料品が占めていることは戦時期の中国における企業の特徴をよく表わしている。

食料品の内訳は、粟八七〇〇キログラム、米類二〇〇キログラム、雑穀などかなりの量に上っている。しかも食料品に対する援助は関連企業に対しても青島製鉄から系統的に行われていたのである。短期債権の内訳を検討することによって、関連企業に対する食料品供給の事実は証明できる。未収金の中には食料払下代取立金四〇万円が計上されており、それは未収金の約三七％を占めているのである。詳細はわからないが、工事請負企業であった福昌公司、塚田組、泉商会などに対する食料の供給を行っていたことを示している。同じく短期債権中の立替金の項目をみると、金嶺鎮鉱山に対する立替金は食糧代ほか六五万円となっている。短期債権の中身を検討してみると、青島製鉄は、工事建設や原材料を取得するために、かなりの食料品を関連企業にかわって供給していたことが確認できる(56)。

戦争末期、食料不足のため、企業は食料を自前で収集在庫しなければ、労働力の確保ができなかったのである。また、工事建設を急速に進め、原材料を確保するためには、関連する企業に食料品を供給する必要があったことを示している。企業自体が労働力の再生産を直接的に担当せざるをえない状態になっていたのである。

短期債権を検討してみると、購買品前払金二九一万円、諸立替金六五万円という項目があり、それが短期債権の七〇％以上を占めているのがわかる。購買品前払勘定の内訳を検討してみると、日本鋼管転用資材などと並んで、博山（炭鉱）野焼設備費概算金一・五万円、金嶺鎮（鉄鉱石）焙焼炉工事費概算金五〇万円が計上されている。また、立替金は、利国、金嶺鎮鉱山となっており、鉄鉱鉱山の費用を立て替えているのである。つまり、鉱山、炭鉱の設備資金、運転資金などについては、青島製鉄がかなり援助していたのである。いわば、原材料取得のために、青島製鉄は関連企業に対する融資機能も担っていたことになる。

表5－4　青島製鉄貸借対照表（1944年3月31日）

（単位：千円）

資　産	千円	%
固定資産	25,613	58.0
土地	44	0.1
車両運搬具	224	0.5
工具器具備品	52	7.1
建設仮勘定	25,271	57.2
無形資産	22	0.0
流動資産	18,517	42.0
棚卸資産	10,077	22.8
貯蔵品	6,887	15.6
半製品	2,874	6.5
製品	316	0.7
短期債権	4,915	11.1
売掛金	499	1.1
預金及現金	3,025	6.8
その他	1	0.0
合　計	44,130	100
資本・負債		
払込資本金	25,000	56.7
長期借入金	8,000	18.1
短期借入金	5,000	11.3
買掛金	1,397	3.2
仮受金	211	0.5
引当金	4,261	9.6
短期負債	215	0.5
その他	46	0.1
合　計	44,130	100

資料：青島製鉄株式会社『決算諸表』。

払込資本金は、日本鋼管と北支那開発との折半投資となっていた。長期借入金は、運転資金として計上され、全額北支那開発から融資されていた。短期借入金は、建設資金とされ、すべ

表5-5　青島製鉄株式会社第1期銑鉄原価（トン当たり）

摘　要	金額（円）	備　　考
原料費		
鉄鉱石	68.06	原料装入
コークス	604.91	鉄鉱石　　　　　単価
石灰石	27.71	金嶺　573.138×39.08＝22,375.31*
硅　石	6.19	利国　1,336.788×48.18＝64,406.45
螢　石	0.51	1,909.926　　　　86,781.76
小　計	707.38	
		コークス　1,800.400×428.38＝771,255.35
工場費		
作業費	83.82	
材料費	13.41	
諸経費	149.65	
減価償却費	47.99	
小　計	294.87	
合　計	1,002.25	

注：(1)　＊印は計算が合わないが原資料のまま。
(2)　損益計算書内訳表と原価には若干の相違がある。
資料：『決算内訳表』（1943年4月1日～44年3月31日）。

てこれも北支那開発から融資されていた[57]。北支那開発は、一三〇〇万円の長期短期の融資を青島製鉄に行っていたことになる。つまり、資本金は折半出資となっていたが、日常的な金融はすべて北支那開発が担っていたことになる。

損益計算書では、利益はあがっていなかった。銑鉄の対日仕切価格（トン当たり）は一〇五六円一三銭で損益ゼロになっていた。製造原価一〇〇二・二五円で差額分の金融費用はすべて国家によって負担されたのである。

銑鉄生産費の分析

損益計算を知るために、銑鉄の原価構成を考察してみよう（表5-5参照）。

製造原価は、一〇〇二円二五銭とかなり高くなっている。日本国内の銑鉄価格についてみると、一九四三年日本鋼管の生産者価格一〇八円、販売価格八〇円であり[58]、差額が国家補償金によって補填されていた。これをみると、小型高炉の製造原価は国内生産者価格の約一〇倍になっており、採算を度外視した方針であったことがわかる。何よりも量的な確保が優先され、それに企業の参加を得るために、一定の補償金を交付したのである。

損益計算書内訳勘定によれば、売上製造原価は、原料費七〇七円三八銭、償却費四七円九九銭、工場経費一八九円七五銭、その他とも合計一〇〇二円二五銭であった。金融費用も含めると、売上製造原価は、一〇五六円一三銭であった[59]。青島製鉄は対日仕切価格一〇五六円一三銭、差引利益はゼロという厳しい経営内容であった。対日仕切価格と国内の銑鉄価格との格差は、九〇〇円以上であり、その格差分が日本の国内の財政負担となったのであるが、企業にも利益が出ていない状態であった。不足の経済の中で、採算を無視した量確保の戦時経済の実態がここに明瞭に現われている。

青島製鉄の生産費に占める原料費の割合が約七〇％であって、その割合は、国内と比較して低くなっている。一九四一年の八幡の原料費の製造原価に占める割合は九三％である[60]。青島製鉄の場合、諸経費がかなりかさんでいるため、原料費の割合が低くなっているのである。また、鉄鉱石の単価と比べてコークスの単価が非常に高くなっており、このことがコークス費用の増大の大きな原因となっている。コークスの供給が小型高炉の大きな問題であったことがここにも現われている（表5-5）。

鉄鉱石の単価は、当時のインフレの状況等を勘案すれば、適切であったと思われるが、コークス単価が鉄鉱石単価の約一〇倍という状況はやはり異常な状況であったと言わなければならない。

労働力の確保

青島製鉄所の労働力の構成を検討してみると（表5-6）、社員、役員は日本人で占められている。中国人は、社員に二名いるのみで、そのほかすべてが「賃金受給者」（職工）である。日本人は社員として指導監督する立場にあり、現場で指揮監督を受ける直接的労働者は、中国人労働者であった。製鉄工場の従業員構成をみると、中国人六人に日本人一人の割合であるから、現場の指揮監督は日本人がすべて行っていたことは明らかである。

労働力の確保は次のような方針で行われた。ただ、同社では中国人労働力の養成も考えられていたようである。以下の資料はそれを物語っている。

「一、工人ノ充足養成方針

表5－6　青島製鉄所従業員構成（1944年3月31日現在）

		本社	製鉄工場	骸炭工場	合計
役　員	日本人	6	1	—	7
	中国人	—	—	—	—
社　員	日本人	58	130	36	224
	中国人	2	—	—	2
賃金受給者	日本人	—	—	—	—
	中国人	10	794	233	1,037
		76	925	269	1,270

資料：『第1期　決算諸表』。

工人ノ募集ハ二名ノ把頭ヲ嘱託トシテ一切ヲ委嘱シ、既ニ九月中ニ、三二一名ノ工人ヲ確保セリ、何レニセヨ要求数ニ対シテ大体順調ニ充足サレヲル状況ナリ／此ガ養成方法トシテハ、最初募集セル者ノ中ヨリ最モ優秀ナル者ト看做サレル六〇名ノ工人ヲ石景山製鉄所ニ於テ養成セリ／該養成工人ヲ中堅トシテ当地ニ於テ新募集セル工人ヲ日人指導員ノ指導ノモトニ、職場訓練ヲ実施シ作業技術ノ習熟ヲ図リツツアリ、今後ハ現在マデニ養成サレシ優秀ナル幹部工員ヲ以テ募集工員ヲ指導養成スル計画ナリ」。

「一、熟練工ノ確保対策

動力関係並機械工作関係ニ於テハ建設請負者ノ紹介ニ依リ指導的熟練工ヲ確保シタルニ付、該熟練工ノ縁故者ヲ以テ充足シヲル状態ナリ、／高炉、原料、送風関係ハ前述ノ如ク実施シツツアルモ建設完了ノ暁ハ養成機関ヲ設ケル予定ナリ」[61]。

まず労働力は、把頭制度[62]を利用して、労働力を集め、あらかじめ日本製鉄管理下の石景山製鉄所で訓練を施したようである。一定の訓練を施した工員を中核工員とし、日本人社員のもとに統括し、次第に中国人工員自体で新入工員の教育訓練が行われるような体制を目指したのである。熟練工については、縁故募集によって確保する方策が考えられていたが、ゆくゆくは養成機関をつくって養成することが計画されていた。

把頭の下に組織された労働力は、飢餓的状態にある窮乏農民層の出稼労働力であり、完全な不熟練労働力であった[63]。その労働力の性格から、流動性が高く、規則的な工場労働になじみにくく、鉄鋼業のような組織的な工場労働には十分対応できなかった。訓練を受けていない者が、高熱の現場労働にとまどっていたことは、失敗の原因を究明したところでもすでに述べているとおりである。熟練労働力の確保は、占領地であるだけにいっそう困難であった。

そのうえ、労働力を恒常的に確保することはかなり困難であった。それは、多くの「工人」は、純粋の労働力ではなく、出稼ぎ的形態のものであったためであった。すなわち「地元苦力ハ概ネ農ヲ本業トシ為メニ農繁期時ニ於テ極端ナル入山ノ減少ヲ示シ、其ノ作業能力ハ増産ニ支障スル事特ニ大ナル事情ニ鑑ミ此ノ増産原動力確保ヲ期セントセバ地元苦力ヨリ外人苦力ノ常時確保ヲ特ニ必要トス」(64)と述べているように、出稼ぎ的形態の労働力ではない作業にフルタイムで従事する労働力の確保の困難に直面していた。地元の農民出身者よりも外部の労働者のほうが定着率を高めるうえでは好都合であったようである。

第4節　陸軍特別製鉄の登場

陸軍特別製鉄の開始

「陸軍特別製鉄」とは、物動枠とは全く別個に陸軍の鋼材需要に応ずるため、陸軍の主導のもとに製鉄事業を遂行しようとするもので、『日本鋼管株式会社四十年史』(二七八頁)にも「金嶺鎮製鉄所」として簡単にふれられているが、その実態は全くわかっていない(65)。

陸軍特別製鉄は、元来ガダルカナル参戦実施のために、鉄鋼生産を確保するために、陸軍が関係官庁の了解をとって、実施されたものである。「物動寄与ト陸軍取得量ノ増加ヲ図ルコトヲ目的」として陸軍「独自」に製鉄を実施したものである。実施業務は、内地朝鮮は兵器行政本部、中国大陸は、現地軍が担当し、陸軍省が全般を統制するというものであった(66)。会社設立および事業法の許認可事項、土地および工場の買収、原料・資材・電力・輸送力の取得、機器発注、資金調達、技術者労働者の取得、製鉄原料の取得は、陸軍が斡旋することが原則であった(67)。製品の買い上げ価格は、原価主義であった。製品は陸軍物動枠内に組み入れ、一部は生産者の自家用が認められた。経営は「民営ヲ本則トシ業者ノ積極的創意ト責任」を尊重することになっていた。つまり、陸軍が特別に斡旋して自己の鉄鋼を獲得するために、通常の物動枠とは別個に生産に乗り出したのである[68]。

本節では、青島製鉄との関連でこの陸軍特別製鉄の顛末を明らかにしてみよう。記録の上で初めて現われてくるのは、一九四四年二月五日「陸軍特別製鉄第一回懇談会」の席上である。そこで、陸軍側から日本鋼管に話がもちかけられている。

陸軍側は本省、兵器行政本部から出席があり、日本鋼管からは松下、中田ほか一名の出席であった。そこで、陸軍は、物動計画では軍需充足の鋼材二〇万トンが不足するため、「北方軍現地参謀ヲ本省ニ招致シ」大臣決裁によって下記の要項で「陸軍特別製鉄計画」を実施するというものであった。

「(イ)特別製鉄軍編成等ノ非常手段ヲ賭スルノ覚悟ヲ以テ

(ロ)物動外鋼材約二〇万（トン——引用者）ノ生産ヲ絶対的確信目標トシ

(ハ)之ガ具体化ノ為メニハ工兵隊ノ出動、軍用船ノ流用等一切ノ非常措置ヲ敢行ス[69]」。

物動による以外の軍独自の鉄鋼確保の対策が公然と開始されたのである。「陸軍特別製鉄計画」は、国家計画そのものを無視して、陸軍が全く独自に現地で製鉄事業を始めるという物動計画を内部から崩壊せしめる内容をもつものであった。四四年段階になるとすでに物動は数字合わせ以外の何物でもないものを示す事例であった。

当初は青島に「軍直営ノ高炉」を建設するという計画であった。この特別計画の一環として、朝鮮鐘淵実業委任経営の五〇トン小型高炉六基を青島へ建設するという計画として浮上した[70]。青島特別製鉄所は、「実質的経営者（日本鋼管——引用者）之ヲ不取敢軍ノ直営トスルハ鐘実ヘノ考慮、政府ヘノ考慮、計画ノ急速実現上ノ考慮」からなされた。

会議の記録によれば、「当社ガ実質的経営者ニ内定セルニ至レル経緯、好意筋ノ狙ヘル間接的効果ノ意味深長性ニツキテハ別ノ機会ニ述ブ」などという言葉にあるように、この計画の背後には複雑な競争関係や政治的事情があったことを予想させるものである。

この計画では、当初、朝鮮の鐘淵実業の高炉二基移設、送風機については大冶（八幡在）、敷地は大日本紡、上海紡、中山製鋼所の敷地の三案、原料は「軍ガ全面的ニ配意」することがもられていた(71)。

一九四四年五月二五日に作成された「鐘淵工業熔鉱炉移設ニ関スル実施要領」によれば、次の通りである。朝鮮の平壌から華北への移設の最大の理由は、平壌で計画された鐘淵工業の五〇トン高炉一六基の所要原料炭が、戦局悪化により「北支ヨリノ輸送ハ極メテ困難ナル実状」であり、所要の原料炭を平壌で入手することができなくなったためである(72)。つまり、中国大陸から朝鮮半島までの輸送状況の悪化の中で原料炭産出地に高炉を移設し、銑鉄生産を強化しようとしたのである。

建設未着手の四基を蒙彊、華北への移設ということになり、当初の六基から四基に減った。位置も大同二基（経営担当者、鐘淵工業）、博山二基（経営担当者、青島製鉄）に変更になった。

「実施要領」によれば、「現地ニ於ケル建設竝作業ニ関スル指導ハ大同ハ駐蒙軍、博山ハ北支方面軍之ヲ担当ス／但シ平壌製鉄所トノ関連性ヲ顧慮シ陸軍兵器行政本部及仁川陸軍造兵廠ト密接ニ連繋ヲナスモノトス」として移設は軍主導で実施された。資材の輸送は「緊急ヲ要スルヲ以テ軍需輸送」とされたし、追加資材についても「兵器行政本部ニ於テ斡旋スルモ駐蒙軍及北支方面軍ニ於テモ之カ現地立替支給ニ関シ協力スル」ことになった。建設についての「一般要員並ニ食糧ノ確保ニ関シテハ駐蒙軍及北支方面軍ニ於テ斡旋」した。建設は、あらゆる面で軍の斡旋協力の中で進められた(73)。

一九四四年八月三日藤原査察使報告(74)よれば、北京大使館は小型高炉の出銑向上と青島製鉄一五〇トンの建設を第一として、新たな高炉建設の押し付けに反対を表明していた(75)。しかし、北京大使館と方面軍との協議の結果、「担当者立地ニ関シテハ陸軍省ノ決定通リ実行スルコトトシ」三点にわたって諒解が成立した。

①「本熔鉱炉ノ運営ニ関シテハ方面軍、北京大使館緊密ナル連絡ノ下ニ現地製鉄ノ総合的増産ヲ来ス如ク措置スル

ヲ根本トス」。
②資材は「陸軍ノ責任ニ於テ北支蒙疆外ヨリ調達スルコト」。
③青島製鉄の二五〇トンに影響を与えないようにして、陸軍特別製鉄に資材を流用しない、人員については、青島製鉄の建設に「影響セザル如ク人員ノ強化ヲ計ルコト要スレバ博山小型ニハ内地ヨリ陸軍ノ斡旋ニヨリ技術者ノ応援ヲ求」めること。

資金は「北支那開発ハ大東亜省へ政府補償ノ許可ヲ申請シ其ノ諒承ノ下ニ融資」し、青島製鉄が企業担当者となるが、「申込書ニハ当該借受金ニ干スル一切ノ危険ニツキ北支那開発ガ責任ヲ負フベキ旨明示スル」という方針で日本鋼管は考えていた(76)。日本鋼管は、経営は行うが、資金の返済保証を北支那開発にもとめ、責任は最終的には国家がとるという形式になった。

青島製鉄の財務諸表内訳を検討してみると、購買品前払勘定の中には、博山野焼設備費(一万五〇〇〇円)、金嶺鎮焙焼炉設備(約五〇万円)がある。また諸立替金の項目の内訳をみると、食料品、資材、運賃など日本鋼管の立替金は、一〇〇万円以上になっており、鉱石代金の支払いによって、債務を相殺する構造になっていた。陸軍特別製鉄は、資金的にリスクは国家が負うとはいえ、設備資金、運転資金にかんして青島製鉄の資金に依存している部分が大きかったのである。

また、実際の建設過程において、不足する資材の供給にかんしては、協定事項は守られなかった。コークス炉建設では青島製鉄の資材が流用されたし、電動機なども青島製鉄から流用せざるをえなかった(77)。

鐘紡側の事情

鐘淵紡績は、一九三八年尼崎製鉄と提携し(78)、四二年には還元電気炉を設置して実験に着手するなど、鉄鋼分野へ進出する意欲を示していた。鐘実は、一九四三年朝鮮、平壌で製鉄所建設に着手した。鐘実は、平壌で小型高炉建設に備えていたところ、陸軍より軍用の鉄をつくるように申し入れがあった。鐘実は、これに応えて内部に「軍納製鉄部」を設置した。したがって、平壌製鉄所は、政府の小型高炉の建設と軍直接管理の部門をもつことになったのである。高炉関連技術をもっていなかった鐘実は、高炉建設と操業を技術力のある日本鋼管（具体的には中田義算）に依存せざるをえなかった(79)。なお、平壌製鉄所は、移駐問題に直面するまでの計画は、五〇トン高炉一二基、二〇トン高炉一〇基という膨大なものであった(80)。

一方、日本鋼管の青島製鉄所は、鐘紡の紡績工場の敷地、電力を利用して建設されていた。したがって、もし平壌製鉄所が、一部青島に移駐されることになると、「同一箇所ニ別個ノ経営ノ同種ノ工場ガ並立」するという状況ができる。一方は、日本鋼管、他方は陸軍または鐘工という経営が出現することになる。これらの間で賃金の格差が出たりすると、再び大きな問題になることも予想されたのである(81)。

鐘工「ハ製鉄ニ就テハ全クノ素人デアル故、積極的ニ乗リ出ス意志ハ無」かったのである。「鐘工ニ於テ平壌ニ高炉ヲ建設シタコトハ樺太ノ粘結炭ヲ使用シ、襄陽ノ鉄鉱石ヲ生カサンガ為メニ計画シタノデ、意義アル次第デアルガ、青島、天津等デヤルコトハ無意味デアル、襄陽ノ鉄鉱石ハ一〇、〇〇〇、〇〇〇瓲以上ノ埋蔵アリ、品位六二％以上デアル、之ト樺太ノ粘結炭ヲ如何ニ利用シテ製銑ヲナスカノ件ニツイテハ、鋼管ニ於カレテモ何卒御協力ヲ御願ヒスル／場合ニヨッテハ、合同デヤルコトニ御願ヒシテモ結構デアル」と述べていた(82)。

鐘工は、日本鋼管の技術上の援助を得ながら、場合によっては合同で製鉄事業を展開する意思を示していたのである。したがって、鐘工は、日本鋼管との調整さえできれば、平壌で製鉄事業を実施したいという意思は示していた。また、単独で青島へ進出することは躊躇していたが、運営を日本鋼管に委任できるならば、青島への移設を受け入れることに頭から反対というわけではなかったのである(83)。

金嶺鎮への変更と高炉移設作業

博山への高炉移設計画は着々と進められてきたが、四四年七月または八月に突如、金嶺鎮への移設に変更された。この変更がいかなることから起きたのか定かではない。しかし、金嶺鎮鉱山特別高炉建設事務所「特別高炉移設工事旬報」第一報、八／一ｰ八／一〇、（松下資料No.163）、「金嶺鎮陸軍高炉ニ関スル兵本久城少佐トノ面談」（一九四四年八月二二日、松下資料No.163）などでは平壌からの高炉移設先は、金嶺鎮になっている。平壌からの移駐は、青島→博山→金嶺鎮へと短期間のうちに二転三転したのである。

実際の建設過程で不足する資材は、協定事項は守られなかった。コークス炉建設では青島製鉄の資材が流用されたし、電動機なども青島から流用せざるをえなかった。[84] 建設の際の協定事項は、あっさりと反古にされてしまったのである。朝鮮の高炉移設であるから、鐘紡、仁川造兵廠の力を借りることになっていたが、建設途上の青島の高炉関連資材を一時流用するという事態が、かなりあった。日本鋼管川崎、鶴見からの機械資材の供給も迫られたが、在庫はすでになく、資材、機械の金嶺鎮への供給は困難をきわめた。[85]

急遽、物動の枠を越えて、陸軍よりの要請を受けて四四年に開始された金嶺鎮陸軍特別製鉄は、陸軍の需要に応えるため、陸軍の責任で始められ、日本鋼管が実際の生産担当者となった。未完成の朝鮮小型高炉の資材、設備を移設して行うことになっていたが、最初の協定は守られず、資材や機械を日本内地、朝鮮から持ち出すことになり、生産の分散を促進した。貴重な資材や労働力を青島、日本鋼管から割くことになった。実際の建設では、工場用地、工人宿舎などの敷地は軍が借り上げるという形で日本鋼管に供与され、[86] 大量の中国人労働者が集められた。[87]

第5節　朝鮮における小型高炉建設

日本鋼管の小型高炉敷地の選定

朝鮮においても、閣議決定にもとづいて、日本鋼管は、小型高炉建設に進んでいった。朝鮮元山において、四三年一二月より二〇トン高炉一〇基の計画で建設に着手し、四四年四月二六日第一高炉（公称日産二〇トン、内容積八一立法メートル）が完成し、操業を開始した(88)。四五年はじめまでにそのほかに同じ型の高炉三基が完成していた(89)。しかし、日本鋼管は、朝鮮に対する製造拠点の設立意図を戦争末期までもっていなかったようである。この点では、青島は当初から華北進出のために調査を行ってきた事情とは異なるところである。

朝鮮総督府では、当初日本鋼管による朝鮮における小型高炉建設を予定していなかったが、「某方面」からの要望を入れて、朝鮮における小型高炉建設を認めた(90)。「某方面」とは、明らかに海軍と推察される。それは、後で述べるように小型高炉建設予定地を元山にしたという事情からほぼ間違いのないところであろう。

小型高炉建設の閣議決定の元になった企画院提出「小型熔鉱炉建設計画設定方針」（一九四二年一二月）に添付された「小型熔鉱炉建設計画」では、朝鮮における小型高炉建設会社名として、日本鋼管の名前はあがっていたが、場所を示す欄は唯一空欄になっていた(91)。

日本鋼管では、当初海州、載寧、沙里院、介川、元山の五つの候補地を考えていた(92)。海州、載寧、沙里院は、京城の西北にある近接した鉄鉱産出地である。介川は、やや平壌の北方である。元山は、朝鮮半島の東側で京城の反対にある。海州、載寧、沙里院、介川が、いずれも鉄鉱石の産出地あるいは近接地であるのに対して、元山は交通の要衝であるが、鉄鉱石の産出地となっているわけではない。

朝鮮における日本鋼管の小型高炉建設予定地は、一九四四年一二月末には、海州とほぼ決まっていた。鉄鋼統制会「小型熔鉱炉建設計画一覧表」（一九四二年一二月二八日）[93]によれば、日本鋼管の小型熔鉱炉は、海州に二〇トン一〇基、鉄鉱石は自山、コークスは平壌となっていた。一九四三年三月別の資料によれば[94]、「日本鋼管ガ目下元山付近ヲ選定中」であると述べていることから明らかなように、一九四三年三〜四月頃には元山立地がほぼ決まったと推測される。

場所の選定にあたっては、海軍は「元山付近ニ設置セラルルヲ絶対的ニ適地ト認」めたため、海軍の主張を受け入れて元山に定められた[95]。

はっきりとした経緯は不明であるが、日本鋼管は、海軍からの要望を入れて元山に製鉄所を建設することになった。日本鋼管は、元山での建設の一方で、平壌での鐘紡の小型高炉建設と操業について技術指導を行ったため、かなり繁忙を来しており、建設工事は予定よりも遅れた。工事の遅れによる政府、軍部からの追求を恐れて、総督府は厳しく日本鋼管に建設と操業を督促した[96]。

四三年五月一七日付で、中田義算が、扇町製鉄所兼建設部扇町製鉄所支部長兼特殊高炉建設部長となった[97]。中田は、朝鮮の高炉建設の責任者となったが、他方で、青島製鉄の建設にも携わることになり、繁忙をきわめていた。

朝鮮小型高炉計画における無煙炭使用問題

青島製鉄の建設にみられたように、中田は小型高炉の建設には懐疑的であった。特に朝鮮の場合、無煙炭粉鉱を利用して操業する計画であったことから、技術的検討に手間取っていた。

中田は、「無煙炭製鉄ハ相当困難ナルモノニ候ヘバ相成ル可クハ骸炭ヲ使用致シ度候」「原料ノ選択ハ高炉建設ヨリモ寧ロ重要ニ有之、朝鮮無煙炭製鉄ノ実績ヲ挙グル上ニ於テ是非共能フ限リノ炭種ノ選択ト選炭トヲ厳ニ致シ[98]」たいと述べていた。

中田は、無煙炭粉炭の使用は銑鉄製造に大きな困難をもたらし、骸炭三〇%中塊炭七〇%の割合で灰分を引き下げて「或程度ノ成果ヲ得ラレルト信ズル」と述べており、粉炭のままではとても十分な銑鉄生産が不可能であることを主張した。無煙炭については、灰分を引き下げて特殊セメントで団塊にして使用する以外に銑鉄を生産する見込みのないことがわかっていたのであろう。技術的条件を無視した国家主導の無謀な進め方を批判しつつ、生産を拡大するための合理的な方法を朝鮮総督府に主張した。

「要ハ燃料ノ質ト量トヲ十分ニ検討シテ理法ニ叶ヒタル高炉操業ガ製銑ノ目的ヲ達シ得ル唯一ノ方法デアリ、妄リニ、単ニ時期ニ追ハレテ慢然ト火入レヲ急ギ高炉ノ数ヲ増加スルノハ悲惨ナル共倒レヲ招致スルノミデ、決シテ製銑ノ目的ヲ達シ得ルモノデハナイ[99]」と述べて燃料問題を無視して建設、操業をあせる政府、総督府を厳しく批判した。

こうした批判の背景には、中田は、青島製鉄における状況が念頭にあったからである。すでに述べたように、青島では、燃料コークスの手当も不十分なまま火入れをして、結局操業が失敗してしまったのである。中田義算「高炉用無煙炭選別ニ就テ」(一九四三年九月二八日)は、まさに苦悩する青島において書かれたものであった。

日本鋼管側のこうした要求に対して、朝鮮総督府の官僚(梶川鉄鋼課長)は、「元来粉炭ヲ煉炭ニシテ製鉄ヲヤル。即チ粉炭ヲ用フルト云フノガコノ小型高炉ノ最初カラノ根本方針デアル。君ノ処モソレヲ承知デ受託サレタル筈デアル。ソレニ《ママ》今ニナッテ塊炭デナクテハ困ルト云フノハ何事デアルカ鋼管バカリデハナイ皆塊ヲ熱望シテ居ルノデアル[100]」と述べて、当初から根本方針を承知で参加しておきながら、塊炭を主張していた日本鋼管の姿勢を批判した。

朝鮮総督府の強硬な方針を受けて日本鋼管は、当初の冷風による高炉操業では不可能と判断し、急遽熱風炉を建設し、あわせて選炭設備、焼結設備、ポット焼結装置、コークス野焼設備を建設して原料の制約に対応した措置をとらざるをえなくなった[101]。しかしながら、それは、操業開始時期を予定よりさらに遅らせることになったのである。

元山製鉄所の製銑計画

四三年四月元山に製鉄所を建設したときの計画は、①立地は海州、載寧、沙里院、介川、元山の候補地から元山に決定すること、②鉄鉱石は、襄陽、利原、無煙炭の使用、③事業開始予定は四三年九月一日、③銑鉄一トンにつき無煙炭二トン、コークス〇・三トンと燃料計画は立てられた。④高炉二〇トン一〇基、⑤予算九一六万六〇〇〇円となっていた。[102]

元山製鉄所の計画は、燃料問題をめぐるやりとりから、一九四四年一月頃の計画は、結局次のようなものとなった。[103]

①二〇トン高炉一〇基。火入れ時期は、第一高炉四四年四月一一日以後六月三〇日までに一〇基の火入れをすべて完了する。

②燃料は、コークス九万九一〇トン（内訳買入四万四六六二トン、自家製四万六二四八トン）とする。所要原料炭は、無煙炭三〇％、有煙炭七〇％とする。自家製コークスの原料炭内訳は開平炭七〇％、無煙炭三〇％とする。つまり、粘結炭である開平炭を利用した自家製コークスを製造する計画を組み込んだのである。煉炭一万八一六〇トンを使用する。

③鉄鉱石は、襄陽七〇％、利源その他三〇％の鉄鉱石を利用する。

④その他。選炭設備（石炭の灰分を引き下げるために不可欠であった）、野焼窯・ビーハイブ炉などコークス製造設備、焙焼設備、ポット焼結設備、団鉱設備などの製銑関連設備の建設。

以上の計画を検討してみると、無煙炭を原料とする小型高炉建設とはいうものの、開平炭の利用、事前処理設備の建設などむしろオーソドックスな製鉄計画を基本に無煙炭の部分的な利用を組み込んだものであった。中田らは、火入れを急ぐ総督府の官僚に対して、原料の十分な在庫確保や関連設備もできていないのに目先の生産のことだけで高炉操業を開始することの問題点をたえず指摘した。[104] したがって、また火入れ時期をめぐって総督府と鋭く対決することになったのである。[105] 結局、中田らは、自らの主張を通して、火入れ時期をなるべく先に延長することに成功した。

操業の実態

操業は短期間であったため、十分な検討を加えることはできない。四四年第1四半期と第2四半期の資料でみると大体の動向を把握することができる（表5-7）。

四四年五月に第一高炉が火入れされた。朝鮮全体では、四四年第1四半期において、計画に対する実績をみた達成率では、計画を凌駕した。それは、主に日本製鉄と日本鋼管の生産高の上昇によって、達成されている。日本鋼管は、操業開始当初は、準備も十分であったため、第一高炉の操業は順調であった。四四年第1四半期においては、朝鮮の他の小型製鉄所が、十分な業績をあげることができない中で、日産公称能力当たりの実績では最も優秀な成績を収めることができたのである。

しかし、朝鮮全体で、第2四半期に入ると、生産量も低下し、計画達成率も低下した。日本製鉄を除くと、軒並み計画達成率は一を割ることになった。日本鋼管もまた、計画達成率からみると、大きく低下した。しかし、生産実績は、第1四半期とかわらなかった。一基当たり出銑率をみても、日本鋼管は最も高い水準を示していた。すなわち、朝鮮の小型高炉操業でも、日本鋼管はかなり優秀な水準をもっていたのである。厳密には、原料の配分状況などを検討する必要があることはもちろんである。

四五年に入ると、原料炭の供給見込みは予想していたより、はるかに厳しい状況になっていた。

「小型高炉ニハ一月ニハ全々入荷見込ナシ、二月ハ大型炉ノ一月ノ引取リ状況ニ依ッテ大体予想ハツクガ恐ラク入荷困難トノ見方ガ妥当デアラウ、結局前述ノ如ク二月中旬以降高炉ノ操業継続ガ困難トナル所以デアル」[106]。

以上のように、四五年二月以降、原料炭の入荷の見込みがたたない状況では操業が困難になることはほぼ一月の時点で明らかになっていた。

同じ朝鮮にある日本製鉄株式会社兼二浦製鉄所の原料炭供給を優先するため、小型高炉へは、原料炭が回らなくなったのである。華北方面からの原料炭供給が制約されてくるにつれて、大型高炉の操業を優先する方針をとらざるをえなくなって、総督府は、「小型ハ止ツテモ致シ方ナイ」との考え方を示した(107)。鳴り物入りで始められた小型高炉による銑鉄増産の方針も朝鮮においては、四五年一月には実質的に放棄せざるをえなくなったのである。

総督府は、あくまで小型高炉は、無煙炭を燃料として使用するという方針を堅持しており、日本鋼管の原料炭供給の希望は、抑え込まれてしまった(108)。

日本鋼管は、無煙炭による小型高炉の操業は、技術的に困難であると考えてきた。しかしながら、総督府の方針も入れて、無煙炭とコークスを用いて操業を開始せざるをえなかった。華北原料炭入手のために、総督府と折衝を繰り返してきたが、総督府の朝鮮無煙炭の強引な推進は、小型高炉操業の展望を失わせた。特に、総督府の方針は、一九四五年初頭には、日本製鉄兼二浦の大型高炉への優先的な原料炭配給方針のため、小型高炉を事実上切り捨てる方針になっていた。

無煙炭利用に固執した総督府は、「今後原料炭ノ配給ハ無煙炭五〇％以上使用スル業績顕著ナル工場ニ対シテ優先的ニ必要量ヲ廻ス然ルニ使用セザル向ニハ配給ヲ為サズ又経営ヲ中止シテ貫ツテモ良ロシイ」(109)という方針を明らかにして、あくまで無煙炭使用を推奨しようとしていた。したがって、無煙炭製鉄に技術的確信をもてない日本鋼管は、小型高炉の将来に展望を見いだせない状況になっていたのである。

元山製鉄所の所長は、「小型高炉ノ前途ハ誠ニ暗膽タルモノガアリマスノデ此ノ際元山製鉄所ノ将来ノタメ何カ他ニ生クル途ヲ講ズル必要ガアルノデハナイカト思ヒマス、折シモ丁度本府、統制会辺リカラ特殊鋼工場、合金鉄工場、パイプ工場等ノ建設慫慂ガアル」(110)と述べて、

(1944年)

（単位：トン）

達成率	8月1基当出銑トン	9月1基当出銑トン
1.191	14.2	13.0
2.048	12.4	11.8
0.193	12.3	8.9
0.112	3.5	0
0.683	8.0	8.6
0.653	5.2	5.7
0.229	0	0
0.356	14.8	17.0
0.212	12.7	6.1
0.770	10.4	10.2

月9日）松下資料No.169。

表5-7　朝鮮小型高炉の計画と実績

会社名	地　名	計画基数	9月上旬操業基数	第1四半期計画	第1四半期実績	達成率	第2四半期計画	第2四半期実績
日本製鉄	兼二浦	20*10	20*10	12,200	15,830	1.297	10,500	12,511
日本製鉄	清　津	20*10	20*10	3,400	6,529	1.920	5,400	11,061
朝鮮製鉄	平　南	20*10	20*1	3,100	2,320	0.748	4,900	947
是川製鉄	三　和	20*10	0	1,700	1,522	0.895	3,400	382
利原製鉄	利　原	20*5	20*1	400	820	2.05	1,200	820
日本無煙炭	海　州	20*2	20*1	1,300	921	0.708	1,500	980
日本無煙炭	鎮南浦	20*8	0	300	327	1.09	2,400	551
日本鋼管	元　山	20*10	20*1	600	1,492	2.486	3,900	1,391
鐘淵工業	平　壌	20*10	20*1	2,000	1,527	0.763	5,500	1,168
				25,000	31,288	1.251	38,700	29,811

注：第2四半期実績の合計は，原資料の数値と合致しないので合計を修正した。
資料：「朝鮮地区小型炉出銑状況」（1944年10月5日），「小型高炉昭和19年度上半期生産拡充計画及び実産額調」（1944年10

小型高炉の代替計画が浮上するという状況になっていた。

これに対して、本社は、事業の積極的な拡張はよいが、「本府ノ一技術官ヤ属官ノ言フ事ヲ鵜呑ニスル事ハ危険ナリ……昨今ノ情勢ハ毎日ノ様ニ変スル之レモ戦争故トノ一言ニテ片付ラレル今日ニテハ一層危険ナリ」と慎重に進めるべきとの意見を述べた[11]。

統制会や現地出先機関の統制を受ける現地スタッフは、生き残りのために苦闘していた。本社は、十分な情報をもっておらず、事業所の存続に関わる現地経営方針を統制する権限を十分もっていなかった。企業の意思決定に対して政府＝現地出先機関が現地企業の一事業所に直接命令を発して本社の頭を通り越して命令が出され、情報が伝達されていた。したがって、戦時期において企業は、本社と現地事業所を統括して経営することがきわめて困難になっていたのである。したがって、海外事業所と本社は、絶えず経営方針を調整してゆかなければならなかった。企業組織としての一体性は著しく弛緩し、本社による統制力は低下した。

元山製鉄所の労働力構成

建設は、扇町製鉄所の建設陣が動員され、内地から熟練工の移転も行われた。

元山製鉄所の労働力構成は、表5-8に示されている通りである。

表５－８　日本鋼管元山製鉄所の労働力構成

日本鋼管元山製鉄所工員構成

	工員構成	川崎出張
動　力	14	8
製　銑	352	6
工　作	3	3
土　木	4	
倉　庫	4	
計	377	17

現地採用工員内訳

本工員	65
見習工員	295
計	360

注：川崎からの出張者のうち技術者は10名。
資料：日本鋼管株式会社元山製鉄所『職員名簿』（1944年８月24日）（松下資料№169）。

日本鋼管元山製鉄所職員構成

	職員構成	割合
日本人	28	23.0%
朝鮮人	94	77.0%
合　計	122	100.0%
事務関係	44	
作業関係	29	
労務者	44	
附属病院	5	
合　計	122	

資料：日本鋼管株式会社元山製鉄所『職員名簿』（1944年８月15日）（松下資料№169）。

主要な工員はほとんど現地採用され、川崎から工員一七名が朝鮮に派遣された。操業を開始したばかりの状況であるから、見習い工員の数が多くなっている。職員と工員の比率は、元山は、一：三であるが、青島は一：四・六である。一九三八年の国内における職員と工員（職工）の比率は、日本鋼管が一：九・一、鶴見一：一〇、八幡一：九・七、兼二浦一：一一・九という割合である。ほぼ完成された国内一貫製鉄所の比率と比較して、元山、青島ともに著しく職員の比率が高まっていることが特徴である。現場の直接労働者を指揮、監督する職長クラスの階層がいないため、職員の比率を高めなければならない。元山の場合、工員が相対的に少ないのは、建設途上にあるという事情が働いていると思われる。兼二浦がほぼ国内と同じ構成比率となっているのは、すでに歴史的に長く一つの製鉄所として自立しているということ、したがって工員の再生産も可能になっていたという事情によると思われる。元山、青島の高い職員比率は、創業期と戦時下植民地あるいは占領下の状況を反映していたのであろう。

ここで注目されるのは、職員の民族別構成比率である。職員のうち七七％が朝鮮人であり、日本人は二三％にすぎない。朝鮮人職員がどのような待遇を受け、どこに配置されたのかについては、定かではない。しかし、朝鮮の場合、職員として企業経営に参画できる階層が大量に存在していることは確認することができる[112]。戦争末期という特殊な状況のなかではあるが、朝鮮では一定の現場を指揮監督する、管理機構の末端を担う階層が存在していた。これに対して、青島の場合は、職員はすべて日本人であり、職員に採用できる階層が全く存在しない占領下の製鉄所の厳しい現実を示している。

戦争末期の転換

小型高炉に発展の望みをなくした現地のスッタフは、朝鮮における日本鋼管の影響力を維持しておくために、小型高炉以外の分野の展開を考えざるをえなくなっていた。この点について、荒川所長は、次のようにのべている。

「将来吾社ガ朝鮮ヘ進出スルノ可能性ガ多少ニテモアルモノトセバ此ノ際何等カ色良キ意志表示ヲ致シ置ク必要アルノデハナキカト愚考致シ候／御承知ノ如ク現在ノ小型高炉ハ実ニ悲観スベキ存在ニテ、将来モ現在ニ増シテ混沌タルモノ有之、小型ノ行ク道ハ誠ニ寒心スベキモノ有之哉ニ被存候／唯一本ノ高炉ヲ擁シ現地従業員ノ悪戦死闘ハ誠ニ涙グマシキモノ有之、此ノ点御同情願上度ト存候／本社ト致シ此ノ小型高炉ノ前途ニ関シ如何ナル御関心ヲ有セラルルヤ、僭越トハ存候得共忌憚ナキ御意見御洩シ下サラバ幸甚ノ至リト存候」。

「元山製鉄所ノ生クル道ハコノ小型炉ニ平行シテ何カ将来性アル適当ナ別ノ途ヲ発見スルノ外無シト被存候」[113]。

一つの方策は、朝鮮の電力開発の結果生じた余剰電力を利用したフェロアロイ部門への進出であった。それは、一九四四年一一月二七日の次官会議（閣議報告）で決定された「朝鮮余剰電力ノ緊急戦力化要綱」により、内地の合金鉄製造設備を移設して合金鉄部門を建設しようというものであった[114]。

移設すべき設備として栗本加賀屋工場または、日本電気製鉄富島工場が考えられていた。終戦直前の一九四五年七月には、合金鉄工場の操炉工を派遣するように要請している[115]。したがって、設備はほぼ完成していたと推測されるのである。しかし、具体的に内地のどの工場が移設されていったのかは不明である。

もう一つの有力な案は、一九四五年一月頃朝鮮において特殊鋼工場を建設することを総督府の鉄鋼課遠藤技師より進められていた。

「軍需省其ノ他関係方面ニテ『万一内地ノ特殊鋼工場ガ空爆ヲ受ケタル場合ヲ慮リ此ノ際之ヲ鮮内ニ移設シテハ如何』トノ話ガ持チ上リタル由ニテ……」「時節柄弱小会社、時局便乗的会社ノ進出ハ之ヲ抑制シ、成ルベク真面目ナ技術ヲ有スル大会社ニ当ラシメ度シ、鉄源ハ小型銑トノコトニ御座候[116]」と総督府からの提案を本社に対して報告している。水江の特殊鋼工場、新潟、富山の工場の移転と「内地ノ弱小工場」の買収による移設が考えられた。

小括

小型高炉建設は、政府の閣議決定をもって始められたものであったが、日本鋼管は、単純にその方針に乗ったのではなく、主体性を確保しようと努めていた。特に、日本鋼管中田義算は、技術者としての信念をもって、閣議決定に対抗し、独自性を貫こうとした。青島の二五〇トン計画は、そうした努力の結晶であった[117]。特に、鉄鋼業の分野で一定の技術的蓄積をもち、豊富な経営資源を蓄えていた日本鋼管は、それを背景に、政府の決められた方針のなかで最大限の合理性を追究しようとした。青島における二五〇トン高炉の建設、朝鮮におけるコークスおよび塊炭の使用などは、その現われである。

一方、日本鋼管も独自の構想をもって、政府の方針に便乗しようとしていた。青島製鉄は、いわば日本鋼管の銑鋼一貫の第二の製鉄所構想をねらったものであったが、実際の操業になると、火入れだけを急ぐ現地の強引な非合理的な増産要求に押し切られることになった。

戦時下の企業をコーポレートガバナンスの視点から検討してみると、日本鋼管の海外進出は、陸軍特別製鉄や朝鮮における小型高炉建設に見られるように軍部や出先官庁の強い規制を受けた。一定の価格補償があったとはいえ、日常の操業にもさまざまな介入があった。企業は、その中で存続しなければならなかった。経営者が自主的に意思決定をすることはできなかった。

その介入は、海外の各事業所に対して行われたため、現地の事業所は、本社の統制から離れて、軍部や現地出先機関（朝鮮総督府、大東亜省）の意思に左右されることが多く、本社の統括機能は著しく弛緩していた。戦時下においては、企業の一つの事業所であっても、軍部や出先機関の統制を離れて操業を継続することはできなかった。とりわけ、軍部は物動枠からはみ出た特別増産なども企画し、それに主要な企業を取り込もうとしたのであり、計画化は無政府的な様相を呈した。軍部や政府との軋轢のなかで、企業の主体性確保は、十分貫くことはできなかった。

戦時下の経営者は、株主の支配は後退したが、経営者の意思決定が貫ける条件は狭められていたのである。しかし、一方、企業が統制を受けることは、操業を保証し、戦時利潤保証を受けるということを意味しており、企業としての存続を保証する面と裏腹の関係であった。

注

（1）小林英夫『「大東亜共栄圏」の形成と崩壊』（お茶の水書房、一九七五年）四二五頁。

（2）中村隆英『戦時日本の華北経済支配』（山川出版社、一九八三年）三二二頁。

（3）岡崎哲二「戦時計画経済と企業」（東京大学社会科学研究所『現代社会』四、東京大学出版会、一九九一年）三九三～三九四頁。

（4）岡崎哲二「企業システム」（岡崎哲二・奥野正寛編『現代日本経済システムの源流』第四章、日本経済新聞社、一九九三年）、米倉誠一郎「業界団体機能」（同上、第六章）。

（5）筆者の軍需会社法体制に対する見解は、下谷・長島編『戦時日本経済の研究』晃洋書房、一九九二年）序章（長島執筆）参照。戦後改革を経済改革という点からみれば、財閥解体、農地改革、労働改革の三つの分野で展開されたことはほぼ共通の見解であろう。もう一つ重要なことは、軍部の解体ということである。経済社会体制のなかで、軍部の経済分野への介入は無視できるものではなかった。統帥権の独立ということをもって、軍部が独自の権能をもち、議会や内閣によってコントロールされていないことが、経済分野における調整機能の低下を招いた。この意義を把握することが戦後社会（さまざまなバイアスをもっているとはいえ、先進資本主義国の議会を通じた「異議と同意のシステム」が機能している社会）と戦前日本社会の分岐点として最も重要な意義をもつ。

（6）商工省金属局鉄鋼課「小型熔鉱炉建設ニ関スル打合経過概要」（一九四三年四月一二日、柏原文書一九一-一七）。

（7）「小型熔鉱炉建設計画設定方針」（一九四二年一二月一四日、美濃部洋次文書Aa1：33：B、同様のもの柏原兵太郎文書一九一-一七にあり、ただし柏原文書は日付なし）。同資料が企画院において提起された方針であることは、資料の順番からいっても明らかである。

（8）電動機、送風機などの機器は、市中において使用されているものが利用できるのではないかという判断のもとに電動機、冷房機など都市の大きな建築物で使用されている機器を調査し、それを小型高炉の送風機などに転用できないか検討を始めた。たとえば、東京については、四二年一二月二二日、勧業銀行、放送協会、第一ホテル、映画館などを巡視して、それらの施設で使用されている電動機の調査を行った（「小型高炉用電動機其他巡視要領」一九四二年一二月二二日、柏原兵太郎文書一九一-一七）。

（9）関西方面の再生銑業者を調査したが、設備の貧弱さと技術の拙劣さから断念せざるをえなかったと推測される（「小型熔鉱炉打合会議事録」一九四二年一二月二二日、柏原兵太郎文書一九一-一七）。

（10）原朗「太平洋戦争期の生産増強政策」（『年報・近代日本研究』九、戦時経済、山川出版社、一九八七年、二四二～二四四頁）は、臨時生産増強委員会の活動を分析して小型高炉建設の方針の策定過程を明らかにしている。

（11）中村前掲書、三〇二～三〇四頁に閣議決定の全文が掲載されている。

（12）企画院で閣議に提起された「小型溶鉱炉建設方針ニ関スル件」（四二年一二月二四日、『公文別録』内閣四、昭和一六年、一七年所収）によれば、所要期間を二カ月と墨で直してある。閣議において、期間が短縮されたと推測される。

（13）田中申一『日本戦争経済秘史』（コンピューター・エージ社、一九七五年）二七九～二八一頁。原前掲論文二四二頁。

（14）中村前掲書三〇五頁。

（15）『東洋経済新報』一九四二年一二月一九日、六頁。同一九四三年三月二七日、一九頁。

（16）金属局「小型熔鉱炉建設確保方策（案）」（通産省移管資料、通四七／三A／一二／一三／四、国立公文書館所蔵）。同資料は「案」となっているが、松下資料、柏原兵太郎文書などに納められている資料は、この金属局の方針にもとづいて小型高炉の建設が進められたことを示している。

（17）「小型（溶）鉱炉関係資金及製品価格ニ関スル件」（大東亜省　一九四三年五月五日秋元文書一〇八、大蔵省所蔵）。

（18）「北支那開発及中支那振興両会社ニ戦時緊要事業ニ関スル損失補償制度ヲ設クルノ件」（一九四三年一一月六日秋元文書一

一〇、大蔵省所蔵）。

(19)　銑鉄懇話会『銑鉄販売史』七三六〜七五七頁。

(20)　鉄鋼統制会「小型熔鉱炉銑鉄ノ買取価格算定要領（案）」一九四四年一月七日（水津資料C-Ⅱ-7）。

(21)　『日本製鉄株式会社史』九八頁。

(22)　「北支新設製鉄工場敷地視察報告」（南満州鉄道株式会社調査課『北支那鉄鋼開発計画』北支那産業開発計画立案調査書類第三編、一五六〜一六九頁）。

(23)　鉄鋼統制会「小型熔鉱炉建設促進対策ニ関スル件」（一九四三年三月二〇日、柏原兵太郎文書一九一-一二七、国立国会図書館所蔵）。同資料は、計画の概要と進捗状況を検討し、三月一九日現在の計画と当初計画を比較した付表一を掲げている。それによれば、日本製鉄の大冶、輪西が数字がなくなっているほか、日本鋼管が最も変更が著しい。なお、同付表では、日本鋼管の欄に利国がかかげられているが、企画院が最初に提案したと推測される「小型熔鉱炉建設計画設定方針」（一二月一四日提案、推測、柏原兵太郎文書一九一-一二七）では、日本鋼管の欄に利国は入っていないので、当初計画には利国は入っていないものとした。

(24)　「先般貴省御下命ニ基キ当社ニ於テ北支ニ小型高炉急設計画致候處今回青島地区五〇瓲炉二基建設ノコト御諒承賜リ有難奉存候」（中田義算より大東亜省支那事務局宇佐見珍彦「張居店地区二〇トン炉五基建設ニ対スル代案」（一九四三年二月一二日、松下資料№167）と述べており、当初は鋼管内部でも小型高炉計画であったのが、中田義算の主張によって大型高炉に変更された。中田は、釜石から日本鋼管に入社し、日本鋼管の高炉建設の技術上の責任者であった。中田の努力によって、日本鋼管は、唯一小型高炉ではなく、大型高炉を青島に建設することが可能になったのである。中田は、日本鋼管代表の小型高炉建設責任者であった（「小型熔鉱炉建設責任者」名簿、柏原兵太郎文書一九一-一二七）。社内では、小型高炉建設部の部長であった。社内組織としては、日本鋼管内部に建設部が設置され、建設部のなかには工務課と事務課が置かれた。工務課のなかは、設計、建設、電気、資材の各係が置かれたのである（「小型熔鉱炉ニ関スル会談」一九四二年一二月一九日中の名簿などより、柏原兵太郎文書一九一-一二七）。

(25)　この間の事情については、前掲「小型熔鉱炉建設ニ関スル打合経過概要」によって決定過程を確認することができる。

(26)　張店については、動力や用水関係で、早急に建設することが困難であることが判明した。他方青島の二五〇トン高炉二基に対しては、共通設備に余力があり、一基併設すれば、工期を著しく繰り上げることができるという理由から、計画が変更されたのである（大東亜省「支那ニ於ケル小型鉱炉建設計画進捗状況」一九四三年三月二一日　柏原文書一九一-一二七）。

(27) 企画院第二部「青島ニ二五〇トン簡易熔鉱炉緊急建設ノ件」一九四三年二月一〇日、柏原兵太郎文書一九一-二七)。
(28) 「青島ニ於ケル熔鉱炉建設ニ関スル件」(一九四三年一月二〇日、松下資料No.167)。
(29) 嘱託永井松次郎より浅野良三宛「青島製鉄所敷地選定ニ関スル現地視察報告」(一九四三年五月二五日、松下資料No.187)。
(30) 中田義算「大東亜省御諮問(一八、九、一五)支那ニ於ケル小型高炉ノ補強対策ニ就テ」(一九四三年一〇月一九日、松下資料No.219)。
(31) 「二四日午前十一時半大来技師ヨリ電話」メモ(一九四三年一月二四日と推定、松下資料No.167)。同資料は松下宛の電話メモで鉛筆書きであるが、内容は注目すべきものである。
(32) 浅野良三より大東亜次官山本熊一宛「青島製鉄所経営形態ニ関シ御願ノ件」(一九四三年七月一六日、『本邦会社関係雑件(青島製鉄株式会社)』外務省外交史料館所蔵)。
(33) 中田義算「青島製鉄所」(一九四三年二月二七日、松下資料No.187)。
(34) 前掲「青島製鉄所敷地選定ニ関スル現地視察報告」。
(35) 「青島製鉄所ニ関スル打合」(一九四三年五月一三日、松下資料No.167)、「青島特殊熔高炉運営ニ関シ北支那開発神鞭氏トノ打合」(一九四三年四月一六日、松下資料No.167)。
(36) 大東亜省大臣決済「北支蒙彊ニ於ケル小型熔鉱炉運営ノ方針ノ件」(一九四三年五月二一日、『本邦会社関係雑件(青島製鉄株式会社)』外交史料館所蔵)。
(37) 塩沢公使より青木大東亜大臣宛電報「日本鋼管青島製鉄所経営形態ニ関スル件」(一九四三年八月一五日着、『本邦会社関係雑件(青島製鉄株式会社)』外交史料館所蔵)。
(38) 在青島総領事より大東亜大臣宛「青島製鉄株式会社設立並営業許可ニ関スル件」(一九四三年一一月六日、『本邦会社関係雑件(青島製鉄株式会社)』外交史料館所蔵)。
(39) 「企業計画要領」(『本邦会社関係雑件(青島製鉄株式会社)』外交史料館所蔵)。
(40) 青島総領事館「青島高炉現況報告」(3)(一九四三年一〇月二六日、松下資料No.161)。
(41) 「青島製鉄第一高炉作業休止ト其ノ後ノ対策ニ就テ」(一九四三年一一月二七日、松下資料No.167)。
(42) 同前。
(43) 「第二高炉火入レニ関シ軍大使館ニ説明セル要領」(一九四三年一一月一三日、松下資料No.167)。
(44) 『日本鋼管株式会社四十年史』二七七頁。

(45) 中田義算より松下技監宛書簡（一九四五年五月一〇日、松下資料No.168）。
(46)「内地骸炭炉北支移設ニ関スル件」企画院、生産増強委員会決定、一九四三年七月二六日、松下資料No.161）。
(47)「題なし」日本鋼管株式会社、一九四三年五月一日、松下資料No.167。
(48)「内地骸炭炉北支移設ニ関スル件」企画院、生産増強委員会決定、一九四三年七月二六日、松下資料No.161）。
(49)「青島製鉄株式会社高炉操業開始ニ対シ要望事項ニ就テ」（年月不詳、松下資料No.167）高炉操業開始直前のものと推測される。
(50) 中田義算「十月十八日協議会事項ニ関シテ」（同前所収）。
(51) 中田義算より松下技監宛書簡（一九四三年一〇月二二日、同前所収）。
(52) 小型高炉への原料炭の供給は、日本への原料炭供給より優先順位が低かった。華北炭は、大型高炉については、大陸鉄道で継続的に使用されていた。石炭供給における誤算が大きな問題であった（WAR PLANS SECTION, ANSWERS TO USSBS, 8 Oct. 1945, United States Strategic Bombing Survey.36 (a)。以下USSBSと略す。
(53) 山東煤鑛産鎖公司より青島製鉄株式会社宛「原料炭納入ニ関スル件」一九四三年一一月二六日、松下資料No.219）。
(54) 青島製鉄株式会社より山東煤鑛産鎖公司宛「原料炭ニ関スル件」（一九四三年一一月二九日、同前所収）。
(55) 同前。
(56) 青島製鉄株式会社『決算諸表』、『決算内訳表』（一九四三年四月一日〜四四年三月三一日、『本邦会社関係雑件（青島製鉄株式会社）』所収。外交史料館所蔵）。
(57) 戦時金融金庫からも借り入れていた時期があったという資料もある（前掲「青島特殊溶鉱炉運営ニ関シ北支那開発神鞭氏トノ打合」）。
(58)『製鉄業参考資料』（昭和一八〜二三年版）。
(59)「損益勘定内訳表」（前掲『決算諸表』、『本邦会社関係雑件（青島製鉄株式会社）』外交史料館所蔵）。
(60) 長島修『戦前日本鉄鋼業の構造分析』（ミネルヴァ書房、一九八七年）三六八頁。戦前の銑鉄の原価の構成内訳については、同書第七章を参照。
(61) 中田義算「十月十八日協議会事項ニ関シテ」（松下資料No.167）。
(62) 把頭制度は、華北地方で行われていた作業請負制度であり、企業経営、鉱山などではこの制度を利用して労働力を確保した。把頭は、半農半工的労働力の募集管理にあたり、労働力統括機構としての役割をもっていった。把頭制は、大把頭―小把頭―班長―苦力というピラミッド型の編成をとっていた（中村孝俊『把頭制度の研究』文求堂書店、一九四四年、を参照）。

(63) 同前第一章、二章参照。

(64) 日本鋼管株式会社金嶺鎮鉱山「昭和一九年度工事建物構築物（一部）所要説明書」（松下資料、No.204）。

(65) 『四十年史』の記述は、四四年七月陸軍より青島製鉄株式会社に対して朝鮮で着手していた五〇トン小型高炉二基の金嶺鎮への移設命令によって、着手したとある。この事実は確かであるが、ここに至るまでの過程を含めて実態をできるだけ事実にもとづいて再構成して、「陸軍特別製鉄」という歴史から完全に忘れられた実態に接近してみようというのが本節のねらいである。

(66) 戦備課「質問事項ニ関スル回答」（一九四五年一〇月八日、USSBS SecII 36 (a)）。

(67) 陸軍兵器行政本部木村兵太郎より日本鋼管株式会社浅野良三宛、一九四三年七月五日、松下資料No.27。

(68) 前掲「質問事項ニ関スル回答」。

(69) 「陸軍特別製鉄第一回懇談会」（一九四四年二月五日、松下資料No.163）。

(70) 鐘淵実業株式会社は、一九三八年鐘淵紡績株式会社が、臨時資金調整法への対応として、組織した。一九四四年鐘紡本体と鐘淵実業が一体となって、鐘淵工業が成立した（張安基「戦時期『鐘紡グループ』の変容と鐘淵工業の成立」『経営史学』第三二巻第三号、一九九七年一〇月、「戦時期〈鐘紡グループ〉と鐘淵実業の設立」『経済論叢』第一五九巻第一、二号、一九九七年、『大河――津田信吾伝』一九六〇年、などを参照）。

(71) 但し、原料については具体的な確約まではとれていなかった。

(72) 「鐘淵工業熔鉱炉移設ニ関スル実施要領」（一九四四年五月二五日、松下資料No.163）。

(73) 同前。

(74) 「一九、八、三藤原査察使報告書ノ一部」（一九四四年八月三日）松下資料No.163。

(75) 「一九、八、三藤原査察使報告書ノ一部」（一九四四年八月三日）と鉛筆書きの注ある資料（松下資料No.163）。高橋俊二「博山高炉建設ニ就テ」（一九四四年七月一三日、同上所収）によれば、完成後の原料は一切大使館権限によって行う裁量権を留保していた。

(76) 「博山特別製鉄資金ノ件」企画部より浅野、松下、渡辺宛（一九四四年八月二日、同前所収）。

(77) 「金嶺鎮陸軍高炉ニ関スル兵本久城少佐トノ面談要旨」四四年八月二二日、「金嶺鎮〇〇高炉建設促進ノ件」（同前所収）。

(78) 尼崎製鉄は、尼崎製鋼の子会社として、久保田鉄工所と尼崎製鋼が共同出資して設立された。鐘実が、尼崎製鉄へ参加したのは、鐘実がもっている樺太、朝鮮などの鉄鉱石炭を利用するためであった。尼崎製鉄の経営は、尼崎製鋼と久保田が経営主体となっており、鐘実は実際の経営にはタッチしていなかった(『ダイヤモンド』一九三九年六月二一日、一〇〇～一〇一頁)。

(79) 鉄鋼統制会「小型熔鉱炉建設促進対策ニ関スル件」(一九四三年三月二〇日柏原兵太郎文書一九一-二七)。小型高炉については、技術公開、現地指導、日本鋼管日本製鉄による要員の養成などが実施された(前掲「小型熔鉱炉建設確保方策(案)」一九四三年四月二七日柏原兵太郎文書一九一-二七)。

(80) 『鐘紡百年史』三八〇～三八六頁。なお、前掲「小型熔鉱炉建設計画設定方針」(注(7)参照)の計画によれば、朝鮮における鐘実の計画は、二〇トン一〇基となっている。五〇トン一二基は掲載されていないのである。したがって、この部分が、軍納製鉄部による計画と推定される。

(81) 浅野良三より中田技監、玉置事務取締役宛「平壌ノ鐘淵工業高炉ヲ青島ヘ移設ノ件」(一九四四年三月二三日、松下資料No.163)。

(82) 同前。

(83) 同前。青島への平壌高炉の移駐には、鐘工は自らが乗り出すことには躊躇していたが、鐘工は、製鉄事業一般に戦時期躊躇していたわけではなかった。

(84) 前掲「金嶺鎮陸軍高炉ニ関スル兵本久城少佐トノ面談要旨」。

(85) 「内地手当機械ノ件」(一九四四年一〇月一四日、松下資料No.163)。「鋼管社内ノ在庫品ヲ供給スル様言ハレルガ在庫品ハ既ニ青島、元山ニ払出ソノ補充スラ出来ザル状態ニテコレ以上ハ社長命令ナクバ供給不可能」という事態が起こっていた。

(86) 「特別高炉移設工事旬報」(一九四四年八月一～八日、松下資料No.163)。

(87) 金嶺鎮と同時に実行された大同への高炉建設には、中国人労働者最高時に五〇〇〇名、賃金、さらに食料の支給がついていた(しかし、報告では粟、コウリャン、メリケン粉「殆ンドナシ」などと書かれている。阿片も供給されていた。白川学栄「大同製鉄出張報告」一九四四年一二月一七日、松下資料No.163)。

(88) 『日本鋼管株式会社四十年史』二七八～二七九頁。同書では、五月操業開始となっているが、「日本鋼管株式会社元山製鉄所昭和二〇年度生産計画書」(松下資料No.168)では、四月二六日操業開始となっている。

(89) 「日本鋼管株式会社元山製鉄所昭和二〇年度生産計画書」(松下資料No.168)。

(90)「コノ小型高炉ノ建設計画ガ起ツタ《（ママ）》ル当初ハ日本鋼管ニヤツテ貰フトイフ考ハ本府ニハ全々ナカツタノデアルソレヲ某方面カラ『日本鋼管ノ技術ハ優秀デアルカラ是非採用シテシタ《（ママ）》ラ如何』トノ強イ要望ガアリタルタメ君ノ処ヲ特ニ入レルコトニシタノデアル斯クテ万事承知デ引キ受ケラレタルコトト思フ」（荒川、久慈から中田義算宛「元山製鉄所石炭ニ関スル件」一九四三年九月一〇日、松下資料No.169）。

(91)「外地ニ於ケル小型熔鉱炉建設計画進捗状況他」（柏原兵太郎文書一九一‐二七所収）。

(92)「元山ニ於ケル製銑事業計画書」（一九四四年四月、松下資料No.169）。同書は「時期遅レタル故提出見合ス」との朱書がある。さらに、「出来六月二日」とある。朝鮮総督府から計画書の提出を求められたが、遅れたため、提出しなかったものと推測される。

(93)柏原兵太郎文書一九一‐二七所収。

(94)内務省○○局「外地ニ於ケル小型熔鉱炉建設計画進捗状況」（一九四三年三月二五日、『外地ニ於ケル小型熔鉱炉建設計画進捗状況他』柏原兵太郎文書一九一‐二七所収）。

(95)都築伊七より松下技監宛書簡（一九四三年三月二四日、松下資料No.169）。同書簡によれば、日本鋼管は仁川付近を主張したが、海軍に押し切られた形になった。元山には、海軍関係の施設や関連会社があったため、海軍は元山を主張したものと推測される。

(96)「物動小型高炉ニツキ信原勅任事務官トノ面接ノ件」（一九四三年三月二七日、松下資料No.169）。

(97)「元山製鉄所設置ニ関スル件」（一九四三年五月二四日、同前所収）。

(98)中田義算より朝鮮総督府殖産局長宛「製鉄原料ニ就キ御願ノ件」（一九四三年六月一四日、同前所収）。

(99)中田義算「高炉用無煙炭選別ニ就テ」（一九四三年九月二八日、同前所収）。

(100)前掲「元山製鉄所石炭ニ関スル件」。

(101)日本鋼管より朝鮮総督府殖産局宛（一九四三年一一月一九日、松下資料No.169）。

(102)前掲「元山ニ於ケル製銑事業計画書」。

(103)以下は、「昭和一九年度燃料対策」（一九四四年一月二五日、松下資料No.169）、「小型高炉生産確保対策」（一九四四年二月二八日、同上所収）などよりまとめたもの。

(104)「工事完成期日ハ高炉ノミノ完成期ニ非ズシテコレニ付帯スル各種設備ノ完成ヲ意味スルモノニシテ完成期日即火入期日タルベキナルモ、火入期日ハ高炉設備ノ完成期ヨリモ寧ロ鉄鉱石並ニ燃料ノ調達如何ニヨリ決定サルベキモノニ付此点ニツキテハ特ニ御当局ノ一段ノ援助ヲ乞フ次第ナリ」（「小型高炉生産確保対策」（一九四四年一二月一八日、松下資料No.169）。

(105) 総督府は、三月中に火入れするように「猛烈ナル要望」をしたが、「中田所長ハ頑トシテ聞キ入ラレズ」、中田と総督府の関係はきわめて険悪な様相を示したのである（荒川磊介より山川正治、小林恵三宛、一九四四年三月三日、松下資料No.169）。

(106) 「建設並ニ操業ニ関スル総合打合会記録」（一九四五年一月一五日、同前所収）。

(107) 同前。

(108) 「官方面ノ意向トシテハ抑々小型ハ無煙炭製鉄トイフコトデ発足シタノデハナイカ、ソレガ無煙炭ヲツカハナイデ原料炭ダトカコークスダトカ言フノハ何事デアルカ」（同前）という強力な姿勢を総督府は堅持していた。

(109) 「無煙炭製鉄ニ関スル件」（一九四五年三月七日、松下資料No.168）。

(110) 前掲「建設並ニ操業ニ関スル総合打合会記録」（一九四五年一月一五日）。

(111) 同前。

(112) 朝鮮における日本窒素の民族別社員の変遷を分析した安秉直「一九三〇年代における朝鮮人労働者階級の特質——日本窒素の事例分析を通じて」（中村哲・堀和生・安秉直・金永鎬『朝鮮近代の歴史像』（日本評論社、一九八八年）によれば、「社員」の一定数に朝鮮人が入っていたこと、次第に増加する傾向にあることが実証されている。元山製鉄所の戦争末期の状況は、労働力需要が急増した時期であり、朝鮮人職員の割合がかなり高く現われたものと推測される。

(113) 荒川磊介から松下技監宛「特殊鋼工場ニ関スル件」（一九四五年一月一〇日、松下資料No.168）。

(114) 「フェロアロイ工場ニ関スル件」（一九四五年一月一二日、同前所収）。

(115) 「朝鮮元山合金鉄工場操炉工其他派遣ノ件」（一九四五年七月一日、同前所収）。

(116) 荒川磊介から松下技監宛前掲「特殊鋼工場ニ関スル件」（一九四五年一月一〇日）。

(117) 『日本製鉄株式会社史』一一三八頁では、日本製鉄でも小型高炉に疑問をもちながらも、決定に従わざるをえなかったと述べている。

第6章　戦時下の労働力の実態と性格

はじめに

戦時労働力の研究史と視点

戦時下の労働力動員に関する研究は、比較的多くあるといってよい。ただ、その実証レベルと戦時下の労働力の歴史的性格規定となると、不十分なものがある。

第二次大戦後の時期に公刊され一九五一年に翻訳されたJ・B・コーヘン『戦時戦後の日本経済』下巻（岩波書店、一九五一年）は最も包括的研究であり、今では利用がきわめて困難な内外の資料を駆使してきわめて詳細に戦時下の労働力動員の実態に迫ろうとしている。全般的労働義務制という概念で戦時下の労働力の実態を把握する加藤佑治は、徴用の実態、戦時労働の国家強制的側面を描いている。(1) こうした強制的側面があり過酷な労働が存在していた点をふまえて、議論をする必要がある。そういう意味では、これらの研究の持つ意味は大きい。しかし、労働者の怠業、欠勤など消極的な抵抗を克服するには、強制だけではとても処理できなかった。むしろ、そうした側面を承認しつつ、同時に企業の中に労働者が包摂されていった側面およびそのメカニズムを検討する視点が必要なのではないか。そのためには、個別企業の実態に即した研究へと進む必要がある。

しかし、個別企業の実態に即して労働力動員の研究を行っているものも近年では出ている。実際に労働力が企業でどのように使用され、配置されていたのか、こうした問題に接近することは、戦時労働力の問題を解明するうえで、不可欠である。高橋泰隆は、中島飛行機の労務管理の実態にせまり、徴用工の実態、訓練、賃金などを検討している(2)。山崎志郎もまた、民間とは異なる陸軍造兵廠の労務動員を検討している(3)。しかしながら、個別企業（事業所）に即しているとはいえ、労働力構成の実態と配置、戦時期の労資関係を成立させた要因と戦後の関係にまで論理は展開されていない。

戦後の労資関係と戦時中の労資関係の分析について、東條由紀彦は、包括的に中島飛行機の「労務動員」を検討し、戦時期の「労務動員」が戦後の「従業員民主主義」に継承されるべき遺産をもっていた点を強調する論点を提示している(4)。労働の国家強制的側面をもった体制のもとでは、従業員民主主義という表現は、誤解を招きやすい表現であるが、戦後との関連を追及する視角は学ぶべき点は多い。尾高煌之助は、戦時中における生活給思想の普及と、定期昇給、職工員間の格差縮小の事実を指摘し、戦後において長期継続的雇用と柔軟な賃金変動の組み合わせができた点を指摘している(5)。長期的な視点に立って、戦時中の問題を位置づけている論文であるが、戦時下の労働力構成や再生産の実態にまで分析は及んでいない。

国内の近年公刊された資料も駆使して、戦時期の労働力動員政策を動員のロジック、動員機構、労働力需給の観点から歴史的に明らかにした河棕文は、農村、都市、学徒、女性へと次第に給源が枯渇するにつれて、統制の網が広がっていく実態を明らかにした優れた分析をしている(6)。一貫した視点で、敗戦までの労働力動員の実態を整理した文献が少ないなかで、貴重な成果である。本章でも、個々の統制法令や労務動員計画（国民動員計画）の背景については、特に断らないが、上記文献を参照されたい。

こうした多くの研究に学びつつも本章では、戦時下の企業の性格を考察するという視角から労働者の構成や再生産の実態に迫ろうとしている。従来の研究は、企業活動との関連で、労働者管理の実態に接近することが十分ではなかったと思われる。従来の研究は、徴用工、学徒、勤労報国隊などに対する考察に限定されているため、戦時下において、企業全体として稼働している労働者の実態と配置の意味について十分掘り下げられていないという問題点があった。社外工の分析などは、戦時下に限ったことではないが、重要な検討課題である。われわれが社史や社内資料でみるものも、会社側に雇用されているものに限定されがちである。

しかし、実際には平時においても、現実の労働過程は、もっと広範で重層的な労働力配置と構成をとっているはずである。こうした実態に接近することは資料的な制約から困難であるし、それが研究の壁になっていた。筆者は、あくまで、企業全体の労働力構成を総体として捉える視角を重視してゆきたい。もちろん、こうした視角も資料的制約を免れることができない(7)。

つまり、現実の労働力構成の重層的構造、戦時下の労働力構成の実態、労働力の再生産に、企業がどのように関与するのかということにまで考察をのばし、戦後の労資関係を考慮に入れつつ、労働力のあり方から戦時下の企業の性格を考えようとするのが本章の課題である。

第1節　戦時下日本鋼管の労働需給状況

戦時下の労働者数の増加

戦時下の労働力の量的な変化をまず工員から考察してみよう。会社の在籍人数は、一九三七年日中戦争勃発から急速に増加した。特に、四二年以降の増加は著しい。ピークの一九四四年には、三七年の約六倍に上昇した(表6-1)。しかし、他方で休職者も多くなっている。戦時下の休職者は、応召入営したものを指している。在籍者に対する休職

表6-1　日本鋼管工員数の変遷

年	会社			事業所	
	在籍	休職	稼働	川崎製鉄所	鶴見製鉄所
1935	4,750				
1936	5,517			4,966	1,200
1937	7,311			7,311	
1938	9,216			9,216	
1939	10,398			10,398	
1940	10,444			10,444	
1941	13,991			11,484	3,319
1942	27,504	4,721	22,783	13,752	4,055
1943	28,367	4,447	23,920	17,216	5,267
1944	44,115	10,328	33,787		
1945	17,722	6,246	11,476	4,139	1,161
1946	13,130	2,410	10,720	5,185	1,101
1947	15,005	3,509	11,496	6,330	1,878
1948	20,790	960	19,830	10,295	2,656
1949	22,053	481	21,572		
1950	21,616	601	21,015		

注：川崎は，扇町製鉄所，川崎製鉄所の合計
資料：① 会社欄の1942年以降は『日本鋼管株式会社四十年史』，35～36年は，『日本鋼管株式会社三十年史』。
1937～41年は，日本鋼管株式会社「会社現況」（東京大学経済学部所蔵）。
② 1936年川崎製鉄所欄は，内務省社会局『常時使用労働者五百人以上ヲ使用スル工場鉱山等調』（1936年6月末現在）。
③ 1945年川崎製鉄所，鶴見製鉄所の数値は，神奈川県労政課『工場名簿』（1945年10月1日現在）の数値。
④ 1946～48年は，『製鉄業参考資料』（1943年～48年）を使用。

者の割合は、一九四三年一六%、四四年二三%に達していた（表6-1）。したがって、稼働人数は、在籍者の八〇%前後とみてよい。しかもこれに加えて、長期欠席者などの欠席者がいるので、実際稼働人数はかなり落ちることになる。四三年一二月末現在の長期欠席者は、川崎製鉄所では、長期病欠者は、稼働工員の二六%、鶴見では二四%に上っていた。しかも、川崎製鉄所の病欠者のうち、一カ月以上の欠席者は、二二二六人で稼働人員の一六%、鶴見でも一六%に達していた。[8]

一九四五年四月になると、川崎製鉄所における在籍数のうち、応召入営者の割合は、二九%に達しており、長期欠席者は稼働工員の一四%に上っていた。

したがって、在籍人数はかなりの数に上っているが、実際に稼働している人数は少なかったことになる。在籍人数のうち、長期欠席者と応召入営者を非稼働工員として算出し、実際に稼働している工員の割合をみると、在籍人数に対する実際稼働率は、川崎製鉄所で五五%、鶴見で五〇%であった（表6-2参照）。したがって、在籍者数の上昇は、アジア・太平洋戦争後半になればなるほど、全く意味をもたない人数になっていったのである。

労働力不足

鉄鋼業における労働力の不足は、日中戦争期から存在していたが、四二年頃から深刻になり、青年労働者の訓練を強化して、確保に努めた。特に、四一年夏季在郷軍人の大量応召は経験工の激減を来し、その充足に困難を感じるようになった。これを機に大量の社外工の導入が始まった(9)。その結果、熟練労働力の不足が深刻化し、機械のメインテナンスや能率の低下を招いた。

こうした事態は、鉄鋼企業、とりわけ日本鋼管の雇用政策に起因するところが大きかった。日本鋼管は、「体格及規律に重きをおくため」、また工員の管理監督を強化するために創立以来軍人出身者を多く雇用することに努めてきた。一九三三年頃では工員の約半分は軍人出身者であった（一三〇〇人）。同社は、三二年、社内に「日本鋼管株式会社在郷軍人会」を組織していた(10)。こうした在郷軍人を意識的に多く採用する人事方針は、在郷軍人の大量応召のような事態には、逆に大きな欠陥を露呈することになったのである(11)。

アジア・太平洋戦争の直前、四一年夏季における在郷軍人の大量応召は、同社の経験工の激減を招いた。そのため、四一年下半期厚生省によって、要因充足特別措置がとられたほか、一一月には鉄鋼生産確保緊急対策によって、労務充足がはかられた(12)。しかしながら、経験ある労働力の不足は激しくこれを不熟練労働力または未熟練労働力によって補完しなければならなかった。

四三年からは国民動員計画によって、数量的な確保に努めなければならなかったのである(13)。四二年四月に国民徴用令にもとづく徴用による労働力の強制的な配置が日本製鉄八幡において行われたのを皮切りに、鉄鋼業の各事業所において徴用工による労働が広がっていった(14)。日本鋼管においては、四二年四月一日、労務調整令指定工場となり、労働者の移動は許可制になった。四三年六月一日厚生省労務官が特派常駐せしめられ、六月一六日重要事業場労務管理令(15)の指定工場となった。八月二日には現員徴用が実施され、基本的な作業を担う工員はすべて徴用されたものとみなされたのである。[16]

既存の製鉄所の労働力も不足しがちであったが、それ以上に深刻な問題は、戦時下の企業活動の展開に関連する熟練労働者、技術者の不足であった。日本鋼管は、特殊鋼一貫製鉄所、第五高炉、青島、朝鮮、南洋における鉄鋼設備の新設と稼働という大規模な企業活動の拡大を推進していた。これらの立ち上げから平常の稼働に至るまでには、かなりの技術の修得と訓練を必要とした。そのためには、基本的な作業を担う労働者や技術者をあらかじめ確保しなければならなかった。[17]したがって、こうした展開のためには、既存の製鉄所から一定人数を割かなければならなかった。増産のための労働力の不足とならんで、戦時下の急激な企業活動の拡大が訓練を受けた労働力の不足を倍加することになった。

戦時下の労働力構成

戦時下における労働力は、工員とされているものとそれ以外の労働力（報国隊、俘虜など）に分けられる。しかし、工員とされているものも、いわゆる本工という基幹的労働力以外の部分がかなりの割合を占めたのである。四三年一二月の分類では、現員徴用工および未徴用工は、本工、見習工、訓練工、養成工に分けられており、その他に新規徴用工、女工に分類された。川崎製鉄所では、稼働工員一万三八一八名の内訳は、現員徴用工九一五一名六六％、新規徴用工三〇八一名二二％、未徴用工八四一名六％、女工七四五名五％となっている。[18]このうち本工部分（現員徴用と未徴用の本工の合計）は、七六四三名であり、そのほかはいずれも基幹的労働力以外の部分ということになる。つまり、工員といわれるものも、その五五％を本工が占めるにすぎなかったのである。

本工以外の労働力も戦争末期になると、大量に投入されることになっていた。しかしながら、製鉄所全体の労働力の構成を示す資料は、きわめて少ない。『四十年史』五一三〜五一四頁にも工員の稼働数は掲載されているが、工員以外に大量に存在していた臨時的な労働者については、示されていない。表6-2によって、労働力の全体像を検討

表６－２　戦時下の工員構成（1945年４月７日現在）

	川崎製鉄所				鶴見製鉄所			
	在籍数	応召入営	稼働数	長欠	在籍数	応召入営	稼働数	長欠
現員徴用工	9,844	3,058	6,786	267	2,796	744	2,052	114
新規徴用工	2,681	82	2,599	560	1,370	372	998	101
未徴用工	2,132	2,078	54	12	525	385	140	6
訓練工	1,857	25	1,832	801	430	94	336	
朝鮮人徴用工	684	14	670	5	344		344	
女工	657		657	160	199		199	10
工員合計	17,855	5,257	12,598	1,805	5,664	1,595	4,069	231
その他労働力			549				180	
勤労報国隊		*128	236			*115	180	
俘虜			313					
人夫			995				173	
供給人夫			111				56	
請負人夫			884				117	
総　計			14,142				4,422	

	川崎，鶴見，鶴見造船，浅野船渠の合計			
現員徴用工	16,875	4,494	12,381	910
新規徴用工	11,077	2,716	8,361	1,771
未徴用工	3,490	3,091	399	50
訓練工	2,319	119	2,200	801
朝鮮人徴用工	3,807	16	3,791	217
女工	1,355		1,355	284
工員合計	38,923	10,436	28,487	4,033
その他労働力			3,550	
勤労報国隊		*2069	2,323	
俘虜			584	
奉公隊			643	
人夫			1,844	
供給人夫			169	
請負人夫			1,675	
総　計			33,881	

注：(1)　原資料と合計数値が会わない箇所は，計算しなおして訂正した。
(2)　*印は，勤労報国隊のうち学徒の数。
資料：勤労部整員課「工員移動週報」(1945年４月１日～７日，松下資料No.401)。

してみよう。同表では、現員徴用工の中身はよくわからない。しかし、その中にはいわゆる本工以外の養成工や見習工のようなものが含まれていることは確かと思われるが、その構成は不明である。現員徴用工を基幹的な労働力とすると、現員徴用工は、川崎では在籍数は多いもののすでに三一%は応召入営しており（鶴見二七%）、実際の稼働数はきわめて少ない。また、未徴用工は大部分が応召入営しており（川崎九八%）、ほとんど機能していない。次に、稼働数の構成を検討してみると、工員の範疇に入れられているものは、川崎では総数の八九%、鶴見九二%、造船も含んだ京浜地区の事業所全体で八四%である。工員以外の範疇には、勤労報国隊（学徒を含む）、俘虜といった労働力、そのほかに人夫がいる。これらの労働力は、未熟練労働力であり、何らかの監督指揮のもとでのみ労働作業をしなければならない。京浜地区事業所で勤労報国隊、俘虜、奉公隊などの割合が高まっているのは、造船部門ではこれらの労働力の使用割合が製鉄部門より高かったためである。奉公隊とは、造船部門において計画造船を推進するために、設けられた受刑者による刑務作業の集団である。その作業は、土木作業が多かったようであるが、一部には鋲打作業なども行われた(19)。人夫は、従来から正規の工員以外の労働者であり、不熟練労働者として、恒常的に存在していたが、それらの作業実体はよくわかっていない。人夫は、戦時経済下に特有のものとはいえず、正規の工員以外に構内作業の補助的な部門や土木建築関係で製鉄所内に労働者供給組織を通じて送りこまれていた。

朝鮮人労働力

鉄鋼業において、朝鮮人労働者の集団的使用は、一九四二年二月閣議決定「半島労務者活用に関する方策」によって始まった。これによれば、年齢一七歳から二五歳までの男子を選抜し、訓練隊を組織し、その組織をそのまま内地工場に出動させたものであった。訓練工は、国民学校を卒業し、国語（日本語）が話せ、かつ独身者であることを基準としていた(20)。

労務動員計画（国民動員計画）にもとづく朝鮮人労働者は、「隊組織」を編成し、指導員のもとで、六カ月の訓練を受けて各職場に配置された(21)。日本鋼管の場合、四二年三月から川崎製鉄所、扇町製鉄所、四二年七月から鶴見製鉄所において朝鮮人労働者の大量の移入が始まった(22)。

日本鋼管においても、工員の構成をみると、朝鮮人労働力の稼働数が一定存在することが、判明する。朝鮮人徴用工とはっきり出ているもののほか、訓練工もまた、朝鮮人労働力の範疇に入る。一九四五年四月川崎製鉄所では約二五〇〇名、鶴見製鉄所でも約七七〇名の朝鮮人徴用工がいたのである（表6-2）。工員全体のうち、朝鮮人労働力の比重は、川崎では約二〇%、鶴見で約一九%であった。一九四三年三月三一日現在の朝鮮人労働者の比率は、川崎製鉄所で九九九人、全工員の一二・六%、扇町製鉄所で七六一名二二・六%、鶴見製鉄所で七二四名二三%、合計で二五七九名一七・四%であった。これらの数字からも明らかなように、日本鋼管の場合は、朝鮮人労働者が、アジア・太平洋戦争下約二〇%、二〇〇〇人が常時作業に従事していた(23)。

しかしながら、日本鋼管では、朝鮮人労働力の移入については、躊躇が見られる。「無制限ニ之ニ頼ル時ハ労務管理上、思想対策上重大ナル問題ヲ惹起スル虞レアリ現在ノ在籍人員ヨリシテ増加スベキ余地殆ド無シ(24)」と述べているように、本工労働者の不足を朝鮮人労働者の補充によって代替することはきわめて困難であった。植民地人民にとって、日本の戦争のもつ意義をいくら説いても、労働意欲を喚起するものではなく、鬱積する不満と批判が増すばかりであった。それらを抑えこみつつ、管理することは困難であった。大量に導入されても、効率は悪く、管理費用もかかることから敬遠されていた。会社側資料によれば、朝鮮人工員の能率は、内地工員の六五%と算定されていたのである(25)。

鶴見製鉄所の状況について、行政査察資料によって、考察してみよう。訓練工は、朝鮮人労働者のことであり、入所後約四~五週間の訓練を行って各職場に配置された。一九四三年後半では到着時に一〇〇名を単位として、勤労課の職員が教育訓練、寮指導を行った。約八〇〇名に対して合計二四名の職員が配置され、訓練にあたった(26)。鶴見製鉄所では、一九四二年七月約一〇〇人が訓練隊として、朝鮮植民地よりまとめて入ってきた。その後一九四三年九月まで七期に分けて各期一〇〇人程度の人数が移入してきた。第五期一九四三年三～四月には一度に二九三人が入ってきた。こうして、一九四三年九月までに、七回に分けて一〇九二名の朝鮮人工員が鶴見製鉄所に入ってきた。四三年末では、一〇個中隊に編成され、専任指導員二名がつけられた。専任指導員は一九四三年四月二六日、二七日に鶴見警察署で朝鮮人工員の指導のために「錬成工員指導錬成講習会」が開催されており、警察と一体となった管理体制が取られた。

朝鮮人工員は、四～五週間教育訓練を受けた。鉄鋼統制会の指示により、前期二週間後期三週間の学科および術課を受けなければならなかった。前期二週間では、国語、衛生、修身公民、音楽、常識講座、精神訓話、工業要項、清潔整頓、見学、行軍が、後期三週間では上記科目の他に衛生、賃金、産業精神、現場知識、安全、防諜、作文などの教育訓練が行われた。午前中の上記の学科訓練の後、午後は基本体操、徒手基本訓練、分小隊密集訓練、中隊密集訓練、閲兵分列、行軍、壮挙運搬、投炭訓練、健康診断、身上調査、体力検査などが行われた。

一九四三年一二月現在訓練工は、寄宿舎に入れられていた。一九四三年一二月二五日現在で七八一名が四棟の寄宿舎に入っていた(27)。この寄宿舎は、一名の舎監と二八名の指導員、一名の看護婦が配置されていた。特に注意すべきは、指導員の多さである。徴用工の場合は、五六五人の寄宿舎収容者に対して、舎監一名、舎監補二名、指導員六名、看護婦三名、掃除夫二名であったのと著しい対照を示している。つまり、指導員が重点的に朝鮮人訓練工に配置されて、日常的な生活に対する監督も行っていたのである。

朝鮮人労働者の、年間増減率を検討してみると、四二年三月から四三年三月までの一年間で鶴見、扇町、川崎で二三九二名増加したが、減少はわずか一三二名にすぎなかった。このため、純増加は二二六〇名であった。これに対して日本人内地工員は、養成工を除いて、四七六九名の増加に対して三六七四名の減少があり、差し引き純増加は一〇九五名であった。四二年度における稼働工員の朝鮮人労働者の増加寄与率でみると、六七％であった。解雇、応召、入営で減少の激しい内地工員を朝鮮人労働力で補完せざるをえなかったのである(28)。ただし、これらの朝鮮人工員が内地工員と同じ作業能率、稼働率ではなかったのである。前述の通り、作業能率は六五%であったし、朝鮮人工員は「稼働員数ニ対シ二〇%以上使用スルコトハ管理上至難」であった(29)。

朝鮮人訓練工の賃金は、本工の場合には、平工員の六二%、見習工の場合は四二%であった。女工賃金よりやや高い程度であった（表6-3）。朝鮮人訓練工は、相対的に低い賃金であったことがわかる。

内地不足工員の量的な補充は、朝鮮人工員でなされたものの、作業能率、稼働率などで問題も多かった。また、日常の管理や教育訓練もかなりの負担となっていた。朝鮮人労働者の増加は、実際には会社側には管理上の困難さを増加させるものであった。したがって、会社側としても、一定数以上の朝鮮人労働者は歓迎されるものではなかったのである。

新規徴用工

現員徴用工以外の新規徴用工について、鶴見製鉄所の場合を考察してみよう(30)。

鶴見においては、新規徴用工は、一九四三年九月二五日第一次五〇八名の受け入れがあった（東京、神奈川出身者）。第二次一〇月二三日 二三八名（神奈川新潟出身者）、第三次二九八名（福島出身者）で四三年中には一〇四四名の徴用工の受け入れがあった。

これらの徴用工は一カ月の訓練ののち職場に配置された。企業側にとっては、徴用工は集中的に訓練をほどこして、就業させることができ、通常の自由募集に比して効率的に訓練ができる利点があった。

新規徴用工の多くは、重筋肉労働の体験がなく、入所後

表6-3　鶴見製鉄所の給与状況（月額）

（単位：円）

	工員区分	金額	指数
本　工	役付け	224	152
	平職	148	100
	訓練工	92	62
	養成工	64	44
	男平均	144	97
	女工	59	40
見習工	一般工	96	65
	訓練工	62	42
	新規徴用工	96	65
	平均	87	59
	女工	53	36
	総平均	136	

注：1943年7月から12月までの平均給与。指数は，平職を100とした時の数値。
資料：「行政査察説明資料（労務班）（鶴見製鉄所）」（1943年12月，柏原兵太郎文書234-7）。

約一カ月の訓練を行ったのちに、各職場に配属された。教育訓練は、重労働に必要とされる体力の養成（基本作業訓練）、単調作業の反復、作業規律の確立、就労予備知識の修得が目指された。

新規徴用工は、年齢別に一〇〇～一五〇名の小隊に編成し、小隊は三つの分隊に分けられ、小隊のもとには二つの班が編成された。朝五時の起床に始まり、訓練作業がびっしりとつめられていた。学術科は大きく「学科」「教練」「基本作業訓練」に分かれていた。「学科」は、会社の沿革と使命、応徴士の心構え、戦力増強と製鉄業、産報運動、工場概念、従業員賃金規則、安全衛生福利、鉄鋼業の基本的知識、機械工作の知識など多岐にわたっていた。教師については、思想に関する部分は警察署長、労務官、所長が担当し、そのほか現場課長が専門的知識に属する部分を担当した。「教練」は、職場規律確立のための礼節、服従、責任感の養成、不動の姿勢、敬礼動作、密集訓練など精神的なものに重点が置かれていた。「基本作業訓練」は、槌振り、重量壮挙、投炭訓練、懸垂などの反復訓練であった。技能教習教官と現場指導員が主となって、単調作業の反復訓練が実施され、製鉄作業に必要な基本的な訓練や体力の錬磨向上がはかられた。学術科の時間の割り振りは、作業訓練一一〇時間、教練四〇時間、普通学科二五時間、職業学科二五時間、合計二〇〇時間が一カ月にわたって行われた。作業訓練に約半分の時間が使われた。基本作業訓練は、一種の体力養成訓練であり、製鉄作業に必要な体力向上に重きを置いていた。集中教育期間中には、二泊三日道場訓練、行的訓練、聖地参拝、錬成行軍なども実施された。

精神的な朝の行事（国旗掲揚、遙拝、応徴士一〇則斉唱、父母への挨拶）から規律訓練など軍隊的規律が強いられたのである。全体として、専門的な知識や職業訓練などは時間的にきわめて少なく、一般的な体力の強化や規律の強制がたたきこまれたのである。

以上の訓練を経たうえで、身体検査、身上調査、体力調査、知能検査等を実施し、基本作業訓練の結果、内務成績などを考慮して実際教育担当者である小隊長が、各徴用工に適した職種を選定し、職場決定の資料とした。この資料が、各班に下ろされ、各徴用工の職場配属が決定された。約一カ月の集中的な訓練を終えた後は、約一週間の現場教育が実施された。

概して、徴用工は、作業態度は良好であったものの、中には二日出勤して二日休むなどの事例も見られた。東京神奈川方面の徴用工は自宅出勤が多く、「家事整理」を理由に欠勤するものが多く、徴用工の出勤率は出勤形態によって大きく差があった。第一次（四三年九月入所）は、東京、神奈川出身者が多く、製鋼部門出勤率は七八・八%、製鈑部門七三・一%であった。これに対して、新潟県出身者は出勤率は、各九五・五%、八〇・八%となっていた。寮に入り、体力も優れていた新潟県出身者の出勤率が高くなった。徴用工の出勤率は、熟練作業を必要としている職場や作業が繁雑、不衛生な職場に配属されると、大きく低下した。また、工作部門などでは、経験工を配置するが、これらの経験工は闇で働き公定賃金の三～四倍の賃金を稼ぐ者が多かったと報告されている。

徴用工も全く合理的経済行動をとっていた。作業に慣れず、労働環境の悪い職場では、出勤率は低く、経験者は欠勤してより高い賃金をとったのである。企業からいえば、また、軍部や官僚からいえば、それはモラールの低下であった。しかし、精神的な指導でそれをカバーしようとして、いくら過激な字句を飛び交わしても、合理的選択行動をとる人間の精神を支配することはできなかった(31)。

女　工

鉄鋼業における労働は、高熱、重筋肉労働が多く、一般に現業部門での女子労働力の配置は体力的な限界がある。実際に配置されている状況をみると、炊事婦、掃除婦などの雑職工が多く、その他は製缶、捲線、記録などの分野で工員として採用されていた。配属表をみると、福利厚生関係の事業を推進した勤労課に多く配属されていた。厚生課では、炊事婦、掃除婦など雑職として配置されていた。しかし、労働力に窮してきた鶴見では、一九四三年末には、作業分析を行い、女子代替をすすめる作業を進めていた。

女工の賃金はきわめて低く、朝鮮人の訓練工よりも低かった。作業の内容や労働時間との関連もあると推測されるが、女工の賃金は、平職の半分以下の賃金であった（表6-3）。

勤労報国隊

勤労報国隊は、学生生徒および一般国民を広く臨時的な短期労務に動員し、労働力の不足を補うために組織された。あるいはまた、各地の各種団体に個別的に存在していた勤労奉仕隊を全国的に再組織にしたものである。一九四一年一一月国民勤労報国協力令（国家総動員法第五条にもとづく）が制定され、一二月から実施された。勤労報国隊は、短期で任意（半強制）的な労働力動員であった。一四歳から四〇歳未満の男子、一四歳以上二五歳未満の配偶者のいない女子が対象となった(32)。

高熱、重筋肉労働の鉄鋼業では、夏季における労働者の欠勤増加に悩まされた。そこで、四三年度には夏期休暇中の学生を勤労報国隊として使用することになった(33)。鶴見製鉄所の運輸に関する一資料によれば、桟橋、鉄道、発送、回収などで、請負人夫の不足が激しくなり、これを補うために、勤労報国隊が使用された。一九四三年六月から一二月にかけて総持寺、三崎商業組合、明治大学、日本大学、青森県教職員、浅野中学、山梨県立工業、神奈川県立工業、鶴見工業など一一の報国隊が運輸班に配置された。これらの報国隊は、作業日数は、最短六日から最長五〇日の間であった。一報国隊当たり、約二〇〜四〇人程度が運輸に従事した。しかしながら、報国隊は「夜間作業ニ充当スルヲ得ズ困難セリ」と報告されていた(34)。確かに、労働力不足を補完するうえで、有効ではあったが、昼夜の連続操業を基本とする製鉄所においては、報国隊の使用にも制約があったのである。

人　夫

人夫は、社外工として戦前から存在が指摘されているが、その実体はよくわかっていない。工員といった場合、しばしばその中には、入る場合もあるし、入らない場合もある。呼称も「臨時定夫」「供給人夫」など時代によって異なっていた。戦時期の統計ではしばしば、「供給人夫」「請負人夫」として統計上出てくる。両者の区別についてもはっきりとした相違はわかっていない。

一九四三年における社外工（人夫）の比率は、直接雇用労働者の二三％に達していた。また、別の資料では、一九四三年三月三一日現在で、川崎、鶴見、扇町製鉄所合計稼働員数一万五五八九人（朝鮮人工員、養成工、勤労報国隊なども含む恒常的稼働数）に対して、供給人夫七四〇名、請負人夫三八〇三名合計四五四三名であった。実際稼働員数の実に二二・五％が人夫によって担われていたのである。生産目標に対して、徴用、朝鮮人労働者、勤労報国隊などによる補充によっても、四三年三月末現在の生産目標に対する不足数は六一一四名であった。そのうち七四％は人夫によって補充されていた(35)。このように、実際作業のかなりの部分が戦時下においても人夫によって補完されざるをえなかったのである。

人夫の作業はどのようなものであったのか。社内資料によれば、次のようなものであった。

「人夫ハ仕事ノ量或ハ時期ニ恒常性ヲ欠ク荷役作業、一般ニ嫌悪サレ□□工員ニ不向ナ作業、或ハ建設作業ハ別トシテ重要生産部門ニ使用スルコトハ能率上、管理上考慮ヲ要スルガ現在デハ工員不足ノ為已ムヲ□ズ重要生産部門ニ人夫ヲ配置シテヰル状態デアル。コノ種人夫ハ速カニ工員ト代替サルベキモノデアル(36)」。（□は判読不能）

このように、「人夫」は、仕事量の時期的な変動の激しい職種や「一般ニ嫌悪」されるような労働条件の悪い職種に配置されていた。しかしながら、人夫も戦時下の労働力の不足が顕在化してくると、本工員の職種にも配置されざるをえなくなっていた。したがって、人夫のうちの一部は本工員とあまりかわらない作業に従事する部分も出てきたのである。

人夫は、不熟練労働力として利用された(37)。請負人夫のかなりの部分が運輸課のもとで、桟橋における荷役作業、陸上運輸、製品の受け渡し保管発送に従事した。また、請負人夫は、そのほかに、倉庫課のもとで、屑鉄、鉱石、燃料などの構内移動作業に従事した。しかし、請負人夫が不足してくると、それを補完するために勤労報国隊を随時使用したのである。

人夫（社外工）については、一般労働者との賃金格差ばかりでなく、徴用制が実施され多くの非正規労働者が導入されるようになると、大きな問題となった。すでに、本工員と変わらない作業を行う部分が出てきた以上、人夫（社外工）を正式雇用に組み込むように指導がなされた(38)。

しかしながら、社外工（人夫）を一般工員に組み込むことは、現員徴用されることにつながり、社外工（人夫）の間に「動揺」を来した。したがって、社外工を一般工員組み込むことはそれほど簡単ではなかった。その結果、社外工（人夫）については、「工場内の重要作業」につけることはせず、「運搬作業」にあたらせる方針に切り替えたのである(39)。人夫は、こうして鉄鋼事業に不可欠な運搬作業などに従事することになった。

俘虜

俘虜労働の実態は、よくわかっていない。表6-2からも明らかなように、川崎製鉄所では三一三名が記録されている。ほぼ勤労報国隊に匹敵する数の俘虜労働者が存在していた。ただし、鶴見製鉄所は記録されていない。しかし、造船関係では俘虜労働が利用されていた。敗戦時の内地俘虜収容所の一覧表によれば、第一分所川崎市大島町、第二分所川崎市扇町《ママ》と記載されていた。これらの収容所の住所は、川崎製鉄所大島地区（高炉二基）、扇町地区（高炉三基）と一致しており、日本鋼管における俘虜使用のために、収容所が建設されたと推測される。それぞれ二〇五名、一三九名の存在が確認されている(40)。これらが、いずれも日本鋼管の俘虜労働と深く関連していることは推測に難くない。また、「内地に於ける俘虜労務概見表」によれば、関東俘虜収容所の欄には労務場所として、日本製鉄、日本鋼管が記述されており、これらの収容所から日本鋼管へ俘虜労働が供給されたことは明らかである。四二年末で作業日数三〇日延べ人員八二二〇人、四三年同一八日一万二一三四人、四四年三〇日二万七七八一人となっており、俘虜労働の増加傾向を示している(41)。この表では、作業日数はそれほど多くなっていないが、実態は明らかではない。

俘虜収容所の設置、開設、閉鎖は、陸軍大臣の権限に属し（俘虜収容令第二条、勅令一一八二号、一九四一年一二月二三日）、収容所外の労役に服させるためには、計画書を定めて、工場事業場の法人の代表者が「俘虜派遣許可願」を、収容所を管理する軍司令官に提出することになっていた（俘虜派遣規則第二条、陸軍省令第五八号、一九四二年一〇月二一日）。派遣俘虜の労務指導は、当該俘虜を使用する工場事業場の使用者が行った。これらの実態については、日本鋼管側の資料から明らかになっていない。

労働力の配置

製鉄所内のどのような部門に労働者が、配置されていたか、鶴見製鉄所の四三年一二月の配置状況を検討してみよう（表6-4）。

鶴見製鉄所は、銑鋼一貫の造船用厚板の製造事業所である。全労働力の六七％が、製銑、製鋼、圧延部門に集中している。最大は圧延部門である。第六製鈑工場は、四一年中山鋼業株式会社を合併したものである。したがって、敷地内には存在しない。しかし、いずれにしても、伍長以上の現場の役付け工と平工が各部門工員に占める割合は、製銑部門で六七％、製鋼で五一％、製鈑五六％である。それ以外は、新規徴用工、訓練工、養成工、女工などである。工場の稼働に必要な労働力は、製銑では三三％、製鋼では四九％、製鈑では四四％が正規の工員以外の人々に担われていた。これ以外にも、人夫、勤労報国隊などが部分的に入っていたことを考慮に入れると、半分近くは正規の訓練を受けていない不熟練労働力が現場に存在していたと推測して間違いないであろう。

工手、組長、伍長といった役付け工は、製銑、製鋼、圧延工程には一定配置されていたが、その他の部門は相対的に少なくなっていた。

新規徴用工は、第六製鈑工場が少ないほかは、どの部門にも一定割合（一〇〜二〇％前後）が配置されていた。

朝鮮人訓練工は、検定、倉庫、計画部門には配置されていなかった。朝鮮人訓練工は、不熟練労働力として、訓練

表6－4　鶴見製鉄所における工員課別階級別構成（1943年12月）

	製銑	製鋼	製鈑	第6製鈑	鋼鈑加工	鍛鋼	運輸	工作	検定	倉庫	計画	勤労	合計
工手	7	9	11	8	0	1	0	1	2	0	0	0	39
組長	13	14	15	15	0	3	2	0	1	2	0	1	66
伍長	19	21	27	31	5	0	2	4	2	1	3	0	115
伍長心得	23	34	54	3	13	3	12	5	6	6	4	0	163
平工	231	365	538	245	111	82	197	76	68	65	38	24	2,040
新規徴用工	46	114	282	19	48	29	40	33	21	39	17	30	718
訓練工	73	228	183	123	77	38	52	9	0	0	0	23	806
養成工	25	69	41	0	26	22	5	10	14	0	9	0	221
女工	0	17	7	3	22	1	7	1	0	3	6	86	153
合　計	437	871	1,158	447	302	179	317	139	114	116	77	164	4,321

（割合：％）

	製銑	製鋼	製鈑	第6製鈑	鋼鈑加工	鍛鋼	運輸	工作	検定	倉庫	計画	勤労	合計
工手	1.6	1.0	0.9	1.8	0.0	0.6	0.0	0.7	1.8	0.0	0.0	0.0	0.9
組長	3.0	1.6	1.3	3.4	0.0	1.7	0.6	0.0	0.9	1.7	0.0	0.6	1.5
伍長	4.3	2.4	2.3	6.9	1.7	0.0	0.6	2.9	1.8	0.9	3.9	0.0	2.7
伍長心得	5.3	3.9	4.7	0.7	4.3	1.7	3.8	3.6	5.3	5.2	5.2	0.0	3.8
平工	52.9	41.9	46.5	54.8	36.8	45.8	62.1	54.7	59.6	56.0	49.4	14.6	47.2
新規徴用工	10.5	13.1	24.4	4.3	15.9	16.2	12.6	23.7	18.4	33.6	22.1	18.3	16.6
訓練工	16.7	26.2	15.8	27.5	25.5	21.2	16.4	6.5	0.0	0.0	0.0	14.0	18.7
養成工	5.7	7.9	3.5	0.0	8.6	12.3	1.6	7.2	12.3	0.0	11.7	0.0	5.1
女工	0.0	2.0	0.6	0.7	7.3	0.6	2.2	0.7	0.0	2.6	7.8	52.4	3.5
合　計	100	100	100	100	100	100	100	100	100	100	100	100	100

（割合：％）

	製銑	製鋼	製鈑	第6製鈑	鋼鈑加工	鍛鋼	運輸	工作	検定	倉庫	計画	勤労	合計
工手	17.9	23.1	28.2	20.5	0.0	2.6	0.0	2.6	5.1	0.0	0.0	0.0	100
組長	19.7	21.2	22.7	22.7	0.0	4.5	3.0	0.0	1.5	3.0	0.0	1.5	100
伍長	16.5	18.3	23.5	27.0	4.3	0.0	1.7	3.5	1.7	0.9	2.6	0.0	100
伍長心得	14.1	20.9	33.1	1.8	8.0	1.8	7.4	3.1	3.7	3.7	2.5	0.0	100
平工	11.3	17.9	26.4	12.0	5.4	4.0	9.7	3.7	3.3	3.2	1.9	1.2	100
新規徴用工	6.4	15.9	39.3	2.6	6.7	4.0	5.6	4.6	2.9	5.4	2.4	4.2	100
訓練工	9.1	28.3	22.7	15.3	9.6	4.7	6.5	1.1	0.0	0.0	0.0	2.9	100
養成工	11.3	31.2	18.6	0.0	11.8	10.0	2.3	4.5	6.3	0.0	4.1	0.0	100
女工	0.0	11.1	4.6	2.0	14.4	0.7	4.6	0.7	0.0	2.0	3.9	56.2	100
合　計	10.1	20.2	26.8	10.3	7.0	4.1	7.3	3.2	2.6	2.7	1.8	3.8	100

資料：表6－3に同じ。

をそれほど必要としない単純労働的な部門に配置されていたことを反映していた。

女工が、勤労部で多くなっているのは、寮の炊事、掃除などに多く使用されていたことを反映している。全女工の五六％は、勤労課に所属しており、鋼板加工、製鋼部門などでも若干の女工が存在していた。しかし、工員全体で女工は、三・五％にすぎなかった。

勤労課は、労働者に関わる問題を取り扱う部署であったが、平工の割合が極端に少なく、女工を除くと、労働者統括のために、新規徴用工、朝鮮人訓練工も一定割合配置されていたのである。

労働者の移動率、稼働率、欠勤率

一九三九年、四〇年は労働者数はほとんど増加していない。労働者数の募集がかなり困難であり、定着も悪くなっていたと推測される。時系列的に、移動の実態を把握することはできないが、一九四〇年五～七月、九月の統計をみると、四カ月間の採用者四八八名に対して解雇者六二二名であり、純減になっていた。この数値の中には、応召、入営を含んでいない。これに応召、入営を入れると、減少数ももう少し、多くなっていた[42]。六月を除いては、いずれも解雇者のほうが多くなっていたのである。移動率は、一・八～一・七％程度であるが、解雇数が採用数を上回っていることにみられるように、労働者を定着させるのに苦労していたのである[43]。

四二年四月労務調整令による指定工場となったために、労働移動に厳しい制限がつけられた。しかしながら、移動率はかなり高かったようである[44]。表6-5によって、それをみると、四二年度一年間で採用した増加人数のちょうど半分が減少している。季節変動も特徴が見られる。夏季の厳しい肉体消磨的高熱重筋肉労働を強いられる時期にはやはり、減少率が大きく工員の募集が困難で、純減になっている。減少数のなかには、応召、入営者も含まれるので、直ちに移動率の高さを示すものではないが、夏季の労働力の確保は大きな課題であった。

定着率は、統制強化の結果、アジア・太平洋戦争以前よりは、かなりあがったと推測される。表中の四二年末から

表6-5　日本鋼管における稼働工員増減表

	増加	減少	純増	月末稼働	離職率
1942年3月				11,783	
4月	746	275	471	12,254	2.24%
5月	949	283	666	12,920	2.19%
6月	336	246	90	13,010	1.89%
7月	286	346	−60	12,950	2.67%
8月	194	292	−98	12,852	2.27%
9月	542	95	447	13,299	0.71%
10月	762	215	547	13,846	1.55%
11月	562	506	56	13,902	3.64%
12月	733	430	303	14,205	3.03%
43年1月	515	304	211	14,416	2.11%
2月	1,329	313	1,016	15,432	2.03%
3月	658	501	157	15,589	3.21%
合　計	7,612	3,806	3,806	164,675	2.31%

注：(1)　川崎，鶴見，扇町の合計。
　　(2)　離職率は，(減少／月末稼働工員数)×100。
資料：松下資料No.27。

四三年にかけての工員増加は、「鉄鋼増産アルミニウム及び外郭産業関係要員緊急充足期間」による、鉄鋼業に対する労働力の重点配置の結果である。アジア・太平洋戦争勃発後、伸び悩む戦略物資を確保するために実施された一連の鉄鋼アルミニウムの増産のための政策として、四二年下期に行われた緊急労務要員の充足においても、[45]一定の増員がなされたものの、「当時ノ供出ニ多少ノ無理アリテ種々事情アル者ヲ採用シアルト供ニ其ノ労務者ノ本質モ区々ナル為特ニ定着ニ就テ考慮[46]」しなければならなかった。確かに、増員も行われたが、定着率が上がらないという問題をかかえていた。そのためには、生活関連物資の配給、労働配置、作業に必要な物資供給などさまざまな厚生政策を会社ぐるみで取り組まなければならなかった。

欠勤率も、戦争末期になると非常に高くなっていることは、一般的に知られているが、日本鋼管の場合もその状態はかわらなかった。稼働率の大きな低下はそのことを示している。一九四三年四月から一一月の工員の稼働の内訳を検討すると、工員、人夫の稼働数は徐々に上昇しているものの、所要人員に対する不足は大きかった。この九カ月間の延べ不足人数は、四四一七人でそのうち、長期欠勤者は、二三三〇人、不足人数の五三％は、長期欠勤者であった[47]。したがって、長期欠勤問題を解決すれば、労働力の不足は半分は補えるものであった。たとえば、扇町工場の原価計算係（職員と推定される）の一従業員は、六人の係りのうち、三人が長期欠勤、残る三人のうち、一人は別の仕事をやり、伝票の整理を二人でやらなければならず、毎日残業が続いているという仕事の実体を報告している[48]。

第2節　労働力の投入と産出

戦時下の労働生産性低下

産業能率と労働者の投入増加の関係を鶴見製鉄所の労働統計と生産統計を加工して作成したのが、図6-1、図6-2である。これらの作図の基礎になったのは、米国戦略爆撃調査団の資料（UNITED STATES STRATEGIC BOMBING SURVEY, SECII, 36b）である。月ごとの延べ従業員数（Persons on payroll）と延べ実稼働者数（Persons at work）および厚板月生産額をもとにして作成した。従業員数は在籍数を指すのか（応召入営者を含むのかどうか）注記がないため、はっきりしないが、四五年以降の減り方を考察してみると、実際製鉄所にいる賃金台帳に記載された延べ実従業員数を指すとするのが適当である。延べ実稼働者数を延べ従業員総数で除した稼働率は、欠勤者の増減を意味するものである。

四一年から始まる熟練工の大量の応召入営にもかかわらず、四一〜四二年にかけて労働者数だけは増加している。熟練工にかえて、新規に労働者を募集した結果である。しかし、稼働率は四二年八月頃まで緩やかに低下した（図6-1）。その後、持ち直し、四二年後半から四四年年前半までは、時期的突発的な変動はあるが、稼働率は比較的高い水準を維持したのである。しかし、四四年夏季以降稼働率は、徐々に低下し、四五年に入ると横浜空襲（四五年五月）による急低下もあり、回復することはなかった。四五年に五月以降一時的に持ち直したが、原材料不足も深刻化し、すでに絶対的な水準が急速に低下した。

高熱重筋肉労働に伴う夏季の稼働率低下は鶴見の大きな課題となっていた。四一、四二年は七、八月が低下したが、四三年は一定の措置をとって稼働率を上げることに成功した。四二年後半から四三年にかけての時期は、四二年四月

図6－1　鶴見製鉄所の労働者稼働率

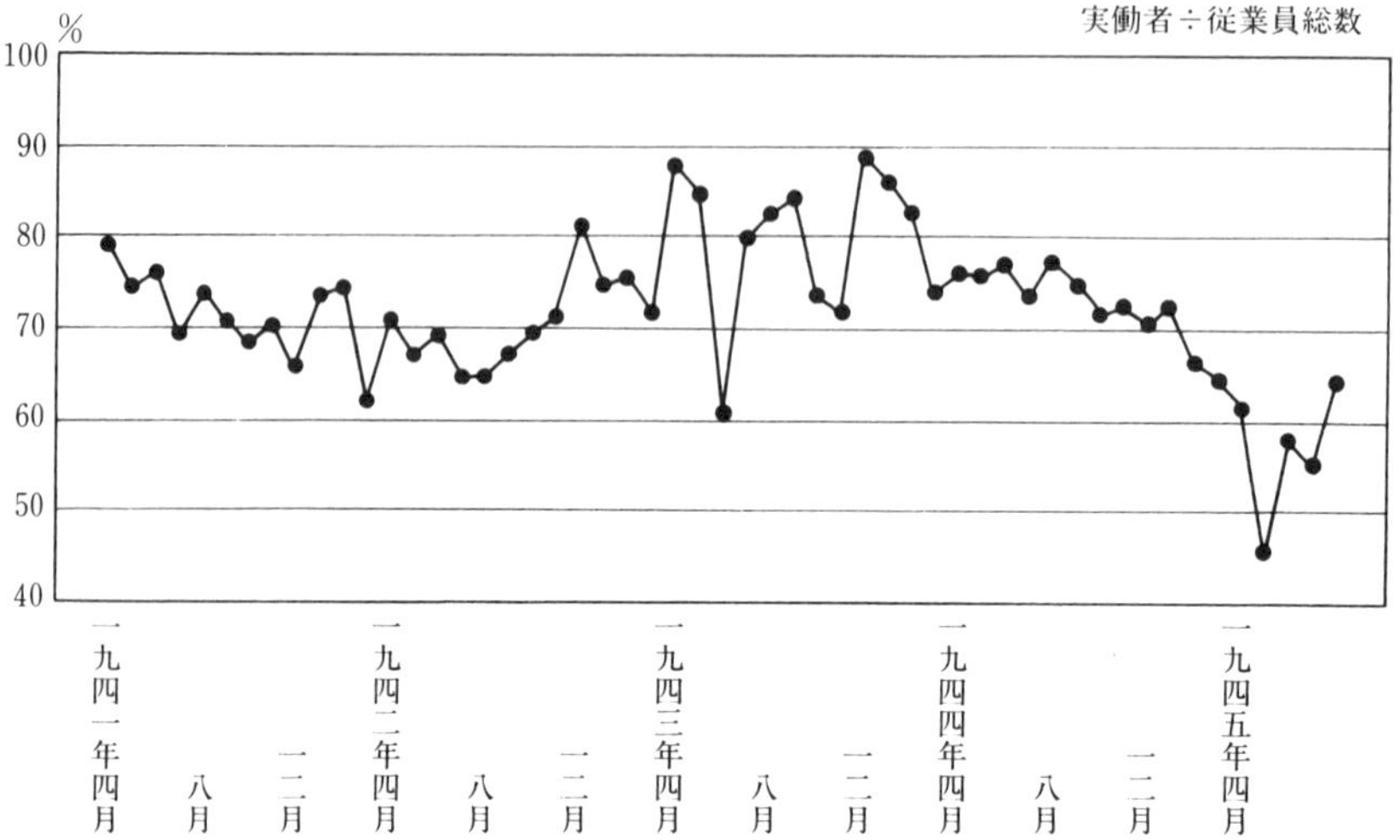

資料：UNITED STATES STRATEGIC BOMBING SURVEY Sec II 36(b).

の労務調整令指定工場、労務官の常駐など労働力統制をいっそう強めることによって、緊張を保てたが、それ以降はインセンティブを与えても、労働者の意欲を引き出すことは困難であったのであろう。

四二年後半から実際労働時間（投入量）は増加し、四四年前半まで高められていた。しかし、労働生産性（一〇〇〇労働時間当たり厚板生産額）は、四一年から四二年前半にかけて、二五〇〇トン台から一五〇〇トン台に急速に低下したのである。これは、明らかに、応召による在郷軍人工員の大量離脱の影響である。四一年初頭の水準は次第に低下し、四二年八月まで低下した。このために、機械のメインテナンスの悪化や能率の低下をもたらしたのである[49]。その後労働生産性は、一年間はやや回復した。一年間の一定の回復は代替で入れた労働力の熟練度が一定水準に達した結果と推測される。四三年後半からの生産性の低下が著しいが、これは原料不足による生産の低下という要因もあり、労働生産性だけで問題を解くのは困難である。しかし、生産量がかなり低下しているなかで、大量の労働力を投入したため、労働生産性は著しく低下したのである。

以上をまとめると、

図6－2　鶴見製鉄所実際労働時間：1000時間当たり厚板生産（月間）

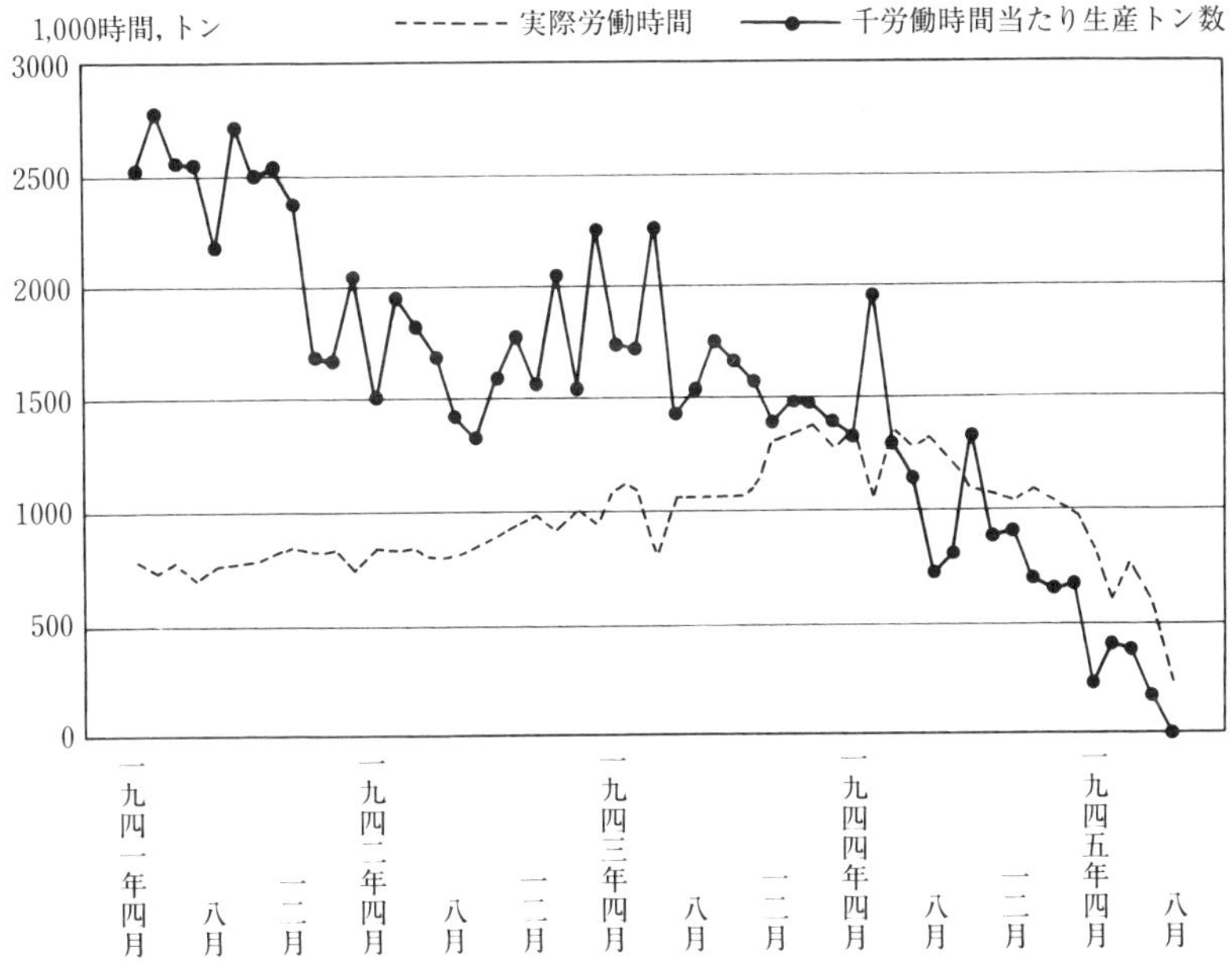

注：実際労働時間の単位は，1000時間（月間），1000労働時間当たり生産トン数は厚板の月間生産額（トン）を実際労働時間（1000時間）で割ったもの。
資料：UNITED STATES STRATEGIC BOMBING SURVEY Sec II 36(b).

①四一年の労働生産性の水準は、アジア・太平洋戦争中には回復することができなかったのである。

②四一年から生産性の低下に対して、労働力の投入を増加させ、労働統制を強化した結果、生産性の低下を防ぐことができた。それは、約一年という短期間であったが、有効であった。

③四三年からの不熟練労働力の大量投入は、大きな効果をあげることはなかった。むしろ、生産性は低下したのである。生産性という点では、ダイリュウション（労働の希釈化）は大きな成果を収めなかった。

第3節　戦時下の賃金

日本鋼管の賃金と戦時下の賃金

戦時下の賃金に関する最近の実証研究では、

①生活給思想に支えられ、戦時期には勤続給的年功賃金から年齢給的年功賃金へと転化して行くとする西成田豊説。(50)②戦時期には生活給思想で統一されたこと、定額給と能率給を併用するのが普遍的形態であった。定期昇給が定着し、定額給部分が膨らんで定期的自動的に昇級する制度が普及したとき年功賃金が成立したといえるが、定額給の中にも能率給的要素を含むとする尾高煌之助説。(51)また、中島飛行機の分析をした高橋泰隆も熟練工集団を年功制を基本とした賃金体系への傾斜があったとしている。(52)

共通しているのは、戦時下において、生活給的要素が入ってきて、年功的賃金の傾向が見られることである。以下では、日本鋼管の場合を見てみよう。

賃金構成

戦時期の賃金を検討する前に、三〇年代の賃金の性格を考察する必要がある。一九二五年に一斉に決められた日本鋼管の職夫（工員）の賃金形態は、各掛ごとに定員と日給が定められ、生産高と基準単価が掛けられて、当該掛に対する支給金額が決定される。支給金額が日給×定員を上回った場合に、割増金が支給された。割増金は、各人の日給に一定割合を掛けた第一割増金（九〇％）と掛全体の作業に対して支給される第二割増金（一〇％）に按分された。(53)第一割増金の分配には組長、伍長、その他、臨時工などに按分係数が決められていた。また、各掛には第二係数として二種類に分類された係数が振り当てられた。第二割増金は、勤務成績に対して点数をつけて分配された。

こうした賃金形態は、ハルセー式賃金における節約賃金分配部分を、個人の作業に対する評価よりも掛としてのチームワークの部分に連動する支給であり、作業請負的要素が残っているものであった。集団賃金的要素が大きかったが、職階に連動する部分が考慮されていた。もちろん、採用や昇格は企業側にあったから、内部請負制とは異なっていた。

戦時期の日本鋼管鶴見製鉄所の工員賃金（一九四三年）は、本給、奨励加給、手当、実物給与、賞与、臨時給与に

分かれていた(54)。基本的には、本給、奨励加給、手当が毎月の給与であり、そのほかとは区別された。本給、奨励加給、諸手当は、前月一六日から当月一五日までの一月間をもって計算し、支払日は毎月二八日とした。つまり、工員も事実上の月給制になっていた。

本給部分は、時給×就業時間であり、時間給が基本であった。奨励加給部分は、

①本給総額×奨励加給率×（各人係数（本給＊職務率＊勤惰率）／総按分係数）

②単価×（生産－責任生産高）×（各人係数（工数＊職務率）／団体按分係数）

の二つの部分から成っていた。①の個人の奨励給部分は、奨励加給率が決められていたから、基本給を補完するための係数によって割り増し部分が、任意に決定される仕組みをもっていた。それと同時に、勤務状態に対する評価が考慮されると同時に職務に応じて係数が決定される仕組みであった。②は各職場ごとの生産責任を果たすことを求める形をとっており、後は工数と職務に規定された。①と②の割合がどの程度あったのか不明であるが、従来の賃金形態に似た部分は②の部分である。しかし、①の部分は個人の要素が強く基本給を補完する意味が強く出ていた。

この賃金形態は、鶴見製鉄所の圧延、精整、冷圧の職場に適応されたものである。各職場で職種の性格から当然異なった形態がとられたと予想されるが詳細はわかっていない。行政査察説明資料によれば、こうした形態は「保証給付団体請負制」であると結論づけている。しかし、本給部分が保証される一方で、奨励加給率にみられるように、一定の率が一律に掛けられるから、本給補完的要素がある。一方で奨励加給部分は、個人については職務と精勤率を考慮しつつ、団体ごとでは生産責任を果たすことが求められるものであった。したがって能率給というよりは、生産のインセンティブを引き出しつつ、個人の職務についての評価が加えられていたと見られるのである。集団としての作業に支払われる部分を残しながら、個人の職務や作業態度に対する評価を考慮する傾向が強くなっていた。労働者不足のなかでは、増産を行うためには、基本給を補完する奨励加給部分を個人に傾斜しつつ、他方で集団請負的側面を残して職務を考慮することで、高熱重筋肉労働者の定着と確保をはからなければならなかった。職務評価については、

日本鋼管では、平炉、圧延作業について、「作業教範」が各作業ごとにつくられ、作業の標準化と動作分析もかなりすすんでいた(55)。

一九三九年一〇月公布の賃金臨時措置令によって、同年九月一八日に賃金は凍結されたが、四〇年二月には家族手当の支給が認められ、生活給的要素が政策的にも普及していった。四〇年一〇月賃金統制令の改正によって、賃金騰貴を抑制しつつも、賃金総額制限方式が導入された。その結果、賃金支払い総額の枠のなかで、企業は技能、職務、能率などの要素を個々の労働者の賃金に持ち込むことができていた。一九四三年三月の「賃金対策要綱」によって、総額制限ではなく、賃金規則、昇級内規の許可制によってコントロールすることになり、事実上、重要事業場では、年齢および勤続年数に対応する基本給と請負賃金奨励加給を組み合わせるものになった。

鶴見製鉄所の場合、年功的部分は加味されていたのかどうか、この点については、詳細はわからない。奨励加給部分や手当などでは個人係数部分に年功的要素が入る余地があったと推測される。いずれにしても、この部分については、勤続年数はあまり考慮されているとはいえない。しかし、勤続年数を基準とした賃金カーブをみると、戦争末期には、事実上年功的部分が加味された賃金体系に傾斜していた（三一七頁参照）。

日本鋼管の場合、賃金構成は、戦時期には、時間賃金とインセンティブ部分の組み合わせになっていた。労働力の不足から、熟練労働者を確保することが必要であった日本鋼管のような重要事業場では、手当のような基本給以外の生活給的要素を導入する一方で、奨励加給によって増産へのインセンティブを高める要素も組み合わせたのである。

定期昇給と手当

工員は毎年二回（三月一六日、九月一六日）昇給資格を有するものは昇給が実施された。但し、六カ月の中で、欠勤日数三〇日以上、無届け欠勤三回以上、作業成績著しく不良、譴責二回以上、懲戒一回以上受けたものは昇給資格はなかった。一回の昇給額は、時間を基準として男工の場合は、最高一銭五厘、最低二厘、標準六厘となっていた。

女子は最高一銭最低一厘、標準三厘とかなり昇級にも大きな格差があった。しかし、戦時中に定期昇給制が敷かれていたことは確認できる。日本鋼管の場合すでに、太平洋戦争が勃発する以前において年二回の定期昇給は実施されていた。[56]いわば、勤続年数による賃金上昇は本給部分の中にビルトインされていた。

本給部分と奨励加給部分の割合は、どのようになっていたのか。一九四三年一一月の本工男性の賃金構成をみると、本給部分が五二・三％、奨励加給部分が三七・七％、家族手当六・〇％、精勤手当四・〇％となっていた。[57]本工は、奨励加給分は本給の七二％に達していたのに対して、女性本工工員は二七％であり、奨励加給の割合が極端に低くなっていた。女性賃金は、奨励加給金の加算のしにくい職場、あるいは職務率が低かったことがこうした格差を生み出したものと見られるのである。[58]

奨励加給部分とさらに、臨時手当、精勤手当、家族手当など諸手当部分が合算されて、実際の賃金水準は決められた。戦時下において、インセンティブを高めることと実際に生活をする必要性から、手当部分が徐々に増加したと一般的に言われている。日本鋼管にもこれは当てはまる。敗戦時（一九四五年八月）の賃金では、本給四二％、奨励加給四二％、諸手当一六％という構成であった。

こうした賃金の構成は、熟練労働力の確保のために必要であった。同時に、労働力の再生産に必要な、生活必需物資の高騰と入手難によって、賃金だけで労働力の再生産に必要な生活手段を入手できるものではなかった。

戦後は、急速に進むインフレに賃金が追いつかなくなり、手当部分が急速に肥大化し、本給部分は急速に低下していった。四六年三月では本給部分はわずかに一七％、奨励給二五・七％、その他は物価手当などになっていた。一九四八年になると、本給部分が三〇％台、能率給部分が三〇～四〇％になるが、本給部分が五〇％近くを占めるようになるのは、一九五七年であった。[59]戦後の急速なインフレによって、生活破綻を来していた工員職員の給与にはよりいっそう生活給として側面を加味していかざるをえなかった。また、それは労働組合運動の重要な課題でもあった。

日本鋼管の場合、定期昇給によって、勤続年数の増加は本給部分の増加になり、奨励給も本給にリンクされて計算された。したがって、勤続年数によって賃金格差が大きくなるような仕組みになっていた。不熟練労働力を大量に利用する戦時期の状況を考慮すると、移動率の比較的高かった戦時期において、勤続年数の増加は熟練の増加とほぼ一致していた。その意味では、年功的賃金の傾向があったのである。

しかし、一方で、生活手段の不足を補完するためには賃金部分だけをみていたのでは不十分である。日中戦争下では、若年労働力の不足が激しく、それを補うことが困難であった。重要事業場に指定されることによって、不熟練労働力の量的な確保とそれに伴う作業代替は可能になるが、アジア・太平洋戦争の後半期には、熟練労働力の不足は著しくなり、そのためには、国家統制では解決できなかったのである。そのために、戦時下で始まった賃金部分以外の衣食住の分野への企業の全面的な介入が重要な意味を持ってくるのである。生活保障的側面が雇用関係のなかに入ってきたのである。

戦時期に行われた賃金形態の変更（手当、職務率を考慮した形態、定期昇給など）は、絶対的な生活物資不足のなかで、労働者の移動を防止し、生活保障を行わざるをえなかったため、企業側の意図のもとに取り入れられたものであった。こうした制度は、戦後、労働組合が企業経営にビルトインされると、廃止することはできなかった。戦時期に生活保障的側面をもったものが主体と目的をかえて、制度化される方向に向かったのである。したがって、賃金も戦時中にできたものと、戦後にあるものとは形態上の類似性はあるものの、歴史的性格は異なるものであった。

戦後の賃金制度との関連

戦前から簡単な職務に関する調査や評価は、行われていたはずである。それは、前述のように、戦時中の奨励加給の算定には職務率があったのであるから、鶴見製鉄所の賃金の決め方からみても明らかである。戦後同社の労務管理を推進した折井日向も述べているように、敗戦直後には炉前作業は何点というようなおおざっぱな評価であった。したがって、こうした職務評価の決め方は、作業集団に属するものを職位の上下に関係なく一律に評価するもので、年齢や勤続に関係なく決定され、若年層に有利な賃金体系であった[60]。敗戦直後のこうした職務評価は、おそらくは戦時中の奨励加給の中にあった評価を直接引き継いだものと推測される。

つまり、戦時中の奨励加給部分は、年齢勤続が十分加味されていなかった。つまり、一律に職務率がかけられていたから、むしろ勤続、年齢部分に関しては十分考慮されていなかった。奨励加給部分は、高熱、重筋肉労働を不可欠とする鉄鋼労働者が、日常的な必需品不足のなかで、勤労意欲を高めるためには必要な部分であったのである。その点では、航空機のような機械工業とやや異なった形をとっていたものと思われる。

敗戦後職種給といわれたこうした奨励給部分が廃止されるのは、一九五一年である。こうした部分は、工員に適用されていたが、職員には適用されていなかったので、現場の作業員と職員の間の不均衡が生じていた。そこで、職種給の部分は本給に組み込まれることになった。

第4節　戦時下の福利厚生と工員労働者

戦時下の福利厚生

戦時下の労働力の確保と能率増進のためには、精神的な側面からの注入だけでは不十分であった[61]。特に、食糧をはじめとする生活必需品の供給が逼迫し始めると、企業を通じてさまざまな物資の支給が必要になった。特に、高熱、重筋肉労働に従事する労働者の多い鉄鋼産業では、食糧、作業着、石鹸などが一般労働者より必要であるとされた。しかもその配給の仕方には、「画一的機械的方法」によることなく、工夫をこらし、生産増加に結びつける必要があった[62]。特に、夏季における生産の低下を防止する必要性が増していた。

日本鋼管には、従来共済組合経営の購買会があったが[63]、物資配給の強化が急務となったので、会社経営の「労務者用物資配給所」を設置した（四三年八月）。徴用工員の増加などにより、加入者が出資する購買会では、配給された物資を購買会を通じて分配するのは困難になっていたのである。そこで、会社が購買会を買収する形で、物資の配給をする組織として、再編成せざるをえなくなっていた(64)。

物資の配給は、労働作業着、綿製品の配給が、四〇年五月から産業報国会を通じて行われるようになった。各地方長官は、産業報国会の具申にもとづき割当量を決定し、各単位産業報国会に分配した。その後、四二年一〇月から、地下足袋、ゴム靴、石鹸など労働者作業用品が、おなじシステムで各単位産業報国会を通じて供給されるようになっていた。

四三年一月閣議決定により、勤労者用物資は産業報国会を通じて一元的に配給されるようになっていた(65)。鉄鋼業の場合は、鉄鋼統制会が組織されていたところから、実際には統制会の情報が大きな役割を果たした。商工省が定めた割当数量にもとづき、統制会が所属会員別に割当数量を厚生省、商工省に具申した。それを厚生省が地方長官に具申し、地方長官が単位産業報国会に割り当てた。これらにもとづき購入票が発行された(66)。

実際に企業の配給はどのようになっていたのか。会社を通じた物資の配給は、厚生課の管理する日用品配給所を通じて行われた。日用品配給所の物資配給の方法は、官庁斡旋による割当配給、自社購入による配給、自由購入に分かれていた(67)。

日用品配給所の売上高は、官庁割当が三一％、自社購入割当一九％、自由購入が五〇％であり（金額ベース）、半分は割当配給であった。半分は何らかの基準で配給されるものであり、残りの半分が自由に購入できる一般雑貨であった（表6-6、6-7）。物資が不足しているなかで、これらの配給品は労働者の日常生活に大きな影響力をもったものと推測される。どのような日常物資が配給されたのか、その内訳をみると、全体では酒、菓子などを含む食料品類が五三％を占め、それ以外に衣料品一三％であった。それ以外には、タバコ、石鹸、雑貨が二四％を占めていた。官庁斡旋割当の配給品は、衣料品が最も多く、ついで酒が多くなっていた。この二品目だけで、官庁斡旋割当品の六八%を占めていた。これに対して、会社購入品は、ほとんどが食料品であり、企業は自らの力で、日常食料品を大量に購入して従業員に配給したのである。あるいは、せざるをえなかったというほうが適切かもしれない。

配給はどのように行われたのか（表6-7）。官庁斡旋割当品の配給の場合、斡旋官庁は鉄鋼統制会、県、産業報国会の三つのルートから日本鋼管に対して、配給数量が割り当てられた。官庁斡旋品の九二%は有償配給、八%が無償配給であった。配給方法は、資格別、特定の作業者（高炉、高熱作業者、平炉作業者）、飲酒者、非飲酒者などにこまかく分けて配給される場合がほとんどであった。官庁斡旋はかなり鉄鋼労働に必要な物資に傾斜的に配分されていた。一九四四年一年間の配給回数は、官庁割当回数は、一一三回（一度の配給が複数日数にわたって行われる場合は、

表6-6　日用品配給所売上高（1944年）

（単位：円，%）

	売上高	割合（%）	1人当たり平均
官庁割当配給品	515,331	31.0	46.38
自社購入配給品	308,522	18.6	27.77
自由購入一般雑貨	835,836	50.4	65.82
合　　計	1,659,690	100	139.97

注：(1)　在籍人数を11,857名として計算している。
　(2)　売上高は円未満は四捨五入したので，合計に凹凸あり。
　(3)　1人当たり平均購入金額は原資料のまま。
資料：厚生課『中央経営協議会厚生関係資料』（1947年2月）。

表6-7　日用品配給所配給物資一覧表（1944年）

（単位：円，%）

	官庁斡旋	自社購入	合　計	構成比
衣料品	192,717		192,717	23.4
酒	158,962	41,269	200,231	24.3
菓子	3,210	22,427	25,637	3.1
醤油味噌	14,733	16,628	31,361	3.8
果物	8,371	19,130	27,501	3.3
漬け物	8,774		8,774	1.1
食用油	1,190		1,190	0.1
芋		25,896	25,896	3.1
魚，干物		35,840	35,840	4.4
果汁		27,073	27,073	3.3
食料品	25,819	26,927	52,746	6.4
石鹸	25,998		25,998	3.2
タバコ	19,828	36,274	56,102	6.8
雑貨	55,728	57,058	112,786	13.7
合　計	515,331	308,522	823,853	100

注：(1)　官庁斡旋と自社購入配給とは分類が異なるため，自社購入品については，官庁斡旋品に準じて分類しなおした。
　(2)　円以下は四捨五入したため，合計に凹凸あり。
資料：表6-6に同じ。

一回と換算する）にわたっていた。全員に配給されたのは一一回であった。

自社購入品の配給回数は、四四年一年間で一〇六回であった。食料品を中心とする自社購入品の配給方法は、全員割当が、二四回とかなり多くなっていた。全員割当の品目は、いも、果物、タバコ、調味料などが多かった。自社購入品による配給は、生活必需品となる食料や嗜好品などが多く、生活維持的側面が強かった。

川崎製鉄所焼結工場の増産対策を論じた一資料によれば、勤労意欲を高めるには「精神訓話及陣頭指揮も一方法なれどもこれのみに頼りては不可能なり。必ず一面に於て工員の総収入の増加を工夫し且物品就中主として食糧品（美味ならざるものの方可なり）配給増加及焼結工場は他工場より汚きにより作業衣類を他より多く配給するを要す(68)」と述べている。生活必需品が不足した戦争後半期、精神的なものだけでは動員が困難であり、必ずインセンティブが伴う措置が必要であった。そのためには、企業は食料品や衣類などを配給せざるをえなかったのである。ドイツと比較しても、国民生活水準の低下の激しかった日本は(69)、生活必需品の供給は国家による計画経済化によるだけでは全く不十分であり、企業自らが手をそめなければならなかったのである。

官庁斡旋割当配給品が鉄鋼労働に不可欠な物資に傾斜したのに対して、自社購入品は生活必需品に傾斜したものであったという違いはあるが、あわせて二一九回にわたる物資の配給があったという事実は大きな意味を持つと思われる。きわめて安価にさまざまな物資が供給されていたことから、工員は大企業に所属しない人々と比較して、相対的には恵まれた生活を享受することができた。特に、国民一般が、絶対的に生活必需品（食料、雑貨品、衣料など）を取得することが困難ななかで、企業に所属することによる恩恵があったのである。こうした側面は、戦後も継続することになる。但し、この考察にも限界がある。工員あるいは職員の範囲がどこまでを包摂するのかということである。正規の工員、職員は当然この範疇に含まれるが、この中には人夫、報国隊などが含まれたかは定かではない。

食堂の運営

一九四七年二月現在同社の直営の食堂は六カ所あった。企業による給食は、戦時中から行われていたが、戦時下の実態については、資料的に不明な点が多い。四五年八月の食堂利用率（延べ人数と利用者の比率）は三三％であった。減価償却、光熱費、人件費などの詳細がわからないが、直接材料費だけは数値が出ている。これによって、会社側負担を計算すると、負担率は四三％に達していた。これに諸費用を追加したとき、給食に対する会社側負担はもっと上がったと推測されるのである。

四五年八月から四七年一月までで在籍者のうち直営食堂を利用した人は三八％（延べ人数と利用者の比率）であった。[70]それに伴う会社側の負担（一九四五年から四六年一二月まで）は、直接材料費と維持費（人件費、燃料費、水道費、雑費）合計の五九％、二八五万円に上っていた。[71]この計算にもとづいて、月額合計を六八期（一九四五年一〇月～四六年八月）にあわせて、売上高に占める会社側負担食堂費の割合を計算してみると、約四％にもなった。

このほかには、鋼管病院が戦前より開設されており、組織としても大きかった（医師　四名、看護婦二九名、入院患者収容能力三〇名、一九四七年現在）。

敗戦後の配給、割当

敗戦後になると、自社購入品の配給と官庁割当配給の割合は大きく変化した。一九四六年度をとってみると、官庁割当配給は、約二一万円、自社購入品は二〇六万円であった。[72]官庁割当は、総額の九％に減少し、自社購入による割当配給が圧倒的に多くなった。統制会、産業報国会など戦時中の割当配給ルートがなくなったこと、労働運動の勃興などによって要求の圧力が高まったこと、インフレ、物不足による労働者の生活破綻を防ぐことに企業が力をそそがざるをえなかったこと、などの事情が加わって、自社購入による配給割当が増加せざるをえなかった。自社購入品の内訳をみると、七〇％は、食料品であった。食料品のうち、多いものを順番にあげると、芋、野菜、魚類、調味料（味噌、醬油など）、食用油などであった。非食料品では、石鹸、金物、雑貨、衣料品などであった。酒類、たばこなどの嗜好品が戦時中には多かったが、戦後はこうした類のものより、生活必需品の割合が圧倒的に高くなっていたのである。

官庁割当配給は、鉄鋼統制会（鉄鋼協議会）または県を通じたものであった。回数も年間一七回ときわめて少なく、金額的にも前述の通り、少なかった。敗戦後は、国家ルートを通じた配給は限定されていた。官庁割当は、傾斜生産の時期にはかなり強化されたとはいえ、基本的には戦時期より比重は少なくなった。

一方、自社購入配給は、一九四六年、一四九回、二〇六万円、一人平均約四一二円に上っていた。工員月収四六年三月七七〇円、一〇月一五〇〇円であったから、食料品不足のなかで、かなり意味をもっていたのではないか。配給の仕方は、割当であり、全員一律に割り当てられたものは、三一回であった。その他は、注文や割当であった

配給品は、ほとんどが有償であった。しかし、配給品は、闇価格はもちろん市価よりかなり安かった。安価に物品を入手すると、従業員は、それらを闇市場に流すことによって、必要な物品と交換することができた[73]。戦時下で行われた従業員への日用生活品の供給制度は、敗戦後のインフレと生活消費財の絶対的不足の中で、企業自身が積極的に展開することになった。

構内にはそのほかに、戦時期に理髪所が設置されていた。敗戦後になると、理髪所のほか、洗濯所、時計修理所、補修所（ミシンの設置）、靴修理所、自転車修理所、製粉所、養豚所など企業の内部にさまざまな厚生施設が設置された。四六年の利用人数（在籍七七四八人）は、理髪所九六三八人、洗濯所一万四七七三点、靴修理所一四五三名、自転車修理所五三七台、製粉所八二・三キログラム、時計九七五個、構内補修所四五〇点であった。価格は、靴、時計などの修理は市価の三分の一となっていた。しかも、かなり高い利用度であった[74]。

つまり、戦時期においては、労働力を確保し、再生産を保証するために、増産へのインセンティブを高めるために、

国家的な要請を受けて、企業は、日用品の配給に向かっていった。敗戦後は、国家ルートの消滅により、労働組合運動の圧力もあって、企業自体が生活消費財を確保することによって、労働者の生活を維持保障しなければならなかった。戦時期につくられた制度は、主体と形態を変化させて、そのまま企業の中で機能することになったのである。

表6－8　戦時，戦後の工員宿舎の状況

年	在籍者			宿舎数			充足率（％）		
	世帯者	独身者	合計	社宅	寮	合計	世帯者	独身者	合計
1944	5,110	8,088	13,198	1,200	7,123	8,323	23.5	88.1	63.1
45	1,798	1,601	3,339	652	842	1,494	36.3	52.6	44.7
46	1,796	3,269	5,065	834	1,761	2,595	46.4	53.9	51.2
47	1,871	3,227	5,098	843	2,159	3,002	44.9	66.9	58.9

注：(1)　世帯者は社宅1人1戸を原則とする。
(2)　1944～46年は，年度末現在の数値。47年は2月15日現在。
(3)　社宅は，1戸1世帯とみなす。
(4)　在籍者数から判断して川崎製鉄所の工員の住宅状況と判断される。
(5)　46年在籍数は，合計値は計算して修正した。
資料：表6－6に同じ。

住宅供給

都市における労働者の住宅は、借家が多かったといわれている。一般に、一九三七年日中戦争以後に住宅の不足は著しくなった。日本鋼管の所在する横浜、川崎地区もこうした事態に直面していた。横浜川崎地区の空家率は、三九年には三％以下になっており、住宅不足が顕著となると言われる水準を切ったのである。政策的にも、三九年より労務者住宅供給三カ年計画を実施し、資材や資金の供給を優先的に労務者住宅確保のために供給する計画を実行に移していた。三九年神奈川県レベルでも県営住宅の確保が実施され始めた[75]。しかし、こうした公的な措置だけでは十分ではなかった。日本鋼管は、工員宿舎の不足を補うために、建設にも努めていたが、既設の建物の買収や賃借りによってかろうじて確保していた。

日本鋼管川崎製鉄所の戦時下から戦後にかけての工員宿舎の状況を示したのが、表6－8である。同表では、社宅は世帯者を対象とし、寮は独身者を対象としている。一九四四年には社宅の充足率は工員で六三％である。特に、独身者は八八％が会社寮に収容されていた。徴用工、勤労報国隊、植民地労働者を積極的に導入することによって労働力不足を補完する必要があった日本鋼管は、

表6－9　住宅所有別焼失残存内訳表

	工員宿舎			社　宅			総　計		
	棟　数			棟　数			棟　数		
	戦災焼失	残存	合計	戦災焼失	残存	合計	戦災焼失	残存	合計
社　有	33	29	62	134	301	435	167	330	497
賃借り	32	18	50	6	5	11	38	23	61
合　計	65	47	112	140	306	446	205	353	558
	坪　数			坪　数			坪　数		
社　有	7,088	5,897	12,985	4,625	6,756	11,381	11,713	12,653	24,366
賃借り	2,959	2,984	5,943	533	292	825	3,492	3,276	6,768
合　計	10,047	8,881	18,928	5,158	7,048	12,206	15,205	15,929	31,134
	収容能力			収容能力			収容能力		
社　有	3,247	2,061	5,308	377	624	1,001	3,624	2,685	6,309
賃借り	1,635	1,651	3,286	106	47	153	1,741	1,698	3,439
合　計	4,882	3,712	8,594	483	671	1,154	5,365	4,383	9,748

注：(1)　戦後になって新規に借用した分を除く。
　　(2)　戦後工員宿舎を社宅に転用した分については，工員宿舎に合算した。
　　(3)　坪数は坪以下を四捨五入した。
　　(4)　1947年２月19日現在，「工員宿舎変動明細表」より作成。
資料：表6－6に同じ。

自らの手で住宅不足を凌がなければならなかった。「工員宿舎変動明細書」（一九四七年二月一九日）によれば、工員宿舎は一九四〇年から寮の建設および賃借が始まり、戦争末期の四三、四四年に急速に増加した。敗戦時には、社有四九七棟、二万四〇〇〇坪、収容能力六三〇〇人、賃借六一棟、七〇〇〇坪、三四〇〇人に上っていた。同社は、戦争末期には、横浜川崎地区に約一万世帯の住居を確保する企業に発展していた。同社は戦時中に巨大な土地建物資産を取得したのである。敗戦直後にはさらに住宅不足を補うために、焼失を免れた土地建物を買い増ししていた。

四五年の都市無差別空襲は、工場への被害よりもむしろ川崎、横浜地区に散在する社宅や寮に対する被害を大きくした。収容能力でみると、社宅の四一％、寮の五七％が焼失し、大量の勤労者をかかえることが不可能になったのである。その結果、工員稼働数が四五年になると減少していたにもかかわらず、工員宿舎の充足率が四五年には急速に低下した（表6-9）。労働者を確保することは、住居を確保することでなければならなかった。したがって、社宅寮の回復は、日本鋼管の生産復興に不可欠となった。傾斜生産の開始と同時に住宅建設や買収が積極的にすすめられたのである。一九五〇年には、稼働人員の五〇%、独身者九六二二名、世帯者三八一六名が独身寮、家族寮などの住宅に収容されていた。[76] 戦時下に急激に進められていた企業による住宅確保方針は、戦後になっても公的な住宅政策の貧困から従業員は企業に依存しなければならなかったのである。社会保障的施策が、部分的に企業によって代替される日本の企業社会の特徴がこの点にも現われていたのである。

「不足の経済」が支配する戦時経済において、高熱、重筋肉労働を要する工員労働者を確保するために、国家的な施策として生活必需物資の配給や住宅供給を政策的に行う必要があったが、国家の施策はきわめて不十分であった。むしろ、企業が前面に立って、こうした施策を整えなければならなかった。それは、企業の有形、無形の資産形成を促したのである。

第5節　職員と工員

職員不足=技術者不足

鶴見製鉄所の技術者不足の実態とそれに対する対策について考察してみよう。造船用鋼板を製造する圧延部門では、厚板、薄板、冷圧、電力、整備の五つの係があった。これに対して、係長は三名、係員（職員）は一六名であった。合計九工場に対して、二名以上の係員を配置することができなかった。夜間は技術者を配置することは「不可能」な状態であった。技術員の不足のために、技術指導、指揮監督、機械の点検は困難をきわめた。四三年度には一一名の大学、専門学校卒程度の新規学卒者の採用を決定したが、応召および入営のため、二名が確保できたにすぎなかった。したがって、工員を職員に昇格させるなどの措置をとらざるをえなかった。[77]

技術職員の不足と昇格

熟練工や職員の不足に悩む日本鋼管では、工員を役付工（工手、組長、伍長）または職員に昇格させる措置をとって、その不足を補完せざるをえなかった。

定期昇格を年一回四月一日行うことを定めていた（但し昇格期日は繰り下げ繰り上げがあった）。また臨時に昇格を行うこともあった。所属課長の推薦により、役付工に昇進することができた。役付工または中学校卒業またはそれと同等以上の資格を有する本工員の職員への登用は、年二回所長の推薦によって選考のうえ、社長が行うという規則になっていた(78)。役付工および技術職員の不足は、こうした措置によって補完せざるをえなかったのである。一般に職員と工員の身分格差は、固定的になっていたが、戦時期の技術職員の不足は、職員と工員のこうした身分上の格差に風穴を開けることになった。工職の身分上の格差は存在していたが、定期的な昇格審査を実施するようになったことは、それらが単に身分上の問題ではないことを明らかにした。

戦後の社員制度の確立

身分的な従業員管理制度は戦時中には一時的に崩れていたが、戦後までそれは生き残った。役付工（現場監督者）と技術者の役割を明確にし、技術者には本来のスタッフ的機能を担わせ、技術革新に対応した研究開発や指揮監督機能を果たすことがもとめられていたのである。一九五五年には、日常の作業監督からはなれた課付技師制度を設け、五六年には、ライン部門におけるスタッフ技師を技術管理部門に集中配属し、従来の役付工＝職長（現場監督の最上位の役付工）からスタッフへの登用を制度化した。五九年ライン＝スタッフ制が本格的に確立するのは、新鋭の水江製鉄所の稼働をきっかけとするものであった。

工員、職員の呼称を廃止し、全従業員を社員と呼び、能力主義にもとづく社員制度が実施されたのは、一九六四年であった。正式には、一九六六年四月から実施となった。工員の身分上の格差の完全な解消は、制度的には戦後高度成長期に実現したのである。(79)

小括

①戦時下の労働力の構成は、きわめて多様重層的であり、不熟練労働力は職場にあふれかえっていたのである。急激な労働力の増加は、決して増産効果をもたらすものではなく、かえって、生産性を押し下げることになっていた。不熟練労働力の訓練や管理（労務管理、生活管理）は重要な問題として浮上してきたのである。しかも、この場合の管理は、単に労働過程における管理ばかりでなく、広く労働者の生活過程自体に対する管理も含むものであった。

②他方基幹的工員は、恒常的不足に追い込まれており、移動を防止し、増産のインセンティブを高め、生活を保障するための賃金形態が必要であった。定期昇給による勤続年数部分の上昇と奨励加給部分の組み合わせ、手当を加えた賃金形態がとられたのは、こうした理由からであった。

③職員をはじめ熟練工の不足は、はなはだしく、その不足を補うために、工員から職員への昇格が定期的に行われるようになった。工員と職員の区別が次第に乗り越えられない壁ではなくなってきた。こうして、工職混合の要素が強まったのである。

④統制強化と絶対的窮乏のもとでは、従業員は、賃金部分だけで労働力再生産に必要な生活手段を市場から入手することは、不可能であった。労働力の再生産自体が困難であったということは、国家統制それ自体が破綻していたことを意味するのである。したがって、住宅、衣料、食料などを企業がそれを独自に補完せざるをえなかったのである。そうしなければ、労働力の再生産ができないのであり、労働へのインセンティブを高めることができ

なかった。企業自体の存続が崩壊の危機に直面したのである。現代国家に特有の社会保障的要素を企業が代替せざるをえなかったのである。したがって、企業自体が、労働者の生活過程に関与するシステムは、戦時中につくられ、敗戦後も引き続く困難のなかで、労働者の権利が法的社会的に認定され、労働組合が企業システムの中にビルトインされることによって、推進主体をかえて制度化されたのである。

⑤戦後の激しい労働運動の勃興は、戦時期における国家統制の破綻と労働力再生産の危機の中で、労働者の中で高まった不満と消極的抵抗にその淵源がある。したがって、敗戦後、企業それ自体が、従業員の生活維持のための施策や労働へのインセンティブを高める施策を強化せざるをえなかったのである。

戦後経営の特徴とされる長期継続的雇用は、未だ十分には普及していなかった。むしろ、移動が激しかった。労働力の不足は、「工職」の壁を一挙に低くしたが、その制度的な撤廃は高度成長期の新鋭製鉄所の建設を契機とするものであった。他方、厳しい国家統制にもかかわらず生活物資の適切な配給が実現できなかったために、企業は労働者の生活過程にまで関与せざるをえなかった。戦時期の企業内の福利厚生は戦後のインフレと生活水準の悪化のなかで進行した社会経済編成の民主化によって、生活保障的側面として企業の中に定着したのである。

注

（1）加藤佑治『日本帝国主義下の労働政策』（御茶の水書房、一九七〇年）。
（2）高橋泰隆『中島飛行機の研究』（日本経済評論社、一九八八年）。
（3）山崎志郎「太平洋戦争後半期における動員体制」（『商学論集』第五九巻第四号、一九九一年三月）、同「軍需工業における労務動員の実施過程」（『商学論集』第六二巻第一号、一九九三年一〇月）。
（4）東條由紀彦「労務動員」（原朗編著『日本の戦時経済――計画と市場』東京大学出版会、一九九五年）。
（5）尾高煌之助「『日本的』労使関係」（岡崎哲二・奥野正寛編『現代日本経済システムの源流』日本経済新聞社、一九九三年）。

(6) 河棕文『戦時労働力政策の展開』（東京大学日本史研究室、一九九六年）。
(7) 本章でも、俘虜労働の実態、囚人労働については、資料的制約から分析することができなかった。
(8) 『日本鋼管株式会社四十年史』五二一～五二三頁第九表より算出。
(9) Major Production Hindrances chronological viewed, United States Strategic Bombing Survey, Sec II 36b.
(10) 今泉嘉一郎『日本鋼管株式会社創業二十年回顧録』（一九三三年）二七一頁。
(11) J・B・コーヘン『戦時戦後の日本経済』下巻（岩波書店、一九五一年、四一～四二頁）によれば、在郷軍人を意識的に雇用したのは、日本鋼管の特殊性ではない。鉄鋼産業の一般的雇用政策であった。そのため、一九四二年には鉄鋼産業の熟練労働者および職長の三分の一が召集された。
(12) 『第一回行政査察報告書』（一九四三年五月三一日、返還文書、国立公文書館所蔵）。
(13) Annual Data of Labor Problems Caused by Draft, Air-raid & Shortage of Food, USSBS Sec I 36 (a) を参照。
(14) 『日本製鉄株式会社史』六八四～六八五頁。
(15) 重要事業場労務管理令（一九四二年二月）は、指定工場において、就業時間、賃金など労働条件などについて、当該工場の実状にあわせて指導監督することができることになった。指定工場事業場ごとに労務監理官が置かれた。
(16) 「第一回行政査察ノ結果ニ依ル緊急実施事項ノ実施概要報告」（一九四三年八月一八日、内閣報告、国立公文書館返還文書）。
(17) 「徴用緊急実施方要請ニ関スル件」（一九四三年四月作成と推定される、松下資料No.27）作成時期推定の根拠は、付表中の日付と本文中の計画の数字による。
(18) 同前。なお合計数値が異なっているので、再集計した数値を採用した。全体の論旨を変えるような誤差ではない。
(19) 掛樋松次郎『東京造船部隊の回顧』（一九六五年、非売品）。
(20) 大原社会問題研究所編『太平洋戦争下の労働者状態』（東洋経済新報社、一九六四年）五三頁。
(21) 「鮮人内地移入斡旋要綱」（一九四二年二月実施）（前田一『特殊労務者の労務管理』山海堂、一九四三年、所収）。
(22) 前掲「徴用緊急実施方要請ニ関スル件」。
(23) 同前。
(24) 「生産阻害事項―其ノ対策」（一九四三年四月、『横浜市史』資料編四下所収、三二三頁）。
(25) 前掲「徴用緊急実施方要請ニ関スル件」。

(26)「行政査察説明資料（労務班、鶴見製鉄所）」（柏原兵太郎文書二三四-七、国立国会図書館所蔵）。以下の説明は同資料による。
(27) 訓練工宿舎は、四三年一二月二〇日現在、第二白扇寮二号館、第七白扇寮一、二、三号館が割り当てられていた。収容可能人員には余裕はあったようである。
(28) 前掲「徴用緊急実施方要請ニ関スル件」の稼働工員増減表より計算。
(29) 同前。
(30) 以下の徴用工の記述は、前掲「行政査察説明資料（労務班、鶴見製鉄所）」による。
(31) 戦時下の徴用工の実態については、いくつかの研究があるが、その実態や意識については、航空機メーカーである中島飛行機の実態を研究した高橋前掲書第三章第二節を参照。高橋泰隆によれば、タテマエとしての部分と労働実態とはかけ離れており、徴用工の労働意欲は、職場環境、食糧の劣悪さのゆえに低くなっていた。徴用工の投入は、生産増強にはむすびつかなかった。日本鋼管の場合もこうした指摘は当てはまる。
(32) 大原社会問題研究所編前掲書一一〇～一一一頁。
(33)「昨十七年度ノ生産実状ニ鑑ミ夏期鉄鋼減産防止方策ノ樹立及実施□□ノ件」（国立公文書館返還文書、□□は判読不能）。
(34)「行政査察説明資料（運輸班）（鶴見製鉄所）続」（一九四四年一月、柏原兵太郎文書二三四-九）。
(35) 前掲「徴用緊急実施方要請ニ関スル件」。
(36)「徴用緊急実施方要請ニ関スル件」所収中の稼働工員増減表の注より。
(37) 請負人夫に関する叙述は、特に断らない限り、前掲「行政査察説明資料（運輸班、鶴見製鉄所）」によっている。
(38) 前掲『第一回行政査察報告書』。
(39)「日本鋼管ノ労務管理及徴用ニ関スル件」（国立公文書館返還文書）。
(40) 茶園義男編著『俘虜情報局・俘虜取扱の記録』（不二出版、一九九二年）。
(41) 同前二一八頁。ただし、この数値は、日本鋼管のみを示すものではなく、日本製鉄、釜石、日本鋼管の合計である。
(42) 応召、入営数はこの間大きな変化はなかった。
(43) 川崎工場、扇町工場の合計した数値。「工員移動状況表」（一九四〇年五、六、七、九月）中より算出（松下資料No.696）。応召、入営は含んでいない。
(44) 前掲『第一回行政査察報告書』によれば、同社の離職率は三七・九％に達していたとされるが、その計算方法はよくわからない。
(45) 河椋文前掲書二〇九頁。
(46) 「昨十七年度ノ生産実状ニ鑑ミ夏期鉄鋼減産防止方策ノ樹立及実施促進ノ件」(『第一回行政査察報告書』別紙(4))。
(47) 「鶴見製鉄所生産状況報告書」(一九四三年一二月、柏原兵太郎文書二三四-三)。
(48) 日本経済聯盟会調査課編『産業能率と精神指導』(山海堂、一九四三年)一四七～一四八頁。
(49) Major Production Hindrances chronological viewed, op. cit. もちろん生産の低下を招いたのは、労働力の要因ばかりではなく、原料の品質、量的な低下も大きな要因であった。これらは、四二年後半から著しくなったのである。
(50) 西成田豊「労働力動員と労働政策」(大石嘉一郎編『日本帝国主義史』三、東京大学出版会、一九九四年)。
(51) 尾高前掲論文参照。
(52) 高橋前掲書一八〇～一八二頁。
(53) 「第一製管係職夫割増金支給規定」「請負規定第一製條工場形鉄工場」「第一製管工場圧延掛請負規定」松下資料No.704所収。
(54) 以下、鶴見製鉄所の賃金については、前掲「行政査察説明資料(労務班)(鶴見製鉄所)」による。
(55) たとえば、平炉の作業教範によれば、作業の目的、使用器具、使用材料、操作法、操作上の注意事項、事故や対策など二三の平炉作業について、それぞれ分析されわかりやすく示されている(『作業教範平炉製鋼法操作票』松下資料No.341、一九四四年一〇月)。さらに工程分析、原料分析などにわたった教範もつくられていた。
(56) 「日本鋼管、鶴見製鉄造船労務懇談会」(第三回、一九四〇年七月一五日、松下資料No.130)。
(57) 前掲「行政査察説明資料(労務班)(鶴見製鉄所)」。
(58) 同前。
(59) 折井日向『労務管理二十年』(東洋経済新報社、一九七三年)五四～五五頁。
(60) 同前五〇～五一頁。
(61) 日本経済聯盟会が実施した調査に日本鋼管は次のように回答している。「精神指導のみを以て従業員の心身を意の儘に動かさんとするは困難といふよりは寧ろ不可能に近い」「物質的保護を與へ又興味を以て自発的に行動せしむるため体位向上、情操涵養の施設に就いても万全を期すべきである」と述べている。また、注目すべきは、生活改善のために生活刷新班を設け、家事講習会などを会社主催で開催し、従業員の家庭の主婦を企業のなかに取り込む活動も開始していた(以上については、日本経済聯盟会調査課編前掲書一三九頁)。

(62) 前掲『第一回行政査察報告書』二五頁参照。

(63) 共済会は、工員全員が参加している。日本鋼管日用品配給所は、生活必需品の廉価供給を行っていた(『日本鋼管株式会社三十年史』三九五頁)。

(64) こうした傾向は一般的に見られた。たとえば、三井造船株式会社玉造船所の事例がある(商業組合中央会『工場等購買会問題に関する資料集』一九四三年、四一頁所収)。

(65) 一般的には、一九四三年一月二〇日「生産増強勤労緊急対策」が閣議決定され、勤労者に対する物資の割り当て、配給は産業報国会に一元化され、住宅、寄宿舎に対する厚生施設に国との協力と調整によって行われるようになっていた(河棕文前掲書二一二～二一三頁)。

(66) 以上の経過は、商業組合中央会『工場等購買会問題に関する資料集』(一九四三年)所収の各通牒閣議決定などより整理したもの。

(67) 以下の日常品物資の配給実態は、特に断らない限り、厚生課『中央経営協議会厚生関係資料』(一九四七年、松下資料No.402)を加工整理したものである。同資料の数値は、川崎製鉄所の数値と判断される。印鑑が川崎製鉄所厚生課と押してあること、在籍人数が鶴見製鉄所を含んでいると解釈すると、著しく少なくなっていることなどから判断した。

(68) 技術局江口喜一「川崎製鋼所焼結工場増産対策案」(一九四五年四月、『横浜市史』Ⅱ資料編四下、六二八～六二九頁)。

(69) 山崎広明「日本戦争経済の崩壊とその特質」(東京大学社会科学研究所『戦時日本経済：ファシズム期の国家と社会2』東京大学出版会、一九七九年)五六～五九頁参照。

(70) 前掲『中央経営協議会厚生関係資料』。食堂関係に関する数値は、同資料による。

(71) 食堂収支一覧表によれば、経費として掲げられているのは、主食、副食費、調味料の合計である直接材料費と維持費である。本人負担額(食券費)から経費を除いた額を会社負担額として計算した。したがって、減価償却費などを含んでいない。これを含めると会社側負担はもっと高くなった。

(72) 前掲『中央経営協議会厚生関係資料』の数値を利用した。

(73) 『横浜市史』Ⅱ通史編第二巻(近刊)「傾斜生産方式と日本鋼管」(長島修)参照。

(74) 前掲『中央経営協議会厚生関係資料』。

(75) 越沢明「戦時期の住宅政策と都市計画」(『年報・近代日本研究』九 戦時経済、山川出版社、一九八七年)二五八～二六六頁。

(76) 日本鋼管株式会社『社債目論見書』(一九五〇年八月一〇日)。
(77) 前掲「鶴見製鉄所生産状況報告書」。
(78) 「工員進級昇級内規」(「行政査察説明資料(労務班)(鶴見製鉄所)」)。
(79) 折井前掲書第三章参照。

第7章　戦時期の企業組織と職員

はじめに

本章の課題は、企業の中で管理的業務や周辺の事務労働を担った職員について考察を加えることである。ここでは、日本鋼管の資料を利用して戦時期において職員層がいかなる動向を示していたのかを実証的に明らかにする。工員（職工）の研究はさかんであり、職員の分析についても進んできた[1]。しかしながら、戦時期の職員の動向を本格的に分析したものは、あまり多くない[2]。ここでは、職員の増加要因とそれが戦後どのように関連するのかという問題意識で分析を進めていきたい。職員は、明らかに工員労働者と賃金、労働条件、待遇などあらゆる面において、明確に差別されており、身分上はっきりと区別されていた。職員と工員の差別があったなかで、戦時中にどのようなことが起きていたのかを職員の分析を通じて明らかにしたい。

こうした問題については、労働組合研究の中で議論がされているが、それらの中でも戦時期の職員の動向を戦後との関連で本格的にとりあげているケースは少ない。

日本の労働組合の特徴は、企業別労働組合とよばれ、工職混合を特徴としている。従業員組合[3]として敗戦後結成された労働組合は、職員工員が混合した組合として発足した。こうして占領下に成立した組合は、生産管理闘争を含む激しい労働争議を展開した。

工職混合の企業別組合と産業報国会との連続性については、大河内一男の説があり(4)、それに対する反論もある(5)。確かに産業報国会が、職員、職工が一括して加盟し、事業所あるいは企業別に形成されたことは、企業別組合と形式的類似性がある。また、その「組織的経験(6)」が産業報国会の時代にあったことも事実であろう。しかし、なぜ敗戦後わずかの期間に従業員組合(職工、職員)が形成されたのか。とりわけ、組合結成に重要な役割を、ホワイトカラー職員層が果たし(7)、組合に積極的に参加したのであろうか。一つには、長い間の抑圧された生活水準と労働の自由回復を要求する声があって、労働組合運動が短期間のうちに発展したのは事実であろう(8)。

しかし、賃金や労働条件、待遇では比較的めぐまれていた職員層は、戦時期にどのような性格をもっており、どのように変化し、それが戦後にどのようなものに転化したのか十分な検討が行われているわけではない。こうした点を明らかにしないかぎり工職混合の従業員組合が成立した理由に回答を与えることはできないのではないだろうか。本章はこうした課題に接近するために主に、戦時期に職員層が量的質的にどのように変わって、戦後の状況に接続するのかを検討するための材料を提供するものである。

その際、特に戦時期に企業の性格が大きく変化した点に注目していきたい。但し、著者は、戦時期の変化を戦後日本経済のシステムの「源流」とする考えに立っていない(9)。すなわち、戦後改革の意義を低く評価する見解には立っていない。しかし、戦時期のシステムがそれまでの企業のシステムを大きく変えたことも事実であり、それに職員層のあり方も大きく規定されていた。

日本鋼管株式会社を例にとって職員層の基本的性格について検討を加えてみよう。生産管理闘争も行い占領下の労働運動でも積極的役割を担った日本鋼管を例にとって戦後との関連を意識しながら、事実の確定と分析を試みたい。

第1節　戦時・戦後の職員構成

日本鋼管における職員層の増加

工員（日本鋼管では戦時期「職工」ではなく「工員」という呼称を用いており以下でも工員と呼ぶ）、職員ともに日本鋼管の生産設備の増強につれて増加している（表7-1、7-2）。職員の増加の傾向は、工員と異なっている。工員の場合は、日中戦争が勃発すると、増加が始まる。これは、同社が、トーマス転炉、平炉、高炉の建設と稼働が日中戦争期に急激に進展したことを反映している[10]。しかし、職員は、工員と比べても一九三九年までそれほど大きな増加は見られない。

職員は、アジア・太平洋戦争に入って急速に増加している。一つは、一九四〇年の鶴見製鉄造船との合併によって職員が急増したということがあげられよう。しかしながら、合併によって、工員、職員ともに引き継いだにもかかわらず、三九年と四二年を比較してみて、職員の増加率のほうが高くなっており、職員の増加については合併だけでは説明できない要因が潜んでいる。したがって、増加の内容をどのように考えたらよいのかやや立ち入った分析が必要とされよう。

職員と工員との比率を表わした表7-2を検討してみると、アジア・太平洋戦争期には、明らかに職員の比率が急増し、四五年には三人に一人が職員という状況であった。アジア・太平洋戦争期における有能な職員の不足は著しく、不熟練労働力の増加や管理部門の肥大化に対して、職員の活動領域は広がり、その活動の重要性は増していた。

一方、明らかに職員は、過剰雇用の傾向を示していた。職員一人当たり売上高で見てもアジア・太平洋戦争期には低下する傾向にあり、職員は大量に雇用したものの、職員の増加によるコスト負担は増加していた。

職員の増加は、どのような部門で増加し、何ゆえ生じたのかを検討することによって、戦時期の職員の増加の性格をみることができる。

表7－1　日本鋼管職員数

年	在籍	休職	稼働	扇町	川崎	鶴見	鶴造	浅野
1933	264							
36	743	35	708	66	272			
37	906	57	849	81	294			
38			893	106	308			
39	1,281	123	1,158	134	356			
42	4,549	610	3,939	296	914	519		
43	5,655	665	4,990	1,406		714	760	278
44	8,512	2,099	6,413				784	
45	5,568	1,599	3,969	900		383	607	148
46	3,256	518	2,738					
47	3,309	288	3,021					
48	3,532	263	3,269					
49	4,605	246	4,359					
50	4,506	192	4,314					

注：1943年については富山285人，新潟49人，本社824人，その他595人となっている。いずれも稼働人数。資料(6)参照。

資料：(1)　1942～50年の会社職員数は，『日本鋼管株式会社四十年史』。

(2)　1933年については，『日本鋼管株式会社創業二十年回顧録』。

(3)　1936年，37年，39年は『職員名簿』。

(4)　1938年は中田義算「会社組織の改善に際して」(1939年９月，『横浜市史』Ⅱ資料編４〔下〕)。

(5)　1942年の各事業所職員数は，「工場概要」(同上書)。

(6)　1943年各事業所の人数は，「会社現況」(1944年３月）によっている。

(7)　1945年は神奈川県労政課『工場名簿』。

(8)　1944年は，鶴見造船所の人数は，産業機械統制会『会員業態要覧』(1944年)。

表7－2　日本鋼管職員・工員関係指標

年	在籍工員	在籍職員	職員１人当たり工員	職員１人当たり工員　(稼働)	職員１人当たり売上高
					千円
1936	5,517	743	7.43		86
37	7,311	906	8.07		127
38	9,216			(2)7.39	169
39	10,398	1,281	8.12		137
40	10,444				
41	13,991				
42	27,504	4,549	6.05	5.78	61
43	28,367	5,655	5.01	4.79	55
44	44,115	8,512	5.18	5.27	51
45	17,722	5,568	3.18	2.89	50

注：(1)　職員１人当たり売上高は，稼働職員の人数で年間売上高を除した。(単位千円)。

(2)　中田義算「会社組織の改善に際して」(『横浜市史』Ⅱ資料編４〔下〕)。

資料：(1)　在籍職員稼働職員数は，表７－１と同じ。

(2)　在籍工員数は，「会社現況」(1994年３月)，『日本鋼管株式会社四十年史』，稼働工員数は38年を除いて『四十年史』の数値。

組織と職員

職員の資格は、理事、参事、技師など全部で一四種類に分類され、それぞれの間での格差は大きかった。こうした職員の格差は、一九三二年の職制改正で制度化された[11]。それまでの本社部門は、重役と、事務員（課長事務員）、雇となっていた。雇は、補助的な業務に携わっていた。また、現場の職員は、技師（事務員）、技手、助手と序列化されていた[12]。一九三二年までの会社組織は、きわめてフラットで単純な組織形態であった。

三二年の職制改正によって、社員は理事、参事、技師、技手、書記、準社員は雇、助手と分類された。そして、社員、準社員以外に、顧問、嘱託、医員、薬剤員、傭員、臨時雇、見習員が置かれた[13]。職員の間に、資格要件を基準にした階層的な序列組織が導入されるようになった。それと、同時に臨時的な職員や下級職員の人数が増加し、職員イコール社員ではない新たな下級職員層が広範に位置づけられることになった[14]。大企業の要件である階層的な序列をもった管理組織が整備され始めたのである。一九三二年の改正は、技術的な優位性特殊性を競争戦略として企業成長をとげるベンチャー企業的組織（あるいは創業期企業の組織）から階層的な管理組織と序列化された職員組織によって経営される近代大企業の企業組織へと変化しつつあったことを意味する。

一九三二年の職制改正によって、ほぼ日中戦争期の組織体制ができたのである。

一九三二年の改正によって、庶務部、経理部、技監部、川崎工場、第一、第二販売部、付属病院、電気製鉄所、大阪分工場という基幹的な組織に編成され、職能的組織ができあがった。

同社の組織は、社長の直属で、事務にかんする事項を統括する「支配人」と技術にかんする事項を統括する「技師長」が置かれていた。その下に各部が統括され、各部長は基本的に理事がなり各掛を統括した。部長が技師長の場合は、次長に理事を配置した。会社の業務にかんする重要事項を審議するために、顧問、支配人、技師長、理事によって組織される理事会が置かれていた。したがって、重役会が最終決定権をもっているとはいえ、実際のところ同社の

表7-3　日本鋼管職階別職員構成

	1936年	構成比	1939年	構成比	増加率
	人	%	人	%	
理事	8	1.1	10	0.8	1.25
参事	11	1.5	42	3.3	3.82
技師	32	4.3	57	4.4	1.78
書記	154	20.8	233	18.0	1.51
技手	99	13.3	171	13.2	1.73
医員	6	0.8	27	2.1	4.50
薬剤員	1	0.1	3	0.2	3.00
雇	123	16.6	124	9.6	1.01
助手	52	7.0	34	2.6	0.65
傭員	127	17.1	333	25.8	2.62
事務見習	14	1.9	66	5.1	4.71
技術見習	6	0.8	8	0.6	1.33
臨時雇	42	5.7	32	2.5	0.76
嘱託	33	4.4	29	2.2	0.88
休職	35	4.7	123	9.5	3.51
合　計	743	100	1,292	100	1.74

注：『職員名簿』巻末表より作成。

重要な設備投資や技術開発にかんする意思決定は、この理事会でなされた。現場の実態や技術評価能力は、技術や本社業務を実際に統括している理事が最も情報を集約し、分析する能力をもっていたからである。当初理事は、「Adviser」として活動することを目指しており、完全なスタッフ的機能を担うはずであったが、実際には部長として各掛を統括するものになっていた。そのため、「掛」統括範囲の調整や補助スタッフをつけることによって、仕事量の軽減がはかられた(15)。

日本鋼管の技師長は、今泉嘉一郎であり、技術関係の最も重要な意思決定の権限をもっていた。今泉は、創業以来の重鎮であり、社内での技師に対する影響力も大きくベンチャー企業としての側面を代表する存在であった。

職員のうち、主任（各係長クラス）は、重役会の承認を得て任免し、その他はすべて社長が任免することになっていた。

職員の資格構成を検討してみると、傭員以下の補助的職員が層として大量に存在していること、それらの層が戦時下において増加する傾向にあることを確認することができる（表7-3）。また、医員、薬剤師など病院関係者の拡充も著しくなっていた。

日中戦争期における職員構成の変化

職員構成について時系列的な変化を追うことは、組織変更が行われているため困難である。特に四四年に局制が敷

表7-4　日本鋼管職員構成

	職員		増加率	構成（%）	
	1936年	1939年		1936年	1939年
庶務部	64 （28）	88 （ 43）	1.38	8.6	6.8
経理部	51	71	1.39	6.9	5.5
技監部	29	53	1.82	3.9	4.1
技術研究部	38	73 （ 2）	1.92	5.1	5.6
鉱山部	0	18	—	—	1.4
船舶部	0	2	—	—	0.2
川崎工場	272	358 （ 5）	1.32	36.6	27.7
扇町工場	66	134	2.03	8.9	10.4
高炉建設部	7	11	1.57	0.9	0.9
販売部	63	81 （ 5）	1.29	8.5	6.3
病院	24 （10）	129 （ 64）	5.38	3.2	10.0
電気製鉄	44	76	1.73	5.9	5.9
新潟	3	13	4.33	0.4	1.0
大阪鋼管	10	9	0.90	1.3	0.7
大阪製造所		19	—	—	1.5
亜鉛工業所	4	6	1.50	0.5	0.5
嘱託	33	29	0.88	4.4	2.2
休職	35	123	3.51	4.7	9.5
合計	743 （38）	*1,293 （119）	1.74	100	100

注：(1)　（　）女性，名簿は男女の区別はないから，名前と資格から推測した。
　　(2)　*印は，原資料では一致しない。
資料：『職員名簿』。

かれており、同社職員構成を単純に比較することは困難である。また資料的な制約もあるから、最初に日中戦争期における変化を検討し、さらにアジア・太平洋戦争期どのように変化したのか、二つに分けて分析してみよう。

まず一九三六年と三九年の職員名簿の巻末統計によって、全体の動向を考察してみよう（表7-4）。職員で増加しているのは、病院である。厚生関係の部門として医療部門が拡充されている。休職者は、応召によって増加したと推測される。扇町工場の職員増加は、この間に次々と高炉を建設していったことによる増加である。川崎工場は、絶対数は増加しているもののその割合は低下している。全体として直接的生産過程が関わるところの比重は、低下し、それ以外の部門の増加が著しい。女子の割合は、増加している。女子は、本社部門（庶務部）と病院の看護婦が増加したために、その数が増加した。女子職員が増加しているのが、戦時期の一つの特徴である。しかし、女子職員は、わずかであるが、第一次大戦期にも存在していた。一九一七年「職員住所簿」によれば、庶務課に一名「雇」として、女子職員が登録されていた。

現業部門を除いた本社部門の職員構成の変化をやや詳しく検討してみよう（表7-5）。ここでいう本社部門は、表7-4の庶務部、経理部、技監部、技術研究部、鉱山部、船舶

表7－5　日中戦争期の本社部門職員構成

（単位：倍，％）

		1936年	1939年	増加率（倍）	構成（％）1936年	構成（％）1939年	女性比率（％）1936年	女性比率（％）1939年
庶務部	部長，部付	1	1					
	庶務掛	57(28)	77(42)					
	株式掛	7	10(1)	【1.35】				
	小　計	65(28)	88(43)	1.35	18.1	21.9	43.1	48.9
経理部	部長，部付	〈1〉2	2					
	会計掛	〈3〉43	50					
	購買掛	11	20	【1.37】				
	小　計	〈4〉56	72	1.29	15.6	17.7	0	0
技監部	部長，部付	〈1〉4	3					
	設計掛	〈6〉29	34					
	調査掛	〈3〉6	8					
	度量衡掛		4					
	物資統制		4	【1.83】				
	小　計	〈10〉39	53	1.36	10.9	13.2	0	0
技術研究部	部長，部付	〈13〉14	〈1〉2					
	化学掛	20	35					
	熱管理掛	〈3〉7	11					
	物理掛	〈6〉13	11					
	冶金掛	〈14〉17	6					
	調査掛	〈7〉7	0					
	事務掛	3	9(2)	【1.92】				
	小　計	〈43〉81	〈1〉74(2)	0.91	22.6	18.4	0	2.7
高炉建設部		〈49〉56	〈4〉15	0.27				
販売部	部長，部付	3	2					
	鋼管掛	7	9(2)					
	鋼材掛	6	7					
	水道掛	7	6					
	特品掛	6	8					
	計算掛	8	10(3)					
	商品掛	19	25					
	調査掛	5	5					
	大連出張所	7	6					
	北京出張所	—	3	【1.19】				
	小　計	68	81(5)	1.19	17.3	20.1	0	6.2
鉱山部		—	18			4.5	0	0
船舶部		—	2			0.5	0	0
合　計		365(28)	403(50)	1.10	100	100	7.8	12.4
兼務を除いた合計		259	398	1.53			11.1	12.6

注：(1)　庶務掛は1936年は川崎工場（本社）と東京出張所の合計。1939年は，本社（東京）と川崎の合計。

(2)　〈　〉兼務。（　）は女性。女性は名前によって判断した。【　】は兼務数を差し引いた増加率。

(3)　表7－4では，取締役部長，兼務者が除かれているので，数値が若干異なる。本表は，実際に配置されている人数の内訳である。

資料：『職員名簿』。

部、販売部、高炉建設部であり、各事業所、病院などは除外してある。したがって、現業部門を除いた部分という意味である。本社部門の職員の構成変化をみるために、こうした方法をとった。

職員全体について見ると、一・一〇倍の伸び率を示しているが、一九三六年は、兼務数がかなり増加しており、兼務数を引いた伸び率をみると、一・五三倍になっている。部門別に伸び率を検討してみると、庶務、経理、技監部ともに、伸び率は大きな差はない。技術研究部は、所属数では減少しているが、一九三六年は、兼務数が、四三名とかなり多く、三九年になると兼務数が減少して、実質的にはかなり技術研究部は充実していたのである。兼務数を除けば、技術研究部では一・九二倍と人員の増加がはかられた。これは、高炉建設、トーマス転炉の導入など、相ついで同社が展開した技術革新投資に対応したものであった。技監部も同じく兼務数を除くと一・八三倍と人員の増加がはかられており、技術関係の職員の充実ぶりがうかがわれる。

各部門を検討してみると、まず庶務部では、川崎の割合は増加していないが、本社（東京出張所）の庶務掛は、かなり充実した[16]。また、女性職員の比率も増加した。庶務部門だけとってみると、女性は四〇％以上の比率を占めており、注目すべき割合である。職員における女性の比率がかなり高いのは、庶務部の特徴となっている。庶務部の女性は資格としては傭員二三名、臨時雇五名計二八名である（一九三六年）。一九三九年になると、書記となっている者が一名、雇となっている者三名、傭員四三名となっている。書記、雇は普通の男子職員資格であるから、女子の中にも一定の地位を占める職員がいたことは注目される。一九三六年職員名簿では「傭員」であった女子職員Ｅ・Ｍは三九年には「書記」（社員）となっている。しかし、女性は圧倒的に傭員という低い身分であった。これら女子の職種は、タイピスト、書記、給仕などであり、事務補助部門への女性の進出が著しい。これらの女性は、傭員、事務見習い、臨時雇などで、職員といっても、資格的には最も低い層に位置づけられていた。

経理部についても、本社部門の人数は、増加傾向を示しており、会計などは本社部門に集中する傾向を示している。購買掛では、かなり充実しており、物動の開始とともに、原料資材の購入などが重要な意味をもってきたことと対応している。この時点では、経理部門では、女性がいないことは注意しておく必要がある。

次に技術部門をより詳しく考察してみよう。技監部では、度量衡掛、物資統制掛が新たにつくられている。一九三二年の職制によれば、技監部は、「一般技術的施設作業方式及生産ニ対スル改良拡張監査研究並計画ニ関スル事項」「施設ノ使用開始又ハ中止並ニ工場従業員ノ配置変更ニ対スル合理的審査ニ関スル事項」「製品又ハ購入物品ノ品質ニ就キ疑義紛争ヲ生シタル場合其ノ調査判定ニ関スル事項」「新事業ノ試験的作業又ハ指導ニ関スル事項」などにわたっていた。(17) 技監部は、技術に関する事項はもちろんのこと、研究開発、工場全体の設備投資の方針など、技術革新を行う場合の要の部署であった。

先に述べたように、三六年の時点では、技術部門は兼務している職員数が多くなっていたが、三九年には兼務職員の数は減少していた。兼務職員を除いた専任職員の増加をみると、技監部では、一・八三倍、技術研究部では、一・九二倍になっており、日中戦争期にトーマス転炉の導入や高炉建設の増加によって技術部門、研究開発部門がかなり膨張している様子をうかがうことができる。調査掛は、技術研究部から技監部に一本化された。調査掛の専任職員数は、三六年では、技監部、技術研究部合計で三名であったが、三九年には八名に増加しており、調査部門も拡大していた。日中戦争期、同社は技術部門、調査部門の職員スタッフの強化に努めており、企画調査、研究開発などにかなり力を割いていたことを示している。

また、新たに鉱山部、船舶部など同社原料、輸送部門を拡大することに対応した部門がつくられた。販売部では三六年まではいなかった女性職員が雇用されるようになっている。なお販売部の女性も傭員および臨時雇である。

戦時下の企業組織の変更

四四年の組織の構成をそれ以前のものと比較してみると以下のような特徴がみられる（図7-1）。第一に、局制が敷かれ、肥大化した組織の統括を機能的に総括するための階層構造が整備された。第二に、華北、南方、朝鮮関係の植民地および占領地域建設部門が増加した。第三に、社長室という企画部門のスタッフ組織が明確に組織のなかで、位置づけられた[18]。第四に、現業部門は、普通鋼部門、特殊鋼部門、造船部門、建設部門、南方・華北など占領地建設部門に整理された。

第五に、勤労部という新しい部が設置された。三九年においては、川崎製鉄所、扇町製鉄所の労務掛[19]の管轄下に入っていたものが、本社部門の勤労部という形で労務管理の重要な部署として独立化した。

第六に、監査役室が設けられた。監査役室は、「子会社」「傍系会社[20]」の業務財産を監査するものとして、置かれた。企業集団化した戦時下の企業が、子会社の管理組織として、設置したものであった[21]。監査役室は、「傍系会社」が自社本意に経営する傾向に歯止めをかけ、本社（日本鋼管）と傍系会社の有機的運営計画を立てるために設置された。管理の対象は、出資額三〇％以上、出資額三〇％未満で製品の生産実績に寄与するもの、または「特命」があるものであった。企画部は関係会社に対する日本鋼管各部の受発注を掌握し、「傍系会社」利用に関する関係者会議を開催した。傍系会社の実態把握のために、決算報告書、月次資産表（合計残高資産表）、受注および生産月報などの情報を企画部が掌握した[22]。

図7-1　1944年2月職制一覧

- 会長室
  - 教育参与
- 社長室
  - 企画部
  - 技術研究部
  - 能率委員会
- 総務局
  - 総務部
  - 勤労部
  - 防衛部
- 業務局
  - 経理部
  - 需品部
  - 業務部
  - 外地課
- 技術局
  - 高炉部
  - 技術部
- 建設局
  - 建設部
  - 資材部
- 第1作業局
  - 川崎製鉄所
  - 鶴見製鉄所
  - 炉材製造所
  - 大阪鋼管製造所
  - 大阪製作所
  - 査業部
  - 運輸部
  - 協力工場部
- 第2作業局
  - 富山電気製鉄所
  - 新潟電気製作所
  - 元山製鉄所
  - 桃山化学工業所
- 造船作業局
  - 鶴見造船所
  - 浅野船渠
  - 清水造船所
  - 本牧機械製作所
- 南方事業
  - 事務部
  - 経理部
  - 技術課
- 南方事業部東京出張所
- 馬来製鉄所
- スマトラ製鉄所
- 技術員養成所
- 農事部
- 金嶺鎮鉱業所
- 華津鉱業所
- 関西事務所
  - 北京出張所
  - 新京出張所
  - 京城出張所
- 監査役室
- 病院

注：複雑さをさけるため，一部省略した。
資料：『日本鋼管株式会社四十年史』469～470頁。

第七に協力工場部が各製鉄所とならんで組織の中に位置づけられた。日本鋼管は、協力工場[23]を生産実績に寄与せず生産作業に寄与するものと定義をし、これを協力工場部の所掌とした。協力（下請）工場は、投資の観点からは、社長室企画部の所掌事項とし、経理については、経理部が関わり、実際の現場作業との関連では業務部が関わった。また、協力工場の指導管理は各製鉄所の協力工場部が行っていた。したがって、協力工場に対する管理監督は、一元的になされておらず、それぞれ機能ごとにばらばらに管理されていた。それは、協力工場よりみれば、重複的な管理を受けることになった[24]。したがって、協力工場にかんする本社管理は、統一されておらず、不完全なものであった。こうした傾向は、子会社や傍系会社の場合にも当てはまるものであった。

アジア・太平洋戦争中の職員構成の変化

一九四五年の職員名簿によって一九三九年の職員名簿と比較検討してみよう。但し、職員名簿が一部破損箇所があって、不完全であるため全体像を描くことはできないが、基本的な特徴を押さえることは可能である。一九四四年には図7-1のように、組織が変更されたために、それ以前の組織中の人員構成と比較検討することは、困難である。また、職員構成を比較する資料となる『職員名簿』は、一九四五年一一月のものであり、戦後になって改廃されたものもあり、アジア・太平洋戦争下のものを厳密に表わすものではない。

一九三九年の職員で庶務部、経理部、技監部、技術研究部、販売部といった全社的な事務部門は、三九八名であるが、一九四五年一一月では八八二名と二・二倍となり、かなり肥大化した[25]（表7-6）。そのうえ、各事業所ごとに同様の部課が設置されたから、いわゆる事務部門に働く職員は膨大な数になった。本社部門の各部課の構成と内容を一九三九と四五年で比較してみよう。新たにつくられたのが、勤労部、需品部であった。経理部から独立して、原材料関係の購買にあたる需品部が設置された。また、販売関係に関わる営業部が、業務局の中に編入された。

従来、全く存在していなかった勤労部は、戦争中の膨大な不熟練労働力の管理のために設置された。人事、給与な

表７－６　敗戦直後の職員構成（本社部門）

総　務　局

部	課	人数	女性
社長室		13	3
総務部	部付	12	10
	秘書課	11	4
	庶務課	86	27
	不動産課	22	3
	霞関農場課	23	3
	文書課	14	3
	株式課	16	5
	小　計	184	55
勤労部	部付	7	5
	人事課	29	7
	勤労課	22	14
	供与課	8	1
	厚生課物資	21	10
	宿舎	31	10
	事業	17	1
	厚生	23	6
	医療	4	1
	小　計	96	28
	調査課	1	
	小　計	163	55
総務局合計		347	110

業　務　局

部	課	人数	女性
経理部	部付	10	4
	第１，２会計課	85	18
	考査課	9	1
	資金課	67	19
	小　計	171	42
需品部	部付	8	5
	総務課	16	4
	原料課	24	3
	資材課	18	3
	機器課	13	1
	小　計	79	16
営業部	部付	8	1
	調整課	7	2
	化成品課	10	1
	第１，２成品課	44	1
	外地課	10	2
	鋼材課	15	1
	鋼管課	12	1
	小　計	106	9
業務局合計		356	67

技　術　局

部	課	人数	女性
局付		4	
技術研究部	部付	7	
	事務課	9	3
	化学課	31	1
	冶金課	19	
	小　計	66	4
高炉部		2	
技術部	部付	2	
	技術課	0	
	事務課	1	1
	度量衡課	1	
	小　計	4	1
施設部	部付	5	
	事務課	19	9
	設計課	17	1
	施設１～３課	47	
	倉庫課	2	
	小　計	90	10
技術局合計		166	15
総　計		882	195

注：1944年の組織図には建設局があるが，45年11月には存在しない。
資料：『職員名簿』（1945年11月１日現在）。

どとともに厚生課が設置され、厚生課には九六名にも上る職員を配置していることは、注目に値する。物資の配給、宿舎など従業員の衣食住の生活全般にわたって企業が関係するようになったことは、戦時期企業経営の特徴である。特に、生活物資全般にわたって統制が強化され、絶対的な不足のもとで、工員、職員は、企業に依存することによって、個人生活の基本的な分野を確保することができたのである。医療の面でも鋼管病院は急速に充実しており、福利厚生面で企業との関係は工員、職員ともに依存が深まった。企業からいえば、不足する労働力を大量に確保するためには、企業が個人の基本的な生活物資を供給しなければならなかったのである。敗戦直後の極端な物不足がこうした側面を戦争終了とともに廃止せず、継続させてゆくことになった。

また、労務関係の事務量の増加も勤労部職員の増加の原因となった。労務関係の統制に伴う官庁関係への書類の提出数は膨大な数に上り、「多大ノ労力ト時間ヲ之ガ作成ノ為ニ」費やさなければならなかった(26)。

次に経理部をみると、三九年では経理部の中に購買課が含まれているのでそれを除いた会計関係人数は、本社だけでは五〇名である。それが一九四五年には、一挙に一七一名にふくれあがっていたことになる。統制経済の進展は、経理関係の事務処理を肥大化させていたため、組織人数を増やさざるをえなかったのである。

購買関係も需品部として独立して、二〇名（一九三九年経理部購買掛）から七九名（需品部）になった。しかも各製鉄所に原料関係の部課が存在するから、この分野でもかなりの増大がうかがえる。原料関係の組織構成員の増加は、戦時下における製鉄原料確保のために、統制組織を利用する一方で、企業組織のなかに直接に原料鉱山や傘下企業を増やした結果である。市場を通じて原料を取得することができなくなった企業は、原料の安定的確保のために、中間組織としての子会社傍系会社としてまたは直接的な企業内組織へ取り込まなければならなかったのである。

これに対して営業部と三九年の販売部を比較してみると、人数は増加していない（一九三九年販売部八一名→四五年営業部一〇六名）。販売関係は、経済統制の強化によって、販売の独自の意義が薄れてきた。そのため、この分野はそれほど大きな拡大はなかったようである。恒常的な「不足の経済」のもとでは、マーケティング活動を行う余地はなく、販売関係の組織強化の必要性は低下していたことを反映している。

また、技術関係の研究開発分野でもほとんど人数は増えていない。四五年で技術局全体で一六六名、三九年の技監部、技術研究部の合計が一二六名（兼務を除く）であるから、技術関係の配置はきわめて手薄になっていた。調査関係の課もなく調査分野も後退した。アジア・太平洋戦争下では、研究開発は軍需部門では強化されたが、一般的には後退していた。

職員構成の中で注目すべき、もう一つの点は、女性職員の増加である。総務局全体の三一・七％、業務局一八・八％が女性で占められている。総務部（女性比率二九・九％）、勤労部（同三三・九％）などでは特に女性の割合が高くなっている。職種は、タイピスト、給仕、書記などの事務補助部門、電話の交換手、寄宿舎の炊事婦などがほとんどである。資格制度のうえでは、雇員、傭員、事務見習などで明らかに低い地位にあるものがほとんどである。しかし、これらの女性労働力は、ほとんどすべての各部課に配置されていた。総務、勤労、購買、販売関係の事務部門においては、女性の事務補助労働が不可欠なものになっていた。この傾向は、日中戦争期から見られていたが、それは庶務部などの特定の部門に限られていた。しかしながら、アジア・太平洋戦争期には、女子の事務補助労働者は職員構成の中に層として定着した。また、職域としても大きくなっていた。

もちろん、職員の中の男性の技術的専門職員とこれらの女性は明らかに待遇や給与などで大きな相違があり、身分的な差別が存在していたことは、容易に想像がつくが、職員の中にこうした二つの異なる層が定着したことは戦時期の重要な特徴である。こうした職員層は、「職員労務者」ともいわれ、給与も一般職員より少なく、工員と同じかまたはそれ以下の日給のものもいた(27)。事務労働の増加と応召によって、男性労働力の不足がこうした傾向に拍車をかけたと思われる。戦後の初期の労働組合運動の中で生理休暇の要求など女性特有の要求が敗戦直後の組合運動の中で掲げられた背景にはこうした女性職員の存在を無視しては考えることはできない(28)。

以上のように、アジア・太平洋戦争期には、勤労部の設置によって企業が工員および職員の生活までも管理するシステムができあがり、従業員にとっては企業とともにあることが、生活物資や住宅を保障されることになり、従業員の企業への帰属性を高めることになった。したがって、こうした部門への職員配置が強まっていった。一方、戦時の「不足の経済」のもとでは、技術開発や販売部門へは、人員を配置するような姿勢は後退した。統制経済によって、市場機能が低下し、統制事務量が肥大化すると、企業内部の事務管理組織は肥大化した。他方で、増加する事務量、男性職員の応召によって、女性職員が大量に進出していた。

現業部門の職員構成

一九三六年と三九年における現業部門（川崎製鉄所）の職員構成をこれまでと同じ資料によって確認してみよう（表7-7）。扇町工場は、高炉工場および関連工場によって構成され、川崎工場は製鋼、圧延部門が中心となっている。一九三六年はまだ高炉は一基であるが、三九年には二基、四五年には五基に増加している。したがって、三六年扇町工場では、六六名であった職員が一三四名と二倍に増加した。三八年には、トーマス転炉が稼働しており、製鋼部門における職員の増加も目立っている。三六年の圧延部門は設備拡大としては新設のものはほとんどなく、職員数は、三九年と大きく違っていない。三六年と三九年を比較してみると、全体として、それほど大きな変化はない。

次に、三九年と四五年を比較してみよう（表7-8）。四五年では、川崎と扇町工場と分かれた組織から両者が合体した川崎製鉄所という形で、組織的に統一された。製鋼、圧延部門は、一九三九年は二一・一％であるが、四五年頃一八・九％になっている。四五年の製銑部門は、五基の高炉は稼働していないから、職員の構成が著しく低くなっているのは当然のことである。

一九三九年には、守衛の数がかなり多く（七七名、全体の一五・七％）、戦時期における軍需工場の守秘強化を表わしている。但し、四五年の『職員名簿』には、守衛の名称では名前は記載されていない。

三九年には庶務関係の職員配置は少なく、製造現場は、事務的事項に関する係はほとんど置いていないことを表わしている。

しかし、四五年には総務関係の部課が製造現場にも配置され、全体の二〇％に達していた。また、四五年では各製造現場にも勤労部が設置され、一六・四％の職員が配置された。本社機構の中にも勤労部は設置されており、労務、

表７－７　川崎・扇町製鉄所職員構成

		1936年11月	1939年11月
川崎	守衛	36	47
	工務	34	36
	製鋼	13	29
	条鋼	17	24
	製管	48	51
	工作	33	(2)49
	電気	9	20
	検査	12	14
	倉庫	19	29
	運搬	8	10
	労務	41	(3)48
	その他共計	272	358
扇町	守衛	16	30
	庶務	5	11
	工務	4	15
	高炉	9	7
	骸炭	8	9
	工作	6	11
	動力	0	11
	倉庫	5	11
	運輸	4	11
	労務	3	16
	電気検査	5	
	その他共計	66	134
合計		338	492

注：(　) は女性の人数。
資料：『職員名簿』。

表７－８　川崎製鉄所職員構成（1945年）

部名	課名	人数	%
総務部	部付	1	
	庶務課	72(44)	
	工務課	48(7)	
	警備課	58	
	小計	179(51)	20.4
勤労部	部付	1	
	勤労課	82(20)	
	厚生課	61(9)	
	小計	144(29)	16.4
原料部	部付	1	
	原料課	21(2)	
	運輸課	41(1)	
	倉庫課	26(2)	
	小計	89(5)	10.1
製銑部	部付	1	
	製銑課	24	
	焼結課	11	
	小計	36	4.1
製鋼部	部付	1	
	製鋼第1課	19	
	製鋼第2課	24	
	条鋼課	29	
	製管課	54	
	検査課	39(1)	
	小計	166(1)	18.9
工作部	部付	2	
	工作第1課	64(4)	
	工作第2課	35(2)	
	電気課	37(2)	
	小計	138(8)	15.7
化工部	部付	1	
	骸炭課	21	
	化工課	14	
	熱管理課	13	
	試験課	31	
	炉材課	25(2)	
	子安肥料工場課	21(2)	
	小計	126(4)	14.4
	合計	878(98)	100.0

注：(1)　(　) は女性の人数。ただし，女性は職種と名前によって推測した。
(2)　兼務しているケースは重複して計算した。２つのケースが確認できる。
資料：『職員名簿』。

厚生関係の強化は、全社的に取り組まれていた。

総務部が配置されたことによって、女性職員の数が現場の事業所でも増加した。これらの女性の職種は電話交換手、給仕、タイピストなどで本社のそれと大きくかわっていない。川崎製鉄所でも、事務補助労働者として女性の使用が全体として進んだ。現業部門でも、職員女性の割合は、一一・二％に達していた。

第2節 職員の工員化、工員の職員化

戦時期における職員の性格

職員の勤続年数別構成をとってみると、一九四七年二月現在の鶴見、川崎製鉄所の構成は、五年未満が、二三・六％、五年以上一〇年未満が五二・三％であり、あわせて七五・九％が、日中戦争期に採用されたものであり、大量の職員が戦時期に採用されたことを示している(29)。特に女子はほとんどすべて日中戦争期以降に採用された（表7-9）。一九三三年の勤続年数別職員数は、一〇年以上の職員がかなりの割合を占めていたが、戦時期に大量に採用されていった結果、一〇年未満の職員が増加した。

職員は太平洋戦争期に大量に採用されたが、教育や訓練も十分ではなく、職員の質は著しく低下していた。たとえば、川崎製鉄所の焼結工場の能率診断報告では、「現場監督ハ現場ニ出テヰテ夜勤デモシテ居レバ任務ガ足リルト言フ様ナ態度ヲ示サレテヰル　コレト言フ指導方針モナク、莫クトシタ責任ノナイ監督デアル、幹部ト工員ノ中間ニ居テ毒ニモ薬ニモナラズブラブラシテ居ルト言フ方ガ当ルト思フ　若年者バカリデ経験モナイノデ使ヒ者ニハナラヌカモ知レヌガ生産技術的指導方《ママ》ニヨツテ早ク一人前ニ教育スルコト肝要ナリト痛感スル(30)」と職員の現状を報告している。職員が工員と同じ作業をしたり、日誌に目を通していないこと、引継連絡も行われていないこと、故障に対する打ち

合わせも行われていなかったことなどが報告されている。
　すなわち、戦時期に工員＝熟練工は、応召によって職場から奪われて、それを補完するために、大量の不熟練労働力を投入した。そのために管理業務を担う職員の増加がもとめられたが、職員もまた応召によって不足していた。したがって、現場でもなれない職員が大量に配置されていた実態を推測することができる。
　工員と同じように、職員も不足が目立った。職員の不足を補うために、工員から職員への昇格の道をあける必要が出てきた(31)。工員は、基本的には職員への道が狭かったが、この時期になると、「職員ヘノ登用ハ毎年二回所長ノ推薦スル役付工員又ハ中等学校卒業又ハ之ト同等以上ノ資格ヲ有スル本工員中より詮衡ノ上社長之ヲ行フ(32)」となっており、工員が職員に昇進する道は開けていた。

表7－9　日本鋼管職員勤続年数別

<table>
<tr><th></th><th>1947年2月
（川崎）(1)</th><th>1942年4月1日
(2)</th><th>1933年9月
(3)</th></tr>
<tr><td>～5年未満</td><td>171
(63)</td><td rowspan="3">2,745</td><td rowspan="2">164</td></tr>
<tr><td>5年以上～10年未満</td><td>378
(39)</td></tr>
<tr><td>10年以上～15年未満</td><td>110
(1)</td><td rowspan="2">*96</td></tr>
<tr><td>15年以上～20年未満</td><td>51</td><td>T　N
50＋35＝85</td></tr>
<tr><td>20年以上～</td><td>13</td><td>T　N
12＋68＝80</td><td>4</td></tr>
<tr><td>合　　計</td><td>723</td><td>2,910</td><td>264</td></tr>
</table>

注：(1)　下段（女性）。
　　(2)　T＝鶴見，N＝日本鋼管。
　　(3)　＊印は1923年11月までに採用した社員，したがって9年10カ月以上の人数。しかし，10年以上勤続者101人としている（資料(3)）。1名の相違については不明。
資料：(1)　『中央経営協議会勤労関係資料』1947年2月。
　　(2)　『日本鋼管株式会社三十年史』。
　　(3)　今泉嘉一郎『日本鋼管株式会社創業二十年回顧録』（1933年12月）。

　戦時下においては、大量の不熟練労働力の労務管理は不可欠であった。特に、朝鮮人、俘虜、人夫などを大量に使用していたから、労務管理の困難さは大きな問題となっていた。職員の増加がこうした面でも必要になってきた。
　また、大量の労働者を確保し、使用するためには、戦時期には、食料、住宅、生活用品なども会社が支給しなければ労働者が独自に入手することは不可能であった。したがって、労働者の生活が企業に取り込まれ、逆に取り込まれることが生活の保障につながった。福利厚生分野でどうしても職員配置の増大が余儀なくされたのである。前章で述べたように、生活品の配給は、国を通じてまた企業独自に実施されるようになったから、勤労部の仕事は、こうした面で重要になってきたのである（表7-5参照）。

職員男性の学歴について検討してみると、国民学校出身は一八・五％、中学校三四・〇％、専門学校二五・三％、大学二二・一％であった(33)。配属される部署によっても相違があるが、男性の場合もかなりの高学歴者がいる一方で、国民学校（小学校）出身者も一定割合で増えており、戦時期には鶴見製鉄所の例に見られるように、工員から職員への昇格がかなり進んだことをうかがわせる。日本鋼管全職員の戦前の学歴を示すものはないが、一九三三年末現在で、一九一四年までに採用された職員一八名のうち、高等小学校出身者は一名であり、あとは専門学校、大学卒業者で占められていた。一九二三年一二月までに採用した社員八二名のうち、四〇名の学歴を掲げた表によれば、小学校出身者が明示されているものはない(34)。

戦時中大量に雇用された女性職員は比較的学歴は高かった。職員女性の学歴は、国民学校出身者四八・五％、中学校（女学校）出身五〇・五％であり、職員の場合は、中学校以上の学歴者が多くなっていた。女性職員の学歴を工員の学歴と比較してみると、はっきりと相違がわかる。一九四五年九月三〇日現在では、工員の八二％が高等小学校卒業、一六・七％が尋常小学校卒業となっている。四七年一月三一日現在では、工員中、中学校卒業者は九・五％にすぎず、あとはほとんどが小学校卒業者であった(35)。女性職員の学歴は、工員の学歴より高かったことはこのことからも明らかである。

戦時下においては、職員の工員化と工員の職員化が進行していた。職員の中には、従来考えられないような低い賃金で労働する、資格も低い下級女性職員が入っていた。工員の中から職員に昇級することも日常的に行われた。同時に、戦時中には工員は、実際の労働現場でも職員の不足から役付工が職員の業務を遂行するケースもでてきた(36)。職員と工員を隔てていた壁は、戦時下において大きく崩れてきていた。

職員の勤続年数と賃金

勤続年数による賃金のカーブを描いてみると（図7-2）、非常に興味深いことがわかる。一九四五年八月の時点では、工員の勤続年数別賃金のカーブはかなりきれいに描けている。そして工員の勤続年数別月収のカーブは、一九四六年一〇月の職員の勤続年数別月収のカーブと近似していることを確認することができる。しかも、戦時期には工員の勤続年数別月収のカーブは、職員よりも傾きがきつくなっている。これらのことは、勤続年数でみると、戦時期の工員の月収は、ほとんど職員とかわらない賃金カーブになっていること、戦時期には、勤続年数による賃金格差がかなり大きかったことを示している。

アジア・太平洋戦争末期になると、熟練工不足は深刻で、工員に対しては、勤続年数に応じた給与の体系を提示して工員の労働インセンティブを高めなければならなかった。

図7-2　工員・職員勤続年数別平均月収

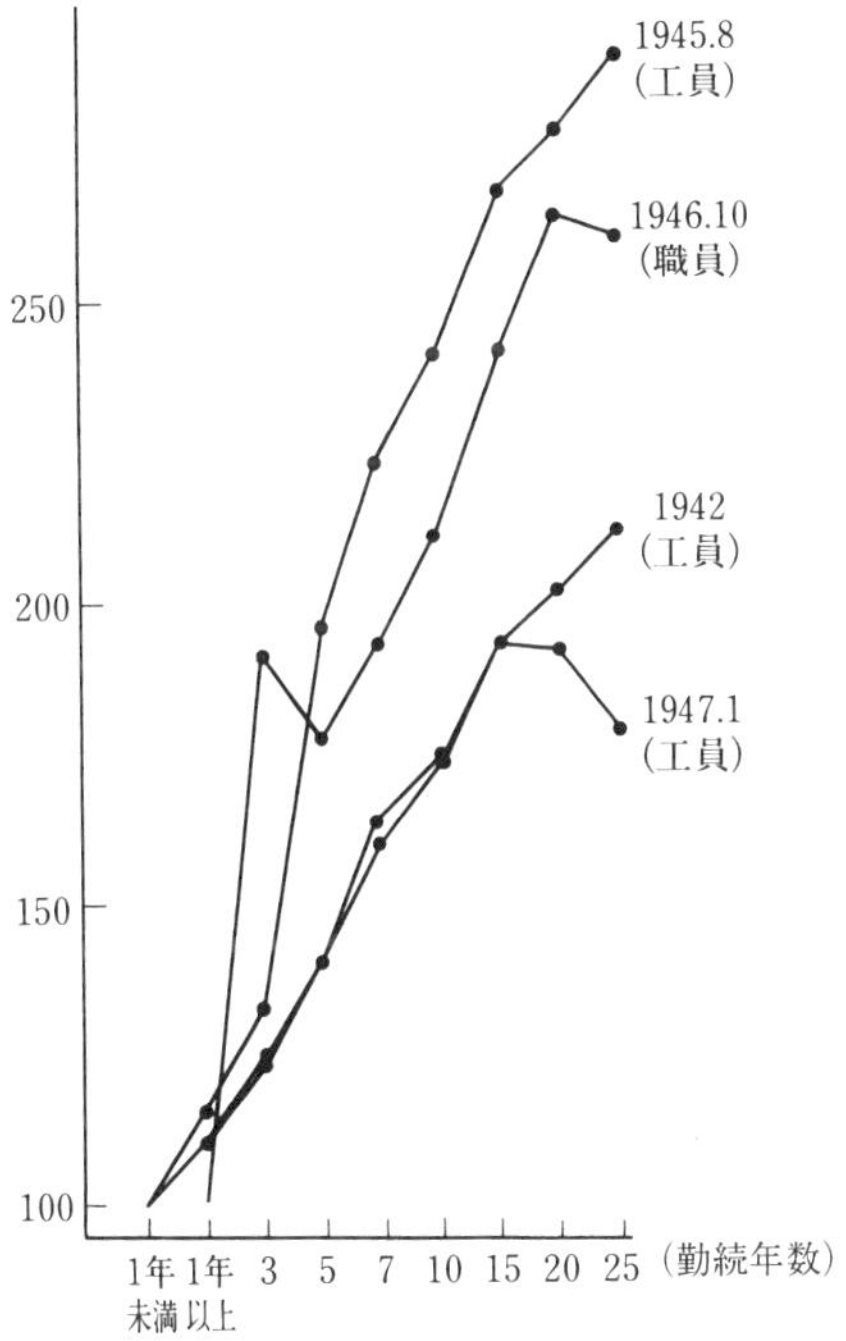

注：(1)　工員の場合は，1年未満を100とした。
(2)　職員の場合は，1年勤続者を100とした。
(3)　職員は，勤続25年ではなく，24年の月収額。
資料：『中央経営協議会勤労関係資料』。

しかしながら、戦争終了とともに工員の勤続年数別平均月収のカーブの傾きは緩やかになっており、一九四一年とほぼ同じ傾きに落ちついてきている。しかも、四七年一月の数値では勤続一五～二〇年を経るとカーブは頭打ちになっている。

このことからも明らかなように、戦時期には職員のカーブに工員のカーブが近接したが、戦後再び、工員はアジア・太平洋戦争初期のカーブに戻っており、職員とはややずれた形をとったと言えるのである。従来の研究では、職員は勤続年数によって賃金が上昇するといわれているが[37]、戦時期には工員も同様の傾向を示していた。しかも職員よりも勤続年数を基準とした賃金カーブは傾きの大きいカーブであった。前述のように日本鋼管においては定期昇給が制度化されたこと、従業者雇入制限令（一九三九年三月三一日公布、四月二〇日実施）によって労働移動の防止が法的に強制されたことによって、職員、工員ともに勤続給が定着した[38]。

職員の中でも女性と男性では勤続年数にかなりの大きな格差があった。四七年における川崎製鉄所女性職員のなかでは、一〇三名のうち、一〇〇名は七年以下の職員であった。戦時中に大量に採用されたために、当然勤続年数は短くなっている。年齢についてみても、女性職員のうち、九八名は三〇歳以下の若年女性であった。既婚者は二名にすぎず、ほとんどが、未婚の女性若年労働者であった。しかも資格別にみると、一〇三名の女性職員は、傭員、雇員といった最も低い職員資格であり、書記以上の職員は皆無であった[39]。女性職員が大量に採用され、各職場に配置されたが、彼女らは、勤続年数も短い、低資格の三〇歳以下の未婚の女性下級職員であった。

職員給与の性格

給与の形態は、日本鋼管に限らず、一般に職員は月給制、工員は日給制であったといわれている。戦時期については、工員も前月一六日から当月一五日間の一カ月をもって計算し、支払日を二八日とするとなっていた[40]。

給与の構成割合は、以下のようであった。

職員給与の構成は、四五年八月では基本給が五九・五％、臨時手当が二九・八％、その他職務手当、家族手当、時間外手当、疎開手当などが一〇・七％であった。しかし、敗戦直後の生活物資の不足とインフレの急進によって基本給と臨時手当の比率は著しく下がっていき、諸手当の割合が急増した。四六年一〇月では、基本給二五・一％、臨時手当二七・九％、出勤手当一六・二％、家族手当一六・二％、能率給一三・四％となって、戦後になって給与の構造

表7-10　職員・工員給与比較

（単位：円）

	1945年8月			1946年10月			増額割合	1945.8	1946.10	1945.8	1946.10
	基本給	その他	計	基本給	その他	計		格差①	格差①	格差②	格差②
職員部長	329	200	529	833	1,500	2,333	4.41	253	172	323	277
課長	246	175	421	653	1,318	1,971	4.68	201	145	257	234
係長	168	145	313	505	1,161	1,666	5.32	150	123	191	197
一般男	112	97	209	390	969	1,359	6.50	100	100	128	161
一般女	42	45	87	189	683	872	10.02			53	103
工員職長	144.59	199.96	344.55	226.00	1,121.08	1,347.08	3.91	210	160	210	160
組長	123.06	181.41	304.47	213.85	1,160.25	1,374.10	4.51	186	163	186	163
伍長	104.03	162.62	266.65	192.28	1,094.39	1,286.67	4.83	163	153	163	153
班長	85.05	140.81	225.86	172.66	1,011.21	1,183.87	5.24	138	140	138	140
平工	65.77	97.96	163.73	132.54	710.39	842.93	5.15	100	100	100	100

注：格差①は，職員・工員内の格差。格差②は，一般工員を100とした場合の格差。
資料：『中央経営協議会勤労関係資料』（1947年2月），表7-9に同じ。

が根本的にかわってしまった[41]。この傾向は工員の場合も同様で、職員工員を問わず、敗戦後における生活条件の激変は賃金構成に対して同じく作用した。

　戦時期の職員、工員の給与の比較をしたいが、日本鋼管の資料の中には適切なものがない。一九四五年八月時点の数値が、両者の比較を可能にしている（表7-10）。この時点では、工員の給与（月収）は比較的よく、班長は、一般男性職員よりも給与は高くなっていた。職長、組長クラスになると、係長に匹敵するか凌駕する水準になっていた。職員の中でも、職階の低い層や一般職員は、生活はかなり困難をきわめていたことを予想させる。また、一般職員の中でも女性の給与は著しく低く、一般工員の半分程度であった。戦時中女性職員の割合は増加したが、賃金の格差はかなり開いていた。

　男性工員の賃金の高さは、基本給以外の諸手当や、奨励給、臨時給与が戦時中次々と追加給付されていったためである。したがって、戦時期においては、工員職長の月収は、職員係長に匹敵する水準になっていたが、基本給だけとってみれば、工員職長は職員係長よりも低くなっていたのである。工員給与の水準を引き上げたのは、戦時中の生産増強のためにインセンティブを与える制度のおかげであった。熟練工員が、応召で引き抜かれて行き、不足する熟練工を企業内にとどめるためにも、また、生活を保障するためにも諸手当の支給で対応しなければならなかった。

したがって、戦時中、職員と工員の給与の構造も異なっていたことに注意する必要がある。工員は、基本給より諸手当などの部分の割合が高くなっているが、職員は依然として基本給の割合が高くなっている。

しかしながら、戦後民主化の進展と激しいインフレ、物資欠乏の中で戦時中の両者の給与構造にも変化が生まれてくる。工員職長、組長の給与は、一般男性職員の給与並みになり、戦時期の工員給与の優位性は消滅した。工場の操業がほとんど止まっている状態では、奨励給や能率給の意味が小さくなっていったのである。当然のことながら、現業労働者である工員の賃金水準は悪化した。一方、職員のうちでも一般男性、女性職員の月収は、上昇率が高く、職員間の格差も縮まった。工員間の格差も縮まっており、一般に職階による月収の格差は、かなり縮小し、平準化が進行した。

女性職員の給与水準の改善は著しく、民主化の成果が現われてきている。女性職員の給与は、敗戦直後、この表では、男性平工員並みになっていた。職階による賃金格差も戦争直後の時期には急速に縮小した。

総じて言えることは、敗戦直後には、工員、職員ともに、基本給の持つ意味が急速に低下し、諸手当の持つ意味が大きな意味を持つようになった。そういう意味では、職員、工員の給与体系の同質化が強まったのである。生活の困窮は、ほとんどすべての職員、工員を等しく襲っており、飢餓水準を回復するためには、両者の相違も押し流してしまっていたのである。

小　括

以上の日本鋼管の職員層分析から若干のまとめをしておきたい。

職員の増加は、戦時期に急速に進み、アジア・太平洋戦争末期になると、工員の増加をしのいで進んでいった。職員一人当たり工員数も明らかに低下した。不熟練労働力である学徒、徴用工、人夫、朝鮮人労働者、俘虜の増大によって労務管理を強化する必要性は高まった。また、これら労働力の確保のための厚生施設、不足する物資や住宅を支給しなければ、工員を確保することができなかったから、工員の生活管理にまで企業が深く関わっていかなければならなくなった。これらのことは、勤労部の設置、病院の拡充などを促し、これに対応して職員を大量に抱え込むことになったのである。このことは、労働者の立場から見れば、企業とともにあることが自らの生活を保障するものになった。政府省間の調整された計画が企業に対して命令されず、計画化というには、あまりにおそまつなものであった。国家統制の破綻によって、従来企業の領域とされていた領域を越える広い範囲に企業の活動領域は拡張されたのである。

戦後日本における企業システムの大きな特徴である「会社本位主義」的システム[42]が戦時という特殊な状況で出現し、占領下の組合運動に支えられながら、戦後のインフレと生活物資の不足の中で継続されたのである。職員層の増大の一つの要因は、企業の中に新たな活動領域を生み出した事実と対応していたのである。

また、戦時経済のもとでは、原料資材を取得するための子会社傍系会社や作業を補完する協力工場の増加を招き、中間組織の増加を招いた。これらを管理するために、監査室、協力工場部のような管理部門が新設され、職員の配置が進んだ。

しかし、職員の増加は、過剰雇用を生み出しており、戦後一挙に噴出した。職員一人当たり売上高は、太平洋戦争後半期には急激に低下した。いわば、本社機構、事務機構の肥大化は戦後大きな問題となった。企業は、人員整理を実行する必要に迫られていた。

戦時期職員構成における変化の大きな特徴の一つは、事務補助労働者として大量の女性が職員として採用され、低賃金で労働していたことである。これらの労働者は、職員といっても、勤続年数も短い、低資格の三〇歳以下の未婚の女性下級職員であった。明らかに一般男性職員と異なった身分であり、中年層はほとんどいなかった。しかし、統制経済に伴う事務量の増加、企業の規模拡大に伴う管理部門の拡大、企業の労働者生活への関与の拡大などは、タイピスト、電話交換手、事務補助、賄婦など広範に女性の進出を促し、あらゆる部署に女性が配置され、男女の共同労働が事務部門では通常のものとなった。彼女らの学歴は、明らかに工員よりも高く一定の能力と教養を備えていたのである。こうした戦時中の女性の進出こそが、戦後の労働組合運動の中に女性の独自の要求が入り込む基礎があったと推測されるのである。

給与、昇格にみられるような戦時期から進んでいた工員と職員の条件の接近は、両者が共同で戦う条件をつくって行った（工員の職員化、職員の工員化）。工員層の一部は職員に昇格しており、給与水準も接近していた。両者の差別的な環境はあったものの、両者の境は厚い壁ではなくなった。特に、戦後の物資の不足とインフレは、両者を同時に激しく襲ったから、ほぼ条件は同様になった。工職混合の組合で戦う前提は戦時中の職員層の中に醸成されていたのである。

注

（1） 職員層の分析については、近年、菅山真次が積極的に実証的理論的論文を発表している。「一九二〇年代重電機経営の下級職員層」（『社会経済史学』第五三巻第五号、一九八七年一二月）、「戦間期雇用関係の労職比較」（『社会経済史学』第五五巻第四号、一九八九年一〇月）、「産業革命期の企業職員層——官営製鉄所職員のキャリア分析」（『経営史学』第二七巻第四号、一九九三年一月）。

（2） 菅山真次「日本的雇用関係の形成」（山崎広明・橘川武郎編『日本経営史四 「日本的経営」の連続と断絶』岩波書店、一九九五年）は戦後と戦時の連続性について言及した数少ない実証研究である。菅山の研究は日立の事例を丹念な実証研究で追っているが、工員分析では配置状況や工員と見なされない労働者の実態と工員との関連について、追究されていない。その他菅山真次の一連の研究を除いて、管見するかぎり、本格的研究はない。菅山真次も戦時期については、あまり立ち入っていない。菅山によれば、戦時期においても、戦時統制が掲げていた職員と工員の身分的差別の段階的な解消は日立の事例研究では実現できなかった。こうした主張は、筆者も支持できる。

（3）三宅明正「戦後改革期の日本資本主義における労資関係――〈従業員組合〉の生成」（『土地制度史学』第一三一号、一九九一年四月）参照。

（4）大河内一男「『産業報国会』の前と後」（『労使関係の史的発展』有斐閣、一九七二年）。この論文では「戦前の労働組合が入り込みえなかった大企業の内部における常用工＝本工をくるめて、全員加入の『組織』を産報という上からの仕方でつくり出し得たその組織の基盤の上に、はじめて戦後の労働組合が、企業ごとに、事業所ごとに、産報と同じフィールドをそれ自身のものとして取り込むことができたのである。つまり産報が開拓した『組織』の上に、戦後の労働組合は自分自身の、企業内組合としての全員組織を作り上げたのである」（三九八頁）として、産報を媒介にした戦後労働組合を位置づけようとしている。

（5）産報は企業労務管理の下請機関にすぎなかったとして、その連続性を否定する見解も出ている（尾高煌之助「『日本的』労使関係」（奥村正寛・岡崎哲二編『現代日本経済システムの源流』日本経済新聞社、一九九三年、一六九～一七〇頁）。産業報国会と企業別労働組合を同列に論ずることは、産報を労働組合否定の上に成立した組織として位置づけるとすると、問題がある（原朗「戦後五〇年と日本経済」『年報・日本現代史』創刊号、一九九五年、一〇九頁）。

（6）西成田豊「戦後危機と資本主義再建過程の労資関係」（油井大三郎・中村政則・豊下楢彦『占領改革の国際比較』三省堂、一九九四年）。西成田豊は、「組織的経験」という表現を用いているが、その組織的経験とは、ファシズム期の疑似共同体的に再編成されたもとでの労資関係によるものである（西成田豊「労働力動員と労働改革」大石嘉一郎編『日本帝国主義史三　第二次大戦期』東京大学出版会、一九九四年）。その「組織的経験」が戦後改革とどうつながるのか、疑問である。むしろ実態は、人的にも組織的にも、一九三七年以前の社会主義運動や労働運動の経験との関係が重要であると筆者は考える。

（7）二村一夫「戦後社会の起点における労働組合運動」（『シリーズ日本現代史』第四巻、岩波書店、一九九四年）四六頁。日立の事例について、前掲菅山「日本的雇用関係の形成」二一二～二一五頁において同様の指摘をしている。

（8）尾高前掲論文一七一頁。

（9）奥村・岡崎前掲書。この問題に対する回答は、戦後期の本格的検討を必要とする。同書に対する筆者の見解については、筆者の同書書評（『経営史学』第三〇巻第一号、一九九五年四月）を参照。

（10）「当社昭和九年以降稼働開始設備一覧」（『横浜市史』Ⅱ、以下『資料編四』と表記する）。

（11）「職制改正要旨」（一九三一年推定、松下資料№708）。

（12）日本鋼管株式会社『職員住所簿』（一九一七年一一月三一日現在）日本鋼管株式会社京浜製鉄所所蔵。

(13)「日本鋼管株式会社職制」(一九三二年五月二一日、第一条、松下資料No.708)。

(14) 菅山前掲「一九二〇年代重電機経営の下級職員層」によって、日立の下級職員の分析が行われている。菅山の研究によれば、下級職員の広範な存在は、企業経営の官僚制化と中高等教育の拡大が下級職員の増加をもたらしたと指摘している。このうち、中高等教育の拡大という視点は重要である。

(15) 松下長久「職制変更ニ対スル卑見」(一九三二年推定、松下資料No.708) 署名はないが、松下長久がしたためたものであることは、筆跡および資料の存在状態(袋詰め)などから確実である。

(16) この間、本社が川崎からから東京に移転したので、本社と言うときは、現業部門ではなくいわゆる本社部門の意味である。

(17) 前掲「日本鋼管株式会社職制」参照。三二年の職制では、技術研究部は設置されていない。技術研究部は、技術の恒常的な業務を除いた研究開発に関する業務を担う部門として技監部から分離されて、置かれたと推測される。それは、高炉建設、トーマス転炉など新たな技術分野への展開に関わってとられた措置である。なお、一九三二年の技監部部長は、松下長久である。

(18) 企画部は、事業の根本計画にかんする審議立案する部署と位置づけられた。内容的には不十分な点があったが、スタッフ部門が組織の中で位置づけられたことには大きな意義がある(能率委員会第二部長「職制及職務分掌規程ニ関スル考察」一九四四年八月、松下資料No.325、『資料編四』下、六〇八頁)。

(19) 一九三二年の職制改正の際の職務分掌事項によれば、川崎製鉄所の労務掛は、「職夫賃金」、工場衛生災害防止、給付人夫の契約配給、人事相談、共済会健康保険、職夫規則の改廃や立案、「其他職夫ニ関スル一切ノ事項」となっていた(前掲「日本鋼管株式会社職制」)。

(20) 資料上では傍系会社、子会社の明確な定義はなされていないが、出資額の割合によって傍系会社は規定されていたものと推定される。資料によれば、社内では、「日本鋼管会社ヨリ見テ、会社ガ出資ヲシテオル会社又ハ工場デアリ且或程度ニ於テ其会社ノ事業ニ参加シ、進ンテハ其会社ノ実際ノ運営ニ当ツテオルモノ」を傍系会社または子会社といった。独立的なものを傍系会社といい、日本鋼管に「隷属」するものを「仔会社」といった(能率委員会第二部長「職制及業務分掌規程上ニ於ケル傍系会社、仔会社、協力工場、及下請工場ニ関スル研究」一九四四年一〇月一一日、『資料編四』下、六二二頁、松下資料No.325)。

(21) 前掲「職制及職務分掌規程ニ関スル考察」六二一頁。

(22) 企画部「傍系会社ニ対スル管理並ニ総合的運用強化対策要綱」(一九四四年七月三日、『資料編四』下、五九七~五九八頁、松下資料No.297）。

(23) 従来下請工場とされていたものの名称は、四二年指定制度を実施する際に「協力工場」という名称に変更された（長島修「企業整備と系列化」下谷政弘・長島修編『戦時日本経済の研究』晃洋書房、一九九二年、一三七頁）。政策成立過程については、植田浩史「戦時統制経済と下請制の展開」『年報・近代日本研究』九　戦時経済、山川出版社、一九八七年）参照。

(24) 前掲「職制及業務分掌規程上ニ於ケル傍系会社、仔会社、協力工場、及下請工場ニ関スル研究」六一三頁。

(25) 一九四四年の組織では、建設局があったが、敗戦直後の四五年一一月の『職員名簿』には、建設局は存在しない。おそらく敗戦前後のところで廃止されたものと思われる。したがって、実際には太平洋戦争下では、本社部門人数はもっと多かったものと推定される。

(26) 庶務部庶務課「生産阻害事項」（『資料編四』下）三一七頁。

(27) 同前三二六頁。

(28) 一九四六年労働協約における鶴見造船所組合側提案の中には、女性従業員の月三日の生理休暇、産前産後三カ月の休暇という要求が盛り込まれている（『資料編四』下、六七一頁）。鶴見製鉄所分会と結ばれた四七年第二次労働協約には、女性生理休暇月三日、産前産後休暇通算八四日が認められている（『鶴鉄労働運動史』一九五六年、一〇八頁）。

(29) 「中央経営協議会勤労関係資料」（一九四七年二月、『横浜市史』Ⅱ資料編四下）、この資料で統計として取り上げられている職員は、川崎製鉄所の職員で、鶴見製鉄所、本社部門、造船部門などは除かれていると推測される。

(30) 「川崎製鉄所焼結工場協力者現況報告」（一九四五年一月八日、『横浜市史』Ⅱ資料編四下）六三一～六三三頁。

(31) 技術者も大学卒業者ではなく、職長の昇格者や中学校卒業者で賄わざるをえなかった（土居襄『日本鋼管における転炉製鋼法の歩み』一九八七年一月、一九頁）。

(32) 鶴見製鉄所「工員進級昇級内規」（「行政査察説明資料」一九四三年一二月、柏原兵太郎文書一三四-七）。定期的に昇級、昇格は三九年頃までは実施されていなかった（中田義算「社組織の改善に際して」一九三九年九月、参照）。

(33) 前掲「中央経営協議会勤労関係資料」。

(34) 今泉嘉一郎『日本鋼管株式会社創業二十年回顧録』（一九三三年、二六一～二六七頁）。

(35) 前掲「中央経営協議会勤労関係資料」。

(36) 職員不足のため、工員を職員の代用として使用せざるをえず、役付工の現場離れが問題となった（水戸瀬滝蔵「『川崎製鉄所焼結工場協力者現況報告』の対策案」一九四五年四月二五日、『資料編四』下）。

(37) 職員の賃金については、日立の事例を研究した菅山前掲「戦間期雇用関係の労職比較」を参照。

(38) 工員についても、戦後日本において確立した年功的賃金体系と呼ぶかどうかはさらに詳しい検討が必要である。

(39) 前掲「中央経営協議会勤労関係資料」。

(40) 『行政査察説明資料（労務班）（鶴見製鉄所）』（柏原兵太郎文書二三四-七）一〇～一一頁。

(41) 前掲「中央経営協議会勤労関係資料」。

(42) 奥村宏『会社本位主義は崩れるか』（岩波書店、一九九二年）参照。奥村は主に「所有と経営」の観点から「会社本位主義」という概念を組み立てている。従業員は何ゆえ企業に対して自らを一体化させていくかという観点を歴史的に展開することを本章では追究しようとした。宇野理論の立場から、馬場宏二「現代世界と日本会社主義」（東京大学社会科学研究所編『現代日本社会』第一巻、一九九一年）は、被雇用者の強い企業帰属を示す概念として、現代日本社会の体制的総括的呼称として「会社主義」という言葉を用いている。「会社主義」が、体制的総括として、適切かどうかは疑問があるが戦後日本社会の特徴を示すものである。

第8章　敗戦と復興

はじめに

本章と次章では、敗戦時の日本鋼管を例にして、戦後の鉄鋼企業の再編成の過程を分析する。日本鉄鋼業は、一九四五年八月一五日からわずか数年の間に、軍部の解体、労働組合の公認、日本製鉄の解体、賠償指定、原料基盤の転換、公職追放による経営者の変化、財閥解体の結果としての株主層の変化、企業再建整備など大きな転換を迫られた。戦前戦時鉄鋼業の構造的な再編成を余儀なくされたのである。こうした転換を一つ一つ整理しながら歴史的な意義と特徴付けを与える作業は膨大な仕事である。本章は、こうした大きな経済社会の編成原理の転換が、企業経営にどのような影響を与え、戦後日本の企業システムを確立していったのかを歴史的に明らかにする作業の一環である。

日本鉄鋼業が戦後どのように復興してきたかを検討する作業は、すでに概略は与えられている(1)。また、政策過程の研究もようやく本格化している(2)。その中でも、復興過程の中で企業経営がどのように再編成されたのかを本格的に扱う実証的研究は未だに手薄である(3)。特に、戦後、鉄鋼企業の生産、販売、財務、企業統治（コーポレートガバナンス）などが、経済社会の編成原理が変化する中で、どのように変化したのか。それを、戦時中の企業との関連のなかで考察し、戦後的な特徴を見いだすという作業は本格的になされていない。本章はこうした研究状況をふまえて、敗戦前後の鉄鋼企業経営の再編成過程を分析するものである。戦後の鉄鋼企業の企業経営を分析する場合にも、錯綜する事実過程を整理せず、全体の動向の中で位置づけることなく、一部の事象を孤立的に取り上げて、戦後的な特徴を安易に確定する態度は厳に戒めなければならない。企業経営の再編成はいかに行われたのか、戦前の企業構造がどのように編成替えされたのか、この点に深く切り込んでいく作業は未だ不十分である(4)。それは、戦前の企業構造についての理解の仕方とも関わる問題でもある。

戦後鉄鋼企業分析は、関西系の三社(川崎製鉄、扶桑金属工業、神戸製鋼所)、いわゆる平炉圧延企業と民間の日本鋼管株式会社、日本製鉄この三つが戦後鉄鋼業企業の分析には不可欠であろう(5)。それぞれにとって、戦後の企業経営の再編成の課題は、共通するものもあるが、再編の仕方はかなり異なっている。特に、日本製鉄の解体は、戦後鉄鋼業の構造的な変化をもたらしたものとして、それ自体が本格的に追究されるべきである。本書の課題は企業経営の再編成ということであるので、日本製鉄解体それ自体の問題はとりあげていない。いずれ別の形で、取り上げる必要がある。

敗戦時における企業環境の激変の中で、企業経営の再編成がどのように進んだのかを明らかにし、一九五五年から始まる高度成長の歴史的前提条件を明らかにすることが本章の課題である。

第1節　敗戦時の経営方針

戦争末期の経営方針

敗戦後の日本鋼管の企業再編成を考察する前提として、その直後にどのような経営方針をとって、どのような転換がはかられたのかを検討する必要がある。まず、その前提条件であるどのような体制と方針で敗戦を迎えたのかを検討してみよう。

建設工事は、一九四四年一〇月頃から事実上戦力化しないものから中止になっており、普通鋼材生産に関わる建設工事は中止され(6)、特殊兵器に直結する建設工事のみが実施されたのである。日本鋼管でいえば、特殊鋼関係工事や兵器関係設備の建設は継続されていた(7)。これらはいずれも、日本鋼管独自の判断ではなく、統制会や軍部からの要請にもとづくものであった(8)。したがって、戦後につながるような基本的な設備投資はこの四四年末時点で終了していたと考えてよい。

日本鋼管は、敗戦目前に迫った時期にどのような対応をとったのであろうか。一九四五年第1四半期から第2四半期における方針を検討することが必要であろう。この時期は、空襲、疎開など混乱をきわめた時期であり、残存する資料も極端に少なくなってくる。

この時期のものとして注目されるのが需品部「発註品処理ニ就テ」（一九四五年七月一〇日）(9)である。戦時期の経営は、既存設備による増産を目指しながら、一方で軍部の要請にもとづいて設備の新設ないし拡張に努めていた。したがって、全体としてこうした状況からどのように撤退するのかが企業経営の見きわめどころであった。同資料は、方針を次のように述べている。

「第二、四半期生産割当ノ縮減、一部設備ノ急速疎開並ニ第三、四半期以降ニ於ケル生産環境ノ悪化累増ノ予測下ニ、当部発註方針ヲ一面生産完遂、他面整理縮減ノ二面ニ同時並行的ニ指向ヤシメ整理縮減具体策ヲ左ノ如ク決定セントス」。

この基本方針にも明らかなごとく、「一面生産完遂、他面整理縮減」という矛盾した表現を用いている。生産完遂とは、表向きのものであり、整理縮減をどのように効率的に行って、経営に対する打撃を少なくするかということに腐心し始めているのである。ここに、敗戦後の同社の経営方針に直接つながる前提があったのである。

具体的な決定方針の前提は、川崎製鉄所における高炉、焼結炉、転炉の稼働休止であり、生産量の大幅な減産であった。平炉は稼働三基とし、待機休止九基とすること、圧延工場は稼働は第一、二、五管工場、厚板設備、休止は第三、四管工場、薄板工場。条鋼鋼材では、稼働は、大形、第二小形、休止が中形、第一小形工場となった。こうして設備の稼働を極端に控え、発注品の整理に進んでいった。一九四五年四～七月時点で同社では、発注品の整理、軍需補償の獲得に方針を大きく切り替えていたものと推測されるのである。そのことは、発注方針をみれば、明らかである。

同資料では設備を四つの種類に分けたうえで、それぞれの発注についての処理方針を定めているのである。分類は以下の通りである。

①川崎製鉄所の高炉、焼結炉、転炉、鶴見製鉄所の高炉（第一類）

②平炉、圧延設備（第二類）

③疎開設備（第三類）

④一般建設（第四類）

同社の建設工事、部品、設備などの外部発注に対する方針について以下のようにするべきことを定めているのである。

(イ)　新規発注

「原則トシテ」第二類中稼働のものと第三類中発令のあったもの「ニ限定シテ」新規発注は「即時現物化ニ努ムルモノトス」となっていた。

新規発注のうち平炉圧延設備と疎開設備について現物化することは何を意味するのか。平炉圧延設備については、新規に発注したものでも現物化を急いでおり、敗戦後同社は当面は平炉圧延設備による操業を念頭に置いていたことを示している。つまり、銑鋼一貫体制は放棄することを意味していた。また、疎開設備とは、主に特殊鋼設備にかんするものが多かったと推測されるから[10]、これらのものにかんする発注を急いで充実をはかることを意味していた。いわば、不完全なままに移転して中途半端になることを恐れたことや、特殊鋼のような小回りが利く設備の重要性を認識していたと推測される。

(ロ)　既発注

「一、原則トシテ完成品及仕掛品全部ヲ引取ノコト／尚第二類、第三類ニ関スルモノハ即時現物化ヲ計ルモノトス

一、未着手ノモノハ新規発註ニ準ジ第二類、第三類ノモノニ限定シ即時現物化ヲ計ルモノトス

一、未着手ノモノニシテ第一類、第四類ニ関スルモノハ原則トシテ至急解約手続ヲ採ルモノトス／但他ニ転活用可能ノモノハ考慮ノコト／解約分ニツイテハ前渡金及支給材アルモノハ之ヲ回収スルモノトス」[11]。

既発注についての方針は、完成品仕掛品は引き取り、第三類（平炉圧延関係）については、即時現物化するとなっていた。早急に現物化することを基本としながら、平炉圧延、疎開関係に限って即時現物化という方針を掲げた。また、未着手については、第二類、第三類の現物化とそれ以外の解約という方針で、前渡金の回収と発注に際して日本鋼管から支給していた原材料の回収を指示したのである。

こうした大きな方針転換に対して、各発注工場に対する交渉を担当する人員を、発注の重要度に応じて役付け者のランクと関連させて配置し、この方針を貫徹しようとした[12]。この方針はどのような意味を持つか考察してみよう。

第一に、ここで注目されるのは、七月一〇日という時点でこの方針が出されていることである。敗戦前に日本鋼管は、生産の縮小に伴って、一斉に発注の見直しを行っていることである。敗戦直前の時期から、敗戦をある程度見越した活動に入っていたことが確認されるのである。それでなければ、生産の縮小というような方針を表向き掲げることは、軍需会社としてはできないことである。

第二に、できる限りの現物化をはかること、既発注についても資材の回収に入っていることである。つまり、物資の囲い込みに入っていることである。物資の不足が極端に進んでいた戦争末期における物資の蓄積は大きな意味をもっていた。

表8-1　日本鋼管の契約高および前渡金（1945年7月10日現在）

（単位：円，%）

契約種類	注文金額①	前渡金②	入荷金③	注文残高	前渡金残高	②／①	③／①
鉄鋼	1,245,846	705,856	220,663	1,025,183	578,876	56.7	17.7
金属	2,596,586	997,850	24,266	2,572,320	973,584	38.4	0.9
第一非鉄金属	45,000	45,000		4,500	45,000	100.0	0.0
第二非鉄金属	431,420	302,750	124,100	307,320	215,000	70.2	28.8
計	4,318,852	2,051,456	369,029	3,949,823	1,812,460	47.5	8.5
機械	68,665,164	21,194,502				30.9	0.0
器具	22,836,154	3,682,664				16.1	0.0
工事	18,086,740					0.0	0.0
計	109,588,058	24,877,166				22.7	0.0
木材	4,444,000	2,658,065	2,923,490	1,520,510	−265,424	59.8	65.8
竹材	808,280	333,440	358,047	471,829	185,758	41.3	44.3
計	5,252,280	2,991,505	3,281,537	1,992,339	−79,666	57.0	62.5
合　計	119,159,190	29,920,127	3,650,566	5,942,162	1,732,794	25.1	3.1

注：(1)　鉄鋼，金属，第1，第2非鉄金属は，前渡金支払いのみを計上。
(2)　機械は5,000円以上の全契約。
(3)　器具は1,000円以上の全契約。
(4)　注文残は6月末現在。
(5)　前渡金残高のマイナスは，前渡金の金額を超えて入荷していることを示す。
資料：「契約高前渡金調べ」松下資料No.398。

第三に、高炉、転炉関係品の現物化より平炉圧延関係の現物化に力を注いでいることである。七月にすでにすべての高炉の火を落とした日本鋼管は、銑鋼一貫体制を放棄し、当面は平炉−圧延企業として経営せざるをえないことを見越したのである。

第四に、解約分についての前渡金回収という資金回収の動きが明らかに出ていることである。日本鋼管は、解約に伴う資金回収に向かい始めていたのである。

需品部で整理した契約高、前渡金の概況（表8-1）では、金属、機械、器具、工事、竹材、木材などの合計（全合計ではなく主要なもの）で約一億二〇〇〇万円で大部分が機械器具などになっていた。しかし、前渡金の支払額は、各品目によってかなり格差があったようである。つまり、木材竹材などは注文金額に対する前渡金の割合が、非常に大きい。これに対して、機械器具などは、前渡金の額は、三〇%程度で低くなっている。他方で、金額的には、機械器具関係への注文額、前渡金の支払額は大きく、機械器具メーカーへの信用供与は大きかった。しかし、機械器具については、ほとんどが入荷しておらず、生産の崩壊を目前にして回収を強めざるをえなかった。鉄鋼金属などは前渡金の割合は、かなり高くなっている。特に非鉄金属については、ほとんど注文の全額が前渡金として支払われている。これは、稀少資源に関係していると推測される。特に、木材などは、疎開建設作業などを急いでいたために、早急に原材料類を獲得するために、大胆な信用供与が注文先に与えられていたものと推測される。発注先にとっては、この解約が大きな経営上の困難を惹起したことはまちがいない。資源制約のもとで、信用供与による資材確保は広範に行われており、生産の崩壊を察知した経営者は、一斉に前渡金の回収に入ったのである。

敗戦後の経営方針

四五年八月一五日以降こうした状況はどのように変化したのか、すでに四五年六月頃から新規の注文は発していないから、ほとんどが既注文品ということになるが、それについては、「既契約品処理要領」（一九四五年八月二七日）[13]という資料がある。それによれば、

①未着手のものは「前渡金及支給材ハ回収無条件解約」。

②未完成のもの（工事請負）については、出来高を査定し「出来高割合ヲ総金額ニ乗ジタ金額ヲ支払ヒ解約」し、「未使用支給材ハ回収」し、「支給材回収不能ノ場合ニハ代替品又ハ代価ヲ以テ回収」する。「工事用トシテ準備セル機械器具ノ引取方ヲ注文先ヨリ申出アリタル場合当社ニ於テ必要ト認メタルモノニ限適当評価ノ上引取ルコト」とした。

工事発注先は、基本的には解約に伴って損益がないようになっているが、日本鋼管の発注した工事のために購入した機械器具類については、日本鋼管にとって必要と見なされたものだけが引き取られたのである。

③未完成のもの（仕掛中のもの〈機械器具類其他物品〉）については、「市場向製作品」と「特定製作品」とに分類し、「市場向製作品ハ前渡金及支給材ヲ回収シ無条件解約」され、「支給材回収不能ノ場合ニハ代替品又ハ代価ヲ

以テ回収」されることになった。また、「特定製作品ハ出来高ヲ査定シ其出来高割合ヲ総金額ニ乗シタル金額ノ二分ノ一以内ヲ支払ヒ解約」し、「前渡金ハ支払分ニ充当」された。仕掛品は回収し、未使用支給材も回収した。「支給材回収不能ノ場合ニハ代替品又ハ代価ヲ以テ回収」することになった。日本鋼管が発注した機械器具類は、市場向製品は、他への販売が可能であるということも考慮に入れて、無条件解約となっており、前渡金支給材もすべて回収という厳しい方針で臨んでいる。日本鋼管向けの特殊注文品は、出来高の二分一補償であるから、機械器具メーカーにとっては、厳しい内容であった。機械器具の受注企業にとっては、支給材の回収、前渡金も事実上支払い充当ということで、子会社傍系会社などへはきわめて厳しい内容になっていたと推測される（第9章参照）。

④完成品は契約通り納品。

⑤羅災したもの。仕掛品完成品で羅災したものは、「注文先ニ於テ保険金又ハ政府補償ニ依リテ処理セシムルコトトシ前渡金支給材ハ回収ノコト」とし「支給材回収不能ノ場合ニハ代替品又ハ代価ヲ以テ回収」することになった。羅災したものについての回収もきわめて峻厳な回収方針である。

完成品は契約通りの製品の引き取りをしたが、未完成品の場合は大きな問題となった。建設工事の場合は発注先の損失が生じる恐れが大きかった。機械器具類は、市場向け製品は、無条件解約という厳しい内容であったが、特定製作品については出来高の二分の一補償ということになっていた。全体的にみても、日本鋼管は、発注先にはきわめて厳しい内容をつきつけた。もちろん、日本鋼管自体も受注した分について同じようなリスクを負担しなければならなかった。しかし、それは、軍需補償をとることに力点をおくことによってカバーしようとしたのである。

生産の再開よりも、支給した資材の回収や発注した製品の現物化こそが敗戦前後の大きな課題であった。生産は、ストックの食いつぶしと資材の切り売りに向かわざるをえなかったのである。その時期は、四五年四～六月前後の頃から始まっていたと推測される。このころには、経営の内部では、敗戦の予測がほぼついてきたのではないか。それだからこそ、現物化や発注の解約、前渡金の回収へと進んでいったのではないか。もちろん、それを表面化させることはできなかった(14)。あくまで一方で、増産というスローガンは掲げられていた。疎開による生産の分散や生産システムの崩壊、原材料の不足、空襲などさまざまな要因が生産の低下の要因と考えられるが、実態としては生産の縮小、発注品の早期現物化は四五年八月一五日以前から始められていたのである。

第2節　敗戦前後の生産状況と原料消費状況

生産の概況

年次ごとの日本鋼管生産高をみると（表1-1、表1-3、表1-5）、銑鉄は四五年七月には高炉休止のため、生産はない。川崎製鉄所では、四四年まではピークよりやや生産は下がるが、一応の生産量は維持した。銑鉄生産の再開は四八年であり、一九五二年には戦前水準を突破した。鶴見製鉄所は四三年頃から生産は低下し再開も一九五一年にずれ込む。川崎、鶴見を合わせた日本鋼管の生産高のピークが、一九四二年六〇万トンであり、それを凌駕するのは一九五三年になるのである。いわば、空白の二年一〇カ月が経過するのである(15)。

次に鋼の生産高をみると、川崎製鉄所のピークは、七四万トン、一九四〇年が戦前の最高である。戦時中の日本鋼管は、屑鉄を使用しないトーマス転炉の生産に力をそそぎ、銑鉄も転炉用銑鉄を生産することによって生産を拡大してきた。平炉鋼の生産が停滞したが、転炉鋼は三八年操業を始めてから急速に伸びていったのである(16)。鋼塊生産は四五年に急減し四六年には最低となる。川崎製鉄所では、四六年には三万トンになり、鶴見ではわずか二四八トンとなる。七四万トンを凌駕するのは一九五五年である。日本鋼管全体としても鶴見の回復によって一九五五年には戦前水準を凌駕する。

普通圧延鋼材に関しては、戦前のピークは、川崎では一九四〇年約五〇万トン、鶴見では一九四三年二八万トンである。一九四〇年六八万トンが日本鋼管のピークを形成する。アジア・太平洋戦争期には、生産量は六〇万トン前後でほぼ一定している。しかし、生産は四五年に急減、四六年には川崎二万三〇〇〇トン、鶴見一万二〇〇〇トンと極端なまでに生産は低下した。戦後の生産をみると、川崎は生産高回復のテンポは遅く、鶴見製鉄所の生産が急速に伸びていることが特色である。川崎の普通圧延鋼材の生産量は停滞的である。一九五四年になって、川崎製鉄所は戦前水準の普通圧延鋼材の生産を凌駕することができた。これに対して、鶴見製鉄所は、一九五一年には戦前水準を凌駕し、川崎より早い回復を示している。これは、鶴見が造船用厚板の生産設備をかかえ、戦後の造船復興による需要の増加が、同所の普通圧延鋼材の生産増加につながったためである。また、こうした鶴見回復は、川崎からのシートバー（半製品）の供給や熔銑を受け入れることによって可能になったのであり、鶴見の回復も実は川崎の支援によって可能になっていることに注意する必要がある。[17]

生産低下の実態

戦前と戦後状況を見ると（表8-2）、四五～四七年の生産の大きな落ち込みをどのように見るのか大きな問題となる。生産はどのように低下してきたのか、そして敗戦直後の状況はどのようなものであったのか、この点について考察してみたい。敗戦前後の月別生産額を検討することによって、その実態を見きわめ、次に原材料のストックおよびその実態について考察を加えておこう。

銑鉄は、一九四四年四月までは、ほぼ一定水準を示しているが、五月から漸落し、九、一〇月に一時的な生産の上昇をみるが、その後一九四五年三月にかけて急落、四月以降は急落し、高炉は七月についに火を落とすのである。銑鉄生産は、四五年四月以降はほとんど麻痺状態であったと見て間違いはないであろう。銑鉄生産が再開するのは、第五高炉が操業を開始する一九四八年四月のことである。

鋼塊の生産は、平炉とトーマス転炉に分けて考察しなければならない。平炉生産に関しては、一九四三年中はほぼ安定している。四四年五月まで生産は一定低下したとはいえ、水準を維持していたが、四四年六月から一一月にかけて二万～一万五〇〇〇トン台になり、四四年一二月～四五年三月八〇〇〇～九〇〇〇トン台に低下し、四月以降は一〇〇〇トン前後、四五年度中の月平均が八二九トンという状況であり、ほとんど稼働していない状況である。戦後の生産では、四六年各月三〇〇〇トン前後であり、平炉生産は稼働率は低いものの、冷銑・屑鉄を利用したバッジシステムの生産方法であるため、継続的な生産は行われていた。戦後の特徴は、電気炉の操業が鋼塊生産を補っていることである。日本鋼管は、陸軍航空本部の勧めで、戦時中に特殊鋼分野への進出をはかるために、電気炉を建設し一部

表8－2　日本鋼管川崎製鉄所における敗戦前後の生産状況

（単位：トン）

	銑鉄	平炉鋼塊	転炉鋼塊	鋼塊合計	鋼　材	鋼　管
1943年1月	38,432	32,768	31,099	63,867	32,084	15,350
2	35,176	30,613	27,563	58,176	24,829	13,741
3	38,320	33,088	28,328	61,416	30,139	16,472
4	37,216	29,162	27,554	56,716	31,630	13,764
5	35,414	30,852	25,808	56,660	24,679	16,764
6	33,299	31,252	26,169	57,421	23,020	14,355
7	31,867	30,002	27,844	57,846	23,628	16,500
8	32,301	30,328	26,189	56,517	23,719	15,361
9	31,560	27,484	26,889	54,373	23,597	15,641
10	30,840	30,744	24,000	54,744	22,568	15,498
11	38,152	30,746	30,908	61,654	24,785	15,844
12	37,659	32,905	30,801	63,706	28,308	18,193
1944年1月	34,669	30,257	28,242	58,499	24,785	17,611
2	35,339	26,569	27,391	53,960	24,496	15,486
3	35,898	27,328	28,289	55,617	22,942	18,552
4	36,866	26,979	24,447	51,426	18,115	16,937
5	28,911	26,149	23,017	49,166	21,670	17,360
6	25,922	20,675	19,943	40,618	15,573	15,882
7	23,216	19,618	17,637	37,255	13,196	13,627
8	19,002	16,259	13,765	30,024	11,265	13,082
9	22,195	17,289	16,300	33,589	9,642	11,053
10	25,414	16,060	19,458	35,518	13,322	12,089
11	20,032	15,273	15,171	30,444	9,322	11,415
12	18,736	8,520	14,430	22,950	10,728	8,783
1945年1月	17,170	7,198	12,232	19,430	6,711	7,920
2	15,050	7,259	10,660	17,919	8,854	3,794
3	14,714	9,423	9,870	19,293	4,380	5,779
4	7,375	2,264	4,733	6,997	2,821	2,727
5	2,406	1,830	217	2,047	716	3,167
6	2,733	3,213	1,080	4,293	1,321	2,331
7	575	1,316		1,316	1,359	1,436
8					293	1,125
9						
10		45年度		45年度	45年度	
11		月平均		月平均	月平均	
12		829		2,018	1,529	月平均
1946年1月						237
2			(以下電気			
3			炉鋼塊)			
4		3,374		3,374	3,127	1,127
5		[illegible]	**925**	3,848	1,196	1,241
6		3,048	**620**	3,668	473	1,591
7		3,756	**026**	4,002	1,440	1,718
8		2,528	**795**	3,323	294	2,327
9		2,424	**1,048**	3,472	1,274	2,308
10		2,025	**530**	2,555	1,539	1,680
11		2,706	**1,037**	3,743	1,030	2,161
12		3,588	**953**	4,541	1,253	2,323
1947年1月		3,817	**1,147**	4,964	1,116	1,518

注：(1)　転炉鋼塊欄のゴチックは電気炉の生産高。
(2)　1946年4月以降の鋼材にはシートバーも含む。
(3)　鋼管45年度下期は工務課資料「Ｉ３」，鋼材は同左「Ｉ10」（松下資料No.402）。
(4)　鋼材とはここでは鋼管を除く普通鋼鋼材のこと。

資料：UNITED STATES STRATEGIC BOMBING SURVEY, SEC II, 36b (51) Doc (a)-thru (b)，川崎製鉄所工務課資料（松下資料No.402）より作成。

戦時中に稼働していたが[18]、戦後は四六年五月から生産を開始し、平炉生産を補完した。

トーマス転炉による鋼塊生産は、高炉から熔銑の供給を受けなければ操業ができないから、高炉の吹き下ろしは必然的に転炉操業の中止につながる。転炉鋼生産は、四四年三月頃まではほぼその生産水準を維持していたが、四四年五月から低下した。そして一〇月からは急減し、四月頃までには生産はできない状態になっていた。

鋼材[19]の生産についてみると、一九四四年三月頃から低下し始め、一〇月には一万トンを切るところまで低下した。その後四五年二月まで一定の生産量を維持するが、以後急減四五年四月以降は停滞したままである。戦後も四六年中は一〇〇〇トン台できわめて少ない。鋼管は、四四年六月頃まで生産水準を維持するが、それ以後漸落し、四五年四月以降には五〇〇〇トンを割ってしまう。しかし、敗戦直前まで鋼管はかなり生産を持続しようとした跡がうかがえる。それでも、四五年八月一五日以降生産はほとんど行われなかったと思われる。鋼管は、敗戦後四六年後半から、困難な条件の中で生産に努めていたようである。

以上の検討から、一九四四年四月前後の時期に一つの転機が訪れていることがわかる。四四年秋頃から生産は低落してゆき、一九四五年四月頃にはすでに全体として満足のいく生産体制がとれていなかったことを、生産動向は示している。戦後は四五年度はほとんど生産が行われておらず、四六年の水準は四五年四月前後の状況と大きく異なっていないことを示している。鋼塊の生産は、四六年後半から上向きの傾向を示している。四六年には鋼管についても低稼働率ながら、生産は上向きの傾向を示した。

敗戦時の鉄鋼原材料

鉄鉱石、原料炭、スクラップについて考察してみよう。アメリカ合衆国戦略爆撃調査団（United States Strategic Bombing Survey）の資料によって、よってその実態に接近してみよう。資料の数値には、読みとれない箇所や一部数値の疑問のある箇所はあるが、当時の傾向を示すものとして、ほぼ史実と照合しており、大きな間違いはないと思

図8-1　日本鋼管の鉄鉱石消費，在庫

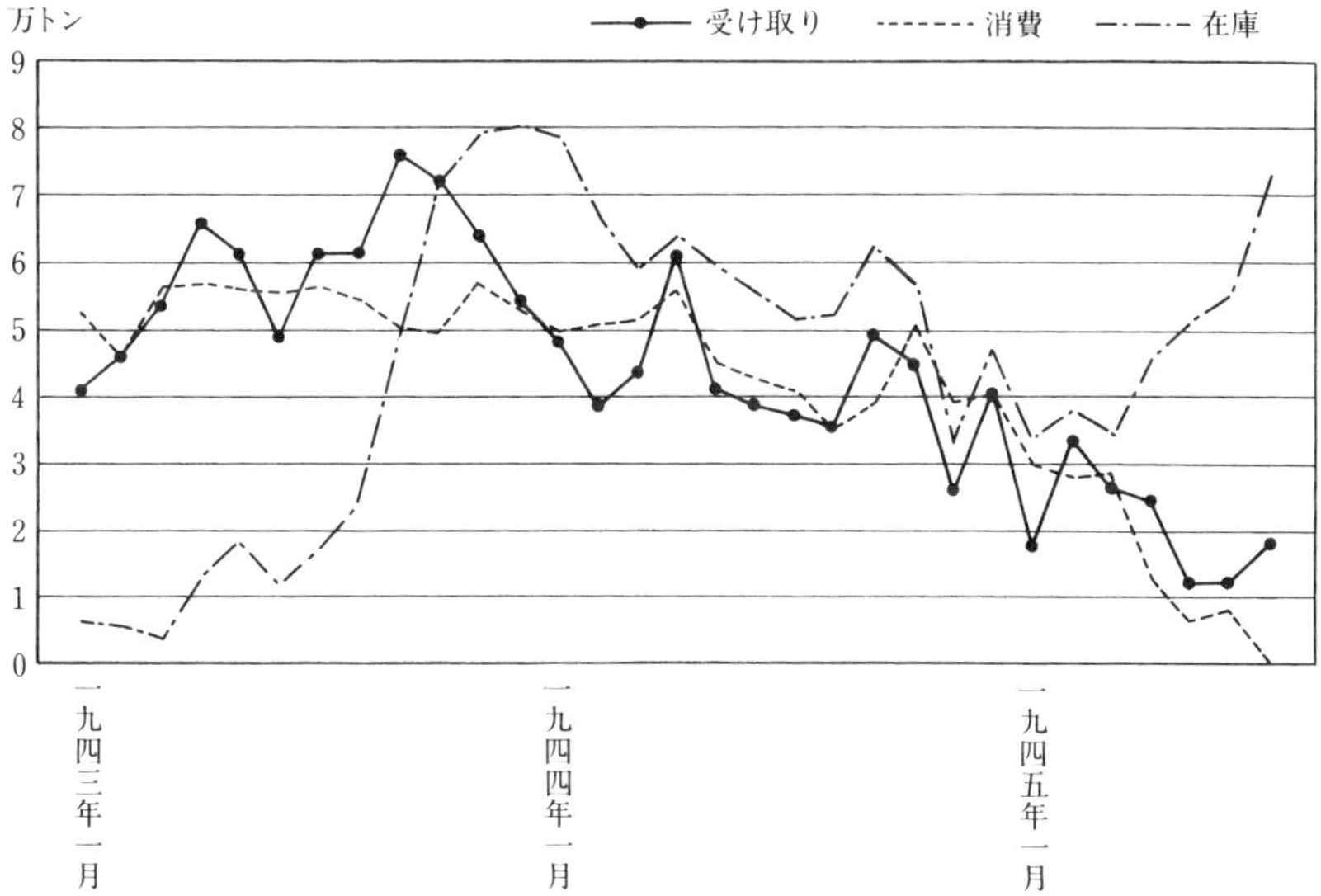

資料：U. S. S. B. S., SEC II, 36b (51).

われる。[20]

図8-1によれば、鉄鉱石は、一九四二年の生産増加と受け入れの停滞から四二年末から四三年に前半にかけて在庫水準が下がっていたが、四三年後半には受け入れの増加と生産の停滞から在庫水準は上昇した。[21] しかし、四四年になると受取高は減少し消費の増加とともに在庫水準が低下し始めた。四五年に入ると、受取高も低下するがそれ以上に消費が急速に落ちていったため、かえって在庫水準は四五年以降上昇したのである。[22] もちろん、鉄鉱石はほとんどが国内産で必ずしも品質のよいものとは限らなかったと思われる。内地鉄鉱石に依存せざるをえなくなった日本鋼管は、傘下の子会社日本鋼管鉱業株式会社の所有する群馬、諏訪の鉱業所の事業に力を注がざるをえなかった。しかしながら、四五年敗戦と同時に全鉱業所が「操業休止」に追い込まれた。[23] よく言われているように、各鉱山では徴用工が急速に減少しており、操業はかなり困難であった。群馬鉱業所においては、一九四五年八月一五日現在、在籍者数二一六九名（内「朝鮮人徴用工」三九七名）であった。一〇月には一七二一名を整理して、

図8-2　日本鋼管のコークス用石炭消費在庫

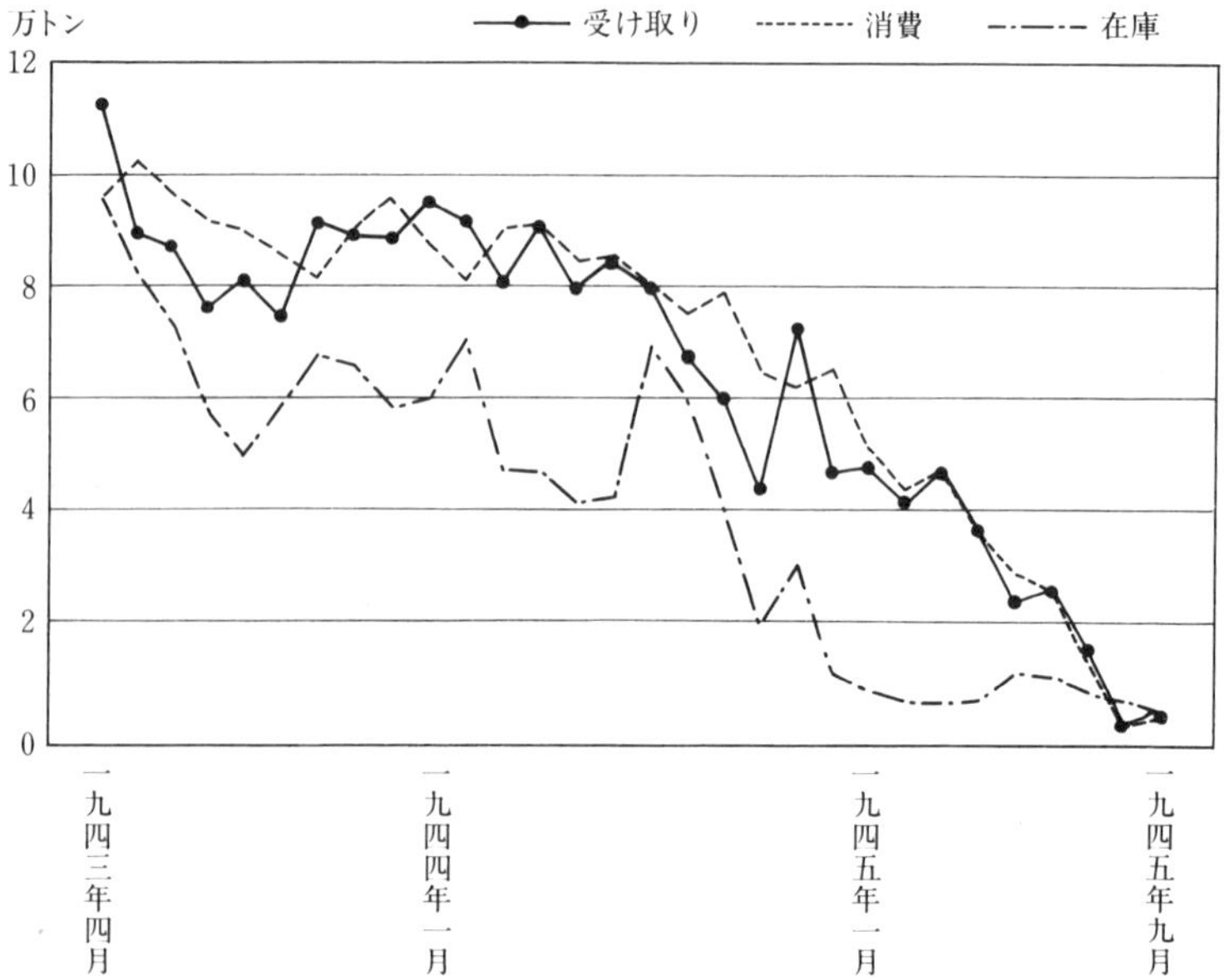

資料：図8-1に同じ。

残員数五四八名（内「朝鮮人徴用工三九七名）であった。また、諏訪では八月一五日現在の在籍数九一八名（内「朝鮮人徴用工」二二〇名）、一〇月一日現在残員数四三三名（「朝鮮人徴用工」二二〇名）であった。日本鋼管鉱業は、上岡、亀岡、稲積、武蔵野などをあわせて、一九四五年八月一五日現在三五六七名で、一〇月一日現在残員数一〇三〇名であった。「半島徴用工ノ送還ニ付キテハ目下極力促進中ニシテ」という状況であった。整理完了後には、約四〇〇名で事業を存続させる計画であった[24]。敗戦を契機にむしろ朝鮮人労働者への依存を深めており、当時の社会状況から判断すると、増産はきわめて困難であったと推測される[25]。

図8-2によれば、コークス用石炭は、四四年後半から受取高は急速に低下し、消費は受取高より多くなっていったため、在庫水準は、四四年後半から急速に低下した。四四年末には在庫はすでに底をつきかけており、鉄鉱石とは対照的に四五年中も停滞のままで推移し、敗戦を迎えるのである。四四年後半からの受取量低下は、日本鋼管に致命的な打撃を

図8-3　日本鋼管スクラップの消費，在庫

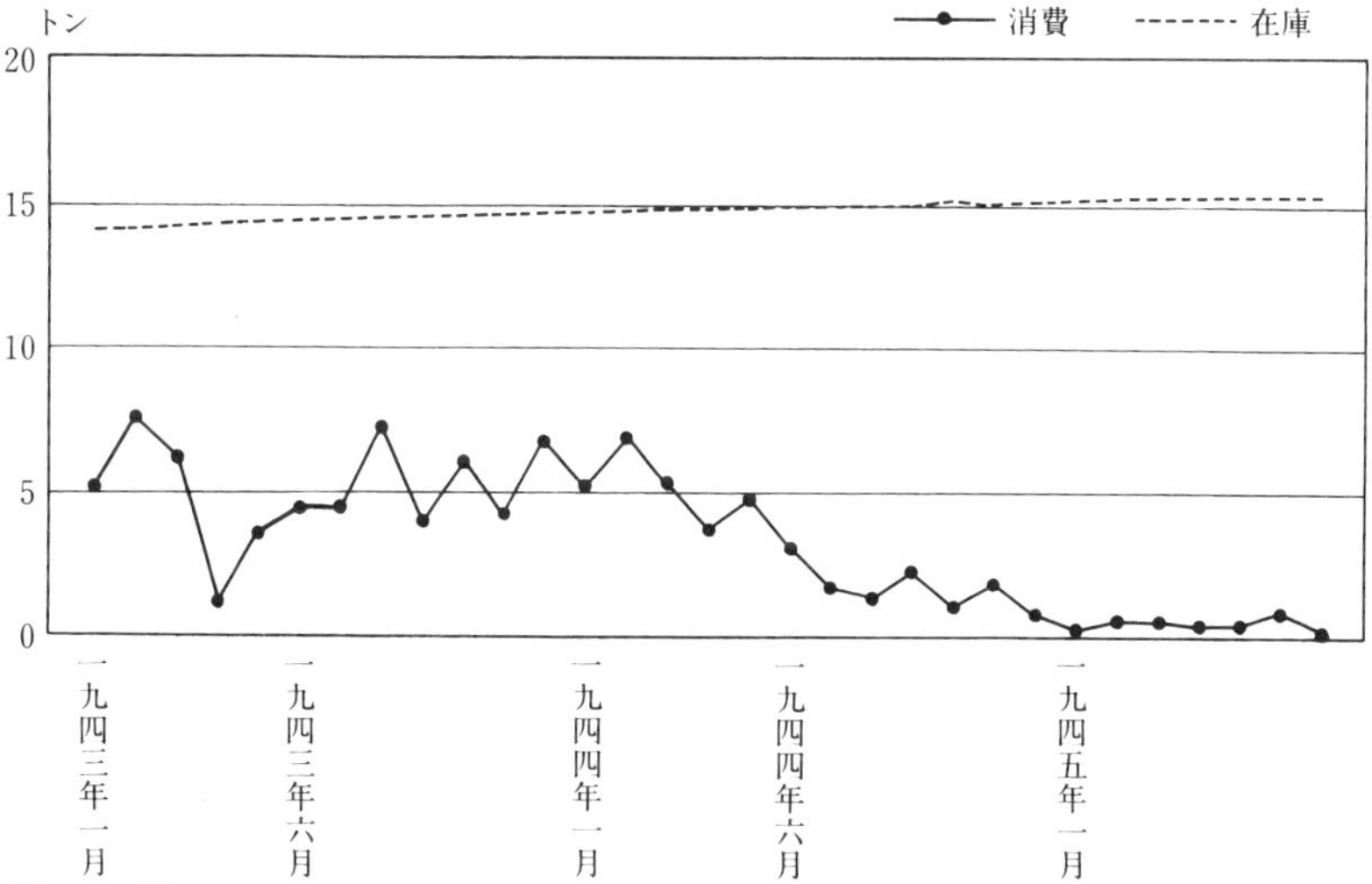

資料：図8-1に同じ。

与えたことを推測させる。

図8-3によれば、スクラップは、四四年後半から平炉作業の停滞に伴って、消費は低下しているが、在庫水準は他の原材料と比較してきわめて安定的な在庫水準を保っていた。スクラップは、四三年から一貫して漸増傾向をたどっているのである。もちろんスクラップの質はこれまた大きな問題を含んでいたことは確かである。

以上の検討から同社の主原料の大きなネックは石炭であり、その在庫水準自体が四四年末で底をついたところに大きな問題があったのである。とすると戦後高炉再開、銑鋼一貫体系の確立にとって、石炭を確保して高炉を稼働させることが、鉄鋼業を軌道にのせる最大の問題であったことが理解できるのである。これは、傾斜生産の確立（一九四六年一二月閣議決定）による前提が四四年末にすでに日本鋼管には現われていたことを示すものであった。

第3節　敗戦後の日本鋼管川崎製鉄所の被害状況、生産の実態と計画

戦災被害の評価

生産量の問題は、明らかになったが、次にどのようなシステムによって生産が行われたのかを明らかにする必要がある。以下では、設備の稼働状況と生産の相互の有機的な関連に視点を定めて考察を加えたい。

日本鋼管の戦災状況は、同社の社史に詳しい[26]。川崎製鉄所では、第一～三高炉が軽微の被害を出したが、第四、五高炉は被害を受けなかった。第一～三コークス炉は中破、平炉は三〇トン炉四基中破、転炉は軽微、圧延設備では、大形工場の加熱炉大破、第三製管工場大破、中破などであった。鶴見製鉄所は、高炉二基が軽微の被害、平炉四基は中破または大破、平炉三基は軽微、製鈑工場は軽微であった。鶴見の高炉平炉設備は、高炉二基、平炉八基であったから[27]、鶴見では、高炉、平炉は一定の被害は受けたことになる。全体として、戦災の直接の被害はあったが、一定の修理さえ施せば、再開は早急にできる条件にあった。川崎製鉄所では、高炉、平炉、圧延設備に大きな被害はなかった。鶴見製鉄所は、高炉、平炉に被害を受けていたが、製鈑工場は大きな被害はなかった。全体として、操業に大きな支障を来すような被害ではなかったと評価できる[28]。したがって、これらの設備を一度は復興させることによって、生産を再開することが、同社の戦後の出発点では、必要であった。

敗戦後の生産システムと復興計画

敗戦直後の生産がどのように行われていたのかを示すものは少ない。また、どのような構想のもとに復興計画を立てていたのかもよくわかっていない。傾斜生産が始まった一九四七年の生産がどのような形で行われていたのか、検

表8－3　日本鋼管各事業所間の原材料供給関係（1947年）

（単位：トン）

関係会社事業所	品　目	供給先，量	産出の内の供給割合（％）
鋼管鉱業㈱	鉄鉱石	K10,928,　T552	7
	石灰	N1,868	11
	クローム	T695	100
奥多摩工業㈱	石灰	T1,440,　N1,440,　K755	11
日本ドロマイト	ドロマイト	K5,219,　TS567	66
小安肥料工場	紫鉱	K2,000	100
吉沢石灰㈱	焼石灰	K2,923,　T1,645,　TS577	13
	生石灰	N584,　T832,　TS665,　K7,399	78
	石灰	T670,　N756,　K34	34
川崎製鉄所	シートバー	TS20,257	100
富山製鉄所	電気銑	TS1,369,　K4,575	100
	フェロアロイ	K402,　TS10	29
	電気炉鋼塊	K11,911	85
新潟製鉄所	フェロアロイ	TS15,　K314	90
	電気銑	K10,492	80
	カーバイド	K257,　TS247,　T88,　その他397	59
鶴見レンガ工場	珪石レンガ	K2,482,　T23,　TS2,584	96
川崎レンガ工場	レンガ	N147,　K6,900,　T516,　TS1,106	79

注：K＝川崎製鉄所，TS＝鶴見製鉄所，T＝富山電気製鉄所，N＝新潟電気製鉄所。
資料：Plan of reorganization pursuant to Art. 17 paragraph 1, Item 2 of HCLC Rules of procedure, April 1948, NARS, RG311, GHQ/SCAP, Box 6918, ESS（A）07022-07023より作成。

討してみよう。ＧＨＱに提出した企業再建計画[29]の中に、こうした生産復興計画と生産の実態を示したものがあるので、それによって実態に接近してみよう。四八年四月の第五高炉操業以前の状況を、表8－3によってみると、川崎と鶴見では、平炉と圧延設備によって生産が開始されているが、高炉が稼働していないため、銑鉄の供給は極度に制限されていた。それを補っていたのは、富山電気製鉄所、新潟電気製鉄所の電気銑、電気炉鋼塊の供給であった。鶴見製鉄所は、川崎からのシートバーの供給を受けていた[30]。鶴見の厚板薄板の合計生産高が約三万六〇〇〇トンで、川崎がシートバーを二万トン供給しているのであるから、鶴見の川崎への依存率は相当高かった。川崎には、富山、新潟から約一万五〇〇〇トンの電気銑が供給されていた。富山からは、川崎に対しては、一万トン以上の電気炉鋼塊が供給されていた。平炉の本格的な稼働の空白期には電気炉鋼塊は、一つの重要な原料供給源であった[31]。

　日本鋼管にとって主力となる川崎製鉄所の高炉休止という状況を補ったの

表8-4　日本鋼管の現状と計画（1948年4月）

（単位：トン）

	生産物	生産量	
		1947年実績	1952年予想
川崎製鉄所	銑鉄	0	450,000
	鋼塊	79,920	562,000
	鋼管	28,464	130,000
	条鋼	7,656	210,000
	シートバー	20,257	50,000
	タール副産物	2,640	19,000
	ベンゾール副産物	132	7,000
	硫安	408	11,000
	トーマス燐肥	0	69,500
	過燐酸石灰	11,952	20,000
	レンガ	10,923	29,000
鶴見製鉄所	鋼塊	17,664	170,000
	厚板	18,864	120,000
	薄板	17,748	40,000
	レンガ	5,288	16,000
富山電気製鉄所	フェロアロイ	1,191	20,000
	電気銑	5,944	30,000
	鋼塊	14,064	20,000
	炭素鋼	2,371	3,000
	鍛造	0	1,000
	鋳造	570	1,500
新潟電気製鉄所	フェロアロイ	365	8,000
	電気銑	13,098	0
	カーバイド	1,674	2,500

資料：表8-3と同じ。

は、富山、新潟の電気銑、電気炉鋼塊などの原料供給であった。

鉄鉱石は、鋼管鉱業のものが供給されているが、産出のうち川崎、鶴見には七%しか供給されておらず、おそらく山元に滞貨として堆積していたものと思われる（表8-3）。石灰、レンガなどは関係子会社から供給されており、一定の有機的な関係が維持されていた。川崎を中心に国内の原料部門の有機的な関係が維持されていた。しかし、石炭については、同社は関係する有力な石炭供給元をもっておらず、外部からの供給に依存しなければならなかった。すでに述べたように、敗戦直後在庫は底をついていた状況のなかで、石炭、特に原料炭の安定確保こそが、同社生産再開の最大の問題であった。

こうした状況をふまえて、五年後（一九五二年）の同社の生産をどのように構想していたのか示すのが、表8-4、8-5である。川崎では、銑鉄四五万トン、鋼塊五六万トンで銑鋼一貫生産を計画し、鶴見は平炉、圧延工場（鋼板類）として操業する計画であった。鶴見製鉄所は、依然として銑鋼一貫を回復する見通しは立っていなかった。傘下の鋼管鉱業[32]は、生産した国内の三〇万トンの鉄鉱石を一〇〇%富山、川崎に供給する計画であった。川崎製鉄所は、

表８－５　日本鋼管の各事業所間の原材料供給計画（1952年以降）

関係会社事業所	品　目	供給先，量（トン）	産出の内の供給割合（％）
鋼管鉱業㈱	鉄鉱石	K240,000,　T60,000	100
	石灰	K75,000	100
	クローム	T2,400	100
奥多摩工業㈱	石灰	T15,000,　K210,000,　TS15,000	100
日本ドロマイト	ドロマイト	K25,000,　TS10,000	58
小安肥料工場	紫鉱	K12,000	100
	硫酸	K10,000,　TS2,000	37
吉沢石灰㈱	焼石灰	K36,000,　T5,000,　TS15,000,　N4,000	100
川崎製鉄所	シートバー	TS50,000	100
	銑鉄	TS55,000	12
富山製鉄所	電気銑	TS20,000,　K10,000	100
	フェロアロイ	K300,　TS300	50
	電気炉鋼塊	K10,000	50
新潟製鉄所	フェロアロイ	TS2,000,　K5,000	88
	カーバイド	K1,250,　TS750,　T375	95
鶴見レンガ工場	珪石レンガ	T700,　K12,800,　TS2,500	100
川崎レンガ工場	レンガ	K13,700,　T10,000,　TS5,000,　N300	100

注：K＝川崎製鉄所，TS＝鶴見製鉄所，T＝富山電気製鉄所，N＝新潟電気製鉄所。
資料：表８－３と同じ。

小安肥料工場からの紫鉱(33)を利用して焼結鉱を一部鉄原として利用する構想となっていた。鉄鉱石の輸入など困難な状況であっては、かなりの部分を国内資源に依存する製鉄業の復興を構想せざるをえなかったのである。しかし、一方で鉄鉱石は一定部分は海外からの供給を前提にしなければならなかった。また、五二年段階でも石炭の供給については、安定した供給元の見通しはついていなかった。構想された復興計画（五二年段階）の特徴は、関係子会社または事業所間の有機的関係を深め、川崎を中心として国内の原料供給関係会社を結集した国産原料動員型の構想であったのである。

第4節　傾斜生産方式下の高炉操業再開と原料問題

傾斜生産方式以前の鉄鉱石供給

戦争末期の石炭在庫の低下は、高炉操業再開の大きなネックとなっていた。高炉の操業は、銑鋼一貫製鉄所の生産体系にとって、特に重要な意味をもった。高炉を中心とした操業によって発生する高炉ガス、コークスガスの供給は、燃料経済の効率的展開に不可欠であり、生産の有機的効率的展開の起点をなすものであった。以下では、まず傾斜生産方式以前（一九四六年以前）の原料問題の状況と傾斜生産下（一九四七年以降）での日本鋼管の状況を明らかにしておこう。

敗戦時の原料状況では、既述のように、鉄鉱石は一定の在庫水準を維持していた。敗戦直後、日本鋼管では、傘下の鋼管鉱業の所有する群馬、諏訪の鉄鉱石を利用し、焼結鉱を生産し、これらを利用して高炉の再開を考えていた。すなわち、一九四五年一二月には、国内鉄鉱原料による製鉄業の再建を考えた[34]。

一方、高炉操業がなく、鉄鉱石が過剰になっている現状があった。「今放置すれば鉱山は再開困難又は不可能となるので、鉱山局鉄鋼技術委員会では、之の温存を計画し、最低稼行によって鉱山を維持させ、鉄鋼生産増加に対する処置を構じた」。年産一五七万トンの供給が可能であるとされ、それを確保するため、最低出鉱量一一五万八〇〇〇トンを維持しておく必要があり、「現在の消費の如何に拘らないで日鉄、日本鋼管等に購入させ、過剰の分は貯鉱させてゐたが、出炭不振に伴ひ、金額膨大となり資金に行き詰まり、而も昨年八月の金融措置によって過剰鉱石の購入不可能になった[35]」。

日本鋼管は、高炉を操業していないにもかかわらず、国内鉄鉱資源維持のために、鉄鉱石の購入を迫られていたのである。四六年度末の製銑用鉱石の在庫は日鉄、日本鋼管合わせて六五・五万トン四七年六四・七万トンになった。そのために高炉メーカーである日本鋼管、日本製鉄の貯鉱費用は膨大になった。そこで、鉄鉱石購入資金を政府保証によって金融機関から製鉄会社に融資させることが計画された。それと同時に銑鉄生産を引き上げていき「貯鉱の消費に応じて借入金を返済させ、其の間の金利を政府が負担して、製鉄会社の貯鉱を可能にし鉄鉱石の確保をはかる」ことが計画されたのである。(36)

一九四七年二月二〇日現在の日本鋼管における銑鉄用鉄鉱石在庫の内訳は、釜石二万五四一六トン、松尾一万七一八七トン、群馬九五一六トンなどその他合計で合計五万六二三六トン、硫酸滓四五〇〇トンであった。(37)ストックされていた鉄鉱石は、釜石および日本鋼管鉱業が保有する群馬、諏訪（焼結鉱）が大半であった。国内産鉄鉱石による再建を計画せざるをえなかったのである。

傾斜生産以前の石炭需給

傾斜生産以前の日本鋼管の入荷と割当実績については、よくわかっていないが、断片的な資料をつなぎあわせてみると、概要を知ることができる（表8-6）。高炉が稼働していない状況にあっても原料炭は割り当てられていた。それがどのように消費されたか不明である。おそらく高炉以外のところで消費されたか貯炭されていたと思われる。しかも興味深いことは、原料炭は、割当に対して、実績はほとんど一〇〇%に近いのである。これに対して、発生炉炭、一般炭は割当と実績の乖離が大きかった。すべての月が揃わないので確実なことではないが、四六年後半~四七年初頭の時期には、発生炉炭、一般炭の割当が実績を下回る事態が出現していた。しかし、原料炭は比較的計画通りに入荷していたのである。

この際注意しなければならないのは、外部発表と部外秘によって、入荷実績を使い分けて発表していたことである。たとえば、一九四六年五月の入荷実績をみると、原料炭割当七五〇〇トンに対して、入荷実績は八七一八トン、外部

表８－６　日本鋼管川崎製鉄所石炭入荷割り当て実績

（単位：トン，％）

		原料炭	発生炉炭	一般炭	計
1947年３月	割り当て	7,500	3,650	870	12,020
	実　　績	7,638	4,120	0	11,758
	割　　合	101.8	112.9	0.0	97.8
1947年２月	割り当て	7,000	3,000	180	10,180
	実　　績	6,665	2,312	63	9,040
	割　　合	95.2	77.1	35.0	88.8
1946年12月	割り当て	5,000	3,000	500	8,500
	実　　績	5,220	1,810	275	7,305
	割　　合	104.4	60.3	55.0	85.9
1946年５月	割り当て	7,500	3,300	3,650	14,450
	実　　績	8,718	2,226	1,645	12,589
	割　　合	116.2	67.5	45.1	87.1
1946年４月	割り当て	7,500	4,700		12,200
	実　　績	9,015	3,201		12,216
	割　　合	120.2	68.1		100.1
1946年３月	割り当て	7,800	3,000		10,800
	実　　績	8,266	2,943		11,209
	割　　合	106.0	98.1		103.8
1946年２月	割り当て	7,700			7,700
	実　　績	8,209			8,209
	割　　合	106.6			106.6
1946年１月	割り当て	6,600			6,600
	実　　績	0			0
	割　　合	0			0

資料：松下資料No.415。

発表は七七二二トンとしている。発生炉炭、一般炭は外部発表と部外秘の数値は一致している。結局、実際入荷額の割当に対する比率は、外部発表では八〇％であったのに対して、実際は八七％であった(38)。外部発表では、割当に対する実績は低く抑えたものになっていた。おそらく原料炭が割当を大きく上回って入荷したために、対外的には、数値を低くせざるをえなかったのであろう。また、原料炭を貯炭する必要も感じていたのではないかと推測される。この時期の発表数字の信憑性についても検討を要する事例である。

一九四六年頃の石炭の獲得はきわめて困難であった。割当外の獲得のためには、「見返資材」を供給することによって初めて可能になったのである(39)。鋼材と石炭のバーター制については、本社従業員組合の提案で、四六年三月頃から始められていた(40)。あるいは、実際に人員を送り込むことによって石炭の確保に向かわざるをえなかった。

特に一九四六年後半からの獲得条件はきわめて厳しいことが予想された。一九四六年七月二一日部所長会議では、石炭獲得の見通しと日本鋼管の今後の政策について次のように述べていた。

「出炭予想ガ悲観的ノミナラス配炭ハ進駐軍・鉄道・セメント・繊維等ニ重点的ニ割当ラレルヲ以テ鉄鋼部門ハ増配ノ見込ハ少イ。当社ヘノ配炭モ五月ヲ頂点トシテ漸次低下ノ傾向ニ在リ之ヲカバースル意味ノ重油モ入荷ハ計画ヨリズレルモノト見ラレル。従ツテ新規事業計画ハ石炭ヲ睨合セ、又賃圧延モ石炭ヲ提供スルモノノミヲ引受ケル様配意サレタイ」[41]。

一九四六年八月部所長会議において、石炭需給の様相については、社長より説明され、重油の輸入について、司令部に申請したが却下されたことも伝えられた。同社では「重油輸入ト否トハ現下ノ鉄鋼生産ヲ直接左右」するものであるが、「成功ハ仲々困難」と判断していた[42]。

四六年九月には第3四半期の配炭計画が決定されたが、鉄鋼部門への期待はあまりできなかった。特に冬場は、「進駐軍家族移住等ニヨル暖房、瓦斯用等石炭需要ノ増加」のために、供給は「期待薄」という状態であった[43]。四六年秋以降の石炭供給の困難さが予想された。

必要とされる粘結炭は、それぞれコークス比をどの程度にするのかによってかなり違ってくる。一九四四年末での資料によってみると、一日出銑七三〇トン、月二万二〇〇〇トンでコークス比二・四五として全部で一日約二〇〇〇トンの原料炭（強粘結炭五〇〇トン、弱粘結炭一五〇〇トン）が必要になる。また、一日出銑六〇〇トンで原料炭一六五〇トン（強粘結炭四〇〇トン、弱粘結炭一二五〇トン）と計算している[44]。月八〇〇〇～八〇〇〇トンの入荷では高炉操業を維持していくことはできなかった。

敗戦後の第五高炉稼働に伴う「高炉原料計画（平炉銑月一万四〇〇トン）」によれば、原料炭は、月二万九〇〇〇トンで、その内訳は華北炭一万一六〇〇トン（四〇％）、内地炭一万七四〇〇トン（六〇％）となっていた[45]。少なくとも戦後の鉄鋼業の再建計画は、中国大陸の原料炭を前提にしていたのである。これは、植民地を失ったとはいえ、鉄鋼業の再建に必要な原料炭は華北地方からの輸入を前提として立てられざるをえなかったことを示している。すなわち、敗戦直後（一九四七年頃まで）の原料炭計画は、戦前と同じような原料炭構想によって、鉄鋼業の復興再建を意図したものあった。

傾斜生産方式（一九四六年一二月閣議決定）

一九四五年八月以降石炭生産の停滞、低下によって鉄鋼生産は大きな隘路に突き当たっていた。生産財、消費財ともに絶対的に不足する中で、生産の拡大を石炭生産の増加に傾注し、その成果を鉄鋼に注ぐことによって鉄鋼増産をはかり、さらに鉄鋼増産の成果を石炭に注ぎ、相互のスパイラルな増産効果を突破口に日本の経済復興を実現しようとする構想が、傾斜生産方式と呼ばれるものであった。一九四六年第4四半期を契機に、石炭三〇〇〇万トンを増産するという構想を、吉田内閣の非公式の機関である有沢広巳らを中心とする石炭小委員会は打ち出した。これにもとづいて、傾斜生産の構想は、四六年一二月二七日閣議決定され、現実の政策として進められた[46]。

一九四六年夏の軍需補償打ち切りに伴う混乱の中で生産の復興が急がれたが、物資の国内における調達に限界があり、吉田内閣は、生産資材の輸入について、GHQに対して、緊急要請した。九月一一日塚田貿易庁長官は、公式にGHQに第一次緊急輸入の要請を行った。すでに輸出用原材料として、綿花、羊毛、染料、油脂など七品目の輸入は四六年五月一五日に申請され、基礎資材として、鋼材、銑鉄、鋳鉄管、人造ゴム、重油など一三品目が四六年五月から八月にかけて申請されていた[47]。九月一一日マーカット経済局長と会談した塚田貿易庁長官は、軍需補償打ち切りと賠償に伴う産業整理によって失業問題、社会不安が激化するのを恐れて重要資材の輸入をGHQに申し入れた。これに対してマーカットは、「今直ちに輸入が必要であり直ちに増産に役立つ資材の輸入について知り度い」と述べていた。これはアメリカでは陸軍省の予算が削減され、日本の輸入は日本の輸出で賄うことが要請されているという本国の財政状況とも絡んでいたのである。と同時に経済再建のためには、軍需補償打ち切りと企業整備の断行は絶対に遂行するという決意を示していた[48]。九月一八日には個別の商品の輸入見込みについて会談が行われているが、日本側の要請に対してきわめて厳しい回答が帰ってきた[49]。鋼材については、世界各国で不足しており、見込みがないこと、強粘結炭の輸入見込みは未決定、B重油は、国内石炭増産を阻むから輸入は困難であるとされたのである。緊急輸入要請の一方で石炭増産策の検討が進められたが、四六年秋以降配炭状況は悪化しつつあり、輸入重油により鋼材生産を上げ、それを石炭に投入することによって、石炭の増産をはかるという論点が付け加えられていった[50]。四六年一二月七日に吉田総理大臣に対してGHQより、重油、鋳鉄管、レール、珪素鋼板、無煙炭、粘結炭の輸入許可が与えられた[51]。これを受けて、一二月二七日閣議決定によって、四六年度第4四半期より石炭、鉄鋼などの重要物資への資材、資金、労働力の優先的配分がスタートしたのである。

インフレと操業低下によって、鉄鋼も生産コストは上昇していたが、公定価格は抑えられていたため、鉄鋼企業は赤字に悩まされた。物価体系の基礎となる鉄鋼業は、価格を低く抑える必要があったから、コストと公定価格の差は、補給金で埋められたのである。鉄鉱石輸入補助金、石炭輸入補助金、特定産業向け石炭値引きなどさまざまな補助金によって、鉄鋼業は支持されて初めて成立していたのである。傾斜生産方式は、いわばこうした政府の補助金によって成立していたものであった。こうした補助金政策も、ドッジラインの実施によって変更を余儀なくされて、鉄鋼業の自立化が促されていくのである。

その意味でも、傾斜生産期間の終期は、ドッジラインによる政策変更が確定する四九年三月であった。

傾斜生産方式下での石炭需給動向と日本鋼管

石炭も原料炭と平炉、圧延などで使用される発生炉炭、一般炭とは異なっているから、まず、発生炉炭、一般炭から考察してみよう。

周知のごとく、戦後復興の最大のボトルネックは、石炭の不足であった。全国的な動向から石炭（原料炭以外の一般炭、発生炉炭）の使用状況をみると[52]（表8-7）、敗戦と同時に使用高は急減し、一九四六年には、四四年の六分の一以下に低下した。戦時中は、約三〇％が製鋼部門で消費されたが、敗戦以降一九四八年まで鋼材分野での需要が増

表８－７　石炭（原料炭以外）の使用高内訳

（単位：トン，％）

使用先		1943年	1944年	1945年	1946年	1947年	1948年	1949年	1950年
製鉄		139,950	162,363	66,172	6,063	8,741	7,507	519,086	20,758
		(2.7)	(3.2)	(2.8)	(0.8)	(0.8)	(0.5)	(26.6)	(0.9)
フェロアロイ		14,522	13,002	6,448	103	1,072	979	1,385	1,476
		(0.3)	(0.3)	(0.3)	(0.0)	(0.1)	(0.1)	(0.1)	(0.1)
製鋼	平炉	1,542,991	1,457,570	507,347	115,312	223,889	297,934	487,737	692,964
		(30.0)	(28.3)	(21.4)	(14.6)	(20.8)	(20.2)	(25.0)	(29.8)
	電気炉	45,079	53,599	24,984	11,835	13,889	17,071	10,537	8,030
		(0.9)	(1.0)	(1.1)	(1.5)	(1.3)	(1.2)	(0.5)	(0.3)
	その他	1,588,070	1,511,169	532,331	127,147	237,778	315,005	528,262	736,186
	共小計	(30.9)	(29.3)	(22.5)	(16.1)	(22.1)	(21.3)	(27.1)	(31.7)
鋼材	圧延	864,702	827,919	320,067	210,926	301,868	408,314	415,688	536,995
		(16.8)	(16.1)	(13.5)	(26.7)	(28.1)	(27.6)	(21.3)	(23.1)
	鍛造	1,207,133	1,270,106	515,048	90,200	82,652	117,136	148,410	162,818
		(23.5)	(24.7)	(21.7)	(11.4)	(7.7)	(7.9)	(7.6)	(7.0)
	鋳造	126,391	151,368	67,754	33,380	34,480	45,327	55,121	60,374
		(2.5)	(2.9)	(2.9)	(4.2)	(3.2)	(3.1)	(2.8)	(2.6)
	小計	2,198,226	2,249,393	902,869	334,506	419,000	570,777	619,219	760,187
		(42.8)	(43.7)	(38.1)	(42.3)	(39.0)	(38.6)	(31.7)	(32.7)
その他		1,198,692	1,213,640	862,565	322,019	407,758	583,022	282,455	806,278
		(23.3)	(23.6)	(36.4)	(40.8)	(38.0)	(39.5)	(14.5)	(34.7)
合計		5,139,460	5,149,567	2,370,385	789,838	1,074,349	1,477,290	1,950,407	2,324,885
		(100.0)	(100.0)	(100.0)	(100.0)	(100.0)	(100.0)	(100.0)	(100.0)

注：(1)　1949年製鉄の上昇は，八幡における一般炭の製鉄の使用増加による。
　　(2)　製鋼の小計欄には，平炉，電気炉以外のその他を含む合計を計上。
資料：前掲『製鉄業参考資料』(1943～48年)，前掲『製鉄業参考資料』(1949，50年)。

加し、再び製鋼分野での消費が増加する。製鋼部門の消費割合が戦時中の水準に達するのは、一九五〇年である。敗戦直後、割合において増加しているのは、圧延部門である。敗戦直後の鋼材圧延分野での使用割合の増加は、鍛造部門での消費割合の減少によってもたらされた。また、四六年以降では「その他」の使用割合が増加しており、直接鉄鋼生産に関係する分野への使用割合が大きく低下していることが敗戦直後の特徴である。鉄鋼生産の低下は、量的に減少した石炭が鉄鋼生産の直接的過程へ十分投入されなかったことが原因の一つとなっている。

さらにそれを各工場別にみると（表8-8）、一九四五年から日本製鉄八幡製鉄所の使用割合が増加していた。四六年以降四五％以上が日本製鉄で消費されており、中でも八幡に石炭がかなり集中していたことになる。戦後の資源配分は、戦時中の資源配分よりさらに、八幡に集中していたのである。日本鋼管は、

表8－8　工場別石炭（原料炭以外）使用高

（単位：トン，％）

	1943年	1944年	1945年	1946年	1947年	1948年	1949年	1950年
日本製鉄輪西	99,326 (1.9)	88,749 (1.7)	121,023 (5.1)	47,525 (6.0)	42,165 (3.9)	105,395 (7.3)	196,231 (10.1)	190,582 (8.2)
日本製鉄釜石	56,449 (1.1)	60,679 (1.2)	27,376 (1.2)	9,079 (1.1)	11,825 (1.1)	22,495 (1.6)	29,986 (1.5)	59,188 (2.5)
日本製鉄八幡	1,282,940 (25.0)	1,215,597 (23.6)	723,047 (30.5)	258,617 (32.7)	425,390 (39.6)	518,328 (35.8)	721,643 (37.0)	772,457 (33.2)
日本製鉄広畑	67,131 (1.3)	118,011 (2.3)	76,939 (3.2)	12,391 (1.6)	6,440 (0.6)	11,636 (0.8)	3,016 (0.2)	48,056 (2.1)
日本製鉄計	1,505,846 (29.3)	1,483,036 (28.8)	948,385 (40.0)	327,612 (41.5)	485,820 (45.2)	657,854 (45.5)	950,876 (48.8)	1,070,283 (46.0)
日本鋼管川崎	99,157 (1.9)	105,959 (2.1)	37,068 (1.6)	36,001 (4.6)	38,547 (3.6)	31,354 (2.2)	52,939 (2.7)	45,288 (1.9)
日本鋼管鶴見	170,514 (3.3)	160,126 (3.1)	54,207 (2.3)	9,898 (1.3)	17,241 (1.6)	25,406 (1.8)	52,971 (2.7)	81,023 (3.5)
日本鋼管計	269,671 (5.2)	266,085 (5.2)	91,275 (3.9)	45,899 (5.8)	55,788 (5.2)	56,760 (3.9)	105,910 (5.4)	126,311 (5.4)
扶桑金属（住友金属）	314,152 (6.1)	378,204 (7.3)	178,915 (7.5)	61,467 (7.8)	75,324 (7.0)	100,050 (6.9)	104,322 (5.3)	114,348 (4.9)
川崎重工業	317,970 (6.2)	327,299 (6.4)	78,869 (3.3)	26,136 (3.3)	50,877 (4.7)	88,104 (6.1)	158,254 (8.1)	234,698 (10.1)
神戸製鋼所	228,074 (4.4)	230,758 (4.5)	75,994 (3.2)	33,144 (4.2)	53,214 (5.0)	72,672 (5.0)	96,747 (5.0)	124,403 (5.4)
全国合計	5,139,460	5,149,567	2,370,385	789,838	1,074,349	1,447,290	1,950,407	2,324,885

注：(1)　扶桑金属工業は，和歌山，鋼管，製鋼工場の合計。
　　(2)　川崎重工業は，艦船，西宮，葺合，兵庫工場の合計。
　　(3)　神戸製鋼所は，本社工場のみ。
資料：前掲『製鉄業参考資料』(1943～48年)，前掲『製鉄業参考資料』(1949，50年)。

四六、四七年にやや使用割合が上昇しているが、使用割合は、基本的には戦時中と変わっていない。関西系平炉メーカーの主力工場では、川崎重工業の葺合工場を中心に石炭の使用割合は、一九四九年以降増加したが、それまでは大きな変化はみられない。傾斜生産とは、同時に八幡への石炭の集中であったことを物語っている。八幡集中生産は、日本製鉄社内において、石炭配当を八幡へ集中する措置としてとられたものであるが（一九四六年八月）、それは全国的にみても、大きな影響力をもったのである。[53] 傾斜生産方式における石炭資源の配分にかんしていえば、厳しい石炭供給の中で、八幡への石炭の集中こそが、大きな特徴であった。

一般炭、発生炉炭の日本鋼管への受入れ払出しの状況をみると（表8-9）、一九四八年までは、発生炉炭、一般炭ともに、受入量は少なく、四九年から著しく増加する。また、一般炭と発生炉炭で受入れ・払出しの差額の不均衡が目立っている。一般炭が著しく不足しており、発生炉炭は余裕がある。平炉操業の遅れと重油の入荷がこうした不均衡を生んでいたと思われる。一方、発生炉炭で入荷しても、平炉用として使用されず、圧延部門その他へ回されていたと予想される。

原料炭の日本鋼管への受入れ払出しの状況を表8-9によってみると、一九四七年まで輸入炭受入れはなく、内地炭の原料炭を利用していた。受入分はほとんど消費されてしまい、四七年から一定の在庫が積み上がってきており、高炉再開の準備が進んでいったことを示している。しかし、四六、四七年と高炉が稼働していない時期に入荷した原

表8-9　日本鋼管石炭受入，払出実績

（単位：トン）

発生炉炭①	受入	払出	差額
1946年8～12月	14,607	10,951	3,656
1947年1～12月	36,212	15,006	21,206
1948年1～12月	22,258	12,466	9,792
1949年1～12月	81,119	64,791	16,328
一般炭②	受入	払出	差額
1946年8～12月	6,384	11,693	−5,309
1947年1～12月	21,679	42,422	−20,743
1948年1～12月	28,024	46,424	−18,400
1949年1～12月	33,311	61,971	−28,660
①+②	受入	払出	差額
1946年8～12月	20,991	22,644	−1,653
1947年1～12月	57,891	57,428	463
1948年1～12月	50,282	58,890	−8,608
1949年1～12月	114,430	126,762	−12,332
輸入原料炭	受入	払出	差額
1946年8～12月			
1947年1～12月			
1948年1～12月	232,806	170,628	62,178
1949年1～12月	366,981	241,350	125,631
内地原料炭	受入	払出	差額
1946年8～12月	31,520	30,674	846
1947年1～12月	92,586	89,880	2,706
1948年1～12月	172,038	158,895	13,143
1949年1～12月	279,285	261,841	17,444
原料炭合計	受入	払出	差額
1946年8～12月	31,520	30,674	846
1947年1～12月	92,586	89,880	2,706
1948年1～12月	404,844	329,523	75,321
1949年1～12月	646,266	503,191	143,075
石炭総計	受入	払出	差額
1946年8～12月	52,511	53,318	−807
1947年1～12月	150,477	147,308	3,169
1948年1～12月	455,126	388,413	66,713
1949年1～12月	760,696	629,953	130,743

資料：『有価証券報告書』より作成。

料炭は、かなり消費されており、これも高炉操業以外のところでかなり消費されていたことになる。特に注意すべきは、四八年四月からの高炉操業は、輸入原料炭の入荷に伴って初めて可能になっていたことである。つまり、受入原料炭の五〇％以上は輸入原料炭で占められているのである。四九年頃には一定の原料炭在庫ももっており、高炉操業状況にあわせた原料炭の獲得上の条件は整っていったのである。もちろん価格、炭質、安定供給などの条件は残った。

原料輸入ルートの確保（鉄鉱石、原料炭）

国内鉄鉱石、国内原料炭のみで鉄鋼業を再開するのはきわめて困難であった。四八年に入って、日本鋼管、釜石、輪西、八幡洞岡一号炉の火入れが計画され、製銑作業が再開されたのは、原料輸入ルートが一応確保されたことに伴うものであった[54]。

国内資源を有効に利用する一方で、輸入原料を確保することが、高炉作業再開の不可欠の条件であった。しかしながら、輸入鉄鉱石は、貿易庁が政府の代行者となって売り手または買い手になっており、その輸入契約はGHQの承認を必要としていた。しかも配分はESS工業課の承認を得た商工省鉄鋼課の配分計画にもとづいて配当されたから、日本鋼管独自に入手可能なものではなかった[55]。四七年一二月一〇日戦後初の輸入鉄鉱石契約によって四八年から海南島鉱石の輸入によって鉄鉱石が輸入され[56]、その後中国、アメリカ、マレー、フィリピン、インドなどから鉄鉱石が輸入されていった。中国革命によって、中国大陸からの鉄鉱石の輸入は不可能になり[57]、鉄鉱原料供給体制を転換せざるをえなくなるのである。鉄鉱石にかんしては、五〇年一月の民間貿易の再開、五一年一月の自動承認制輸入によって商社の自由契約となり、さらに四月の国内統制価格の廃止という措置によって、企業活動の独自性を発揮することが可能となった。

原料炭については、特に強粘結炭の不足する日本においては、戦前は中国華北の開らん炭への依存が大きく戦後もそれに期待するところが大きかった[58]。一方、中国側も、原料炭の日本への輸出を通じて、日本から経済復興に必要な資材を手に入れようと貿易の再開をもとめる動きもあった[59]。しかし、中国における内戦と共産党政権の成立によって、原料炭の計画は、当初の計画を変更せざるをえなくなった。華北炭に代わって輸入の主役に登場したのは、アメリカ炭であった。

石炭は戦時中から日本石炭株式会社によって、価格、配給統制は行われていたが、一九四七年六月配炭公団が設立されて、炭価の統制が行われた。しかし、四九年九月には配炭公団が廃止されて、統制はなくなった。特定産業向け価格（鉄鋼など）は、補給金を給付することによって、安価に原料炭は供給されていた。また、輸入炭は、鉄工品貿易公団が取り扱い、配炭公団を通じて販売された[60]。

第五高炉再開に伴う原料問題の解決は、すべて政府、ＧＨＱの政策的な措置に委ねられることによって可能となったのである。

傾斜生産における重油使用と日本鋼管

「重油の輸入は瀕死の状態にある日本経済に対するカンフル注射[61]」として評価され、重油輸入によって生産された鋼材を石炭に投入することによって、拡大再生産の契機となるとされたのである。

それでは実際に重油は鉄鋼業でどのように使用されたのか。その中で日本鋼管はどのような位置を占めたのか、確認しておこう。実際に重油輸入開始は、四七年六月にずれ込んだ。重油輸入開始以後、鉄鋼業における重油の使用量は飛躍的に高まった[62]。一九四六年においては、重油使用量は一万三〇〇〇キロリットルであり、それまでと比べても、極端に低下した。しかも、使用された重油の八〇％以上が圧延に利用されたのであり、それまでの利用の割合からみると、著しく偏った割合になっていた。四七年になると、平炉への重油吹き込みが増加し、四八年以降その割合は七〇％近くになる。これに対して圧延用としては、二〇～三〇％へと低下していくのである（表8-10）。

どのような事業所に配分されていたのかをみると（表8-11）、著しく使用割合は偏っている。もともと日本鋼管は、

表８-10　敗戦後鉄鋼業重油使用高

（単位：KL，％）

用途		1943年	1944年	1945年	1946年	1947年	1948年	1949年	1950年
製鋼	平炉	24,783 (52.5)	17,751 (46.2)	8,868 (52.7)	915 (6.8)	41,829 (56.5)	118,396 (67.3)	165,176 (70.3)	177,543 (75.4)
鋼材	圧延	15,899 (33.6)	15,453 (40.2)	4,219 (25.1)	11,144 (83.4)	29,970 (40.5)	54,994 (31.3)	67,516 (28.7)	56,175 (23.9)
	鍛造	3,222 (6.8)	1,445 (3.8)	239 (1.4)	439 (3.3)	722 (1.0)	1,127 (0.6)	863 (0.4)	557 (0.2)
	鋳造	659 (1.4)	804 (2.1)	164 (1.0)	169 (1.3)	319 (0.4)	269 (0.2)	397 (0.2)	360 (0.2)
その他		2,687 (5.7)	2,995 (7.8)	3,350 (19.9)	694 (5.2)	1,216 (1.6)	1,008 (0.6)	1,061 (0.5)	785 (0.3)
用途合計		47,250 (100)	38,448 (100)	16,840 (100)	13,361 (100)	74,056 (100)	175,794 (100)	235,013 (100)	235,420 (100)

資料：資源庁長官官房統計課編『製鉄業参考資料』（1943～48年），通産省通商鉄鋼局『製鉄業参考資料』（1949，1950年）。

表８-11　各社別重油使用高

（単位：KL，％）

	1943年	1944年	1945年	1946年	1947年	1948年	1949年	1950年
日本製鉄輪西	402 (0.9)	500 (1.3)	806 (4.8)	— (0.0)	3,434 (4.6)	7,406 (4.2)	12,957 (5.5)	10,870 (4.6)
日本製鉄釜石	— (0.0)	— (0.0)	— (0.0)	— (0.0)	6,706 (9.1)	14,798 (8.4)	10,376 (4.4)	5,619 (2.4)
日本製鉄八幡	— (0.0)	— (0.0)	— (0.0)	374 (2.8)	5,561 (7.5)	21,753 (12.4)	26,457 (11.3)	28,343 (12.0)
日本鋼管川崎	7,328 (15.5)	4,133 (10.7)	1,012 (6.0)	9,575 (71.7)	32,621 (44.0)	41,684 (23.7)	37,839 (16.1)	35,056 (14.9)
日本鋼管鶴見	4,981 (10.5)	5,143 (13.4)	783 (4.6)	201 (1.5)	6,701 (9.0)	21,663 (12.3)	21,748 (9.3)	20,963 (8.9)
扶桑金属 （住友金属）	2,167 (4.6)	2,538 (6.6)	1,033 (6.1)	809 (6.1)	4,609 (6.2)	9,175 (5.2)	11,079 (4.7)	12,368 (5.3)
川崎重工業	— (0.0)	— (0.0)	— (0.0)	— (0.0)	3,755 (5.1)	15,024 (8.5)	15,323 (6.5)	11,481 (4.9)
神戸製鋼	— (0.0)	— (0.0)	— (0.0)	— (0.0)	2,296 (3.1)	12,061 (6.9)	26,293 (11.2)	19,905 (8.5)
その他	32,372 (68.5)	26,134 (68.0)	13,206 (78.4)	2,402 (18.0)	8,373 (11.3)	32,230 (18.3)	72,941 (31.0)	90,815 (38.6)
小計	47,250 (100.0)	38,448 (100.0)	16,840 (100.0)	13,361 (100.0)	74,056 (100.0)	175,794 (100.0)	235,013 (100.0)	235,420 (100.0)

注：扶桑金属は，和歌山，鋼管工場，製鋼工場の合計。
資料：資源庁長官官房統計課『製鉄業参考資料』（1943～48年）。

表8-12　日本鋼管重油使用高内訳

（単位：KL，%）

	用途	1943年	1944年	1945年	1946年	1947年	1948年	1949年	1950年
川崎	平炉	4,487	1,280	—	915	17,719	27,855	26,563	27,565
		(61.2)	(31.0)	(0.0)	(9.6)	(54.3)	(66.8)	(70.2)	(78.6)
	圧延	2,841	2,853	1,012	8,660	14,902	13,829	11,276	7,491
		(38.8)	(69.0)	(100.0)	(90.4)	(45.7)	(33.2)	(29.8)	(21.4)
	その他	7,328	4,133	1,012	9,575	32,621	41,684	37,839	35,056
	共計	(100.0)	(100.0)	(100.0)	(100.0)	(100.0)	(100.0)	(100.0)	(100.0)
鶴見	平炉					4,859	14,394	12,584	15,597
						(72.5)	(66.4)	(57.9)	(74.4)
	圧延	4,857	5,072	765	201	1,842	7,269	9,164	5,366
		(97.5)	(98.6)	(97.7)	(100.0)	(27.5)	(33.6)	(42.1)	(25.6)
	その他	4,981	5,143	783	201	6,701	21,663	21,748	20,963
	共計	(100.0)	(100.0)	(100.0)	(100.0)	(100.0)	(100.0)	(100.0)	(100.0)
八幡	平炉				—	5,079	20,958	25,244	28,300
					(0.0)	(91.3)	(96.3)	(95.4)	(99.8)
	圧延				374	401	601	765	43
					(100.0)	(7.2)	(2.8)	(2.9)	(0.2)
	その他				374	5,561	21,753	26,457	28,343
	共計				(100.0)	(100.0)	(100.0)	(100.0)	(100.0)
全国	平炉	24,783	17,751	8,868	915	41,829	118,396	165,176	177,543
		(52.5)	(46.2)	(52.7)	(6.8)	(56.5)	(67.3)	(70.3)	(75.4)
	圧延	15,899	15,453	4,219	11,144	29,970	55,994	67,516	56,175
		(33.6)	(40.2)	(25.1)	(83.4)	(40.5)	(31.9)	(28.7)	(23.9)
	その他	47,250	38,448	16,840	13,361	74,056	175,794	235,013	235,420
	共計	(100.0)	(100.0)	(100.0)	(100.0)	(100.0)	(100.0)	(100.0)	(100.0)

資料：資源庁長官官房統計課『製鉄業参考資料』（1943～48），通産省通商鉄鋼局『製鉄業参考資料』（1949，50）。

重油の使用量は多く、同社は一九二〇年代から重油を利用した平炉操業の経験をもっており、戦時下でも同社の重油使用量だけで全鉄鋼企業の二十数%に及んでいた。しかし、敗戦後四六年には実に七〇%以上の重油が日本鋼管で消費された。その後も全国的に重油使用量が増大するにつれて、日本鋼管の使用割合は低下するが、日本製鉄よりも重油使用量は多く、日本鋼管の鶴見、川崎だけで、四七年五三%、四八年三六%、四九年二五%に上っていた。また、川崎重工業、神戸製鋼所のように、戦後に使用が多くなっているいることも留意する必要がある。いずれにしても、傾斜生産方式による重油の使用は日本鋼管にかなり集中して使用された[63]。圧倒的生産能力をもつ八幡をしのぐ重油の使用は、日本鋼管の傾斜生産方式のなかでの重要性を示すものであった。日本鋼管の重油使用の内訳をみると（表8-12）、一九四七年以降平炉への利用割合が増していることを確認することができる。すなわち、重点的に日本鋼管に投入された重油は、平炉操業の上昇に寄与するところが大きかったのである。

なぜ、日本鋼管の平炉操業に重油が重点的に投入されたのか、それは、すでに戦前から、日本鋼管の平炉は重油を使用することができるような設備をもち、技術をもっていたからである(64)。また、同社は、戦災被害も大きくなかったこと、賠償指定からもはずれていたこと、輸入重油の積上げ港である横浜に近かったこと、同社の船舶部門は修理船など米軍の需要に大いに貢献していたことなどが理由として推測される。また、商工省の政策として、高能率重要工場に生産を集中する方策を四六年以来とっていた(65)。鉄鋼業においては、鋼管、薄板、線材、珪素鋼板を生産している工場に石炭、重油を重点的に割り当てており、日本鋼管は、重点工場の一つとなっていたのである(66)。

スクラップの状況と兵器処理委員会

スクラップの需給状況は、詳細を知ることができない。なぜなら、スクラップは生産されるものではなく、発生するものであるからである。スクラップの需要側面を表わすものとして使用高の状況をみると（表8-13）、戦時から戦後にかけて製鋼部門へ九〇％近くが投入されていた。敗戦によって、四六年には四二年の七分の一に減少しているが、四八年には四五年よりも使用高は増加しており、敗戦によるスクラップの増加の影響を受けて需給関係は比較的ゆるんでいたと推測される。こうした中で、四六、四七年には、電気炉におけるスクラップの利用割合が増加した。電気炉による鋼塊の生産が大きな意味をもっていたことを表わしているのである。しかし、四八年には電気炉と平炉の使用割合は逆転し、再び平炉への使用割合が増加した。

戦後における日本鋼管のスクラップ入荷量は、四八年より増加するが、それまでは主に兵器、艦船、軍需産業の機械類のスクラップに依存した。一九四六年の日本鋼管スクラップ総入荷量のうち、八三％、四七年三七％、四八年一

表 8-13　スクラップ使用高内訳

（単位：トン，％）

	用途	1943年	1944年	1945年	1946年	1947年	1948年	1949年	1950年
製　　　鉄	高　炉	145,736	299,451	92,911	23,023	40,537	57,382	177,811	378,375
		(3.3)	(7.0)	(6.2)	(3.8)	(4.3)	(3.5)	(6.6)	(8.8)
	電気炉	10,244	16,320	13,793	33,406	69,579	57,291	92,354	114,502
		(0.2)	(0.4)	(0.9)	(5.6)	(7.3)	(3.5)	(3.5)	(2.7)
	その他	15,623	21,891	12,792	1,295	9,383	45,580	48,513	84,499
		(0.4)	(0.5)	(0.9)	(0.2)	(1.0)	(2.8)	(1.8)	(2.0)
	小　計	171,603	337,662	119,496	57,724	119,499	160,253	318,678	577,376
		(3.9)	(7.9)	(7.9)	(9.6)	(12.6)	(9.8)	(11.9)	(13.5)
フェロアロイ		14,916	15,843	8,248	2,784	1,655	3,177	6,070	8,449
		(0.3)	(0.4)	(0.5)	(0.5)	(0.2)	(0.2)	(0.2)	(0.2)
製　　　鋼	高　炉	2,525,579	2,150,050	663,198	112,062	332,169	834,538	1,665,534	2,866,034
		(58.0)	(50.4)	(44.1)	(18.6)	(34.9)	(51.2)	(62.2)	(66.9)
	電気炉	1,631,639	1,755,910	711,088	428,570	498,789	632,816	685,377	834,009
		(37.5)	(41.1)	(47.3)	(71.3)	(52.4)	(38.8)	(25.6)	(19.5)
	その他	12,173	9,839	1,249	—	—	—	—	20
		(0.3)	(0.2)	(0.1)	(0.0)	(0.0)	(0.0)	(0.0)	(0.0)
	小　計	4,169,391	3,915,799	1,375,535	540,632	830,958	1,467,354	2,350,911	3,700,063
		(95.7)	(91.7)	(91.5)	(89.9)	(87.3)	(90.0)	(87.9)	(86.3)
合　　計		4,355,910	4,269,304	1,503,279	601,140	952,112	1,630,784	2,675,659	4,285,888
		(100)	(100)	(100)	(100)	(100)	(100)	(100)	(100)

注：1949年の合計は，原資料の合計値ではなく，計算しなおしたものをかかげた。
資料：前掲『製鉄業参考資料』（1943～48年），同左（1949，1950年版）。

三％が兵器処理委員会または産業復興公団からのものであった(67)。戦後復興期はかなりの部分をこうした兵器処理の結果発生したスクラップに依存したのである。

敗戦後日本に進駐したGHQは、武装解除を進めるために、兵器類を解体処理しなければならなかった。そこで、一九四五年一一月旧陸海軍の兵器類を解体してスクラップにするために、兵器処理委員会が発足した(68)。戦後日本の陸海軍から連合軍に引き渡された鉄鋼兵器は、内務省に移管され、日本鋼管、日本製鉄、扶桑金属工業、神戸製鋼所、古河電気工業などによって構成される兵器処理委員会によって処分されることになっていた。兵器処理委員会は、鉄鋼部会と軽金属部会に分かれ、鉄鋼部会は、日本製鉄と日本鋼管が担当した。それぞれの企業は、兵器処理の担当地域が定められた。日本鋼管は、関東、信越、東海、北陸地域と定められ(69)、その他の国内地域は日本製鉄が担当した(70)。

兵器処理物件とされたのは、軍関係施設の大砲、砲弾、電気製品、解体物資などであった。日本鋼管が扱ったものは、横須賀海軍工廠、相模造兵廠、各民間企業および倉庫が所有する軍関係物資など多様なものにわたっていた(71)。

日本鋼管は、本社内に兵器処理局を置き、同社の会計とは一応別個の経理処理を行って、組織的には別のものとした。同社は分担とされた作業地区内に作業支部を置き、作業本部が各作業支部を統括した。さらに、解体された物品を販売するため、七七の販売店を置いた。解体された物品の販売は、商工省または地方商工局の指示によって、兵器処理局総務部があたることになっていたが、実務はすべて販売店が行った。兵器類の処理は、専門的な知識を必要とすることから工廠関係者を採用した。他方販売にあたっては、需要者との関係も考慮して「当社（日本鋼管――引用者）ト長年ノ取引アル極メテ信用深キ鉄鋼機械販売業者」がこれにあたった(72)。また、日本鋼管は、自ら解体したスクラップを自社用として、商工省地方局の承認を得て獲得することができた。この作業によって得たスクラップ量、収益は膨大なものであったと推測される。「兵器処理調書」によれば、四六年一〇月末現在で回収量は約二〇万トンに上った。これ以後の詳細な数値はないが、四六年三月の推定によれば、四八年三月までに、スクラップ総量三五万トン、収益一〇〇〇万円と見られていた。それでも、なお二〇～二五万トンのスクラップが残存すると推定している。このように、スクラップ処理は会社とは別組織として行われたものの事実上同社の別会計に莫大な臨時収益をもたらしていたと推測される。解体処理が、直接的に大きな収益になったばかりではない。この作業を通じて間接的な利益も大きかった。富山電気製鉄所では、次のように兵器処理の有利性を述べている。

「兵器処理実行機関トシテ進駐軍ヨリ解体兵器ノ精錬下命ニ伴ヒ所要資材ノ進駐軍ヨリノ斡旋等モアリ漸ク全面的休業ヲスル事ナク今日ニ至リ候(73)」。

すなわち、米軍の作業請負という形をとることによって、資材の供給が保障され、操業維持に貢献しているということであった。スクラップの取得という直接的利益ばかりでなく、間接的利益も大きかった。

日本鋼管社内の兵器処理局は、兵器処理の経験を生かして賠償施設の撤去作業に進んでいこうとした。四六年八月には商工省は、日本鋼管と日本製鉄に対して賠償指定された工場施設の撤去作業に参加することをもとめた。その後、参加を希望する企業とともに協力会が設置されると、日本鋼管も協力会に正式メンバーとして参加を許可された（四六年一二月二七日）。この間、大蔵省、商工省、内務省の間で意見の相違があったため、政府側の意見がまとまらず、一二月にようやく組合の結成に至ったのである。日本鋼管では、兵器処理局の中に、撤去部を設置し、さらにその下に総務部、管理部、経理部を設けて、撤去作業の組織体制を整えたのである。

日本鋼管では「一年有余ニ亘ル兵器処理ノ経験カラ我カ組合カ撤去ノ主目標トシテヰル旧軍工廠ノ状況ニ通暁シテヰルコト、背景ニ本社特ニ需品部ヲ控ヘテヰル為撤去資材中ノ鉄鋼部門ニ於テ有利ナ位置ニ立ツテヰルコト」が商工省からの推奨であり、また日本鋼管も積極的姿勢を示していた(74)。日本鋼管では、販売、船舶、運輸、梱包などの専門会社一二社を「鋼友会」として組織し賠償撤去作業に臨んだ(75)。

しかし、建設院総務局長神奈川県知事宛一九四八年二月二〇日付電報により、兵器処理委員会の業務停止が命じられた。

神奈川県知事は、日本鋼管に対して、関係書類に手を加えずに現状において保存することを命じた。同社の関係書類は、六月には、横浜地検、商工局立ち会いのもとに産業復興公団へ引き継がれた。書類、計算書、記録はすべて検察庁によって閲覧できるよう措置がとられた(76)。これは、兵器処理委員会の活動に対する疑惑が広がっていたことに対応した措置であった。かくして、兵器処理委員会は、四八年五月三一日に解散した(77)。

平炉操業の増加とともに、四八年頃からスクラップは不足気味になっており、その需給関係は次第にタイトになっていった(78)。四九年度にはスクラップの不足を補うために、銑鉄供給を増加させることが必要になった。日本鋼管では、こうした不足を補うために、第四高炉の火入れ（四九年六月一五日）とその熔銑を利用したトーマス転炉の操業が要請されたのである（転炉操業四九年七月一一日再開）。

第5節　戦後における高炉操業の再開

敗戦直後の高炉再開への努力

一九四五年七月に日本鋼管の高炉は操業を停止した。戦後第五高炉を皮切りに高炉操業を再開し、銑鋼一貫体制を確立し、本格的な製鉄企業として復興した。本節では、第五高炉の復興過程を明らかにすることで、鉄鋼業の復興過程の一端を明らかにしたい。

第五高炉は、一九四一年六月一五日建設申請書を提出し、同年一二月二四日許可となり[79]、一九四四年二月三日には、火入れの予定であった[80]。第五高炉は、日産六〇〇トンで、第四高炉とともに大島地区にあって、二基操業によって、トーマス銑を生産する計画であり、戦時中にほぼ完成し、操業できる状態ではあったが、原料不足などを理由に戦時中には操業に至らなかったのである[81]。

一九四五年一〇月頃の予定では、諏訪鉱石[82]および釜石鉱石を利用して一二月末から第四、五高炉の稼働を目標としていた。そのために、コークス炉を一基保温していた。川崎第四コークス炉を石炭不足の中でも、保熱していたのは、「国家的見地ヨリ閣議決定ニ基キ高炉再開ニ備ヘ」ていたためである[83]。しかし、石炭の入荷は少なく、コークス炉の保温すら困難な状態が続いた。このころでは、高炉稼働は危ぶまれていたのである。一方、農林省では、トーマス燐肥を確保するため、高炉および転炉の稼働を要求した。また、燃料局は、高炉用配炭一一〇〇トンは確保できないが、一定程度を年末までストックして高炉稼働を始めるように推奨した。原料のストック状況は、銑鉄一万二〇〇〇トン（二カ月分）、屑鉄三万トン、発生炉用炭二〇〇〇トン（一カ月分）にすぎなかったといわれている[84]。

この時点の資料としては、「『トーマス』銑製造ニ要スル諏訪鉄鉱石ノ使用量」（一九四五年一〇月三一日[85]）というて検討している。

資料が、高炉操業問題を知るうえで参考になる。この資料では、鉄鉱石の供給状況によって、いくつかの場合に分け

(A)「内地鉱石ノミヲ使用シ燐ノ供給源ヲ諏訪鉱石トス」

①第五高炉一基稼働（月産一万一〇〇〇トン）

この場合には、焼結鉱生産能力が月産一万三五〇〇トンで「豊満」になる。しかしながら、燐鉱石の貯蔵をもたないで、操業するとなると生産制限をせざるをえなくなると指摘されている。

②第四、五高炉二基（月産二万二〇〇〇トン）の場合

「焼結鉱以外ニ燐ノ供給ヲ要スルモノトシテ」諏訪鉱石だけでは「実際ニハ作業不可能」であるとしている。但し、焼結鉱を大量に供給するため、第一焼結工場（グリナワルト式）をも稼働して「骸炭良質其他ノ好条件ニ恵マルル場合ニハ可能」である。しかしながら、焼結鉱の割合の増加は「作業ニ不安アリ」と日本鋼管の技師である宮原は報告した。焼結鉱の割合が増加することに対する技術者側からの不安が漏らされたのである。特に焼結鉱の直装が増加する場合は「炉況ヲ害シ予期ノ生産ヲ上ゲル事ハ困難」であると指摘された。

(B)「外国鉱石ヲ使用スル場合」

外国鉱石の使用は、「自明的ニ良好」であり、「大凹山ノ如キ含燐堅鉄ナル鉱石ヲ入手シ得レバ申分ナシ」としている。鉄鉱石と焼結鉱を使用して供給十分であれば二基稼働できるとしている（月産二万二〇〇〇トン）。

この資料は、敗戦直後の戦時中の処理もすんでいない、生産がかなり低下した四五年一〇月三一日という日付に注目して検討する必要がある。

これを考慮してみると、第一に、川崎製鉄所では、第五高炉の火入れあるいは条件が整えば第四、五高炉の火入れを考えていたことになる。このことは、敗戦直後において、同社は、原料問題について、かなり楽観的な見通しをもっていたことを意味している。

第二に、銑鉄については、トーマス転炉用銑鉄の産出が目指されたことである。このことは、同社の経営の方向として、敗戦直後においてもトーマス転炉の生産と高炉生産を結びつけようとしていたことを意味するのである。第三に、同社の国内鉱山として諏訪鉱石にかなりの重要な位置づけを与えていたことである。燐鉱石の輸入が困難な状況では、比較的燐分の多い、諏訪鉱石に依存した計画を立てざるをえなかったのである。

しかし、こうした楽観的な予想は、前述のように、原料炭はもちろん、発生炉炭、一般炭の輸入も十分ではなく、激しい労働攻勢の中で、もろくも崩れていったのである。高炉再開問題は、四六年中には議論にのぼることはなかった。しかし、四六年一二月の傾斜生産方式の閣議決定は、高炉再開の弾みになった。

第五高炉操業への道

日本鋼管社内では、四七年七月より第五高炉を稼働させるために、四七年二月五日第五高炉稼働対策委員会が松下長久を委員長として社内に発足し、第一回会合が開かれた[86]。

一方、四七年二月九日付で商工省鉱山局から日本鋼管社長に対して、第五高炉稼働のための準備命令が出された[87]。これによって、強粘結炭と塊鉄鉱石の輸入による高炉稼働計画が認可された。輸入が明らかになり、一九四八年の生産計画が決定され、四八年度の生産計画の中に第五高炉の火入れが含まれることになった。準備命令では、具体的には、日本鋼管川崎製鉄所第五高炉および関連施設の修理の完成と原材料の積み増しが命令された。

この命令があるのを察知して社内では、いち早く第五高炉稼働対策委員会が発足したことは確実である。但し、この指令は、輸入鉄鉱石と輸入強粘結炭を利用することを前提にしているが、輸入の見込みについては、商工省としてどの程度自信があったのか、疑問である。

一九四七年五月頃の資料[88]によれば、川崎製鉄所も作業方針は、「効率的操業ヲ維持スルタメ」に、二基操業を目指しており、四七年一〇月第五高炉、四八年秋第四高炉の稼働を計画した。第五高炉は自所平炉銑鉄を自給し、余剰銑は関東地区に外販するというものであった。また、遅れて操業が予定された第四高炉は、転炉用銑鉄を吹製する予定であった。「但シ平炉銑ガ購入可能ナル場合ハ第四高炉ノ火入レヲ俟タズ第五高炉ヲ転炉銑（へ）切替へ転炉工場ヲ稼働セシメ平炉ニテ精錬困難ナル低炭素鋼塊ヲ容易ニ大量生産シ、鍛接管、シートバーノ飛躍的増産ヲ図ル方針デア」った。

日本鋼管の銑鋼一貫生産の特徴は、熔銑を用いてトーマス転炉を稼働させ、スクラップを使用せず、鋼材を生産するところにあった。銑鋼一貫によって、熱効率よく生産し、副産物としてトーマス燐肥をつくることによる副産物収入も目指されていた。そのためには高炉から熔銑が直送されてこなければならず、しかも燐分を多く含んだものでなければならなかった。[89] 確かに、敗戦後、食料増産のために肥料需要は増加し、熱経済の効率化も唱えられたが、燐分を含んだ鉄鉱石あるいは燐鉱石を大量に輸入することは大きな困難があり、原料面からの制約があったのでトーマス転炉の再開は遅れたのである。

他方で、国内では高炉の火が次々と落とされていき、平炉銑を容易に入手できるような環境にはなく、最初の第五高炉操業は、敗戦直後の情勢では平炉用銑鉄の生産にならざるをえなかった。

ＧＨＱからの許可は、AC 095 ESS/AC SCAPIN 4292-A（25 October 1947）である[90]（しかし、申請は、ＣＬＯ（中央連絡事務局）に対して、二月二六日付で申請している[91]）。高炉稼働申請から約八カ月後に稼働許可が下りており、かなりの期間を要した。第五高炉復興計画によれば、その目的は次の通りである。「高炉主要設備の腐食を防ぎ、稼働条件を維持するために、我々は、塊鉄鉱石で一基稼働するのに絶対的に必要な設備を設備或いは修理する計画である[92]」。

具体的な計画では、高炉に付属する設備の修理と焼結工場の修理、輸送積み卸し設備の修理が計画された。そして、高炉稼働に従事する五〇〇人の追加労働者の宿泊施設が必要であることが注記されていた。

傾斜生産体制のもとで、日本鋼管が計画した復興計画の内訳を整理してみると、表8-14の通りである。経費は大きく、①川崎製鉄所の設備復興に必要とされる労働者募集に関わる費用、②重油割当に伴う生産設備の修理改造、③第五高炉の修理復旧に関する費用、④鶴見製鉄所の復旧に関わるものである。②、③が全費用の過半を占めていた。特に、その内容をみると、生産設備に関する費用とともに労働者住宅の建設や買収に多額の費用を必要としていたことがわかる。いったんは、大きく人員を整理したが、高炉稼働などに伴って、人員の補充をしなければならなくなった。また、連続式装置である高炉操業を安定させるためには、工場の近辺に住宅を配置することによって、労働者を安定的に確保しなければならなかった。戦災によって、横浜、川崎地区には十分な住宅供給を見いだすことができなかったため、次々と住宅を確保することが、設備の補修改造と並行して、企業の手によって進められなければならなかった。日本鋼管は、戦時中、軍需工場が建設した寮・住宅の買収や新規建設によって、横浜川崎地区に多くの社宅を確保した。一九五〇年には、稼働人員の五〇％にあたる独身者九六二二名、世帯者三八一六世帯が、それぞれ独身寮、家族寮、社宅に収容されたのである(93)。

第五高炉稼働のための資金は、インフレの進行によって膨らんでいき、追加融資を受けなければ、必要な設備を整えることはきわめて困難になっていた。ＥＳＳ工業課は、一九四八年一月には第五高炉稼働を促進し、それに必要な資金の融

表8-14　傾斜生産体制下の日本鋼管復興計画

（単位：千円）

経費内訳	生産設備金額	労働者住宅金額	許可年月日	完成見込年月日
川崎製鉄所設備復興労働者募集	4,300	1,100	1947年10月25日	1947年12月31日
重油割当増に伴う川崎製鉄所生産設備	18,000	17,000	1947年10月23日	1948年3月
第5高炉および付属施設の復旧	13,500	9,500	1947年10月25日	1948年2月28日
鶴見製鉄所における設備の建設，拡張，更新	3,600		1947年10月25日	1948年1月
合　計	39,400	27,600		

注：許可された範囲内での各経費内訳の総計を拾い出して合計して作成した。
資料：NIPPON STEEL TUBE CO. LTD, Progressive Report on Rehabilitation Projects at Kawasaki Iron Works and Tsurumi Iron Works Being Undertaken in Accordance with Permission Granted, Nov. 1947, GHG/SCAP Records (RG331) National Archives and Records Service, BOX no. 6918, ESS (A) 07020-07021.

資について推薦状を発して、建設促進をはかった[94]。インフレの進展のため、当初計画から資金は膨らんでいき、必要とされる資金の組み替えや予算計画の見直しを迫られた。

日本鋼管の第五高炉建設は、地域経済にとっても重要な意味をもった。一九四七年一二月一九日には川崎市議会は、「日本鋼管に関する意見書」を採択し、第五高炉の火入れを増産計画に組み込むことを希望した[95]。

第五高炉は、こうして一九四八年四月に操業を開始した。長い準備過程を要したが、生産はほぼ順調に増加した。第五高炉の操業は、銑鋼一貫体系のもとに建設された製鉄所の燃料経済を改善し、製鋼、圧延設備の稼働を促して行く契機となったのである。その意味では、戦後の生産復興の一つのメルクマールであった。

アメリカは、一九四八年一二月経済安定九原則を日本政府に指令、一九四九年四月にはドッジラインの実施によって、補給金が段階的に廃止された。単一為替レートのもとでの外貨事情から、輸入原料（鉄鉱石、輸入炭重油）の節約、銑鉄配合率の引き下げなどを要請され、鉄鋼業は合理化を迫られていたのである。日本鋼管では、こうした中で一九四九年六月一五日川崎第四高炉が火入れされ、七月一一日にはこの熔銑を利用したトーマス転炉が稼働したのである。四九年一〇月には鶴見線を利用した熔銑供給も始まり、鶴見製鉄所における熔銑を利用した平炉操業が開始された。こうして高炉二基稼働の本格的な銑鋼一貫体制が確立したのである。

さらに、五一年一月鶴見製鉄所において、第二高炉が稼働し、銑鋼一貫体制が確立した。鶴見、川崎における銑鋼一貫体制の確立は、戦前以来の生産体制の再確立の指標である。また、第五高炉は、一九五一年一二月には吹き止め巻換えとなり、代わって第三高炉六〇〇トンが操業を再開した。

以上のように、敗戦直後の楽観的見通しは、原料問題から挫折した。しかし、鉄鉱石や石炭の輸入再開が確実になって、高炉の稼働は、まず戦前設備の回復から始まったのである。それは、ＥＳＳのバックアップによって推進された。

第6節　労働運動の勃興と鶴鉄生産管理闘争

労働組合の結成と生産管理闘争

敗戦後の企業経営においては、労働組合との関係が新たな企業統治における重要なファクターとなった。特に、敗戦後の社会的混乱、インフレの進行、社会主義運動の勃興は、労働組合運動の発展をもたらした。戦前には企業経営に大きな意味をもたなかった労働者と経営者の関係の調整が敗戦後の企業経営の大きな問題となった。労働運動史という観点ではなく、コーポレートガバナンスという観点から、この問題を検討するのが本節の課題である。

敗戦と同時に一九四五年九月、一〇月と二度にわたる人員整理が行われた(96)。鶴見製鉄所では、食糧危機、生活不安も進行する中で、入社一年の原価計算課の職員であった林武雄、同課の石島精一らは、労働組合結成をはかる活動を始めた(97)。林は、戦前に労働運動の経験があり、会社側の主導で組合をつくろうとした動きを察知して、自主的に組合結成の活動を始めたのである。

四五年一二月二四日、鶴鉄では、組合の承認、団体交渉権とスト権の承認、待遇改善、現収入（家族手当を除く）の三倍値上げ、生活補填資金一人一〇〇〇円、首切り反対、厚生福利施設の組合監査などを要求して労働組合を結成した。一二月二六日初めての団体交渉が開かれた。一月一〇日会社側は待遇改善要求、首切り反対については組合要求を拒否したため、組合は生産管理闘争を開始した。

所長と課長は所長室に缶詰めにし、所長は職場を回ってもよいが、指揮権は与えられず、所長印は、組合委員長が使用した。しかし、所長を利用することは、生産管理を合法的に行うために必要とされたから、所長の地位、職権はそのまま認め、所長の承認を要する事項はすべて所長と交渉した(98)。

職制を排除し組合が生産を管理した。ストライキではなく、生産管理闘争に進んだ理由は「復興資材や家庭用品の窮乏から日本を救うためには生産の社会性は大きく、ストをやるべきではない」[99]と考えたからである。闘争は多分に政治的性質をもったものであったが[100]、飢餓線上にあった労働者は、団結して経営者側と鋭く対決した。これに対し経営者側は、組合による工場管理は「不法行為ト認ムルニ付即刻停止シ所長以下職制ノ定ムル命令ニヨル正常作業ニ復スルコト」[101]を求めたのである。これに対して労働組合側はGHQ民間情報部コンスタンチーノを訪ね生産管理闘争に好意的回答を得たことを宣伝し、経営者側の切り崩しに対抗した。

生産管理は、不正や破壊が行われることなく、労働組合の手によって一定の統制が保たれていた。塩、缶詰、軍手、福利厚生物資を無断配給し、戦災者向けに建築関係者と新契約を行い、薄鉄板を売却した。八時間労働制を敷いて、生産手段をすべて組合が管理した。しかし、経理管理は、すべて本社扱いであるため、組合で管理することはできなかったが、賃金は本社から従来通り支払われた。機械の保全はきちんと行われ、一部生産計画の変更があったが、実際の損傷は全く起こらなかった。福利厚生物資の販売も所定通りの値段で配給し、代金はすべて会社側に支払われた[102]。

一月二六日、日本橋博文館ビルで重役会が開かれるという通報を受けて、組合員が集まり浅野良三社長に強引に組合要求を認めさせた。経営者側は、この回答は「暴行脅迫」のもとに作成されたものであると主張した[103]。この鶴見争議を契機に、二月一日の閣議決定を受けて、内務、司法、商工、厚生の生産管理闘争に関する四相声明が出された[104]。「近時労働争議などに対して暴行、脅迫または所有権侵害等の事実発生を見つつあることは遺憾に堪えない。……かかる違法不当なる行動に対しは政府に於てもこれを看過することなく断固処断せざるを得ない」と生産管理闘争に対する強硬な態度を政府は示した。芦田厚生大臣は「最近の実例では日本鋼管鶴見造船所（ママ）の争議で集団の威力で会社幹部に対してその要求を暴力を以て強要した事実もあったので、かかる事態に鑑み政府は今回の措置を採った」と談話を発表した[105]。

会社側は、生産管理中の原材料の補給を拒絶した。生産管理によって、飛躍的な増産や経営の建て直しは期待しえなかった。既述のように、石炭供給の不安定性に鉄鋼業経営の最大の問題があるなかで、経営者であろうと労働者が生産管理しようと、問題の根本的な解決の道を見いだすことはできなかったのである。(106)

川崎製鉄所における労働組合結成と労働規律の弛緩

日本鋼管川崎工場従業員組合は、一九四六年一月一五日結成された（総同盟系）。組合員は、課長以下職員、工員四〇〇〇名によって構成され、その目標は「生産人」であることの自覚を忘却せず、生産増強に邁進することを目的としていた。日本鋼管傘下の他の組合とも共同するが、鶴見とは一線を画するという態度をとっていた。(107)川崎製鉄所の従業員組合は、組合の承認、団体交渉権および罷業権の確認、交渉委員会の設立を要求しており、待遇改善要求についても慎重に調整している穏健な組合であったため、鶴見製鉄従業員組合のみが浮き上がった形になり、日本鋼管の労働組合全体の足並みが乱れ組合の闘争力は弱められた。(108)四五年一二月の鶴見製鉄所、造船所を皮切りに、川崎、富山、本社、本牧機械製作所、新潟電気製鉄所、浅野船渠、清水造船所、岡山炉材、鶴見病院と各事業所ごとに組合が四六年中には結成された。各労働組合の連合組織として「日本鋼管労働組合連合会」が四六年一一月に結成されたが、四八年四月には造船部門の組合が分離し、「日本鋼管労働組合製鉄連合会」が結成された。

労働組合運動は激しく、職場における労働時間の管理を会社側で規制することすら困難になっていた。部所長会議では、「最近従業員ガ勤務時間中ニ組合問題ニ消費スル時間ガ甚ダシク増加シテヰル傾向ニ在ルト認メラレルヲ以テ各作業所ニ於テ実情調査ノ上適宜規正セラルル様トノ要望アリ」鶴見造船所では、就業時間内に組合問題に使用した時間は延べ一五〇〇時間（四六年七月）に及んだとの報告があった。(109)

生活物資の不足は著しく、物品の管理にも支障を来していた。次のようなことが部所長会議で報告されていた。

「突破資金ノ要求アルモ、会社ノ経理状況デハ実行ノ困難ナ事情ニアルハ申ス迄モナイ。然ルニ鶴見造船所ニ於テハ独断デ不用品ヲ売却他ニ魁ケテ之ヲ実行シタ。之ハ所長モ承知ノ上ノ事ト思ハレルガ、待遇問題等ハ社トシテ総合的ニ之ヲミルベキモノデ作業所ニ於テ勝手ニ処理シ得ベキ事柄デハナク、物品ノ売却等ハ特ニ然リデアル。斯クノ如キハ社ノ統一性ヲ乱ス行為トシテ厳ニ慎ムベキコトデアル[110]」。

現場における経営者側の統制力は著しく弛緩し、労働者（労働組合）との協議を経て初めて正常な生産活動が可能となるような状況になっていたのである。現場における「構想」と「執行」を経営者が規制することができなかった。戦時中には「構想」と「執行」の分離は進んだが、敗戦直後においては「構想」を立てても、経営者は「執行」させることができなかった。

労働側の経営権への介入

四六年二月、労働組合法の成立に伴って、労働協約の締結が大きな問題となった。労働協約とそれにもとづいて設立された経営協議会の問題を検討することによって、経営権に対する労働組合の関与の実態と労働側と経営者との関係（企業統治における労資の側面）に接近する。四六年に各組合との間で労働協約が結ばれたが、四九年六月労働組合法改正に伴って、労働協約が廃棄され、無協約状態に入った。本章では、四六年の協約締結に至る両者の主張を整理して問題点を明らかにしておこう。

産別系組合であった鶴見製鉄所における組合側要求と会社側案の検討をし、いくつかの特徴を明らかにしてみよう[111]。

①「生産の社会性」「経営の民主化」という文言を入れて、企業経営の公的性格、企業経営に対する従業員の意思反映を明らかにした（第一条）。経営者側は、企業は、資本からも労働からも独立した存在であり公共に奉仕するために存在するものであるという解釈をしていた。こうした解釈は、「経済新体制確立要綱」の公益優先原理によって示された、企業経営を、あらゆる利害関係者からの相対的独立性をもった存在、とした考え方を解釈しなおした企業観[112]に近似していた[113]。

②従業員は組合員とするというクローズドショップ制を明らかにしている（第二条）。

③就業時間中の組合員の組合業務への従事を要求しているのに対して、会社側は「組合幹部」に限定してこれを認めることを提案した。これに対しては、組合側の要求どおり「組合員」にまで拡大されたが、付属「覚書」によって限定された。一般組合員は所属課長の許可を得れば就業時間中に組合業務を行うことができたし、組合幹部は届け出を必要としなかった（第四条）。第四条は、場合によっては、組合活動が就業時間を奪うことになったのである。

④人事権に関して、組合側は、採用、解雇、異動について組合の「承認」を要求していたが、会社側は「協議ノ上」決定するとした。協約では、人事権を会社側が持つことを確認したが、採用、異動は基準方針を組合と「合議」し、解雇については組合の「同意」を必要とした（第五条）。

⑤経営側も両者同数で開催される経営協議会の設置については同意したが、その性格規定については組合側と経営者側とは大きく異なっていた。組合は経営協議会を「会社経営上ノ最高決議機関」とする提案を行っている。但し、組合側は「商法上ノ株主総会ノ上ニアルト云フ謂デナイ、実行力ノアル双方ヲ拘束スル」という要求提案を行っている。やや意味不明な点もあるが、組合側でも経営協議会については異論もあったようで[114]、経営協議会決定に対する拒否権を保留することで妥結した。経営者側は、意思の疎通、労働条件の改善調整、生産能率の増進などに経営協議会の議題を限定しようとした。しかし、経営協議会規約では、「経営、生産、人事、給与、厚生」「労働条件」を議題とすることが明らかにされ、組合側の主張がほとんど通った。

経営協議会規約の作成過程においては、組合側は、次のような事項にまで協議事項を拡大した。経営方針、資材の獲得配分、経営利益の配分、工場資金、生産能率、人事、組織、職制、労働条件、給与、福利厚生などの項目について協議事項に入れられており、経営全般にわたる組合側の介入が強まったのである。実際にどのように協議されたかは定かではないが、こうした事項が経営協議会の協議事項になったことは経営者側からは、憂慮するべき事態と映ったのである。西成田豊のいうようにまさに「拘束された経営権」が現実化したのである[115]。

以上鶴見製鉄所労組あるいは川崎製鉄所労組と経営者側の双方の要求とその論点をまとめたものであるが、結論的にいえば、企業経営への労働組合の関与と規制のシステムが形成されたことを意味するものである。経営者側は川崎製鉄所労組（鶴見製鉄所より穏健）との協約を厳しく批判していた。経営者側は、人事権および経営管理を組織する権能は、経営者側にあるものであり、労働協約によって表現されるものは「労働者独裁（LABOR AUTOCRACY）」を生み出すことになると批判していた[116]。

日本鋼管は、ＧＨＱへの物資の調達や占領政策遂行のための重要な企業と位置づけられていた。浅野船渠、鶴見造船所は、米軍艦船の修理、リバティ船の改造など占領当初から重要な位置を与えられていた。一九四六年第３四半期の川崎製鉄所の生産計画の五九％が米第八軍向けの物資であったことからも明らかなように[117]、日本鋼管の場合占領下でＧＨＱの指令の持つ意味はきわめて大きかったのである。労働組合要求もＧＨＱとの関係では、ＧＨＱ介入を受けていた[118]。

敗戦後、日本鋼管の経営システムに制度的に労働組合という新しい要因がビルトインされ、経営協議会の設置によって、労働組合が企業経営へ意見を反映するシステムが整えられた。本書の対象とする時期においては、労働組合は、経営者から独立して組織され、協議内容も企業の経営管理にかんする分野にまでわたっていた。戦時中の産業報国会の意思疎通のあり方とは、主体的にも形態的に異なる労資関係の成立であった。

小　括

日本鋼管は、賠償指定を受けず、京浜工業地帯に存在する鉄鋼企業として、重要性を増していた。したがって、傾斜生産方式のもとにあっても、同社は、貴重な輸入重油を大量に供給されて、生産回復を早めた。

生産回復の過程は、企業経営のレベルでは複雑な過程をたどった。まず、敗戦直前から、日本鋼管は、新規注文を発することを停止するとともに、一方で、発注品の現物化と物資資材の囲い込みをはじめ、敗戦とほぼ同時に、一定の基準に従った発注の解約を行い、前渡金の回収や供給資材の回収を実行しようとした。原材料である石炭の不足による四五年後半から四六年前半の鉄鋼生産の極端な低下の一方で、こうした企業防衛のための措置が並行してとられたのである。日本鋼管も増産への努力は続けられたが、原燃料面からの制約が大きかった。石炭の在庫はすでに一九四四年末で底をついており、敗戦後、高炉操業の目処が立たず、華北強粘結炭輸入への期待（実際には実現せず）を高めていた。しかし、日本鋼管の生産再開は、戦時中に傘下に収めた原料供給関連会社との有機的な関係を強化することを通じて、国内資源を動員することによって、計画されざるをえなかったのである。

傾斜生産方式のもとでの日本鋼管の復興には、平炉における重油の利用によるところが大きかった。鉄鋼業で使用される重油のかなりの割合が、日本鋼管に傾斜的に供給された。しかも、高炉操業の再開は、国内鉄鉱石、華北強粘結炭の供給を前提（実際にはアメリカ炭）にしていて、傾斜生産の閣議決定（一九四七年一二月）後の二カ月後に準備作業に入った。商工省からの準備命令を受けて、ＥＳＳのバックアップによって、インフレの進行する中で四八年四月ついに第五高炉の操業が開始された。各工程の生産を有機的に結合した銑鋼一貫製鉄所の生産体系をもつ日本鋼管は、一九四八年四月の高炉操業開始によって、生産の本格的な回復が始まった。この過程は、同時に激しい労働運動にさらされた過程でもあり、労働者が経営権への介入を特に強めたのであった。

注

（1）　最も包括的なものは、戦後鉄鋼史編集委員会『戦後鉄鋼史』（日本鉄鋼連盟、一九五九年）。『現代日本産業発達史Ⅳ　鉄鋼』（交詢社出版局、一九六九年）、米倉誠一郎「鉄鋼――その連続性と非連続性」（米川伸一・下川浩一・山崎広明『戦後日本経営史』第Ⅰ巻、東洋経済新報社、一九九一年）などを参照。

（2）　宮崎正康「傾斜生産方式と石炭小委員会」解説（有沢広巳監修・中村隆英編集『資料・戦後日本の経済政策構想』第二巻、東京大学出版会、一九九〇年）、市川弘勝「終戦後の『復興会議』運動の展開と崩壊」（東洋大学『経済論集』第七巻第一、

二号、一九八一年一二月）、太田房江・谷川浩也・永井宏・大谷太助『戦後復興期の産業政策』（通商産業研究所、研究シリーズ一六、一九九三年）、張英莉「鉄鋼業の復興と原料問題」（『一橋論叢』第一一四巻第六号、一九九五年一二月）、長谷部宏一「日本の経済復興と主要産業」（『日本経済と東アジア』ミネルヴァ書房、一九九五年）。

（3） そのなかでも、近年復興過程にかんする研究が発表されている。市川前掲論文、米倉誠一郎「戦後日本鉄鋼業における川崎製鉄の革新性」（『一橋論叢』第九〇巻第三号、一九八三年九月）、米倉誠一郎『日本経営史』（有斐閣、一九〇〇年）、橋本寿朗「資源・用地・資金制約下における大量生産型産業の飛躍――川崎製鉄千葉製鉄所高炉建設を事例に」（『証券研究』第一一二巻、一九九五年五月）、張紹喆「第一次合理化における住友金属工業の投資行動」（『京都大学経済論集』第二号、一九九一年二月）。

（4） 電力業における研究では、戦後の企業再編成の視点から橘川武郎『日本電力業の発展と松永安左ヱ門』（名古屋大学出版会、一九九五年）の本格的研究がある。

（5） 関西系の三社は、平炉圧延企業から戦後高炉を所有するに至った企業であり、日本鋼管は戦前にすでに銑鋼一貫体制を築き戦後それを復興させた。日本製鉄は、半官半民企業で日本で最大の鉄鋼企業であったが、過度経済力集中排除法によって解体され、八幡製鉄と富士製鉄として高度成長を迎えることになる。

（6） 一、方針「本年中戦力化セザル工事――稼働セザルモノ――ハ之ヲ中止ス」。
「二、中止ノ意義　工事所要資材ノ面倒ヲ見ザル意味。

従ツテ中止命令アリタルモノト雖モ割当ヲ受ケ資材入手セルモノ又ハ他ヨリ資材融通シ得ルモノハ継続黙認ノ事トナラン」（一九四四・一〇・一二統制会企画部施設課中山副長談「普通鋼関係工事継続中止ノ件」、松下資料No.290）。

（7） 「第一〇回建設委員会会議事録」（一九四四年一二月一九日、同前所収）。

（8） 戦時下のコーポレートガバナンスについて、岡崎哲二「戦時計画経済と企業」（東京大学社会科学研究所編『現代日本社会四』東京大学出版会、一九九一年）は、経営者のフリーハンドを強調するが、これは、戦時下の企業経営の実態にそぐわない。

（9） 需品部「発註品処理ニ就テ」（一九四五年七月一〇日、松下資料No.398）。

（10） 日本鋼管の疎開については、第四章参照。

（11） 旧字体は適宜常用漢字に変えた。以下の資料引用はすべてこの原則に従う。

（12） 交渉に際しては、注文多量工場については部長クラス、注文が少なくなるにつれて課長、係長へと交渉担当者を割り当てた（前掲「発註品処理ニ就テ」）。
(13) 建設部・需品部・経理部「既契約品処理要領」（一九四五年八月二七日）松下資料No.398。
(14) 会社の組織的混乱もかなりあったようである。重役会におけるメーカーへの発注打ち切りについては、四五年九月の時点でも重役会で正式には決定されていなかったが、現場の下部組織では物資の囲い込みは進んでいた（「第一三回建設委員会議事録」一九四五年九月四日、松下資料No.398）。
(15) 一九四五年七月にすべての高炉の火が落とされ、四八年四月に第五高炉が火入れされるまでの間、日本鋼管の高炉が稼働しなかった。
(16) 長島修「戦時統制と工業の軍事化」（『横浜市史』Ⅱ第一巻下、一九九六年三月）五七三～五七四頁参照。
(17) 『日本鋼管株式会社四十年史』三七二頁などを参照。
(18) 第4章参照。
(19) ここでいう鋼材とは、普通圧延鋼材から鋼管を除いたものであり、日本鋼管の社内資料ではしばしば、鋼材とは鋼管を除いた普通鋼材を指している。鋼管と鋼材を区別したのである。
(20) 戦時下日本鋼管の川崎製鉄所の原料事情の概要は、前掲長島論文五八三～五八七頁を参照。なお戦略爆撃調査団資料は、アメリカ合衆国国立公文書館所蔵（United States National Archives）のものを利用した。市販のマイクロフィルムは不鮮明な箇所があり、数値が読みとれない部分がある。
(21) 銑鉄生産の月別生産高は、同前書五八〇頁。受け入れ消費は五八四頁。
(22) 四五年に入っての消費と受け取り量の差額が在庫の積み増しであるが、必ずしも数値が一致していない。しかし、その傾向を推測するには差し支えないと判断した。
(23) 日本鋼管鉱業株式会社『第三期報告書』自一九四五年四月一日　至四五年九月三〇日、松下資料No.722。
(24) 『鉱員整理状況』（一九四五年一〇月一日調べ、同前所収）。
(25) 河田重「私の履歴書」（『日本経済新聞』一九五八年五月一五日）参照。
(26) 『日本鋼管株式会社四十年史』二八六頁。
(27) 「日本鋼管株式会社主要設備能力並実績表」（一九四六年一〇月一日、松下資料No.260）。
(28) 戦災による被害の評価は難しい。同社の社史は、「相当の程度」（『日本鋼管株式会社四十年史』二八五頁）としているが、実際にその中身を検討してみると、大きな被害を受けているとは思われない。敗戦後の再開の遅れはむしろそれ以外の原因が大きかった。日本鉄鋼業全体の被害についても、日本鉄鋼連盟は「被害は比較的軽微であったとはいえ、その受けた打撃は相当重大もの」という微妙な評価を下している（戦後鉄鋼史編集委員会『戦後鉄鋼史』日本鉄鋼連盟、一九五九年一月、三頁）。八幡、室蘭、釜石のようなかなりの直接的被害を受けた製鉄所と日本鋼管は明らかに異なっている。生産の低下が急激であったことと戦災の被害を直接結びつけることは避けなければならない。

(29) Plan of reorganization《(ママ)》 Pursuant to Art. 17 paragraph 1, item 2 of HCLC Rules of procedure, April 1948, RG331, GHQ/SCAP, Box 6918, ESS (A) 07022-07023（シートナンバーは国立国会図書館所蔵のマイクロフィッシュナンバー）。

(30) シートバーは、薄板、ブリキなどを圧延するときの材料になる半製品である。鶴見は、半製品の供給を受けて、製品をつくっていたことになる。

(31) 舟田四郎「終戦後の空白期における電炉鋼の製造について」（一九九〇年一一月、日本鉄鋼協会戦後技術史調査小委員会『戦後復興期におけるわが国鉄鋼技術の発展』資料編、日本鉄鋼協会、一九九三年、所収）。

(32) 日本鋼管の傘下会社で原料関係を扱っていた鋼管鉱業は、上岡、諏訪、群馬の国内鉱山をもち、国内鉄鉱石の供給では最も確実で、融通の利く供給源であった。諏訪には、ポット炉を設け、焼結作業を計画しており、重要鉱山の一つとして戦時下で作業が進められていた。

(33) 黄鉄鉱を焙焼して硫黄を硫酸製造に用い、その残滓を製鉄原料として利用するものである。一般的には硫酸滓ともいわれる（中田義算『製鉄』ダイヤモンド社、一九三八年、五五頁）。この考え方は、日本鋼管が、一九三六年第一高炉を建設するときの前提となった原料自給策であった（第一章参照）。

(34) 「第四回製銑会議議事録」（一九四五年一二月六日、松下資料No.15）。

(35) 「鉄鉱石保有に要する経費」（松下資料No.417）資料の作成年月は不詳。四七年頃と推定される。「金融措置」とは四六年八月の会社経理応急措置法、事業資金調整の暫定標準を指すと推定される。

(36) 同前。なお、日本製鉄株式会社の場合は、戦時下において義務貯鉱命令によって、鉄鉱石の貯鉱を命じられており、費用は大蔵省預金部から出ていた（長島修『戦前日本鉄鋼業の構造分析』ミネルヴァ書房、一九八七年、四二四～四二七頁）。

(37) 需品部原料課「製銑用鉄鉱石在庫表」（一九四六年二月二〇日現在、松下資料No.415）。

(38) 燃料局「五月分入荷実績調」（一九四六年六月一日、同前所収）。

(39) 「第二回部所長会議議事録」（一九四六年七月二二日、同前所収）。

(40) 『あゆみ：本社労組三〇年史』（日本鋼管本社労働組合）一六頁。

(41) 前掲「第二回部所長会議議事録」(一九四六年七月二二日)。
(42) 「第四回部所長会議議事録」(一九四六年八月一五日、同前所収)。
(43) 「第六回部所長会議議事録」(一九四六年九月二六日、同前所収)。
(44) 「強粘結炭使用規正ニ伴フ操費計画(案)」(松下資料No.282)一九四四年末推定。
(45) 川崎製鉄所工務課資料のうち「高炉原料計画(平炉銑月一万四〇〇〇トン)」(松下資料No.402)本資料は、作成年月日が不明であるが、一九四七年後半と推定される。
(46) 傾斜生産については、中村隆英「『資料・戦後日本の経済政策構想』とその時代背景」(『資料・戦後日本の経済政策構想』第一巻、東京大学出版会、一九九〇年)、同上第二巻解題、宮崎正康執筆参照。
(47) 「産業復興失業対策に関連する輸入申請の件」(一九四六年九月四日、経済安定本部、同前第二巻所収)。
(48) 「重要資材の輸入申請に関する会議要領」(一九四六年九月一一日、終戦連絡事務局秋元部長、「産業復興、失業救済用緊急輸入要請に関する塚田貿易庁長官と『マ』経済科学局長との会談録」(一九四六年九月 二日、貿易庁総務局文書課、同前所収)。
(49) 「緊急輸入要請の件」(四六年九月一八日、同前所収)。
(50) 前掲宮崎解題一四頁。
(51) 「連合国最高司令部経済科学局発日本帝国政府内閣総理大臣宛覚書」(一九四六年一二月七日、『資料・戦後日本の経済政策構想』第二巻)。
(52) 高炉の操業に必要とされる原料炭は、高炉が八幡以外に稼働していないため、敗戦後の使用状況については検討しない。
(53) 『八幡製鉄所八十年史』(一九八〇年)一六八～一七〇頁。集中生産による増産要求は、経理面からの要請が強かった(日本製鉄株式会社「鉄鋼八幡集中生産実施の理由」『日産協月報』一九四六年八・九月を参照)。
(54) 商工省鉄鋼課『鉄鋼計画の全貌』(鉄鋼新聞社、一九四八年)三七頁。
(55) 前掲『戦後鉄鋼史』二五九～二七〇頁。
(56) 「終戦後における海南島鉱石の重要性」(外務省調査局『国内経済資料』第三輯、一九四五年一〇月)によれば、中国朝鮮における鉄鉱石の輸入が困難な終戦直後に比較的含有鉄分が多く、近距離にある海南島鉱石は、海軍省軍務局からの情報として外務省に寄せられていた。
(57) 海南島鉱石の帰趨については、田部三郎『鉄よ永遠に 日本鉄鋼原料史』上巻(産業新聞社、一九八二年)一二八～一三一頁を参照。

(58) 北米炭の輸入によって、高炉の順調な操業が開始されとはいえ、北米炭は、遠距離輸送に伴う運搬経費の高さから、日本に到着した時の価格は高くなった。このことから、開らん炭への期待は大きく、通産省は四九年時点においても開らん炭の大量輸入を「念願」していた（通産省通商鉄鋼局『日本鉄鋼業の展望』鉄鋼研究会、一九四九年、八二頁）。

(59) 西川博史「アジア統合と戦後日本の経済復興」（『土地制度史学』第一五九号、一九九八年四月）五三～五四頁。

(60) 前掲『戦後鉄鋼史』二九五～三〇八頁。

(61) 有沢広巳「経済危機と重油輸入」（一九四六年一二月二〇日放送、『資料・戦後日本の経済政策構想』第二巻）。

(62) 重油輸入が、鋼生産量の拡大に寄与した（前掲『戦後鉄鋼史』三五頁）。

(63) この点を指摘されたのは、長谷部前掲論文である。但し、長谷部はそれについて立ち入った検討を行っていない。

(64) 同社の平炉への重油使用は、一九二二年のことである（『日本鋼管株式会社四十年史』一〇二頁）。

(65) 「緊急事態ニ対処スル生産増強方策大綱」（一九四六年二月六日、同年二月七日閣議稟請、『公文類集』昭和二一年巻六〇所収）によれば、「重要産業ヲ通ジ生産ノ中核トナルベキ者ヲ指定シ之ニ対シ資材、作業用品ノ集中配給ヲ行ヒ且食料ヲ増配スル等国家ニ於テ生産要素ノ確保ニ付積極的支援ヲ為ス」としており、傾斜生産以前からこうした方針をもっていた。

(66) 『鉄鋼新聞』（一九四七年七月二六日）。

(67) 『日本鋼管株式会社四十年史』八六一頁。

(68) 前掲『戦後鉄鋼史』三三〇～三三一頁。

(69) 勤労部長河田重「廃兵器処理作業ノ機構及人事ニ関スル件」（一九四五年一二月一二日、『横浜市史』Ⅱ資料編四下所収）。

(70) 一九四五年一二月、日本製鉄八幡製鉄所においては「臨時兵器処理本部」が設置され、九州、山口県より兵器スクラップが八幡へ輸送された（『くろかね』第八一一号、一九四五年一二月一一日）。一九四八年六月より残務整理に入り、一九四九年一月三一日兵器処理部は閉鎖された（同上、第九四〇号、一九四九年二月一八日）。

(71) 「兵器処理委員会に許可した特殊物件調」（『特殊物件通牒関係綴』昭和二三年度、神奈川県立文化資料館所蔵）。

(72) 日本鋼管株式会社兵器処理局「兵器処理調書」（一九四六年一〇月三一日現在、松下資料未整理No.7）。

(73) 富山電気製鉄所より副社長松下長久、副社長渡邊政人宛「一一月中工場操業状況御報告ノ件」（一九四六年一月三一日、松下資料No.406）。

(74) 日本鋼管株式会社兵器処理局「賠償施設撤去作業ニ就テ」（一九四七年一月二二日、松下資料未整理No.7）。

(75)「鋼友会」のメンバー一二社は以下のとおり（「鋼友会第二次総合能力調査表」（一九四七年一月二〇日、同前所収）。いずれも日本鋼管との取引関係などの緊密な企業が多かった。伊藤興業株式会社、森岡興業株式会社、日本鋼管鉱業株式会社、山下汽船株式会社、リバティー運輸株式会社、東鋼作業所、岸本興業株式会社、東洋建設株式会社、結城運輸株式会社、星野組、日本鋼管株式会社、二幸組。

(76) 建設院総務局長より各都道府県知事宛「兵器処理委員会の保有物件引継ぎに際し諸雑財産の取扱について」（一九四八年七月二日、『特殊物件通牒関係綴』昭和二三年度所収、神奈川県立文化資料館所蔵）。

(77) 兵器処理委員会の活動は、物資の不正利得として疑惑を受け、国会でも取り上げられた（「座談会「戦後鉄鋼業を回顧する」前掲『戦後鉄鋼史』一八頁）。

(78) 鉄鋼新聞が各社のスクラップ在庫調査を実施した結果、一九四八年五月の在庫は各社とも軒並み一月水準を下回っていた（『鉄鋼新聞』一九四八年八月一日）。日本鋼管川崎製鉄所でも在庫は一月六万一〇〇〇トンから五月五万六〇〇〇トンになっている。

(79) 日本鋼管株式会社より陸軍行政本部宛「第五高炉建設計画概要」（一九四三年七月二〇日、『横浜市史』Ⅱ資料編四上、一九九三年五月、三一九〜三二〇頁）。

(80) 日本鋼管株式会社より陸軍行政本部宛「扇町第五高炉火入日取未定ノ件」（一九四四年一月二一日『横浜市史』Ⅱ資料編四上）。

(81) 日本鋼管株式会社「製鉄事業設備増設許可申請書」（一九四一年六月二五日、『横浜市史』Ⅱ資料編四上）。

(82) 諏訪鉄鉱石は、採掘は一九三七年から始められていた。諏訪鉱山は、日本鋼管鉱業株式会社が所有していた。トーマス転炉用の鉄鉱石と考えられていた（List of the Names of Mines Contorlled and Owned by Nippon Steel Tube Co. Ltd and Nippon Steel Tube Mining Co. Ltd, USSBS 36b (23)、前掲『鉄よ永遠に　日本鉄鋼原料史』上巻、七七頁を参照）。

(83)「第五高炉稼働ノ意義ニ就テ」（一九四七年五月一一日、松下資料未整理No.19）。

(84)『日本産業経済』一九四五年一〇月八日。

(85)「『トーマス』銑製造ニ要スル諏訪鉄鉱石ノ使用量」（一九四五年一〇月三一日、松下資料No.308）は、川崎製鉄所で「内地原料ニヨル製銑対策」（未発見）という書類を作成したが、それとほぼ同じ内容（「大同小異」）のものであるという指摘がある。したがって、この書類によって敗戦直後の高炉再開についての考え方を推測することは可能であろう。

(86)「第五高炉稼働対策委員会総会ノ件」（一九四七年一月三一日、松下資料No.403）。

(87) PREPARATION FOR OPERATION OF BLAST FURNACE, From Mining Bureau, The Ministry of Commerce & Indutry, To MR. PRESIDENT NIPPON STEEL TUBE CO. LTD., 9 Feb., 1947, GHQ/SCAP (RG331), BOX6918, ESS (A) 07021。なお、この資料は、商工省からの指令を翻訳したものである。

(88) 日本鋼管株式会社「第五高炉稼働ノ意義ニ就テ」(一九四七年五月一一日、松下資料未整理№19)。

(89) 第3章参照。

(90) NIPPON STEEL TUBE CO. LTD, Report on Rehabilitation Projects to Be Undertaken in Accordance with Permission Granted, 6 Oct. 1947 GHQ/SCAP Records (RG331), BOX No.6918, ESS (A) 07020の中に収められているPROGRESSIVE REPORT ON PRODUCTIVE FACILITIES, Rehabilitation of Blast Furnace and Its Auxiliary Installation of Kawasaki Iron Worksを参照した。本来であれば、当初計画のファイルがあればよいが、現在のところ発見できていない。詳細な経過報告Progress Reportが残存し、それで詳細な実施計画を検討することができる。

(91) GHQ関係文書の具体的な読み方については、荒敬『日本占領史研究序説』(柏書房、一九九四年)を参照した。

(92) NIPPON STEEL TUBE CO. LTD, REHABILITATION OF BLAST FURNACE AND ITS AUXILIARY INSTALLATION OF KAWASAKI IRON WORKS, October 1947, GHQ/SCAP (RG331), BOX6918, ESS (A) 07022 以下第五高炉復興計画のGHQ提出計画の説明は同資料による。

(93) 日本鋼管株式会社『社債目論見書』(一九五〇年八月一〇日) 四二頁。

(94) RAW MATERIAL DIVISION /ESS, Expediting of Application of Nippon Steel Tube Co. Ltd., 29 January 1948, GHQ/SCAP (RG331), BOX6918, ESS (A) 07019.

(95) 『川崎労働史』戦後編 (川崎市、一九八七年) 六四～六五頁。

(96) 日本鋼管川崎労働組合編『闘いのあゆみ』(一九七〇年) 三〇頁。

(97) 『鶴鉄労働運動史』(一九五六年) 五一～五六頁。以下特に断らない限り、鶴鉄生産管理闘争は同書による。

(98) 『資料労働運動史』三〇頁。

(99) 前掲『鶴鉄労働運動史』五九頁。

(100) たとえば、一月二二日の入船正門前に張り出された労働組合の「檄」では「我々労働者ハ崩壊セントスル資本家ニ闘争ヲ開始セントスルモノナリ　来ルベキモノハ必ズ来ラネバナラナイ　労働者ノ世界ハ必ズ来ルノダ」という一節があった(『横浜市史』Ⅱ資料編四下、一九九四年三月、六四五頁)。

(101)　一九四六年一月一八日付、日本鋼管株式会社より鶴見製鉄所労働組合宛（同前書、六五四頁）。
(102)　前掲『資料労働運動史』三〇頁。
(103)「争議顛末ノ件報告」（一九四六年一月、同前書六五九頁）。
(104)　神奈川県労働部労政課『神奈川県労働運動史』（三二頁）、前掲『資料労働運動史』一一頁。
(105)『日本産業経済』（一九四六年二月二日）。芦田均の日記によれば、一月二五日の閣議で「争議行為としての事業管理」について閣議が開かれ「閣僚多数の反対にて弾圧思想の嵐に半ば埋められた」（一九四六年一月二五日『芦田均日記』第一巻、岩波書店、一九八六年、二三九頁）とあり、一月二六日に暴行があったから声明が出されたのではなく、すでに閣僚の間で生産管理に反対の意向が出されていたのである。なお、二月一日芦田と会談した松岡駒吉、西尾末広らの労働運動家たちも四相声明に賛意を表していた（二月一日同前、二四〇頁）。
(106)『東洋経済新報』（一九四六年六月二二日）二五頁。
(107)『神奈川新聞』一九四六年一月一七日。
(108)『神奈川新聞』一九四六年二月八日。
(109)「第三回部所長会議議事録」一九四六年八月一日。
(110)「第四回部所長会議議事録」一九四六年八月一五日。
(111)　組合側の要求（五月二七日）と会社側提案については、「団体協約組合案会社案対照表」（『横浜市史』資料編四下、六六七～六七六頁）を参照。組合側要求は、五月二七日臨時組合大会で決定した組合側要求と推測される。鶴見製鉄所労働協約は、『鶴鉄労働運動史』九二～九四頁参照。
(112)　長島修『日本戦時鉄鋼統制成立史』（法律文化社、一九八六年）二八九～二九〇頁。なお、経済新体制確立要綱では、公益優先原理によって、資本＝株主権限を制限しようとし、企業は、経営、労務、資本一体のものとされていた。公益優先とは、企業の私益を犠牲にして国家のために企業活動をもとめるものであり、企業の社会性という点では共通するところがある。
(113)　米第八軍に送られた、川崎製鉄所労働協約の英文翻訳に添付された、会社側の説明（EXFLANATION COMPANY'S COMPROMISED DRAFT）は会社側の意図を明確に示していて興味深い（『横浜市史』資料編四下、六九二～六九六頁）。
(114)　前掲『鶴鉄労働運動史』九二～九四頁。
(115)　西成田豊「戦後危機と資本主義再建過程の労資関係」（油井大三郎・中村政則・豊下楢彦『占領改革の国際比較』三省堂、

一九九四年）。

(116) EXPLANATION COMPANY'S COMPROMISED DRAFT（『横浜市史』資料編四下所収、六九五頁）。

(117) Labor Dispute From YASOJI SETO DIRECTOR to THE COMMANDING GENERAL OF THE EIGTH ARMY HEADQUARTERS, 4 Oct. 1946（『横浜市史』資料編四下所収）。

(118) 折井日向『労務管理二〇年』（東洋経済新報社、一九七三年）。

第9章　経営システムの転換

はじめに

本章では、敗戦直後、生産崩壊のなかで、日本鋼管の経営システムがどのように転換したのかを所有と経営の観点から分析する。この分析を通じて、戦時期における経営システムが戦後改革の中でどのように変化したのかを検討する。

第1節　経営者と株主

トップマネジメントの変化

表9-1によって、役員構成の変化を検討してみよう。

終戦時の日本鋼管の役員構成をみると、長年同社の経営を実質的に指導した白石元治郎が会長となり[1]、社長は「浅野財閥」の浅野良三になっており、一見すると「浅野財閥」の傘下企業としての性格が色濃くでているかのようであ

表9－1　日本鋼管役員構成の変化　(1)

敗戦時		略　　歴
会	白石元治郎	東大英法科卒，1867生
社	浅野良三	浅野総一郎次男，1889生
常	渡辺政人	日本鋼管職員より抜擢，明大商卒，鉄鋼統制会理事
常	正木壽郎	東大工卒，鶴鉄造船出身，1885生
常	高松誠	東大工卒，日本鋼管職員より抜擢，1932川崎工場長
常	小松隆	鶴鉄造船重役，東洋汽船，ハーバード大卒，1886生
技	松下長久	創立期以来職員，日本鉄鋼協会会長，京大工卒，技術の中心
取	太田清蔵	創立期以来の投資者，第一徴兵保険，衆議院議員
取	大橋進一	創立期以来の投資者，大橋新太郎の長男
取	岸本吉左衛門	洋鉄商，岸本吉右衛門長男，創立期以来の投資者
取	浅野総一郎	先代浅野総一郎長男，鶴鉄造船重役，浅野同族社長，1884生
取	松島喜市郎	1913入社，日本鋼管職員より抜擢，1879生
取	中田義算	釜石鉱山技師長より日本鋼管高炉建設のために移籍，1880生
取	河田重	1918入社，東大政治科卒，川崎工場長，1887生
監	堀田正郁	日銀勤務，後日本鋼管へ入社
監	田中完三	三菱商事，三菱重工業出身，1888生

注：会＝会長，常＝常務取締役，取＝取締役，社＝社長，副社＝副社長，技＝技監。
資料：(1)　持株会社整理委員会『日本財閥とその解体』2（1951年）復刻版，14頁。
(2)　『事業報告書』第67期，第70期，『日本鋼管株式会社四十年史』などより作成。「理事１級以上参事以上医師職員名簿」（1944年10月１日）。
(3)　「製鉄部門係長以上ノ技術者調査」（1946年９月25日調）。
(4)　「資格別55才以上職員調」（1944年10月１日現在）松下資料№390。
(5)　『人事興信録』。

る。また、日本鋼管の創立に参加した投資者である太田清蔵、大橋進一、岸本吉左衛門などが取締役として参加している。また、同時に、職員として採用され、同社の内部から昇進してきた渡辺、正木、松下、松島などが役員として登場してきており、同社のトップマネジメントが浅野系列、創立以来の投資者、社内からの昇進者の三つの構成要素から形成されていたことを物語っている。しかし、戦時中に役員として採用されたものが大きな比重を占める傾向があった。

一九四六年六月時点では、敗戦時の役員で浅野、白石がいなくなり、トップは渡辺、河田、松下、岸本、大橋がそのまま留任しており、新たに五人が補充されていた。ここでは、戦前の経営陣の占める比重はまだ大きかった。四六年一月公職追放の指定が始められたが、四七年一月公職追放令の公布施行によって、具体的な指定と追放が開始された。取締役社長であった浅野良三と副社長小松隆は、追放指定に先だって四六年三月辞任した。常務取締役の渡辺政人が社長についたが、彼も追放指定を受けて、四七年五月退任し、前副社長松下長久も五月指定により退任した。日本鋼管は、追放の指定が、渡辺など同社幹部にまで及ぶとは考えていなかったと思われる。公職追放のもった意味は絶大であった。

一九四九年の構成では、敗戦時以来の取締役は、河田と岸本にすぎない。彼らは、戦前のトップマネジメントの構成からいえば、いわば傍流にすぎない。岸本は、創立者として役員の地位を占めているにすぎない。河田は、社内昇

表9-1 日本鋼管役員構成の変化 (2)

1946年6月		略歴
社	渡辺政人	日本鋼管職員より抜擢，明大商卒，鉄鋼統制会理事
常	河田重	1918入社，東大政治科卒，川崎工場長，1887生
取	松下長久	創立期以来職員，日本鉄鋼協会会長，京大工卒，技術の中心
取	岸本吉左衛門	洋鉄商，岸本吉右衛門長男，創立期以来の投資者
取	大橋進一	創立期以来の投資者，大橋新太郎の長男
取	服部一郎	三菱合資，三菱商事
取	永田甚之助	武州銀行
取	中村三男吉	1927入社，早大商卒，日本製鋼所から日本鋼管へ
取	笹部誠	1925入社，東大冶金卒，1945川鉄所長
取	伊澤惣作	1927入社，東大応化卒，1896生
取	瀬戸弥三次	明大商卒，1934入社
監	太田新吉	第一徴兵保険
監	井尻芳郎	安田銀行出身，1895生

1949年10月		略歴
会副	林甚之丞	1939入社，日本鋼管鉱業社長，全鋼商理事長
社	河田重	1915入社，東大政治科卒，川崎工場長，1887生
副社	中村三男吉	1927入社，早大商卒，日本製鋼所から日本鋼管へ
取	岸本吉左衛門	洋鉄商，岸本吉右衛門長男，創立期以来の投資者
取	瀬戸弥三次	1934入社，元明大商学部教授
取	笹部誠	1925入社，東大冶金卒，1945川鉄所長
取	内藤憲	1928入社，大阪高工造船卒，1889生
取	田中國雄	1924入社，東大冶金卒，1945鶴鉄所長
取	川村亮蔵	鶴見製鉄造船出身，京大経卒
取	金子達一	1926入社，早大商卒，1899生
取	望月要	1927入社，京大機械卒，1945製鋼部長
取	東道生	1929浅野造船所入社，鶴造所長，1903生
取	清水芳夫	1927入社，明大商卒
取	竹村辰雄	1928入社，九大法卒，1904生
取	富山常太郎	1933入社，東大冶金卒
取	赤坂武	1934入社，東北大法文卒
取	伍堂輝雄	1933日本鋼管顧問弁護士，1943入社，東大法卒，1906生
監	伊澤惣作	1927入社，東大応化卒，1896生
監	千葉茂	安田銀行出身，東大政治卒，1897生

注：会＝会長，常＝常務取締役，取＝取締役，社＝社長，副社＝副社長，技＝技監。
資料：表9-1(1)に同じ。

進者でも、経営者としての経験も乏しかった。結局戦前以来、日本鋼管あるいは鶴見製鉄造船創業当時から在籍し、内部から成長してきた実質的なトップマネジメントを構成していた経営幹部（渡辺、松下、高松、小松）[2]も一掃された。終戦時に取締役となっていた河田、中村、岸本らも財閥役員に該当するものとされたが、申請によって非該当の確認を受けた[3]。既述の役員以外で同社の追放指定を受けた役員は、間島三次、香田五郎、正木壽郎、高松誠、堀田正郁などであった。

公職追放後の役員構成を比較してみると、創立期以来の投資者は岸本を除いてすべて姿を消した。また、当然のことながら「浅野財閥」系の人々はすべて姿を消した。これにかわって、大学を、第一次大戦後卒業し、入社した職員が一斉に抜擢された。こうして敗戦時には、「浅野財閥」と創立以来の投資者の占める位置はほとんど意味をもたなくなり、社内から昇進した職員層がトップマネジメントを占める戦後的な役員構成が成立した。

また、この中でも技術系の人々よりも法律、商学などの分野の大学卒業者の数（一二名）が多くなっており、技術系のもつ意味が下がっている。今泉嘉一郎をはじめとする人々の技術分野における独自の開発（戦前の鋼管分野への進出、高炉建設、トーマス転炉の開発など）が同社の特色を示していた。今泉の薫陶を受け、技監として副社長として技術面をリードした松下長久が退いて、技術系の役員は副社長からいなくなった。四九年でも、技術系役員は一定比重を占めたが、「企業指導者」[4]として社内での意思決定に影響力をもつ人員がいなくなった。明治後半ベンチャー企業[5]として発足し、次々と新たな技術分野を開発しつつ同社の発展を支えていたのは、今泉のもとであるいは影響を受けた技術系役員であった。この点で、同社は戦後、企業の性格が、微妙に変化することになったのである。

会長となった林は、全国鋼材商業組合の理事長から、白石元治郎によってスカウトされ、日本鋼管株式会社の子会社であった日本鋼管鉱業株式会社の社長に就任した人物であり、日本鋼管生え抜きとはいえない人物であった[6]。さらに瀬戸弥三次は、明大商学部教授を務めており、企業再建整備などの過程でその専門的な知識を生かした活動を行っており、占領下の同社の活動ではこうした特色ある役員を抱えて置くことの意味は大きかった。GHQへの提出文書などでは、瀬戸の署名が入ったものがかなり残っている。四九年にはそうした異色の人材以外には内部昇進者が専門経営者の地位の大部分を占めることになった。

経営者の役員構成の変化について研究史の中で、どのように位置づけられるか。トップマネジメントについて検討した森川英正、宮島英昭は、統計的な整理もしたうえで、財閥解体による戦後の経営陣の特徴を「内部昇進専門経営者」の進出という点を指摘した(7)。両氏のこの指摘は、日本鋼管の場合にも、あてはまるものである。また、彼らの多くが十分な専門経営者の訓練を受けていなかったことも宮島の指摘の通りである。日本鋼管の場合、社長として経営者としての訓練を受けた直系会社の人間を経営責任者とし、第一次大戦前後の発展期に入社した有力な内部昇進者によって、経営陣が構成された。同社の経営陣は、技術者の割合が高かったが、戦後は法学、商学系の大学出身者が増え、技術志向的な傾向は後退した。同社の場合、すでに戦時中に、役員（監査役を除く）の中で内部昇進者の割合が一四人中八人と多数を占めたが、これらの人々も同時に引退を強いられたことも重要な点である。

株主構成の変化

戦前以来の構成を検討することによって同社の所有の性格がわかるので、そこから検討してみよう（表9-2）。一九三六年五月三一日末現在の株主構成をみると、優先株も含めた合計所有高でみると、第一徴兵保険が筆頭株主であるが、所有率は七・七%である。議決権のない優先株を除外すると、川崎造船所が筆頭株主になる。川崎造船所がこの時点で登場しているのは、一九三五年昭和鋼管を合併した際に、昭和鋼管側の株主であった川崎造船所が日本鋼管の株式を持つようになったためである(8)。したがって、川崎造船所の鋳谷正輔は役員として、日本鋼管に入っているが、川崎造船所が日本鋼管の実質的な経営に携わったという痕跡は認められない。保険会社は、日本鋼管が一九三三年生保投資シンジケート団からの借入れによって、社債を償還し、日本興業銀行の支配から抜け出すのを契機に株主として登場してきている。これらは、いわゆる機関投資家であって、実際の経営にはタッチしていなかった。

表9－2　日本鋼管の株主構成（1936年5月31日現在）

株主名	普通株	新株	第2新株	第3新株	優先株	合計	割合	優先株除外	割合
第一徴兵保険	8,990	6,600	42,450		26,860	84,900	7.7	58,040	6.5
㈱川崎造船所				71,967		71,967	6.5	71,967	8.0
鉄鋼証券㈱	1,710	605	22,337	22,928	900	48,480	4.4	47,580	5.3
白石同族(合)		1,288	21,868		20,580	43,736	4.0	23,156	2.6
大川(名)	74	340	17,602		17,188	35,204	3.2	18,016	2.0
太田実業㈱	500	7,567	18,207		7,250	33,524	3.0	26,274	2.9
富国徴兵保険(相)	1,130	3,800	8,180		11,540	24,650	2.2	13,110	1.5
岸本吉左衛門	3,692	1,995	10,477		2,440	18,604	1.7	16,164	1.8
高橋良蔵		5,630	6,190		4,830	16,650	1.5	11,820	1.3
富士興業㈱	6,000			10,075		16,075	1.5	16,075	1.8
田中榮八郎		1,250	7,850		5,000	14,100	1.3	9,100	1.0
白石元治郎	2,182	3,202	6,143		2,559	14,086	1.3	11,527	1.3
㈱入丸商店		1,320	9,330		1,900	12,550	1.1	10,650	1.2
荒津長七		2,450	7,800			10,250	0.9	10,250	1.1
大川平三郎	100	4,000	5,490			9,590	0.9	9,590	1.1
根津(名)		1,260	4,700		3,440	9,400	0.8	5,960	0.7
㈱山崎種二商店		530	6,450		2,170	9,150	0.8	6,980	0.8
愛国生命保険㈱	2,600		5,000		1,000	8,600	0.8	7,600	0.8
㈱山叶証券	10	70	8,000		30	8,110	0.7	8,080	0.9
里村磯吉			3,050		4,500	7,550	0.7	3,050	0.3
発行株数	126,000	134,000	530,000	106,000	210,000	1,106,000	100	896,000	100

注：株主総数5,722名。
資料：日本鋼管株式会社『株主名簿』（1936年5月31日現在）。

日本鋼管が、一九三〇年代半ば頃から、設備投資や吸収合併を行った際に、払込未済金の徴収を行わず、別会社（第三鋼管株式会社、第三鋼管株式会社など）を創立し、株式を公募したのちに、吸収合併を行うという「変態増資」の方法を採用した。(9) こうした結果株主構成の中に、新株、第二新株、第三新株など複雑な構成になったのである。

実質的な経営者である白石元治郎の同族会社である白石同族白石個人はそれでも全株式の二・六％しか普通株式を所有しておらず実際的な支配権を行使できる状況にはない。ただ、これに鉄鋼証券の株式五・三％を加えると、七・九％で第二位ということになるのである。鉄鋼証券は、日本鋼管の株式を所有する持株会社であり、社長は一九三八年では白石元治郎となっている。鉄鋼証券は、自己の会社の株主安定工作を実施するための持株会社であって、日本鋼管それ自体が株式をもつ一方で、社内昇進役員などが株式を所有し役員に名前を連ねているのである。その実態はよくわかっていないが、戦前戦時においては、鉄鋼証券は一貫して日本鋼管の中で上位の株主を占めていた。鉄鋼証券は、各期かなり頻繁に日本鋼管株式を売買しており、安定株主としての性格をもつ一方で、株価の変動を利用して収益をあげていたことをうかがわせる[10]。

一九四〇年の鶴見製鉄造船との合併は、日本鋼管の株主構成を大きく変化させることになった。鶴見製鉄造船は、浅野の直系事業であり、鶴見との合併によって、浅野同族が筆頭株主となり、株式の所有割合が急速に高まったのである（表9-3）。鶴見製鉄造船の株主構成をみると、浅野同族が六二％（一九四〇年五月三一日現在）の株式を所有しており、株主の分散が進んだ日本鋼管との合併では必然的に浅野の所有割合が高まらざるをえなかった（鶴見一：日本鋼管〇・八五という合併比率であっても）。日本鋼管には昭和鋼管を合併したときに、川崎造船所の所有比率が一時的に高まるという事態が生じていた。しかし、昭和鋼管の合併とはもっている意味はやや違っていた。白石は浅野総一郎の娘婿という関係にあり、社長として浅野良三が就任したということである。浅野

表9-3　日本鋼管の株主構成（1942年11月25日現在）

株主名	旧株	新株	合計	割合
浅野同族㈱	474,543	210,135	684,678	13.7
第一徴兵保険㈱	86,861	93,000	179,861	3.6
鉄鋼証券㈱	135,657	41,309	176,966	3.5
㈱安田銀行	61,600	83,190	144,790	2.9
帝国生命保険㈱	59,550	38,050	97,600	2.0
戦時金融金庫	57,450	37,198	94,648	1.9
安田生命保険㈱	48,932	34,252	83,184	1.7
日本生命保険㈱	46,600	32,620	79,220	1.6
東株代行㈱	64,780		64,780	1.3
富国徴兵保険㈶	42,210	21,550	63,760	1.3
白石同族㈴	42,308	20,000	62,308	1.2
日本徴兵保険㈱	52,675	50	52,725	1.1
第百生命徴兵保険㈱	44,000	6,000	50,000	1.0
千代田生命保険㈶	45,000	50	45,050	0.9
㈱日本昼夜銀行	20,400	23,000	43,400	0.9
三菱商事㈱	20,000	21,000	41,000	0.8
大川㈴	34,000	50	34,050	0.7
野村生命保険㈱	18,000	12,050	30,050	0.6
岸本吉左衛門	7,702	16,042	23,744	0.5
㈱武州銀行	12,016	10,411	22,427	0.4
萬興業㈱	11,600	8,120	19,720	0.4
㈱名古屋株式取引所	18,740	50	18,790	0.4
白石元治郎	2,393	15,825	18,218	0.4
田村久八	10,023	7,016	17,039	0.3
㈱大日本雄弁会講談社	10,000	7,000	17,000	0.3
発行株数	2,867,000	2,133,000	5,000,000	100

注：株主数26,820名
資料：日本鋼管株式会社『株主名簿』（1942年11月25日現在）。

との関係が強まったことは事実である。

しかし、浅野の所有割合は、一三・七％にすぎず、生命保険など機関投資家の割合も高まっており、完全に浅野の直系事業になったわけではない。

戦後株式所有の状況をみると（表9-4）、持株会社の指定を受けたため、浅野、白石といった個人あるいは財閥色は一掃された。そして、生命保険、銀行、証券会社によって上位株主が占められた。また、証券民主化という政策的措置が貫徹して、株式の分散がいっそう進んだ（表9-4）。

表9-4　日本鋼管大株主（1950年3月）

（単位：％）

株主名	割　合
山一証券	3.5
東邦生命	2.4
日本生命	1.4
富士銀行	1.3
朝日生命	1.2
光生命保険	1.1
大東証券	0.8
富国生命保険	0.8
鉄鋼証券	0.8
野村証券	0.7
合　　計	14

注：株主数41,886名
資料：『有価証券報告書』第71期1950年3月。

第2節　「浅野財閥」と日本鋼管

「浅野財閥」と日本鋼管

日本鋼管に浅野の資本が直接に入ってきたのは、一九四〇年一〇月の日本鋼管と鶴見製鉄造船との合併である。このことは、すでに株主構成の変化を論じた箇所で明らかにした。このことがもつ意味を検討するのが、本節の課題である。

①人的結合　確かに日本鋼管の白石元治郎は、浅野総一郎の娘婿であり、浅野本社の役員にもなっている。また、合併によって、浅野良三が、社長となったことによって、「浅野財閥」との関係が強まった。しかし、三井、三菱、住友のように、一九四四年新設された浅野本社によって、日本鋼管は、融資、人事管理、設備投資などについて、統制支配を受けていたわけではない。

②融資関係　「浅野財閥」は独自の金融機関をもっておらず、融資はすべて安田銀行を通じて行われていた。したがって、融資関係を通じて浅野の支配を受けることはなかった。浅野本社のいわゆる直系会社に対する融資はすべて安田銀行を通じて行われていた。浅野本社借入金七五七四万円のうち、七〇六〇万円は安田銀行を通じて行われた[11]。浅野は安田財閥の産業経営部門としての意味をもっていた。

③株式所有関係　日本鋼管に対する浅野本社（浅野同族）の持株比率は、合併時からほとんど変わっていない。筆頭株主ではあるが、戦時中を含めて大体一三～一二％程度である。日本鋼管の株主は多数に分散にしており、株主構成をみても明らかなように、生命保険などの機関投資家、安田銀行、白石同族などの持株比率を合計すれば、浅野本社はとうてい太刀打ちできないのである。

以上の三点からみると、浅野本社と日本鋼管の関係は、人的には「浅野財閥」系という分類が妥当するが、融資、所有関係、経営実態からみて、浅野の傘下企業ということはできない。通常イメージするような浅野同族が、合併を通じて、日本鋼管の重要な人事、投資行動、経営方針、金融的関係を支配したという事実はない。浅野本社が筆頭株主で傘下の直系子会社を支配するというイメージからはほど遠い関係であった[12]。

これは、「浅野財閥」の成立形成過程と戦時下の状況を重ねあわせてみると、理解しやすい。

一九三九年には浅野同族会社は、解散精算に追い込まれていた[13]。この浅野本社の解散整理の時期と日本鋼管の合併が時期的に重なり合っているところにも注目しなければならない。つまり、浅野良三が社長となった時点（およびその交渉過程）は、浅野同族の解散整理直後である。

持株会社整理委員会によれば、指定時現在の浅野本社の直系会社は一〇社である。本社および家族の払込資本金額は、七一五三万円でそのうち日本鋼管は三〇三〇万円（浅野持株率一一％）、次いで日本セメント一六八〇万円（同二三％）である。その他の浅野直系会社はいずれも投資額は、一〇〇〇万円以下である。浅野の場合、これらの中規模子会社の持株比率が高いのも特徴である。すなわち、浅野本社直系会社に対する全投資の四二％が日本鋼管に注がれている。しかしながら、浅野の日本鋼管に対する持株率は、一二％にすぎない。浅野本社は戦時中傘下会社の整理重点化に乗り出していたといわれる(14)。

浅野は、鉄鋼部門として直系会社としては、鶴見製鉄造船のほかに、浅野小倉製鋼株式会社（一九三六年小倉製鋼株式会社に社名変更(15)）をもっていた。「浅野財閥」は、日本鋼管との合併によって、直系の時局会社であった鶴見製鉄造船を失ったのである。日本鋼管、鶴見製鉄造船ともに、経営的にも時局産業として発展過程にあり、問題をもっていたわけではない。それではなぜ、両者が合併しなければならなかったのか。

浅野は、合併を契機に日本鋼管の筆頭株主になったが、実質的な支配力を最大投資先で行使することはできなかった。しかも、浅野財閥は、合併によって、直系の時局会社であった鶴見製鉄造船を失ったのである。また、合併条件も鶴見製鉄造船にとって、むしろ不利な条件にあまんじざるをえず、鶴見製鉄所側役員の不満は大きかった(16)。

浅野本社の本格的な実証研究は、十分ではないので、浅野本社にとってどのような意味をもったのかは今後の研究をまたなければならない(17)。今ある材料のなかで、推測すると、浅野は持株会社である浅野同族の解散整理にからんで、鶴見製鉄と日本鋼管の合併によって、収益力も高く、安定した配当収入の期待できる日本鋼管の株式を取得をし、鶴見製鉄造船の直系会社としての経営を断念したと思われる。

実際の収益力を比較すると（表9-5）、投下資本収益率では内部留保を含むと、日本鋼管のほうが遙かに高い収益率をあげている。内部留保を含まないと収益率についての格差が縮まっている。設備に対する収益率でも内部留保を含むと収益率についての格差が出てくる。日本鋼管のほうが高くなっているのである。内部留保を含まないと鶴見の設備に対する収益率は高くなる。償却率、回転率には大きな差はない。つまり、日中戦争期には、日本鋼管のほうが内部留保を含んだ粗利益率では収益力が圧倒的に高かったのである。日中戦争下、日本鋼管はそれだけ健全な財務状況であった（四三〜四六頁参照）。したがって、一対〇・八五という比率は、収益を見る基準をどこに置くかで違っていたのである。鶴見側は、不満をもったとするのは、内部留保を差し引いた当期利益率をとって比較した結果であろう。日本鋼管の収益率の高さから見ると、一対〇・八五という比率は、妥当な線であった（表9-5参照）。債務超過解散整理に追い込まれ、一九三九年危機に瀕していた浅野同族にとって、日本鋼管との合併は、浅野の配当収益を安定的に取得する道を確保することができたことになる。他方で、「浅野財閥」は、合併によって、直系の時局会社であった鶴見製鉄造船を失ったのである。したがって、鶴見は、不満をもっていた合併条件ものまざるをえなかった。

一方で、日本鋼管は、総合重工業経営として拡大する道を選択することができたのである。事態は日本鋼管主導の合併であったと推測される。

形態としては、浅野本社は、同族持株会社であり、傘下に寡占企業をもつ「財閥」であるといってよいが、三井、三菱、住友などとは全く異なる範疇に入れる必要がある。有力な金融機関をもっておらず、傘下会社への金融的援助や介入する手段をもっていないし、株式所有による会社支配もまた十分ではなく、統一した意思によって一定の統括を受ける企業集団として把握することができていたのか、疑問が多いからである。財閥解体は、GHQの強力な指導のもとに行われたため、すべてが三井、三菱、住友的な総合財閥イメージをもちやすく、多くの誤解も生んできた。日本鋼管も「浅野財閥」の子会社として指定されたが、これは全く実態にそぐわない指定であった(18)。したがって、従来の財閥論からのアプローチによって日本鋼管の分析をすることは困難である。

表9-5　日本鋼管，鶴見製鉄造船の収益比較

	日本鋼管	鶴　見
投下資本収益率		
①　償却金，内部留保を含む	100	59.4
②　税金を控除した時	100	69.2
③　内部留保を除外した時	100	91.6
対固定設備収益率		
④　内部留保を含む	100	70.1
⑤　税金を控除した時	100	81.4
⑥　内部留保を除外した時	100	108.2
対払込金純資産比率		
⑦　内部留保を含む	100	72
⑧　内部留保を含まない	100	80
⑨　対固定設備売上高	100	104
⑩　固定資産償却率	100	93.2
①④⑨⑦⑩の集計	100	79.7
②⑤⑦⑨⑩の集計	100	83.5
③⑥⑧⑨⑩の集計	100	95.4
総平均	100	86.3

注：合併の際に合併直前4期の集計をしたもの。日本鋼管を100とした時の鶴見製鉄造船との比較。
資料：「両者ノ比較」日本鋼管京浜製鉄所所蔵。

戦時経済と合併

この合併は、「浅野財閥」関係以外のところにその主要な原因をもとめることが必要になる。しかも、結果的には日本鋼管に有利に展開されたのである。以下では別の観点からこの合併を考察してみる。

この合併計画は、かなり以前から取りざたされていたようであるが、当時の経済雑誌の関連する記事や社史を検討してみると、合併には三つの意味合いがあった。

①両社は地理的にも近接し、銑鋼一貫体制を確立し、鶴見は鋼板の生産では有数の規模をもち、また日本鋼管は棒鋼、鋼管などを生産する日本製鉄に次ぐ企業であった。合併によって、鉄鋼分野で両者の設備を補完しあい合理化効果を増し、さらに時局産業である造船分野をもつことによって、重工業経営として発展が期待できる。[19]

②当時政府で進められていた、鉄鋼業の分野での地域的合同を押し進めるものとして、政府からの勧奨もあったため、合同に及んだ。[20]

③白石元治郎はすでに高齢に達しており、白石の後継者として、経営者として経営能力の優秀な浅野良三を日本鋼管に迎えることが要求された。[21] 浅野良三は、ハーバード大学を卒業後、鶴見製鉄造船（浅野造船所）の経営にあたっており、同社の経営を導いてきた。白石にとっては、義弟にあたる。

両社の話し合いは、一九三九年から始まっていた。①は、日本鋼管、鶴見両社にとって、発展の飛躍になるので首肯できる理由である。②についても当時の状況としては、合同推進の政策が推奨されたとしても、鉄鋼業における大きな合同としては両社の合併ぐらいであり、合併を推進する好い事例であった。③は、その後の経緯（一九四二年浅野良三社長）をみれば、レールが敷かれていたと見てまちがいない。しかし、日本鋼管の社内に適切な後継者がいなかったということはできないのではないか。とすると、合併の主なる推進要因は、合理化効果と鉄鋼合同推進政策の二つと考えることができる。

この合併は、地域的合同によって規模の拡大と効率性の追求をめざす、鉄鋼業の合同推進政策（集中生産、重点主義）にのっとったものであった。[22] 日本鋼管にとっては、鋼板部門をもち、事業分野の拡大になるばかりではなく、大管用材料の鋼板を自給できるというメリットもあった。[23] 鶴見はコークス製造設備をもっていないため、京浜コークスから購入していたが、日本鋼管との合併によってコークス供給をあおぐことができ、鉄鉱石についても原料の相互融通が可能となった。また、日本鋼管は、鉄鋼業から造船業という機械工業へ本格的に進出し、鉄鋼業に主要な分野をもちつつも総合的な重工業企業へと転換していく契機となった。かくして、日本鋼管は、主要な事業所として浅野船渠、鶴見造船所、鶴見製鉄所を新たにもつことになった。

合併の意味をまとめてみると、日本鋼管は、合併によって、浅野の傘下に入ったのではなく、浅野が直系会社（鶴見製鉄造船）を失って、レントナー化したのである。合併は、合理化効果と合同推進政策に後押しされて推進され、日本鋼管に大きなメリットをもたらすものであった。

第3節　企業集団としての日本鋼管

企業集団としての日本鋼管

戦前、戦時に、生産の有機的結合にもとづき資本結合を媒介にして形成された企業集団[24]が「財閥解体」とともにどのように編成替えされたのか、以下ではこの点を明らかにしたい。

日本鋼管の所有株式の実態は、GHQに提出した資料によって詳細に知ることができる。以下ではこの資料にもとづいて、日本鋼管の株式所有の実態に接近してみよう[25]（表9-6）。

日本鋼管の国内関係会社の株式所有は、七一社、払込総額七〇〇〇万円に上っていた。しかし、戦後の評価額は、

表9－6　日本鋼管の株式所有内訳総括（1947年）

（単位：円，％）

	株式数	払い込み	簿　価	評価額	減少率	会社数
10％以上所有会社	1,387,152	65,552,025	69,357,600	30,428,159	43.9	23
10％未満所有会社	100,101	3,786,825	5,055,050	1,733,194	34.3	36
販売関係会社	641	57,843	57,843	0	0	12
合　　計	1,487,894	69,396,693	74,470,493	32,161,353	43.2	71

注：10％未満所有会社の合計は筆者の合計した数値を利用した。
資料：FINANCIAL REPORT OF NIPPON KOKAN KABUSHIKI KAISHA, RG331, GHQ/SCAP BOX 8422, ESS（B）16236.

四三％減少して、三二〇〇万円になった。その内訳は、日本鋼管が一〇％以上所有している会社は、二三社で払込金額の九四％を占める。一〇％未満所有会社は三六社と日本鋼管株式所有会社の過半を占めるが、払込金額では、五％を占めるにすぎない。販売関係会社とは、鶴見第一栄養食配給組合、日本無機繊維製品組合、日本特殊耐火煉瓦工業組合、東日本耐火煉瓦工業組合などに対する出資である。戦時中、中小企業は企業整備によって、工業組合や配給組合に組織化されたが、そうした組合に対する出資であった。これは、いわば日本鋼管が販売や購入を円滑にするために相手側からの要請にもとづいて所有したものであろう。これらは、一二組合（企業）であったが、いずれも所有株式数、簿価ともに日本鋼管の株式所有からみれば、わずかなものであった。これらの組合（企業）に対する出資は、額は少なかったが、評価額は〇（無価値）になってしまった。

戦後の激変のなかで所有株式の評価額でみると、簿価七四四七万円から三二一六万円に減少し、簿価の四三％になってしまった。特に一〇％未満所有会社、販売会社の株式は激減した。同社の株式所有は、大きな損失を被ることになった。戦時下の出資は拡大したが、大きな痛手となってはねかえったのである。

次に、一〇％以上所有企業二三社の内訳を検討して見よう（表9‐7）。これらの企業は、①日本鋼管に原材料を供給する企業群、②鋼材の加工関連、③鉄鋼企業、④流通運搬、⑤機械、⑥その他の企業群に分類することができる。

①原材料供給企業群は、鋼管鉱業（鉄鉱石など）、奥多摩工業、日本ドロマイト、吉沢石灰などの企業群である。これらの企業は、出資金額も大きく、日本鋼管の製造

事業を進めていくうえで、不可欠の分野である。したがって、日本鋼管の持株比率も非常に高くなっていた。戦時下の原材料供給は統制化されていたから、市場を通じて入手することができないため、安定的な供給先を得るためには、所有による支配権を確保しておく必要があったのである。

②鋼材加工関連企業群は、中島鋼管、富士鋼管、日本鋼管継手などがある。これらの企業は、払込金額はそれほど多くなく、評価額の減少も大きくなかった。

③鉄鋼企業は、秋田製鋼、東都製鋼、城東製鋼などがある。これらの企業はいずれも戦時中に日本鋼管の系列に吸収されたものである。戦前から、製鋼圧延、圧延企業として中堅的地位を占めていたが、戦時中の原材料不足などから日本鋼管の支配が強まったものである。

④運搬流通企業群は、鉄鋼、原材料の運搬のために設立されたり、資本参加したものである。

⑤機械器具関連の企業では、京浜機械、東亜計器、昭栄機械製作所(26)がある。

⑥その他では鉄鋼証券が注目される。鉄鋼証券は、日本鋼管の株式を共同で保有する持株会社であり、take overを防ぎ、安定的株主工作のための組織であり、証券の保有が資産のほとんどを占めていたことから、戦後の証券類の価格低下の波をもろに受けたのである。

鉄鋼証券、日本鋳造を除けば、原料関係会社、加工メーカーなどの評価額はそれほど低下しなかった。海外企業はいずれも資産価値はゼロになった。一〇％以上所有企業はいずれも、日本鋼管が何らかの影響を及ぼしうる企業であり、鉄鋼生産に有機的に関連している企業群であった。

一〇％未満の所有会社は、事業所、原料の運搬、交通、保管に関わる地方の企業、統制会社（公団、金庫など）と、生産、取引に関係するが所有支配を目的としない「つきあいで持つ」会社企業＝独立的企業（三菱重工業、扶桑金属工業など）に分けることができる（表9-8および一五三～一五四頁参照）。これらの企業の評価額は、著しく低くなっている。特に統制会社関係は、ほとんどが評価額は〇になって、紙屑同然であった。しかし、それは株式の払込額も低く、大きな損失の原因とはなっていなかった。

以上のように、同社の株式所有の性格は、三つの性格をもっていた。

①日本鋼管の生産活動、取引に不可欠の関係をもつ企業株式。株式の支配証券としての性格をもつ一〇％以上所有の株式所有。「支配的株式所有」。

②一〇％未満の原料獲得、事業所の活動を円滑にするために取引の友好的関係を維持するために所有するもの、これは支配を目的とした所有ではなく、また配当を獲得することを目的とした株式所有でもない、製造企業の生産活動を円滑に行うために友好的関係を維持しておくための株式「取引関係維持的株式所有」。

③相手側からの要請にもとづいて、相手側を援助しつつ自らの活動に不可欠なサービスや商品を獲得することを目的にした株式所有。「援助的株式所有」。

日本鋼管は、生産、取引関係の有機的な結合を維持した株式所有を通じて、企業としての生産活動を展開していたのである。しかし、戦時期における急激な投資出資の拡大は、出資先企業の破綻とともに、株式評価額は、激減し、大きな損失として同社の戦後再建の負担となった。

以上所有）

（単位：円，％）

事業分野
群馬，諏訪などから鉄鉱石供給
鋳造，鶴見合併により傘下に入る
日本鋼管および傘下企業の株式保有
製鋼圧延企業
石灰採掘
電気製鋼，特殊鋼供給
製鉄機械，肥料機械の製造
鋼管継手の製造
ドロマイトの製造販売
石灰，ドロマイトの製造販売
圧延
海運
冷間引抜継目無鋼管の製造販売
自動車の修理
冷間引抜継目無鋼管の製造，再生
冷間引抜継目無鋼管の製造販売
石炭の採掘販売輸送
計測機器の製造販売
高炉セメント石灰の製造販売
造船，修理，ボイラーエンジン製造
ベアリング，機械器具製造
鉱業
石炭販売

された。ただし，日本鋳造，朝日製鋼，秋

50%)，日本耐火材料（同30.5%）の海外企

間接的所有となっている（ESS (b) 16235).

SCAP RECORDS (RG331, National Archives
THE NIPPON STEEL TUBE CO. LTD (22

(b) 16235-16240 General Information on Nip-

表9－7　日本鋼管所有の株式評価（1947年発行株式の10%

	所有株数	払い込み金額	簿　価	評価額	減少率	日本鋼管所有
日本鋼管鉱業	600,000	30,000,000	30,000,000	18,456,000	61.5	100.0
日本鋳造	177,671	8,783,800	8,883,550	418,042	4.7	68.1
鉄鋼証券	198,850	7,456,875	9,942,500	695,975	7.0	99.4
東都製鋼	64,411	3,220,550	3,220,550	3,220,550	100.0	26.2
奥多摩工業	49,500	2,475,000	2,475,000	742,500	30.0	41.2
秋田製鋼	50,690	1,679,800	2,534,500	1,680,000	66.3	33.7
京浜機械	3,200	80,000	160,000	80,000	50.0	32.0
日本鋼管継手	6,500	325,000	325,000	195,000	60.0	32.5
日本ドロマイト工業	2,300	100,625	115,000	92,000	80.0	56.0
吉沢石灰	29,200	1,460,000	1,460,000	1,460,000	100.0	97.3
城東製鋼	19,200	960,000	960,000	960,000	100.0	30.0
愛国海運	1,600	40,000	80,000	0	0.0	32.0
東亜鋼管	5,980	299,000	299,000	299,000	100.0	50.0
京浜自動車工業	8,515	425,750	425,750	42,570	10.0	42.5
中島鋼管	16,500	825,000	825,000	825,000	100.0	55.0
富士鋼管	5,000	250,000	250,000	250,000	100.0	50.0
日支炭鉱汽船	7,480	374,000	374,000	52,360	14.0	12.5
東亜計器工業	3,600	180,000	180,000	180,000	100.0	10.0
日本高炉セメント	40,000	2,000,000	2,000,000	340,000	17.0	40.0
長府船渠	70,000	3,500,000	3,500,000	350,000	10.0	35.0
朝日製鋼	22,455	891,625	1,122,750	89,162	7.9	14.0
茂世路鉱業	500	25,000	25,000	0	0.0	12.5
開らん炭販売	4,000	200,000	200,000	0	0.0	10.0
合　　計	1,387,152	65,552,025	69,357,600	30,428,159	43.9	30.5

注：(1)　議決権付き株式は，1947年3月12日に持株会社整理委員会に渡された。実際の株券は，3月26日に委員会に手渡
田製鋼の新株を除く。日本ドロマイト，愛国海運，京浜機械は引き渡されていない。
(2)　新株旧株は合計した。
(3)　日支炭鉱汽船の簿価の数値の誤りは計算して修正した。
(4)　上にあげた企業のほかに，満州日本鋼管（日本鋼管持ち株比率55.6%），青島製鉄（同50%），南満州炉材（同
業が存在する。
(5)　資料(1)を基本として本表は作成した。この表から漏れているのは昭栄機械製作所（製鉄機械）がある。同社は，
何故，簿価評価の際除かれたか不明。

資料：(1)　GHQ/SCAP RECORDS RG331 BOX 8422.1, ESS (b) 16236, 16237の株式評価の表を基本として作成した。GHQ/
and Records Service), Box no. 8422, Nippon Kokan K. K, ESS (b) 16223-16226 SUMARY OF REORGANIZATION OF
DEC 1947）の付属質問票より作成。
(2)　GHQ/SCAP RECORDS (RG331, National Archives and Records Service), Box no. 8422, Nippon Kokan K. K, ESS
pon Steel Tube Co. Ltd, and subsidaries and affiliates (25 Sept. 1947).

表9－8　日本鋼管の出資（発行株式の10％未満）

（単位：円，％）

	株式数	払込金	簿　価	評価額	減少割合
日本カーボン	3,000	112,500	150,000	112,500	75.0
扶桑金属工業	1,200	60,000	60,000	6,000	10.0
日本団体生命	350	4,375	17,500	3,500	20.0
横浜工業	3,738	150,950	186,900	72,456	38.8
鶴見臨港鉄道	8,360	418,000	418,000	418,000	100.0
川崎倉庫	500	6,250	25,000	0	0.0
北海道開発	2,000	25,000	100,000	0	0.0
日本油化	4,900	245,000	245,000	24,500	10.0
戦時金融金庫	1,000	100,000	100,000	0	0.0
日本木材	700	17,500	35,000	0	0.0
帝国石油	10,000	200,000	500,000	58,200	11.6
三菱重工業	192	7,200	9,600	720	7.9
帝国鉱業開発	2,000	7,000	100,000	7,500	7.5
精密研磨機製造	6,000	180,000	300,000	120,000	40.0
日本船用品	3,500	175,000	175,000	0	0.0
タール製品統制	3,000	150,000	150,000	0	0.0
船舶無線電信電話	1,100	27,500	55,000	27,500	50.0
帝国銀行	200	2,500	10,000	4,000	40.0
関東機帆船運送	200	10,000	10,000	6,000	60.0
昭和電工	10,000	375,000	500,000	375,000	75.0
横浜港運	5,000	250,000	250,000	0	0.0
岩手炭鉱鉄道	10,200	235,000	510,000	150,000	29.4
日本窯業	1,000	50,000	50,000	10,000	20.0
炉材統制	6,100	305,000	305,000	0	0.0
交易営団	25	1,250	1,250	0	0.0
山梨地方木材	200	10,000	10,000	0	0.0
川崎鶴見臨港バス	100	5,000	5,000	5,000	100.0
静岡地方木材	10	500	500	0	0.0
にってい自動車	400	20,000	20,000	8,000	40.0
日光こう業	2,000	100,000	100,000	46,760	46.8
南武鉄道	500	25,000	25,000	25,000	100.0
日本パイプ製造	100	5,000	5,000	5,000	100.0
大和自動車	600	30,000	30,000	18,000	60.0
協和カーボン	2,000	100,000	100,000	100,000	100.0
川崎埠頭	3,926	196,300	196,300	129,558	66.0
浅野会館	6,000	180,000	300,000	0	0.0
合　　計	100,101	3,786,825	5,055,050	1,733,194	34.3
原資料合計	100,101	3,886,825	5,055,050	1,733,194	34.3

注：(1)　合計が原資料と合致しない。
(2)　帝国鉱業開発の払込額は疑問であるが原資料のまま。
(3)　英文表記のため，漢字表現が確定できないものはひらがな表記した。
資料：FINANCIAL REPORT OF NIPPON KOKAN KABUSHIKI KAISHA, RG331, BOX 8422, ESS (B) 16236.

日本鋼管が、関係会社を周辺に配置するようになったのは（「支配的株式所有」は）、高炉所有を契機とするものであり、原料関係の安定的確保のためにすすめられたのである。「支配的株式所有」は、独占禁止政策の不徹底のため、戦後競争力を維持するために復活した。また、「取引関係維持的株式所有」は、戦後の株式相互持ち合いに発展するものであるが、相互持ち合いは、戦時期には、影響力を及ぼすほどの展開にはなっていなかった。「援助的株式所有」は戦時下の特殊な状況でできた組合などであったから解消された。

戦後関係会社の株式所有関係については、『日本鋼管株式会社五十年史』一〇一〇～一〇一二頁に詳しい。それによれば、生産関係の有機的な結合関係にもとづく株式所有関係は基本的に変化していない。戦後の活動範囲の拡大と鉄鋼業の構造的変化に規定されて、所有の範囲や規模が拡大しているのである。

何ゆえ、こうした株式所有関係の強化が戦時中展開されなければならなかったのか。戦時下の「不足の経済」が支配するもとで、統制が強化され市場原理は衰退した。したがって、必要とする原材料、サービスを市場を通じて、公的には入手することが困難になったのである。恒常的な「不足」の経済のもとでは、売り手が支配権をもち、買い手は売り手に従属する。(27) したがって、中核企業（買い手）は、原材料の購入などにあたっては、関連企業（売り手）の組織化へと進むことによって、円滑な取引関係を維持することが保証されるのである。中核企業として、直接企業の中に必要な部門を取り込むか、中間組織として関係会社を配置して、「中核企業を通じた計画化の事業単位」のなかに周辺部分を取り込むことが必要であった。また一方で、原材料、資材の統制を通じて、経営が困難になっていた中小企業は取引関係をもっていた中核企業との関連を強めることによって、事業の存続をはからざるをえなかった。かくして、戦時下において、株式所有を通じた関係の強化は網の目のごとく広がっていったのである。

関係会社＝被所有者にとっての戦後

一九四六年一二月二八日には、日本鋼管は、三井鉱山、三菱鉱業、三菱商事など九社とともに、持株会社の第三次指定を受けた。この指定は「上位ノ支配会社ヲモツモノ即形式上仔会社テアルカ各々財閥支配系統ノ上位ニ位シソレ自体多類ノ下部会社ニ対シテ強力ナ支配力ヲ有シ持株会社的性格濃厚ナモノ」(28) に対して行われたのである。つまり、同社は、「浅野財閥」の傘下企業であると同時にそれ自体が多数の関係会社を持つ企業グループであることが認定されたのである（この認定が実態にそぐわないものであったのは前述の通りである）。中核企業の持ち株会社指定と株式の処分が、中核会社と関係会社の関係にどのような変化をもたらしたのかを、関係会社の視点から捉え返すことが、この項目の目的である。

吉沢石灰の場合：

吉沢石灰は、個人商店として、明治期から栃木県葛生において石灰採掘を営んでいた[29]。日本鋼管の操業開始当初から、生石灰を同社に納入し、密接な関係を維持していた。一九一七年にはドロマイト鉱床の発見とともに、ドロマイトも同社に対して納入するようになった。ドロマイト需要が増加するにしたがって一九三四年には吉沢石灰は、日本鋼管と折半で日本ドロマイト工業を設立した。日本鋼管のトーマス転炉の導入にともなって、石灰需要は急速に増加することが予測され、一九三九年には吉沢石灰工業株式会社へと改組して、日本鋼管の出資も仰ぐことになったのである。また、同社の役員にも取締役副社長として、香田五郎、取締役として松下長久、高松誠、中田義算、松島喜一郎、間島三次など日本鋼管関係者が過半を占めるに至った。しかし、敗戦後日本鋼管が持株会社の指定を受け、日本鋼管所有の吉沢石灰工業㈱の株式も持株会社整理委員会に譲渡されたのである。一九四七年当時の株式所有関係をみると、持株会社整理委員会に移管された分の株式は全株式の九七％になっていた[30]。残りは、ほとんど吉沢家関係者によって所有された。その後、吉沢石灰は「独自の歩みを進めねばならなくなっ」たのである。また、日本鋼管と共同出資していた日本ドロマイト工業㈱も同様に、日本鋼管の持株会社指定に伴って日本鋼管所有の株式が持株会社整理委員会に譲渡された。一九四七年当時の株式所有関係では、持株会社整理委員会に移管された分は、五七・五％になっていた[31]。その他は、ほとんど吉沢家関係者の所有となっていた。そして、日本ドロマイトも「独自の道」を歩むことになった。一九五〇年代を通じて人的にも吉沢家の関係者で経営陣が構成され、日本鋼管関係者は関与していなかった。日本鋼管関係者が入ってくるのは、一九六〇年代の高度成長期に入ってからである。しかし、日本鋼管へのドロマイトや石灰供給という関係は戦後も継続していた。特に、日本鋼管の高炉稼働が本格化するようになると、吉沢石灰と日本鋼管の取引関係は再び密接になった。日本鋼管が、関係会社との関係を深めるようになったのは、第二次設備合理化計画頃からであった。

日本鋼管継手の場合：

日本鋼管継手は、一九一九年黒心可鍛鋳鉄を製造していた中西実蔵の経営する「中西鉄工所」を引き継いで、野上和三郎が東洋継手製作所を設立した時に始まる。野上は、大阪府泉南郡山直下村（現・岸和田市）出身で、大阪を中心に可鍛鋳鉄製の継手をガス、暖房、水道、造船、鉄道、紡績など各分野へ製造販売し、次第に事業を拡張していった。鮎川義介の経営する戸畑鋳物の規模には及ばなかったものの、戸畑鋳物の傘下に入った木津川製作所と競争しながら、大阪での地位を確立していった。需要の増加に伴い、大阪市西区に新開工場を建設し（一九二七年）、さらに東京市場、「満州」市場へも進出していった。また、同年には、社名を「東洋工業継手製作所」と改めた。激しい競争の中で、一九三四年には大阪で継手を製造する、東洋工業継手製作所を含む主要三社の間で、鉄管販売のシンジケートである販売会社結成が進められていた。この販売会社の結成に際し、野上は共販会社に押し込められるのを嫌って、日本鋼管株式会社への直接納入によって、従来の販売ルートと異なる新しい取引形態を模索し、日本鋼管への接近をはかったのである。この時、日本鋼管側の窓口になったのが、渡辺政人（のち日本鋼管社長）である。こうして、日本鋼管と東洋工業継手製作所との間でスリーブ管継手の直接取引が開始された（一九三四年）。日中戦争の勃発とともに、同社の製品出荷量も増加したが、アジア・太平洋戦争の勃発とともに、輸出は途絶し、原材料の入手も困難となり、国内販売量も生産統制が強まるにつれて制約を受けるようになった。一九四三年には赤字決算となり、同社は完全に行き詰まったのである。かくして、同社は日本鋼管に株式の肩代わりを依頼し、同社の経営を日本鋼管に委ねざるをえなくなったのである。同社社長に日本鋼管社長浅野良三が就任し、日本鋼管の役員が入ってきて、創立以来の役員は野上和三郎、山口義太郎を除いて全員辞任した。四四年四月には社名も日本鋼管継手株式会社と改めたのである。

四五年八月敗戦によって、民需の期待もあったが、従業員の多くは帰農し、また熟練工であった朝鮮出身者も帰国し、操業の維持はきわめて困難になった。細々とスクラップを利用した台所用品の製造を行っていたが、操業の目処がたたないところから、四五年一二月一五日には長期臨時休業に入ることに決定した。米軍からの需要も受け入れるようになって四六年五月生産を再開した。しかしながら、日本鋼管から入ってきた役員は、公職追放にあい、中核会社の役員の大幅な変更は同社の経営陣を大混乱に陥れたのである。また、日本鋼管が持株会社に指定されたことに伴い、同社の株式のうち、日本鋼管所有株式は、持株会社整理委員会のもとに移管されることになった。一九四七年当時の同社の株式所有関係は、持株会社整理委員会に一六％移管されたが、その他は、役員所有者の個人所有に分散されていた(33)。また、日本鋼管が過度経済力集中排除法の指定を受けたことにより、同社は完全に日本鋼管から分離されてしまった。同社の社長であった渡辺政人（日本鋼管社長）の公職追放で、同社の代表取締役は四七年一月〜四八年五月まで空席になるという異常事態が続いたのである。四八年五月三一日株主総会で山口義太郎が代表取締役専務に選任されたが、社長は不在のままであった。同社の新しい役員は、常務取締役石原済（戦時中同社技師長）、芋川正美（戦時中同社業務部長、日本鋼管出身者）、吉益正次、渡辺政人の縁故者渡辺隼人、大原栄子によって構成された。山口を除くとこれらの役員は渡辺政人に関係する人々であった。同社の場合は、いち早く株式を日本鋼管の所有から渡辺の個人的関係者と生え抜きの経営陣に分散させ、人的にも日本鋼管の色彩を薄めることができた。しかし、同時に人的に日本鋼管との直接的な関係は切れてしまったのである。取引関係においても、米軍用の継手生産が多く、公定価格取引であったため、日本鋼管との関係はなくなっていった。

経営が悪化している中で、労働運動の攻勢も受けて、四九年一月同社は事実上倒産し、日本鋼管の指定問屋である富士商事株式会社（寺本清治郎）に株式の肩代わりをしてもらい、資金は中山鋼業の中山半が協力することになった。これに伴って、役員も再び入れ替わり、富士商事系列として出発したのである。同時に、大幅な人員整理が行われた。

かくして、敗戦後の混乱のなかで、日本鋼管の系列傘下の日本鋼管継手は、中核会社の再編成の波を直接うけ、翻弄されたのである。人的にも、取引関係においても、また株式の所有関係においても、資金的にも、日本鋼管と日本鋼管継手の関係は形式的には切れてしまったのである。

同社は、営業の重点を鉄管継手の拡販に定め、技術は日立製作所の協力を得、設備を近代化して、再出発をはかったのである。経済復興の進展とともに、大阪瓦斯の配管網整備に関連して継手需要が増加し、さらに日本鋼管からの注文獲得に乗り出したのである。設備資金、運転資金の増加に伴い、増資を行って資本金は一五〇〇万円となった。その結果、資本関係は渡辺政人関係が五六・五％、寺本関係二九％となり、大橋進一関係者一四・五％となった。その後大橋進一は出資を返上し、渡辺六八％、寺本四二％となったのである。

五一年後半には三菱商事から谷田友治派遣、渡辺政人の復帰によって役員の強化がはかられた。しかしながら、五三～五四年にかけての不況で資金難に陥り、再び経営は悪化した。そこで渡辺政人の株式を日本鋼管が買い取り、日本鋼管に再建案を提案し、日本鋼管の資金を導入することによって、再建したのである。日本鋼管への復帰の際には、日本鋼管は設備、販売状況、資金、再建方針について同社からの提案を検討するために、調査団を派遣し、生産、労務、総務、営業、経理について一〇日間にわたって徹底的に調査をし、融資額を決定した。かくして、一九五六年同社の日本鋼管系列への復帰は完了した。

戦時下において成立した企業集団は、敗戦後どのように編成替えされたのか。傘下系列の敗戦後の事態はどのように考えるべきか。傘下企業から見てどのように捉えられるのかまとめてみよう。

第一に、敗戦後の財閥解体、独占禁止法の成立によって、中核会社－関係会社の人的、株式所有関係を通じた諸関係はいったん解消することになった。すなわち、関係会社は、戦後の企業再編成期において、中核会社から援助を得るという関係は断ち切られた。一九五一年三月、日本鋼管は、持株会社の指定解除になったことから、再結集の法的障害はなくなった(34)。

第二に、生産の有機的関係をもって成立しているため、取引関係を維持することはできたが、それも日本鋼管の生産が極端に低調になっていたため、日本鋼管（中核会社）との関係は希薄にならざるをえなかった。したがって、独自の販売先や受注先を開拓せざるをえなかった。

第三に、空白期間があったとしても、日本鋼管へ再結集していく必然性は生産の有機的関係をもっていたことが大きな要因であった。取引は継続したのであるから、何らかの契機によって再び資本関係を通じて結集する必然性はあったのである。

第四に、ドッジライン以後の経済の激変のなかで、日本鋼管との関係を維持することが、資金的援助、販売取引の確保、経営の安定性において有利であったから傘下系列に入ることになった。それは、また日本鋼管も関係会社の技術や原料供給の安定性を確保するという互いの経済的利害関係にもとづくものであった。

第五に、空白期においても全く日本鋼管との関係がなくなっていたわけではなかった。取引関係は存在していたが、日本鋼管継手の場合、渡辺は、公職追放後も自分の姻戚者や関係者を通じて経営に関与していた。彼は、経営陣、株主に自分の関係者を配置し、時々相談にのっていた。また、彼は公職追放が解かれると、株主として登場していた。関係会社は、戦後の旧経営陣の再就職先となっているケースもあった[35]。

第4節　企業再建整備の過程

企業再建整備の過程

軍需補償打ち切りや海外の施設の喪失などによって大きな損失を背負い込んだ企業は、経済活動の再開と日本経済の復興のために、この状態を放置しておくことはできなかった。そこで、債務超過または支払い不能の企業を再建するための措置がとられた。

政府が行った戦時補償に対して、税率一〇〇%の課税（戦時補償特別税）によって、戦時補償を打ち切ることに決定した。これによってこうむる損失を合理的に処理し、企業の再建整備を行うことが必要になった。そこで政府は、一九四六年八月一五日会社経理応急措置法を公布して、戦時補償を受けた資本金二〇万円以上の会社を特別経理会社とし、事業の継続および戦後産業の回復復興に必要なものを新勘定、それ以外の財産を旧勘定に分離し、八月一一日現在（指定時）における貸借対照表を明確化することにした。さらに、一九四六年一〇月補償関係五法案（戦時補償特別措置法、金融機関再建整備法、企業再建整備法、特別和議法、財産税法）が公布されたのである

特別経理会社は、指定時（四六年八月一一日）を境に特別管理人の決定に従って、事業継続および戦後産業の回復に必要な資産を新勘定、それ以外の会社財産を旧勘定に分離し、旧債務の弁済は棚上げとして決済を停止した。一定の基準に従って、指定時における利益金と損失を合計し、その差額を特別損失として計上し、それを資本金の九〇%を株主負担とし、残額あるときは旧債権の七割まで債権者負担とし、なお残額あるときは資本金の一割まで株主負担とし、さらに残額ある時は三〇%に達するまで債権者負担とした。したがって、企業はまず特別損失を確定し、それをどのように負担するかの道筋をつける必要があった。

戦時補償特別措置法による課税対象となるもの（すなわち軍需補償打ち切りとするもの）は、以下のようなものと定められた[36]。

①軍需会社法にもとづく損失補償金、利益保護請求権
②国家総動員法にもとづく補償金請求権
③兵器等製造事業特別助成法にもとづく設備、建築費、買上代金請求権
④防空法第一六条にもとづく補助金、工場疎開にかんする請求権および補助金請求権
⑤政府に対する物資労務、利益の徴収または政府の注文にかかる仕事の完成に対する対価請求権
⑤政府が契約を解除した場合の損害賠償請求権

⑥徴用船舶現状回復および修理にかんする企業の請求権
⑦産業設備営団との契約による設備建設費の請求権
⑧戦争保険金の請求権

企業再建整備法の特別損失の計算法は、特別決算によって総損失から総利益を控除したものを特別損失とするように定められた。損失として計上されるものは、①戦時補償特別税額、②在外資産の損失、③第二封鎖預金、④戦時補償特別措置法施行により生じる損失、⑤指定時をもって終了する事業年度の欠損および繰越欠損、⑥指定時後新旧勘定併合の時までに旧勘定に生じる欠損などである。利益として計上されるものは、①指定時をもって終了する事業年度の利益金および後期繰越利益、②積立金、③新旧勘定併合のときまでに旧勘定に生じる純益金、④評価替えによって生じた評価益などである。

企業再建整備で大きな問題となるのは、④の資産をどのようにして評価するかということであった。資産の評価が大きくなれば、特別損失から控除される分が大きくなり、減資の必要性は少なくなる。しかし、評価額が少なくなれば、特別損失が発生し、減資など株主負担の割合が増加する場合や、債権者の切り捨てが行われることになる。また、評価を過大にすれば、その後の企業の財務上の競争力は制約され、再建後の企業の競争力は落ちてゆくことになる。したがって、評価をどのように行うか、大きな問題となった。

日本政府は時価評価の方向を持っていたのに対して、GHQは法定償却率以上の償却額以外は再評価益を認めず、有形固定資産については厳しい方針で望んでいた。(37) 政府とGHQの交渉によって最終的には、一九四七年四月一六日「企業再建整備法に基く資産の評価換に関する認可基準」(38) が公式発表された。その概要は、

①有形固定資産は、取得価格から償却額を控除した額を計上する。滅失、毀損、損壊などによる価格の減少額が償却額を越える場合は、取得価格から価格の減少額を控除する。
②棚卸資産は、旧勘定に属する物は、評価時現在の公定価格、新勘定に属するものは指定時現在の公定価格とする。

製品、仕掛品、半製品、原材料それぞれに費用や利益を算定する。但し、滅失、毀損、損壊などによる価格の減少額は控除された。

③有価証券の評価は、(イ)公債は発行価格、(ロ)株式は特別経理会社、金融機関、閉鎖機関の発行株式は減資後の払込残存見込み額。その他の株式は、気配相場あるものは、評価前一月の平均気配相場、気配相場がない場合は、原則として払込金額または帳簿価格のうちいずれか低い価格とする。

④貸付金、前払代金、立替金、売掛金、社債および仮払金等の債権の処理は、(イ)旧勘定の中の特別経理会社、金融機関、閉鎖機関に対する債権は、債務者たる特別経理会社の特別損失等を債権に負担せしめた後の残存見込み債権額、(ロ)新勘定の債権および(イ)以外の旧勘定の債権は原則として帳簿価格とする、(ハ)第二封鎖預金は金融機関の確定損を負担した後の残存見込み額、(ニ)不良債権は回収困難なものは帳簿価格以下に評価することができる。

⑤賠償指定物件中機械装置建物はゼロとして計算する

⑥在外資産はゼロとして計算する。

⑦処分資産については、(イ)指定時後評価時までに処分した資産（新勘定の棚卸資産を除く）および処分計画において処分することを定めた資産は処分価格から一〇％の費用を控除した額とする、(ロ)新勘定の棚卸資産で評価時までに処分したものは指定時現在の公定価格を処分価格とし、その額から一五％を費用を控除した額。

資産評価は、以上のようなインフレを考慮しないかなり厳しい基準で評価換され、企業再建整備は進められた。

日本鋼管の再編成計画案の推移――七分割案――

再建整備の具体化されるまでの間には、さまざまな紆余曲折があった。まず、日本鋼管で再建整備が法的に確定する以前に計画された案から検討してみよう。

最初に作成された計画は、四六年臨時資金調整法によって、日本銀行より内認可を得るために作成された(39)。この計画によれば、川崎製鉄所、鶴見製鉄所、富山電気製鉄所、新潟電気製鉄所、鶴見造船所、浅野船渠、清水造船所をそれぞれ分離独立させ、新会社を設立し、新会社は日本鋼管から設備を賃借りして経営を行う。新会社は、賃借り物件を増資の際に買収する。新会社は、旧来の債権、債務を一切分離して企業活動を行うから作業能率を向上させることができるというものであった。新会社は、日本鋼管が設立するが、将来株式は公開する。一九四六年四月三〇日に開催された株主総会では、新会社を設立し、日本鋼管の事業設備の一部を賃貸することが提起された。但し、それは「政府ノ認可ヲ条件トシテ」株主総会では承認されたのである。(40)

七分割案がなぜ廃棄されたのか、明らかではないが、社史によれば「混乱期にあって早急に作成されたものであり、根拠のあるものとはいいがたい(41)」と述べている。この案は、浅野良三が社長の時の案で、「司令部の容れる処とならず(42)」廃棄せざるをえなかったのである。また、株主総会の決議にもあるように、政府のこの間の政策は、会社経理応急措置法（一九四六年八月一五日）などの準備過程にあり、政府の許可は得ることができなかったのである。

七社分割賃貸案は、再建整備の政策が決定される以前、現物賠償の決定以前に考えられた再建整備案である。戦時中の債務を棚上げにして資本負担を軽減して現有設備によって生産の再開をはかろうとすることを意図したものであった。(43)

三社分割案の作成経緯

三社分割案は、七社分割案の実現が困難であることを受けて、一九四六年六月一九日第一回部所長会議で議論され、七月一二日新会社への出資対象を調査決定し、同日GHQへ提出したものである。(44)

これを受けて「司令部デハ約二時間半ノ検討ノ後承認ノ内諾ヲ与ヘタ様ナ次第デアル。日本政府ハ第二会社案ニ於テハ司令部ノ意向不明ノ為行詰リノ形ニアツタノデアルガ、之ニ対シ司令部デハ当社ノ案ヲ日本産業再建（第二会社）ノモデルニシテ間接的ニ日本政府ニ指示ヲ与ヘヨウトスル意向ノ如クデアツタカラ、当社案ノ申請ヲ受ケタ日本政府デハ之ヲ検討ノ上許可ヲ与ヘルダラウコトハ疑ヒナイ」[45]と報告された。第二回部所長会議議事録では、三分割案は、鉄鋼部門（二億円）、造船部門（七〇〇〇万円）、機械部門（五〇〇〇万円）で日本鋼管（旧会社）が新会社三社の株式をもって適切な時期に公開するというものであった。この三分割案について、取締役瀬戸は、「司令部ヨリ第二会社設立ニ関シ絶大ノ好意ヲ受ケテキル」「第二会社ノ件ニツイテ、司令部ノ指示云々ノ点ニ関シテハ日本政府ノ立場モ考慮シテ外部ニ洩レザル様注意アリ度旨要望アリ」と述べていた。GHQの了解を得たものとして、三社分割案をその後の大きな再編成案の柱としたのである。

こうした案の延長線上にあるのが、以下に示す四七年末の暫定案の計画であり、GHQ／ESSに対して示されたものである。これは、賠償指定、会社経理応急措置法など新しい情勢のもとで作られたものである日本鋼管暫定再組織政策[46]（TENTATIVE REORGANIZATION POLICY OF THE NIPPON STEEL TUBE CO. 27 DEC. 1947, YASOJI SETO）。これは瀬戸八十爾（日本鋼管取締役）が、GHQからコメントをもらうために、提出したもので、鉄鋼、造船、機械の三部門に分割することを内容としている。この三社分割案は、賠償指定決定により全設備の残置が、確実になってから策定されたものである。これは新会社を三社設立し、日本鋼管はこれら新会社に現物出資するというもので、現物出資はすべて帳簿価格で行うことが予定されており、多くの含み資産を持たせることによって、新設される三社の競争力を強化しようとする意図を持ったものであった[47]。

三社分割案は、旧会社の損失を切り離し、損失合計四億～五億円を積立金の取り崩し、流動資産の評価益などでかなりの部分をカバーすることができるというもので、賠償指定を免れるという有利な条件をも利用して、新会社の設立に大きな障害はないものと見ていたのである。

新会社の株式は、現物出資する旧会社が所有することになっており、新会社の株式が株主の手に渡るのは、旧会社整理後のことになる。旧会社は特別損失の埋めきれない赤字を残すことになる[48]。

この三社分割案は、もともと一九四六年七月に起草されたものとされている[49]。前述のように、日本鋼管の社内資料と突き合わせても、同案が四六年七月の部所長会議で決定されたものを下敷きにしていることは明らかである。
この案より一週間前にも暫定再建案(50)（TENTATIVE REORGANIZATION OF NIPPON STEEL TUBE CO. 22 Dec. 1947）を提出していた。

四七年一二月二二日案は、ESS文書の中にある、日本鋼管がGHQに送付した原資料であり、きわめて詳細である。またそれ以前に提出した整備計画案にも言及している。これによれば、同社は一九四六年六月財閥課のフォーリー（Foley）との非公式の数回の会談によって得られた了解にもとづいて作成し、一九四七年八月二二日付の暫定案を修正した。この案（四七年一二月二二日案）は、日本鋼管を解体して、鉄鋼部門、造船修理部門、機械製造部門、炉材部門の四つの会社を創立するというものであった。炉材部門を入れている点に違いがあるだけである。

これらの案は、いずれも過度経済力集中排除法による指定を受ける以前の企業再建整備法による企業再建計画である。日本鋼管は、この時点では分割をやむをえないものと認めた再建案を策定していたのである。しかし、分割される新会社の活動は、旧会社でコントロールしており、これらが全く分離独立したものと考えることはできない。企業側は当然一体の経営を指向したのであるが、GHQの指導や当時の賠償の状況をみながらの再建計画の立案ではこうした方向を考えざるをえなかったのであろう。こうした状況をひっくり返すできごとが過度経済力集中排除法の策定と施行であった。

過度経済力集中排除法の制定と企業再建

四八年二月八日集排法第三条の指定を受け「指定企業者」となり、四月八日に再編成計画を持株会社整理委員会に提出した（指定取り消し通達四八年一一月一九日）。それに先だって、四八年三月八日、日本鋼管は、同社の鋼材供給がなくなったとしても輸入によって補填されること(51)、造船業では全く購入者に影響力をもたないこと、戦時中の鶴見製鉄造船と川崎窯業の合併は戦時動員政策にもとづくものではなく、企業合理化の目的から発していることなどを主張して、過度経済力集中排除法の適用が不当であることを持株会社整理委員会に対して主張した[52]。日本鋼管は、当初は分割について反対の意見書を提出していたのである。

これに関わっては、「過度の経済力の集中に該当するかどうかを決定する具体的基準の各項目について過度の経済力の状態を記載した説明書」「再編成計画の作成に関する意図の簡単なる説明書」「再編成計画要綱」[53]が作成され、提出された。以下では、この再編成計画の概要を検討してみよう。

①製鉄部門、造船部門、炉材部門、機械部門の大きく四つにわけて再編成し、それぞれを分離独立させる。

②製鉄部門は、全国生産量普通鋼材生産量を二七〇万トンと想定し、日本鋼管の生産許容高を五〇万トンとして、銑鋼一貫体制をとる。材料工場として富山、新潟、製品工場を川崎、鶴見とする。製鉄部門の新会社は川崎製鉄株式会社（資本金五億五〇〇〇万円）。

③原料および材料確保のために、日本鋼管鉱業、吉沢石灰、日本ドロマイト工業、奥多摩工業、秋田製鋼、発生品活用のため、再圧延工場として城東製鋼、炉材部門として岡山炉材（日本鋼管から分離独立して資本金三〇〇万円）、修理工場として昭栄機械製作所の株式を製鉄部門は所有する。

④造船部門は、現在過剰能力の状態であるから、そのままとして鶴見造船所、浅野船渠、清水造船所の三つを所有する鶴見造船株式会社を新設する（資本金二億三〇〇〇万円）。

このように日本鋼管本体は、製鉄、造船、炉材に分割し、傘下に原材料、機械部門の子会社をかかえる企業への分割再編成案であった。

これに対して、四八年九月四日持株会社整理委員会より再編成計画に訂正を施した「再編成計画を承認する指令案」を送付し、九月二四日聴聞会を開催する旨通達された。日本鋼管は、修正再編成計画を九月一〇日提出した（九月四日付）。指令案の訂正内容とは以下の点にわたっていた[54]。

①分離会社は、新日本鋼管、鶴見造船、岡山炉材の三社とするが、新日本鋼管は岡山炉材の資本金、資産負債を合

算して一会社にすることができる。

②新会社は、旧日本鋼管株式会社（以下では「鋼管」とする）という「商号」および「社名」の使用を禁じられた。しかし、但し書きでは「新日本鋼管株式会社は、日本鋼管株式会社という商号および社名を選択する場合は、これを譲り受けてその使用を継続することができる」となっており、新会社が、日本鋼管を名のるのに何ら障害はなかった。

③新会社は、「鋼管」から継承した資産の対価として、額面五〇円の株式を発行し、「鋼管」に交付する。「鋼管」は復興金融金庫に対する借入金四億円を留保して、新会社の株式から別整理しておく。

④「鋼管」は、新会社の株式を新会社設立後一五日以内に、「鋼管」の株式所有率に応じて、「鋼管」の株主に割り当てる。

⑤復興金融金庫に対する借入金相当額の新会社の株式は、委員会の承認または指令した時期に売り出す。また、新会社の株式は、復興金融金庫に対する代物弁済が可能なものとした。「鋼管」は、復興金融金庫に対する借入金の利子は新会社から受領した配当金からのみ支払うものとし、復興金融金庫からの借入金および未収利息は「株式の売却代金を以てするの外、支払をなすを要しない」。復興金融金庫からの借り入れは、株価によって限度が設定され、それは別途整理されたから、それ以外の負担は新会社は一切免れることができたのである。

⑥戦時補償特別税および未納金は、新会社の株式および残存財産の処分代金をもって支払う。

⑦指令では、「鋼管」は、過度経済力集中排除による「過度の経済力集中」であると認定された。

この指令案は、きわめて中途半端な内容と厳しい内容が同居するものとなっている。基本的には、三社に完全に分割する厳しいものである。しかし、岡山炉材の合併を認め、むしろ分割を押しとどめようとしたり、商号の使用を禁止しながら実質的にはすべて使用を認めている。また、企業活動を円滑に進めるために、復興金融公庫からの借入金は、別途整理された株価を限度とし、返済負担を限定して、財務上の危険負担を国家が肩代わりする内容になっている。

集排法にかんしてアメリカ本国からの反対により、四八年五月には集中排除審査委員会が来日し、九月には集排法の解釈運用に関わる基準が四原則としてまとめられ、集中排除の指定取り消しが進もうとしているなかで(55)、一連の作業がなされていたのである。かくして、四八年一一月一九日には指定取り消しの指令が出されたのである。

日本鋼管は、製鉄、造船を分けずに一本建てで再建することを主張していた。五人委員会との折衝では、昭和鋼管との合併前の状態に戻す折衷案もあったと推測されるが、詳細は明らかではない(56)。集排法の指定を免れたことによって、自主的に再建する道を開かれた日本鋼管は、再建整備の具体案の作成へと入っていったのである。

この自主再建に至る道程をまとめると、次のような特徴をもっていた。

第一に、GHQの承認を得ることなしには、再建整備案は全くすすめることができなかった。また、持株会社整理委員会に提出するのに先だって、すべてESSに提出し、了解や承認を得ていたことである。再建整備は、GHQの意向を無視して、独自に決めることができるものではなかった。

第二に、賠償指定、集排法という企業をとりまく外的な条件に規定されていたことである。流動的な条件によって、再建整備の方法が異なってきたということである。いわば、この外的な条件が決定しないかぎり、企業再建自体が進まないということになっていた。

第三に、当初より、分離独立に対して日本鋼管は反対であり、基本的には日本鋼管側の意向は実現した。過度経済力集中排除法による指定以前に作成された案でも、旧会社が新会社の株式をもつことによって、形だけの分離案賃貸案になっていたのである。

第四に、実際には、独占禁止法における事業法人の株式所有禁止によって、戦時下で形成されていた日本鋼管を中核会社とする企業集団は解体に向かわざるをえなかったことも注意する必要がある。

特別損失の確定と再建の基礎

日本鋼管は、再建計画案の検討の一方で、四六年八月一一日新旧勘定が分離され、四九年七月三一日両勘定が合併された。

四九年一月一三日「整備計画要綱」が決定された。結果的には、特別損失がないため、減資を行わず、製鉄造船を一体として、新旧勘定を合併して存続することになった。同時に、資本金を二億五七〇〇万円から増資により一〇億円とすることが決定された。四九年四月二五日大蔵大臣、商工大臣に整備計画認可申請書を提出し、七月三一日認可され、同日新旧勘定を併合した。

特別損失の内訳は、表9-9の通りである。損失の内訳をみると、全体の三八・二%が戦時補償特別税すなわち政府が戦時中に企業に対して行った補償の棄却によって占められている。これに次いで、繰越損失一五・七%である。三番目に多いのが、日本鋼管が所有していた在外資産一二・八%である。在外資産の内訳をみると（表9-10）、中国大陸に六七%、朝鮮に一六%、南洋に一六%となっている。中国大陸への投資は、アジア・太平洋戦争後半期華北への小型高炉建設のために建設した青島製鉄、「陸軍特別製鉄」にもとづいた金嶺鎮製鉄所に対する投資などである（第5章参照）。これらの中国大陸に対する投資が無に帰したものである。朝鮮については、小型高炉建設方針にもとづいて朝鮮元山に対する投資を行ったものである。南洋に対する投資は、一九四三年陸軍の命令によるマレータマンガン鉄山に隣接したマレー製鉄所、スマトラ製鉄所などに対するものであった[57]。

在外資産のほとんどは、一九四三年以降、陸軍あるいは政府の命令によって投資されたものであった。

設備の廃止処分の分は約三〇〇〇万円であり、一〇〇〇万円の補修費で戦災工場の補修が行われていた。戦争の損失負担という点からみると、戦災による設備被害は大きな割合を占めていなかった。

利益金の項目をみると、内部留保である積立金の取り崩しが多い。積立金合計は一億五九〇〇万円、評価益を除く

表９－９　日本鋼管の特別損失

（単位：千円，％）

損失			利益		
科目	金額	割合	科目	金額	割合
戦時補償特別税	178,569	38.2	法定積立金	17,013	6.7
在外資産	59,962	12.8	別途積立金	91,285	36.1
第二封鎖預金	5,193	1.1	納税積立金	5,715	2.3
旧債権	38,386	8.2	留保積立金	44,897	17.8
出資金	35,212	7.5	指定時決算利益	5,120	2.0
未払込株金徴収	2,581	0.6	戦災保険差益	42,797	16.9
繰り越し損失	73,262	15.7	諸引当金	9,558	3.8
戦災工場再開補修費	10,735	2.3	旧勘定利益	35,275	14.0
廃止設備処分見込み	30,796	6.6	営団返還財産	1,094	0.4
終戦による損	11,474	2.5	合計	252,753	100
棚卸資産評価損	18,104	3.9			
非戦災者特別税	3,705	0.8	評価益	215,225	
合計	467,979	100	合計	467,979	

注：千円未満は四捨五入。
資料：『有価証券報告書』（第70期1949年７月）。

表９－10　日本鋼管の喪失在外資産

（単位：円，％）

	朝鮮	台湾	中国	南洋	ヨーロッパ	合計	備考
株式出資	2,116,850	19,000	30,939,070	9,479		33,084,399	青島製鉄他８件
在外事業所投資	7,492,516		9,426,419	7,926,374		24,845,309	馬来製鉄所他６件
投資合計	9,609,366	19,000	40,365,489	7,935,853		57,929,708	
割合	16.6	0.0	69.7	13.7	0.0	100	
流動資産	233,020		13,260	1,784,678	1,270	2,032,228	バリクパパン油槽工事など
総計	9,842,386	19,000	40,378,749	9,720,531	1,270	59,961,936	
割合	16.4	0.0	67.3	16.2	0.0	100	

資料：日本鋼管株式会社『目論見書』（1949年３月23日）。

利益のうちの約六〇%、全利益の三四%であった。全利益のうち、四六%は評価益で賄っていた。インフレ利得によって、損失の半分は賄われたことになるのである。評価差益の内訳は、固定資産二〇六一万円、流動資産一億九四六二万円、計二億一五二三万円となっていた。評価益の実に、九〇%が流動資産によるものであった。日本鋼管の戦時、戦後における棚卸資産（原材料、半製品、仕掛品）の評価益は、指定時と合併時では一〇倍以上に増加した。敗戦直前から行われた資材の回収、囲い込みは、結果的には、戦時中の損害を補填することになったのである。日本鋼管の特別損失が、株主負担にまで至らず、戦時中に発生した損害や戦後不良債権となった資産を、戦後においてくい止め弁済できたのは、物資の回収とインフレ要因によるものであった（政府の評価換方針は厳しかったにもかかわらず）。

実際の過程をみると、当初は日本鋼管も減資の必要性があったのである。棚卸資産の評価替え後、特別損失六五〇〇万円二五％減資を予定していたが、特別損失で旧勘定に入れていた高炉の全部が稼働の見込みがつき、その経費が不要になったこと、保有有価証券の値上がり、旧勘定固定資産の処分益などによって、特別損失をすべて穴埋めすることができたのである(58)。

また、旧勘定に所属する債務は、増資によって補填された。一九四九年四月同社は、額面五〇円の株式、株主割当一二三三万六〇〇〇株（一株五〇円）、縁故募集一一九万株（一株五〇円）、公募一二三三万四〇〇〇株（一株一〇〇円）、一四八六万株、合計七億四三〇〇万円の増資を行って、旧勘定の債務の引き当てなどに当てることにした。借入金五億一六〇〇万円、新勘定借入金一億六三〇〇万円、その他社債、一般債務の弁済のために増資によって得た資金を当てたのである(59)。さらに、旧勘定の資産処分、債権回収などをあわせて旧勘定の債務を返済することがほぼできたのである。

旧勘定債務の内訳は、社債四二〇万円（富士銀行引き受け）、借入金五億一五九五万円（富士銀行からの設備資金、運転資金、利息資金など四億五三四五万円、日本興業銀行三七〇〇万円など）、一般債務一億四九六三万円、合計六億六九七八万円。返済引当金の内訳は、増資株金五億九三〇〇万円、旧勘定資産処分五四〇二万円、債権回収その他二二七七万円、合計六億六九七八万円となっていた。こうして、旧勘定債務は、増資によってほとんど返済された。以上のようにして再建の財務的基礎は確立した。

日本鋼管の特別管理人

企業整備計画の策定を行う特別管理人は、四六年九月三〇日社長渡辺政人（日本鋼管）、常務取締役中村三男吉

（日本鋼管）、安田銀行社長安念精一、日本興業銀行理事辻村正一が決定した。安田銀行の特別管理人の代理人として井尻芳郎が就任した。井尻は日本鋼管の監査役であった。戦時下日本鋼管の借入金の最大の供給先であった安田銀行が債権者の代表として企業再建整備の計画作成に関与していった。四六年一二月二〇日には安念精一が退任し、井尻芳郎が特別管理人に就任した。井尻の代理人は西野武彦となった。四七年二月二八日には日本興業銀行から派遣されていた辻村正一にかわって、松原準一が特別管理人に就任した。四八年六月二五日には安田銀行の特別管理人は、井尻芳郎から安田銀行取締役社長泊静二にかわり、代理人として西野武彦が就任した。なお日本鋼管側の特別管理人は、渡辺政人の交代とともに、河田重が就任した(60)。

特別管理人の権限(61)は大きなものであった。日本鋼管の場合でも、債権者である銀行から二名派遣されていたが、銀行側も公職追放や人事の交代も激しく、安定したモニタリング機能を恒常的に果たすことができたのか疑問がある。権限の執行にあたっては、特別管理人の過半数の同意を必要としたので、企業側の利害は守られた。もちろん最終的な判断には関わったことは確かであろう。しかも、後述するように、新旧勘定分離期には、富士銀行以外への借入金への依存が増していた。特別管理人が、主務大臣の監督下にあり、「公益を害する行為」や主務大臣の命令に反する行為をした時は、主務大臣によって、特別管理人を解任されることも規定されていた。したがって、むしろ銀行の利害を考慮しつつ、ＧＨＱの意向などをくみ取りつつ企業整備の計画が策定されたのが実状であろう。

第５節　戦時戦後の財務状況

企業再建整備期の財務状況

日本鋼管の財務状況について、戦時と敗戦後を比較してどのような変化があったのか、検討してみることが本項の課題である。この場合、次の点を注意して各時期をみることが必要である。まず、第一期は、戦時期から敗戦直後の状況。戦争末期の異常な資産増加の財務的な意味を明らかにすること。第二期一九四六年八月一〇日から四九年七月。この時期は、会社経理特別措置法によって、実際の企業経営活動に関わるものは新勘定、それ以外のものは旧勘定とされた。したがって、四九年七月三一日までは、新勘定がその企業活動を表わしている。それゆえ、傾斜生産方式と

対照表

(単位：千円，％)

得意先勘定	短期債権	仮払金	預金現金	総資産
33,919(10.5)	21,719(6.7)	—(0.0)	22,005(6.8)	324,017(100)
36,201(10.7)	22,562(6.7)	—(0.0)	15,245(4.5)	339,022(100)
38,613(10.4)	28,359(7.6)	—(0.0)	13,136(3.5)	371,744(100)
42,084(10.2)	27,330(6.6)	—(0.0)	36,621(8.9)	411,931(100)
47,569(11.1)	27,156(6.3)	—(0.0)	26,035(6.1)	428,076(100)
51,428(11.2)	36,938(8.1)	—(0.0)	19,916(4.3)	458,203(100)
66,245(12.3)	37,694(7.0)	11,552(2.1)	17,689(3.3)	537,673(100)
77,971(10.3)	61,185(8.1)	26,076(3.5)	68,014(9.0)	754,321(100)
90,125(10.5)	106,678(12.4)	32,424(3.8)	16,526(1.9)	857,542(100)
81,880(8.4)	164,114(16.8)	55,661(5.7)	10,924(1.1)	977,889(100)
81,648(7.7)	152,793(14.4)	73,862(6.9)	29,751(2.8)	1,064,418(100)
55,870(5.0)	108,767(9.7)	169,563(15.1)	73,898(6.6)	1,122,700(100)
56,831(4.9)	45,906(4.0)	190,258(16.4)	49,719(4.3)	1,158,034(100)
1,390,214(17.4)	1,180,935(14.8)	409,712(5.1)	695,565(8.7)	7,968,336(100)

引当金	前受金	前期繰越金	当期利益
9,822(3.0)	—(0.0)	1,903(0.6)	13,821(4.3)
10,699(3.2)	—(0.0)	1,956(0.6)	19,407(5.7)
11,584(3.1)	—(0.0)	1,995(0.5)	18,673(5.0)
12,433(3.0)	—(0.0)	2,001(0.5)	19,985(4.9)
13,416(3.1)	—(0.0)	2,012(0.5)	14,406(3.4)
14,155(3.1)	—(0.0)	2,103(0.5)	12,357(2.7)
30,534(5.7)	61,605(11.5)	2,147(0.4)	16,670(3.1)
35,832(4.8)	114,381(15.2)	2,181(0.3)	16,452(2.2)
35,809(4.2)	118,042(13.8)	2,112(0.2)	20,180(2.4)
42,635(4.4)	97,800(10.0)	2,143(0.2)	17,567(1.8)
40,645(3.8)	55,580(5.2)	2,153(0.2)	−10,224(−1.0)
35,974(3.2)	41,613(3.7)	−8,072(−0.7)	−65,191(−5.8)
38,087(3.3)	38,524(3.3)	−73,262(−6.3)	5,120(0.4)
208,368(2.6)	1,006,383(12.6)	—(0.0)	99,867(1.3)

金の合計。

表９-11　日本鋼管貸借

期	期　間	固定資産	出資金	貯蔵品	仕掛品	製　品
57	40. 6 . 1 ～10.31	129,040(39.8)	31,624(9.8)	44,952(13.9)	20,046(6.2)	14,449(4.5)
58	40.11. 1 ～41. 4 .30	141,078(41.6)	33,802(10.0)	46,430(13.7)	19,435(5.7)	15,997(4.7)
59	41. 5 . 1 ～41.10.31	156,465(42.1)	37,171(10.0)	50,647(13.6)	22,579(6.1)	14,417(3.9)
60	41.11. 1 ～42. 4 .30	165,904(40.3)	39,249(9.5)	46,191(11.2)	29,576(7.2)	15,169(3.7)
61	42. 5 . 1 ～42.10.31	175,038(40.9)	37,670(8.8)	58,461(13.7)	30,677(7.2)	15,874(3.7)
62	42.11. 1 ～43. 3 .31	191,750(41.8)	38,964(8.5)	64,158(14.0)	28,599(6.2)	17,632(3.8)
63	43. 4 . 1 ～43. 9 .30	215,329(40.0)	56,115(10.4)	58,767(10.9)	45,840(8.5)	12,780(2.4)
64	43.10. 1 ～44. 3 .31	255,617(33.9)	104,139(13.8)	70,512(9.3)	63,087(8.4)	9,740(1.3)
65	44. 4 . 1 ～44. 9 .30	296,858(34.6)	123,705(14.4)	84,749(9.9)	79,284(9.2)	9,699(1.1)
66	44.10. 1 ～45. 3 .31	329,923(33.7)	117,497(12.0)	88,004(9.0)	103,508(10.6)	11,573(1.2)
67	45. 4 . 1 ～45. 9 .30	366,172(34.4)	116,249(10.9)	103,649(9.7)	97,000(9.1)	17,626(1.7)
68	45.10. 1 ～46. 3 .31	328,870(29.3)	87,069(7.8)	94,159(8.4)	90,241(8.0)	23,376(2.1)
69	46. 4 . 1 ～46. 8 .10	338,392(29.2)	103,427(8.9)	109,707(9.5)	143,203(12.4)	34,123(2.9)
70	46. 8 .11～49. 7 .31	805,470(10.1)	―(0.0)	1,546,724(19.4)	1,257,596(15.8)	280,147(3.5)

期	期　間	払込資本金	積立金	社　債	借入金	購買先勘定
57	40. 6 . 1 ～10.31	137,825(42.5)	59,783(18.5)	12,700(3.9)	13,350(4.1)	13,766(4.2)
58	40.11. 1 ～41. 4 .30	143,350(42.3)	65,484(19.3)	12,150(3.6)	22,550(6.7)	14,207(4.2)
59	41. 5 . 1 ～41.10.31	143,350(38.6)	71,484(19.2)	11,300(3.0)	39,000(10.5)	15,015(4.0)
60	41.11. 1 ～42. 4 .30	170,012(41.3)	77,434(18.8)	10,180(2.5)	22,900(5.6)	18,700(4.5)
61	42. 5 . 1 ～42.10.31	170,012(39.7)	82,634(19.3)	9,380(2.2)	36,300(8.5)	20,220(4.7)
62	42.11. 1 ～43. 3 .31	196,675(42.9)	86,864(19.0)	8,780(1.9)	27,250(5.9)	31,958(7.0)
63	43. 4 . 1 ～43. 9 .30	196,675(36.6)	90,484(16.8)	8,200(1.5)	65,246(12.1)	31,991(5.9)
64	43.10. 1 ～44. 3 .31	230,337(30.5)	98,197(13.0)	5,400(0.7)	170,018(22.5)	41,729(5.5)
65	44. 4 . 1 ～44. 9 .30	257,000(30.0)	102,048(11.9)	5,100(0.6)	237,450(27.7)	42,496(5.0)
66	44.10. 1 ～45. 3 .31	257,000(26.3)	105,848(10.8)	4,800(0.5)	342,850(35.1)	48,326(4.9)
67	45. 4 . 1 ～45. 9 .30	257,000(24.1)	108,298(10.2)	4,500(0.4)	453,450(42.6)	80,700(7.6)
68	45.10. 1 ～46. 3 .31	257,000(22.9)	108,298(9.6)	4,200(0.4)	583,963(52.0)	28,068(2.5)
69	46. 4 . 1 ～46. 8 .10	257,000(22.2)	108,298(9.4)	4,200(0.4)	515,951(44.6)	32,610(2.8)
70	46. 8 .11～49. 7 .31	1,000,000(12.5)	―(0.0)	―(0.0)	2,136,278(26.8)	1,899,510(23,8)

注：(1)　引当金は，職員退職及扶助基金，工員退職扶助基金，退職手当準備積立金，退職積立預り金，引当金，納税積立

(2)　63期から得意先勘定は売掛金。

(3)　63期から購買先勘定は，買掛金の数値。

(4)　仕掛品は，半製品，仕掛品の合計。

(5)　短期債権は，63期までは諸口借方勘定の数値。

資料：『事業報告書』各期。

表９-12　日本鋼管の財務指標

（単位：千円，％）

		売上高利益率	自己資本比率	固定資産比率	固定比率	総資本回転率	総資本利益率	売上高（千円）
57	1940.６.１～10.31	18.0	68.6	40.1	58.5	0.73	13.1	76,851
58	1940.11～41.４.30	16.3	70.8	41.9	59.3	0.73	11.8	119,337
59	1941.５.１～41.10.31	16.1	66.1	42.4	64.2	0.66	10.6	116,299
60	1941.11.１～42.４.30	16.6	67.5	40.3	59.7	0.62	10.2	120,249
61	1942.５.１～42.10.31	12.1	64.9	40.9	63.0	0.57	6.9	119,071
62	1942.11.１～43.３.31	10.1	67.1	41.8	62.4	0.55	5.6	122,399
63	1943.４.１～43.９.30	10.8	58.7	40.0	68.2	0.62	6.7	154,729
64	1943.10.１～44.３.31	9.7	47.3	33.9	71.6	0.52	5.1	169,302
65	1944.４.１～44.９.30	12.9	45.7	34.6	75.8	0.39	5.0	156,253
66	1944.10.１～45.３.31	14.2	40.2	33.7	83.9	0.27	3.8	123,828
67	1945.４.１～45.９.30	—	34.3	34.7	101.2	0.14	−2.0	73,640
68	1945.10.１～46.３.31	—	27.8	31.3	112.6	0.09	−12.4	47,409
69	1946.４.１～46.８.10	4.4	27.4	31.2	113.9	0.33	1.4	116,065
70	1946.８.11～49.７.31	0.7	13.8	10.1	73.2	1.10	0.7	14,944,733
71	1949.８～50.３	0.9	40.2	37.8	94.0	1.57	1.3	12,395,614
72	1950.４～９	1.9	34.6	31.1	90.0	1.22	2.4	10,482,103
73	1950.10～51.３	4.9	32.6	26.4	80.9	1.47	7.2	14,628,747
74	1951.４～９	4.7	37.3	32.0	85.8	1.39	6.5	20,863,957
75	1951.10～52.３	5.8	37.0	31.1	83.9	1.14	6.6	22,894,766

注：総資本回転率，総資本利益率の計算については，期間をすべて年換算した。
資料：『日本鋼管株式会社四十年史』。

いわれる時期は主に、新勘定を検討の対象とする。第三期一九四九年七月新旧勘定合併以後。この時期は、銑鋼一貫体制が復活してきて、本格的な復興が始まる時期である。

戦時期――新旧勘定分離以前

まず、第一期について表9-11、9-12を見てみよう。戦時下では、売上高は横這いであるが、一九四五年四月以降は、生産の低下とともに、売り上げも極端に落ち込んだ。このの時期のインフレの昂進を考えると、売上高は実質的にはかなり低下したとみてよいであろう。四五年三月までは、売上高利益率も一定水準を維持していた。しかしながら、貸借対照表の内容は、かなり悪化していた。

固定資産は絶対的には増加しているが、四三年一〇月以降固定資産比率は急速に低下した。一方、出資金の額が増加した。これは、関係会社の株式の購入（吉沢石灰など）や鋼管鉱業分離（鉱山部門分離）によるものである。同社が戦争末期、原料関係を確保するために、株式所有を通じて、原料取得先との安定的な関係を維持するためとった措置であった。同社を中核として、周辺の関係会社を配置する企業集団としての体制が強まった。しかし、有形固定資産の相対的な低下は四三年以前よりも著しい。

一方、流動資産の割合が増加する。流動資産のなかでは、短期債権が四四年以降戦争末期にかけて増加した。これは、関係会社や取引先に対する信用供与が戦争末期にはかなり広範に行われたことを示している。

棚卸資産の項目をとってみると、貯蔵品、仕掛品などの金額が上昇していることも注目される。特に、仕掛品は、戦争末期には絶対的にも相対的にも増加している。注文を得て、生産にかかっているが、生産が停滞している状況を表わしている。仕掛品の増加にもかかわらず、貯蔵品は低下しておらず、物資の囲い込みが戦争末期に急激に進んでいたことを表わしている。一方、製品は、金額的にも増加しておらず、貯蔵品、仕掛品が増加し、売上高が停滞しているという状況である。企業の内部には、原材料が蓄積されていたのである。敗戦と同時にこうした矛盾が一挙に吹き出したと思われる。一方、短期債権は四五年四月以降減少し、四五年から現金、預金が増加した。関係会社や取引先などに対する短期債権の回収が進んでいった状況を表わしている。特に、これは、戦争末期から発注先に対する前渡金の回収が始まっていたことに対応する現象と推測される。

仮払金は、逆に一九四五年から四六年八月の時期に増加し、総資産の一六％にまで膨張していた。仮払金は、委託製作や未精算勘定と推定されるが、大部分は戦時補償請求権が計上されていたと推測される(62)。戦争末期にかけて急増した仮払金は、国家補償のあるものであったが、敗戦とともに紆余曲折はあったが、事実上損失として企業負担となったのである。

資本負債の項目をみると、払込資本金は未払込分の徴収によって徐々に増加した。積立金も四三年九月までは、一定割合で積み立てられていたが、四三年を境にその割合も低下した。かわって、借入金の比重が急速に高まった。資金需要に追いつくことができず、四三年から次第に自己資本比率は低下した。つまり、他人資本への依存が高まった

部門別損益

（単位：千円）

	1948年4月1日～48年9月30日			1948年10月1日～49年3月31日			1949年4月1日～49年7月31日		
	収入合計	支出合計	損益	収入合計	支出合計	損益	収入合計	支出合計	損益
	2,794,075	2,798,313	−4,238	5,037,650	4,825,611	212,039	3,598,833	3,560,251	38,582
	283,325	314,220	−30,895	735,258	793,850	−58,592	811,717	853,811	−42,094
	1,677		1,677	2,183		2,183	9,782		9,782
	3,079,077	3,112,533	−33,456	5,775,091	5,619,461	155,630	4,420,332	4,414,062	6,270

のである。特に戦時期においては、統制下で債券市場は低調であったから、社債の発行額は減少し、かわって借入金への依存が高まっていった。こうした状況を反映して、戦争末期には、固定比率は悪化せざるをえなかったのである。

また、特に注意するべきは、戦争末期には、前受金が急増している点である。これは、注文を得ると同時に、発注先から（主に政府）からの多大の信用を供与され、それが資金繰りを円滑にする要因になっていることを示している。一九四四年度にはその額は、総資産の一五％にまで達している。戦時中は国家から多大の信用供与を直接受けて生産が行われ、戦後になると逆に原材料獲得の環境悪化の中で原材料獲得に奔走している姿を表わしている。

戦時から戦後への財務上の転換点は、一九四三年であった。自己資本比率が急速に低下し、借入金依存、国家信用、国家補償に依存する経営へ転換した。同時にそれは、中核企業として関係会社との取引関係（特に原料取得関係）を強化することによって、企業集団化する（系列化）過程とオーバーラップする過程であった。

新旧勘定分離期

まず、損益計算を検討してみよう。売上高の増加は、インフレの進行を反映したものであり、公定価格で販売されたとしても、金額の増加から何かをいうことは適切ではない。日本鋼管の活動をみると、一九四八年三月までは、二十数％が造船部門の売上高が占めており、その後の状況とは異なっている。それまでは、造船部門は、利益をあげているが、製鉄部門は、損失を計上している。四八年三月第五高炉の火入れに

表9-13　日本鋼管新勘定

		1946年8月11日～47年3月31日			1947年4月1日～47年9月30日			1947年10月1日～48年3月31日		
		収入合計	支出合計	損益	収入合計	支出合計	損益	収入合計	支出合計	損益
新勘定	製鉄	230,111	241,910	−11,799	380,104	386,663	−6,559	912,625	934,823	−22,198
	造船	82,857	80,416	2,441	135,199	130,639	4,560	285,348	272,092	8,256
旧勘定		2,493		2,493		2,819	−2,819		2,951	−2,951
新旧合計		315,461	322,326	−6,865	515,303	520,121	−4,818	1,197,973	1,214,866	−16,893

注：『四十年史』352頁の数値は一部誤っている数値が掲載されている。
出所：『有価証券報告書』より作成。

よって、鉄鋼部門の売上高が増加したことを示している。損益の方をみると、四八年一〇月～四九年三月期を除いて損失を計上している。四八年一〇月以降では製鉄部門が利益を計上していくことによって、利益の安定が確保されていったことを意味している（以上、表9-13参照）。

新旧勘定の分離によって、生産活動の必要な資産は新勘定に入れられ、新勘定借方に入れられた資産と同一額で新勘定貸方に未整理支払勘定を設けた。それに対応して旧勘定の資産に未整理受取勘定を設けたのである。未整理支払勘定は、旧勘定からの借入れに相当するから、未整理支払勘定から毎年一定額が旧勘定に繰り入れられた。

新旧勘定の分離はどのような基準で行うか。企業の具体的な再建方針の決定に関わる問題である。日本鋼管の場合、固定資産の分離は、表9-14のように分離された。川崎製鉄所は、第五高炉一基の稼働で六基の平炉を新勘定に入れた。鶴見では、高炉は新勘定に入れず平炉操業のみであった。ほぼこの方針で行われたが、新旧勘定併合以前において、旧勘定に所属していた第四高炉、トーマス転炉の活動も開始しており、四八年後半から利益を計上した。このことからもわかるように、新旧勘定の分離は、かなり、厳しい見通しで設定されたものと思われる。

四八年一一月末日には、旧勘定所属の固定資産一億八一一〇万円のうち、六〇％にあたる約六四九八万円が近い将来の稼働勘定とされた。残余の資産四三一一万円のうち、処分するものは、約一二〇〇万円、処分不能のものは約三〇〇〇万円であった。残余の資産四三一一万円の内訳をみると、過半（二四六二万円、五七％）が建設仮勘定であった。その結果、旧勘定の建設仮勘定九三％が近い将来においても稼働の見込みが立っていないことを意味していた。つまり、アジア・太平洋戦争末期の設備投資で未完成に終わったものは、戦後においてもほとんど価値をもたなかったものと推測される。

これに対して、四八年一一月時点で近い将来稼働する見込みの固定資産の内訳では、土地の七二%、建物の六九%、

表９-14　日本鋼管（川崎，鶴見製鉄所）における新旧勘定の分離

	新　勘　定	旧　勘　定
川崎製鉄所	第５高炉 第４コークス炉 ドワイトロイト焼結装置	第１，２，３，４高炉 第１，２，３コークス炉 グリナワルト式焼結装置 ドワイトロイト焼結装置
	平炉６基 第１号電気炉	平炉６基 転炉５基 トーマス肥料工場 ゼロ号電気炉 水江電気炉工場
	大形工場 第１，２小形工場 第１，２，３，５製管工場	中形工場 第４，６製管工場
	川崎炉材工場（第１炉材工場を除く） 大島ベンゾール回収工場 扇町ベンゾール精製工場 大島硫安工場 扇町タール蒸留工場 小安過燐酸肥料工場 川崎，大島，扇町地区変電所 日本鋼管病院	川崎炉材工場（第１炉材工場） 扇町ベンゾール回収工場 扇町硫安工場 小安硫酸製造工場 発電所 蒲田工作所 製塩工場 高圧ガス工場
鶴見製鉄所		第１，２高炉 ドワイトロイト焼結装置 ポット式焼結装置
	平炉３基 ドロマイト焼成炉１基	平炉５基 ドロマイト焼成炉２基
	第２（１号），３，４，６，製鈑工場	第１，２（２号），５製鈑工場
	鶴見炉材工場 酸素工場 製塩工場	鍛鋼工場

資料：「会社経理応急措置法ニ基ク新旧勘定分離要領」（松下資料No.394）。

構築物の八七％、機械装置の八二％になっていた。これらの資産は、近い将来稼働の見込みで再建計画の中に組み込まれた[63]。しかも、旧勘定中の将来稼働見込み固定資産の数値は、いずれも帳簿価格であり、戦後のインフレ要因を考慮していないものである。したがって、旧勘定所属の固定資産のうちでも、建設仮勘定を除くかなりのものが戦後の経済活動に動員されたのである。日中戦争からアジア・太平洋戦争前半に拡大した土地、建物、機械装置など有形固定資産は十分戦後の再建に寄与したのである。さらにこれらに時価評価が加えられた時には、莫大な資産として膨れ上がることになったのである。

実際の企業活動を反映する新勘定についてみると（表9-15、9-16）、インフレもあって、一九四六年八月から四九年三月までで総資産は五億一四三三万円から六八億五八八八万円と一〇倍以上増加した。固定資産の評価替えが行われず、大きな設備投資もほとんど実行されなかったから、総資産に占める固定資産の割合は急速に低下した。総資産における棚卸資産（特に貯蔵品）の割合は、四七年には増加したが、高炉操業が開始される四八年四月以降低下した。傾斜生産期においては、当座資産が増加した。当座資産のなかでも短期債権、売掛金が増加した。資金の使途は、棚卸資産と当座資産に向かっていたのである。

資本、負債では、長期借入金が四八年三月まで増加しているが、その後低下している。短期負債は、一貫して増加傾向にあり、新旧勘定合併直前には、短期負債の割合は、七〇％に達しており、同社の資金繰りの不安定性を増していた。確かに設備投資はなく、資金の調達は、短期借入金や買掛金支払手形で賄われているが、自己資本部分が決定的に欠落していた。

したがって、早急に増資を実行して、内部資本の充実をはかる必要が増していたのである。

長期借入金の内訳は、四九年七月末現在（新旧勘定合併時）では、復興金融金庫五億一八六二万円、その他銀行より三億二〇〇〇万円合計八億三八六二万円の設備資金と復興金融金庫より四億四一六万円の運転資金によって構成されていた[64]。同社は長期資金の七四％を国家資金が占めていたのである。しかし、この長期借入金は旧勘定の借入金

表9-15　日本鋼管比較貸借対照表

（単位：千円，％）

資産

	1946年8月11日 新勘定	1946年8月11日 旧勘定	1946年8月11日 合計	1949年7月 新旧併合	増　減	増　加 寄与率	分離時	併合時
固定資産	224,383	114,009	338,392	805,470	467,078	7.3	21.2	10.1
長期出資		103,427	103,427		−103,427	−1.6	6.5	0.0
棚卸資産	263,520	23,514	287,034	3,084,468	2,797,434	43.9	17.9	38.7
貯蔵品	102,344	7,363	109,707	1,546,724	1,437,017	22.6	6.9	19.4
半製品	58,100	4,997	63,097	350,894	287,797	4.5	3.9	4.4
仕掛品	69,523	10,584	80,107	906,703	826,596	13.0	5.0	11.4
製品	32,215	550	32,765	245,892	213,127	3.3	2.0	3.1
当座資産	4,642	153,325	157,967	3,661,619	3,503,652	55.0	9.9	46.0
短期債権		45,906	45,906	1,180,135	1,134,229	17.8	2.9	14.8
売掛金		56,831	56,831	1,310,214	1,253,383	19.7	3.6	16.4
受取手形		1,601	1,601	346,917	345,316	5.4	0.1	4.4
現金預金	4,642	45,077	49,719	695,565	645,846	10.1	3.1	8.7
未整理受取勘定		514,335	514,335		−514,335	−8.1	32.2	0.0
その他	21,790	176,162	197,952	416,779	218,827	3.4	12.4	5.2
合　計	514,335	1,084,772	1,599,107	7,968,336	6,369,229	100	100.0	100.0

資本負債

	新勘定	旧勘定	合計	新旧併合	増　減	増　加 寄与率	分離時	併合時
未整理支払勘定	514,335		514,335		−514,335	−8.1	32.2	0.0
資本		365,298	365,298	1,000,000	634,702	10.0	22.8	12.5
長期負債		239,440	239,440	1,242,778	1,003,338	15.8	15.0	15.6
社債		4,200	4,200		−4,200	−0.1	0.3	0.0
長期借入金		235,240	235,240	1,242,778	1,007,538	15.8	14.7	15.6
短期負債		510,090	510,090	5,417,323	4,907,233	77.0	31.9	68.0
短期借入金		280,711	280,711	893,500	612,789	9.6	17.6	11.2
支払手形				1,889,509	1,889,509	29.7	0.0	23.7
買掛金		32,610	32,610	9,772	−22,838	−0.4	2.0	0.1
前受金		38,524	38,524	1,006,383	967,859	15.2	2.4	12.6
未払金		31,444	31,444	473,372	441,928	6.9	2.0	5.9
仮受金		114,477	114,477	1,013,616	899,139	14.1	7.2	12.7
特定負債		6,573	6,573	6,974	401	0.0	0.4	0.1
引当金		31,514	31,514	201,394	169,880	2.7	2.0	2.5
繰越利益		−68,143	−68,143		68,143	1.1	−4.3	0.0
当期利益				99,867	99,867	1.6	0.0	1.3
合　計	514,335	1,084,772	1,599,107	7,968,336	6,369,229	100	100	100

資料：『有価証券報告書』。

表9-16　日本鋼管新勘定貸借対照表

（単位：千円，％）

資産

	1947年3月	1949年3月	1947年3月	1949年3月	増　減	増加寄与
固定資産	243,184	418,306	23.6	6.1	175,122	3.0
長期出資			0.0	0.0	0	0.0
棚卸資産	400,893	2,436,692	39.0	35.5	2,035,799	34.9
貯蔵品	146,472	1,059,975	14.2	15.5	913,503	15.7
半製品	72,167	116,864	7.0	1.7	44,697	0.8
仕掛品	148,492	1,058,433	14.4	15.4	909,941	15.6
製品	31,952	188,268	3.1	2.7	156,316	2.7
当座資産	324,602	3,752,645	31.6	54.7	3,428,043	58.8
短期債権	113,179	1,030,502	11.0	15.0	917,323	15.7
売掛金	36,327	1,756,719	3.5	25.6	1,720,392	29.5
受取手形	150	377,211	0.0	5.5	377,061	6.5
現金預金	11,210	560,096	1.1	8.2	548,886	9.4
その他	59,902	251,236	5.8	3.7	191,334	3.3
合　　計	1,028,581	6,858,879	100	100	5,830,298	100

資本負債

未整理支払勘定	505,929	736,335	49.2	10.7	230,406	4.0
資本			0.0	0.0	0	0.0
長期負債	104,066	963,081	10.1	14.0	859,015	14.7
社債			0.0	0.0	0	0.0
長期借入金	104,066	963,081	10.1	14.0	859,015	14.7
短期負債	389,437	5,035,086	37.9	73.4	4,645,649	79.7
短期借入金	60,500	1,289,308	5.9	18.8	1,228,808	21.1
支払手形	1,263	14,852	0.1	0.2	13,589	0.2
買掛金	60,207	1,522,209	5.9	22.2	1,462,002	25.1
前受金	91,148	777,300	8.9	11.3	686,152	11.8
未払金	31,601	620,380	3.1	9.0	588,779	10.1
仮受金	139,849	731,342	13.6	10.7	591,493	10.1
特定負債			0.0	0.0	0	0.0
引当金	38,506	31,362	3.7	0.5	−7,144	−0.1
繰越利益			0.0	0.0	0	0.0
当期利益	−9,357	93,015	−0.9	1.4	102,372	1.8
合　　計	1,028,581	6,858,879	100	100	5,830,298	100

資料：『有価証券報告書』。

（約二億四〇〇〇万円）を含んでいるので、新勘定のもとで長期借入金の国家資金依存率は約八〇％前後になっていたと推測される。

短期借入金八億九三五〇万円の内訳は、設備資金として日本興業銀行から一四〇〇万円で、残りは運転資金である。その内訳は富士銀行から四億七九五〇万円、その他各銀行より四億円である。短期の運転資金の五五％を戦前の安田銀行以来の主取引銀行である富士銀行に依存していた。その見返りに監査役が役員として安田銀行から派遣されていた。短期借入金もまた、旧勘定の数値二億三五二四万円を含んでいるが、これらはほとんどが安田銀行からの引き継いだ分と想定される。とすると、敗戦後の短期借入金については、新勘定の併合時には約二億四〇〇〇万円程度が富士銀行からのものとなる。傾斜生産期にはむしろ富士銀行の比重はかなり下がっていたのではないか予想される。戦前、戦時期の特定金融機関との長期的継続的取引関係は、一時的に崩れていたのである。

合併後の財務状況と資産再評価

新旧勘定合併以後は、いわゆるドッジラインによる引き締めと、補給金の廃止による合理化問題が最大の課題となった時期である。第一次合理化の問題は別の機会に譲らなければならないが、その前提を考えるうえで、どのような財務状況になったのかを、第一次合理化開始前後の時期まで考察しておこう（表9-17）。

増資によって、資本金は一〇億円になったが、自己資本比率は再び低下し、戦前水準を回復できなかった。また、長期負債の割合は減少したものの、短期負債が増加した。しかし、五〇年九月期の決算では、資本金のうちで、「その他積立金」の増加によって、自己資本比率の異常な低下は防がれた。しかし、この内訳は、資産再評価によって積み立てられたものであり、いわば、この間のインフレ利得にすぎないのである。一九五〇年一月資産再評価は、次のようにして行われた。

帳簿価格九億七七二四万円の固定資産は、再評価実施によって、六〇億八五七五万円、六・二二倍に上った。再評価は、「適正な減価償却を可能にすることによって資本の食潰しを防止し、会社経理の合理化を図る」[65]ために、実施された。再評価は、土地、無形資産を除き、建物（二億六六二八万円→一一億四三〇六万円）四・二九倍、構築物（三四六二万円→三億五九九八万円）一〇・二七倍、機械装置（一億六一六九万円→二七億九八五一万円）二三・四九倍などが大きなものであった。特に機械装置の評価増加は、戦時以来の設備拡張が、かなり大幅な増加となって評価された。一方、建物評価はかなり抑えられた。

再評価限度額は、九四億二一二五万円であったが、六五％圧縮して、「将来の物価下落」[66]に備えた。ドッジ不況のもとで経営の行く手は厳しかったし、補給金の削減が目前に迫っていたので、厳しい評価を強いられた。しかし、朝鮮戦争の勃発によって、五〇年後半から需給はタイトになり価格も上昇したことから、この厳しい資産評価は、その後の経営に大きく貢献することになる。

貸借対照表について、見てみよう（表9-17）。固定資産比率は、新旧勘定合併の結果著しく低下したが、資産再評価によって増加した。したがって、これで大規模な設備投資が進展し、実物資産の価値が上昇したわけではないのである。売掛金、受取手形も増加しており、正常な取引関係への復帰も進んでいたことを示している。固定資産も増加したが、圧縮されたために自己資本によってほぼ賄われた。ただ、独占禁止法の関係もあって、出資はこの時点ではまだ行われておらず、戦時下で進展した企業集団化（中核企業を中心に取引に関係する関係会社を結集する組織化）は復活していなかった。

四九年七月以降短期負債は当座資産、固定資産は自己資本または長期借入金によって賄うような形が整えられた。長期借入金も絶対額で増加しているが、敗戦時のような、総資産の四〇％を超えるという極端な国家信用依存の状況から脱却していた。

生産の回復、売上高の上昇、ＧＨＱの指導による固定資産の再評価の繰り延べによって、総資産回転率も上昇し、戦時中より効率は著しく改善された。売上高利益率の水準は戦時期よりもきわめて低く、回転率の上昇によって、かろうじて利益率の回復がはかられたのである。日本の経営者や政府が要求していた資産再評価のＧＨＱによる延期は、その意味では一定の効果をもたらした。インフレによって、資産の実態と帳簿上の数値は大きく乖離していたが、ＧＨＱによる資産再評価に対する厳しい措置や再評価延期が、企業経営の健全化には一定の意味をもった。従来インフレによって「独占資本の再建」が実施された点が強調されているが[67]、同時に上記のような側面も見逃してはならない。

小括

トップマネジメントは、公職追放によって、浅野系の人脈、白石元治郎など創業時有力な投資者、戦時期に社内昇進してきた人々などが一斉に退き、一九二〇年代に大学を卒業した法商学系の社内昇進者によって担われるようにな

対照表

（単位：千円，％）

1946年８月	1949年７月	1950年９月	1951年３月
29.2	10.1	31.1	26.4
8.9	0.0	0.0	0.0
38.2	10.1	30.6	26.4
9.5	19.4	7.9	10.1
5.4	4.4	3.2	3.5
6.9	11.4	6.2	6.2
2.9	3.5	4.1	7.6
24.8	38.7	21.7	27.9
4.0	14.8	10.2	10.5
4.9	17.4	16.5	16.9
0.1	4.4	9.2	9.9
16.4	5.1	2.2	1.8
4.3	8.7	8.5	6.4
29.5	51.1	46.9	45.6
0.5	0.0	0.0	0.0
100.0	100.0	100.0	100.0

22.2	12.5	5.4	4.7
1.5	0.0	0.1	0.1
7.9	0.0	0.4	0.8
0.0	0.0	27.5	23.4
31.5	12.5	33.4	29.2
44.6	15.6	12.5	14.6
0.4	0.0	2.7	2.3
44.9	15.6	15.2	17.0
0.0	11.2	9.4	8.0
0.0	23.8	4.9	2.6
2.8	0.1	14.2	15.0
3.3	12.6	6.6	10.6
1.1	1.5	0.5	0.7
2.7	5.9	6.4	4.0
9.9	12.7	3.8	4.2
19.8	68.0	46.0	45.1
0.6	0.1	0.0	0.0
2.7	2.5	4.2	5.3
−6.3	0.0	0.1	0.1
0.4	1.3	1.1	3.3
100	100	100	100

表9-17　日本鋼管貸借

資産

	1945年9月	1946年8月	1949年7月	1950年9月	1951年3月	1945年9月
固定資産	366,172	338,392	805,470	5,765,908	5,634,280	34.4
出資金	116,249	103,427				10.9
固定資産合計	482,421	441,819	805,470	5,675,908	5,634,280	45.3
貯蔵品	103,649	109,707	1,546,724	1,454,372	2,161,128	9.7
半製品	40,542	63,096	350,893	598,728	745,747	3.8
仕掛品	56,458	80,107	906,703	1,145,375	1,318,107	5.3
製品	17,626	34,113	280,147	753,318	1,612,802	1.7
棚卸資産	218,275	287,023	3,084,467	4,020,942	5,948,851	20.5
短期債権	152,793	45,906	1,180,935	1,885,489	2,250,279	14.4
売掛金	81,648	56,831	1,390,214	3,065,228	3,598,797	7.7
受取手形	3	1,600	346,917	1,712,612	2,117,496	0.0
仮払金	73,862	190,258	409,712	413,681	380,418	6.9
現金預金	29,751	49,719	695,565	1,579,548	1,366,485	2.8
当座資産	345,585	341,967	4,071,330	8,684,567	9,736,635	32.5
特定資産	129,968	6,201	1,089			12.2
総資産	1,064,418	1,158,034	7,968,336	18,522,201	21,357,152	100.0

資本負債

	1945年9月	1946年8月	1949年7月	1950年9月	1951年3月	1945年9月
資本金	257,000	257,000	1,000,000	1,000,000	1,000,000	24.1
法定積立金	17,012	17,012		21,000	32,000	1.6
別途積立金	91,285	91,285		80,000	170,000	8.6
その他積立	4,504			5,085,205	4,993,584	0.4
資本合計	369,801	365,297	1,000,000	6,186,205	6,230,584	34.7
長期借入金	453,450	515,951	1,242,778	2,319,357	3,128,813	42.6
社債	4,500	4,200		500,000	500,000	0.4
長期負債計	457,950	520,151	1,242,778	2,819,357	3,628,813	43.0
短期借入金			893,500	1,746,340	1,699,000	0.0
支払手形			1,899,509	913,139	565,597	0.0
買掛金	80,700	32,610	9,772	2,639,215	3,212,462	7.6
前受金	55,580	38,524	1,006,383	1,230,729	2,273,109	5.2
預り金	15,529	12,324	121,171	96,203	144,989	1.5
未払金	30,335	31,444	473,372	1,185,574	856,495	2.8
仮受金	16,229	114,477	1,013,616	701,079	889,489	1.5
短期負債計	198,373	229,379	5,417,323	8,512,279	9,641,141	18.6
特定負債	7,359	6,573	6,974			0.7
引当金	28,781	31,514	201,394	786,127	1,124,306	2.7
繰越利益	2,153	−73,262		16,859	17,233	0.2
当期利益	−10,224	5,120	99,867	201,373	715,075	−1.0
資本負債合計	1,064,418	1,158,034	7,968,336	18,522,201	21,357,152	100

注：(1)　1945，46年については，「借入金」は長期借入金とした。
(2)　当座資産にはそのほかに，有価証券，前払い費用を含む。
(3)　特定資産は退職積み立て保管金，退職手当準備積立金を含む。
(4)　特定負債は，退職積み立て預り金，退職手当準備引当金を合計した金額。
資料：『事業報告書』『有価証券報告書』各期より。

った。株主構成では、戦前以来の経営者支配の傾向がいっそう強まり、戦時期に合併によって進出した筆頭株主の浅野がいなくなり、証券民主化によって、法人株主（生命保険、銀行など）による分散所有が著しく進んだ。すでに、戦前から株式所有が分散し、経営者支配の企業となっていたが、分散所有の進展と法人株主への転換がいっそう進んだのである。

また、日本鋼管を中核会社とし、生産、販売、購入、流通、資金調達などを担う関係会社を配置した企業集団は、持株会社指定と独占禁止法によって、いったんは解消されたが、一定の取引関係の継続によって、企業間取引関係は存続し、高度成長開始期には再結集がはかられた。同社の生産、稼働率の激減は経営を著しく圧迫したが、再建整備過程は、インフレ利得によって、株主に負担を転嫁せず、旧債務の返済も増資によって補填された。失ったものは、在外資産、戦時期の政府補償債権、戦争末期の設備投資であったが、結果的にはインフレ利得によって補填された。企業再建整備の過程で、実際に大きな権限をもったのは、ESSであり、資産評価の基準自体も日本側の意向というより、GHQの考え方にそったものであった。主取引銀行の権限は未だ大きくなかった。

戦前から所有の分散が進み創業経営者の「企業家指導力」に依拠したベンチャー企業的性格をもった日本鋼管は、戦時中の大半の設備、技術、人的資源を受けついで、戦後改革を経て持続的成長を担保する「組織能力」に依拠する現代的大企業（＝企業集団）へと移行したのである。

注

（1）白石はすでに高齢で、実質的な経営は浅野良三が担っており、敗戦直後の一九四五年一一月には死亡した。
（2）『日本鋼管株式会社三十年史』（一九四二年）三五一～三六三頁。
（3）『日本鋼管株式会社四十年史』（一九五二年）二九六～二九七頁。
（4）「現代企業者の指導者活動」という概念については、シュムペーター『経済発展の理論』上（岩波文庫、一九七七年、二二八～二三〇頁）を参照。

(5) 日本鋼管株式会社の創立過程はよく知られているが、明治後半に成立した日本鋼管の成立を「ベンチャー企業」として位置づけたのは石井寛治『日本の産業革命』(朝日新聞社、一九九七年)である。

(6) 『林甚之丞氏の足跡』(同編纂員会、一九六一年)参照。

(7) 森川英正『トップマネジメントの経営史』(有斐閣、一九九六年)一一七～一一九頁。宮島英昭「財閥解体」(法政大学産業情報センター・橋本寿朗・武田晴人編『日本経済の発展と企業集団』(東京大学出版会、一九九二年)二一一～二一三頁。

(8) 長島修『戦前日本鉄鋼業の構造分析』(ミネルヴァ書房、一九八七年)四八七～四八八頁。

(9) 詳しくは、同前書四八六頁。

(10) THE REPORT OF NIPPON KOKAN KABUSHIKI KAISYA (Nippon Steel Tube Co Ltd.), GHQ/SCA RG331, Box 8422, ESS (B) 16229 参照。

(11) 『東洋経済新報』一九四五年一二月一日、七～八頁。

(12) 浅野財閥の研究者である小早川洋一は、「この合併により、日本鋼管自身は浅野財閥傘下の事業となった」(小早川洋一「浅野総一郎死後の浅野財閥の研究――満州事変期から第二次大戦までの分析――」『経営情報』第六巻第三・四号、一九八八年三月、四七頁)という評価を与えている。これは日本鋼管に対する浅野同族の株式所有割合が増えたことを主要な根拠とするが、浅野は合併によって、逆に直系製鉄造船事業を喪失したことになっている点をみない一面的な評価である。齋藤憲『稼ぐに追いつく貧乏なし』(東洋経済新報社、一九九八年)は、浅野の機能資本家としての経営能力が企業集団化の要因であることを指摘し、三井、三菱、住友のような財閥とは異なった範疇に浅野財閥を歴史的に位置づけている(一四一～一四二頁)。この見解には、筆者は賛成である。こうした有能な経営者群を範疇的に歴史的に位置づけることができれば、近代的な経済成長の経済主体をどこにもとめるべきかを明らかにすることができる。また、齋藤憲は、浅野は経営支配をする意思をもっていたが、株式を買い増すことができず、支配することができなかったとしている(齋藤前掲書二三七～二三八頁)。結論的には筆者の見解と一致している。

(13) 持株会社整理委員会編『日本財閥とその解体』(復刻版、原書房、一九七三年)一三七頁によれば、債務超過が原因となっている。筆者は、以前の論文「敗戦後の鉄鋼企業とその復興」(3)(『立命館経営学』第三七巻第一号、一九九八年五月、七頁)においては、持株会社整理委員会の叙述に従っていた。

しかし、齋藤憲氏の最新の研究によれば、浅野同族は、傘下の会社経営の不振から破産の危機に陥っていたため、税金納入を削減する目的で株価操作を行い自己破産を免れていたことを税務当局に指摘された。したがって、浅野同族は、税務対策上精算して、新会社を設立する必要に迫られた（齋籐前掲書二二六～二二九頁）。

（14）前掲『日本財閥とその解体』一三七～一三八頁。

（15）浅野小倉製鋼は、一九一八年東京製綱株式株式会社を初代浅野総一郎が買収して設立したもので、六二万株のうち約二三万八二八〇株（一九三九年一一月末）を浅野同族がもつ純然たる浅野傘下企業である。浅野小倉については、奈倉文二『日本鉄鋼史の研究』（近藤出版社、一九八四年）三六九～三七二頁、『浅野渋澤大川古河コンツェルン読本』（春秋社、一九三七年）四三～四五、八二～八三頁。齋籐前掲書二三七頁によれば、浅野財閥の鉄鋼部門の主力会社は、鶴見製鉄と日本鋼管が合併した結果、小倉製鋼になったのである。

（16）合併条件は、鶴見の株式一〇株に対して、日本鋼管株八・五株の割合で割当交付されることになり（「合併契約書」）、鶴見側が対等合併を主張したが、日本鋼管側に押し切られた形になった（『ダイヤモンド』一九四〇年二月二一日、六一頁）。鶴見側には、不利な合併条件となり、不満が残ったと思われる。実際に合併条件が明らかになるにつれて、鶴見製鉄の株価は業績と関係なく、低下し始めたのである（『ダイヤモンド』一九四〇年四月二一日）。

（17）一九九六年日本経営史学会において齋藤憲氏が浅野財閥の再編成期の研究を発表された。齋藤前掲書参照。

（18）財閥の定義がさまざまな形で論争になっている（近年の研究の総括は、橘川武郎『日本の企業集団』有斐閣、一九九六年、下谷政弘『日本の系列と企業グループ』有斐閣、一九九三年、を参照）。確かに、日本の経済社会において、三井、三菱、住友など総合財閥のもつ意義は大きかった。しかし、戦前の企業システムの特徴を財閥の枠組みの中に押し込めてしまい、それ以外の企業のあり方や存在形態を財閥との関連で捉え直すという作業（財閥研究の相対化）はきわめて不十分である。財閥解体によって、戦前日本の大企業がほとんどすべて一律に財閥持株会社指定されたことが、その後の研究に大きな障害になっていたのではないか。また、一九三〇年代の財閥研究が、大企業をすべて、〇〇財閥として一律に規定したことも大きな問題を含んでいた。したがって、財閥から企業集団へというテーマそれ自体を問い直さなければならないのである。

（19）『東洋経済新報』一九四〇年九月七日、六一～六二頁、一〇月二六日、四四頁。

（20）同前。一九四〇年の合同論の議論については長島修『日本戦時鉄鋼統制成立史』（法律文化社、一九八六年）二四四～二四五頁参照。服部一馬氏も「鉄鋼生産統制の一環」として両社の合併が進められたという見解をとっている（服部一馬「浅野造船所」『国史大辞典』吉川弘文館、一九七九年、一四〇頁）。

（21）『ダイヤモンド』一九三九年六月一一日、八一頁。

（22）『東洋経済新報』一九四〇年一月一日、一八二頁。

(23)『日本鋼管株式会社四十年史』一二二頁。

(24)前節の「浅野財閥」も企業集団であるが、取引・生産関係を媒介として結合した企業集団とは性格が異なることに注意する必要がある。同じ株式の持合・所有でもその持つ意味は異なる。近年の研究を整理し、階層的関係と取引関係の有無を基準に企業集団を整理された橘川武郎によれば、

A　取引関係にもとづくもの

a　階層的な関係が存在するもの……………企業系列。

1　生産過程に関するもの……………………下請系列。

2　流通過程に関するもの……………………流通系列。

b　階層的な関係が部分的であるもの…………融資系列。

c　階層的な関係が存在しないもの…………対等な長期相対取引。

B　取引関係が部分的であるもの…………………企業集団。

C　取引関係にもとづかないもの…………………業界団体。

となっている（橘川武郎前掲書二六頁）。本書の分析は、橘川の整理によれば、ＡａｌないしＡａ２にかんするものの戦前から戦後への再編成の問題を取り扱っていることになる。但し、「下請系列」という表現よりも、故浅沼萬里氏が自動車産業の分析を通じて整理された中核会社とサプライヤーの関係という表現で一般化することが適切と思われる。それは、リスク分担関係を通じて、長期継続的な関係が経済的合理性をもって成立していることを明らかにしているからである（浅沼萬里『日本の企業組織革新的適応のメカニズム』（東洋経済新報社、一九九七年）。但し、浅沼氏は、階層的関係には一定支配的システムが存立していることをやや軽視していると思われる。鉄鋼業の場合にそれをあてはめれば、中核会社－関係会社（関係子会社）という階層関係において表現することが妥当である。

(25)戦後激変期で時期によっては、若干の変動がある。以下では、過度経済力集中排除法によって、日本鋼管が指定された際に準備資料として、持株会社整理委員会に事前に報告した資料を整理したものである。日付は一九四八年三月八日になっている（A Statement of Exessive Concentration Pursuant to Art. 16 Paragraph 1, Item 1 of HCLC Rules Procedure, HCLC No.156 8. March 1948, ESS (b) 16235-16237）。この資料のなかの Finacial Report of NIPPON KOKAN KABUSHIKI KAISHA を利用した。

(26)表９-７には昭栄機械製作所はのっていないが、戦時中から日本鋼管との関連の深い機械メーカーである。注（25）の資

料の中にもしばしば登場するが、Finacial Report からはのぞかれた。その理由は不明である。
(27) コルナイ・ヤーノシュ『「不足」の政治経済学』(岩波書店、一九八四年)二一〜二二、一〇四〜一〇五頁。
(28) 「持株会社に関する件」一九四六年一二月二八日中の「持株会社第三次指定ニ関スル覚書」(『公文類集』七〇編、昭和二一年、巻六九、国立公文書館所蔵)。
(29) 吉沢石灰工業㈱と日本ドロマイト工業㈱については、吉澤石灰工業株式会社『一〇〇年のあゆみ』(一九七三年)参照。
(30) NIPPON KOKAN K. K. (# 156), GHQ/SCAP, Box. No. 8422, ESS (B) 16225。
(31) 同前。
(32) 中西実蔵は、久保田鉄工所の鋳物工をしていたが、関西可鍛鋳鉄所に移ったのち、独立して鋳鉄管の継手製造に乗り出した。以下日本鋼管継手の戦前戦後の経緯については、『日本鋼管継手株式会社五十年史』(一九八五年)による。
(33) NIPPON KOKAN K. K. (# 156), GHQ/SCAP, Box. No. 8422, ESS (B) 16225。
(34) 『日本鋼管株式会社五十年史』(一九六二年)一〇〇八〜一〇〇九頁。
(35) 渡辺政人の例ばかりでなく、香田五郎は、傘下の報国鉱業の取締役会長になっている。
(36) 商工財務研究会編輯部『問答式企業再建整備法解説』(商工財務研究会、一九四六年)二一〜二三頁。
(37) 『昭和財政史——終戦から講和まで』第一三巻(東洋経済新報社、一九八三年一二月)八二一〜八三四頁。
(38) 同前八四二〜八五二頁。
(39) 『鶴鉄労働運動史』(一九五六年)一三四頁によれば、一九四六年四月七社分割案がつくられたという記述がある。同書によれば、五社分割案、三社分割案となっていったとしている。
(40) 日本鋼管株式会社『第六拾九期報告書』。
(41) 『日本鋼管株式会社四十年史』三〇二頁。
(42) 「第二回部所長会議議事録」(一九四六年七月一八日)松下資料No.415。
(43) 『東洋経済新報』一九四六年五月八日、一八頁。
(44) 前掲「第二回部所長会議議事録」。
(45) 同前。
(46) RG. 331. BOX No. 8422, ESS (B) 16223, National Archives and Records Service, USA.
(47) 『東洋経済新報』一九四六年九月二一日、一五頁。

(48)『東洋経済新報』一九四七年三月一日、一七頁。
(49)『東洋経済新報』一九四八年三月二七日、三五頁。
(50) RG. 331. BOX No. 8422, ESS (B) 16223, National Archives and Records Service, USA.
(51) ここでは、日本鋼管の鉄鋼における能力は五〇万トン（シェア一八・七％）であり、現在八万トン（シェア一六％）と見なされていた。
(52) STATEMENT OF EXESSIVE CONCENTRATION PUSUANT TO ART. 16 PARAGRAPH 1, ITEM 1 OF HCLC RULES OF PROCEDURE, 8 MARCH 1948, RG. 331. BOX No. 8422, ESS (B) 16235.
(53) 以上、三つの文書については『日本鋼管株式会社四十年史』三〇四～三一五頁に記載されている。
(54) 同前書三〇九～三一五。
(55) 前掲『日本財閥とその解体』三一七～三一八頁。
(56) 昭和鋼管の合併の経緯については、長島前掲『戦前日本鉄鋼業の構造分析』四八七～四八八頁。
(57)『日本鋼管株式会社四十年史』二七九～二八〇頁。
(58)『東洋経済新報』一九四九年一月一九日、三六～三七頁、一九四九年一月八日、四四頁。
(59) 日本鋼管株式会社『目論見書』一九四九年三月。
(60) 日本鋼管株式会社『第七十期報告書』一九四六年八月一一日～四九年七月三一日。
(61) 特別管理人は、新旧勘定を設定する場合、およびその後の再建整備が完了するまでの間、大きな権限をもっていた。特別管理人は、新勘定に所属せしめる財産の範囲を決定する権限をもっていた（会社経理応急措置法第七条）。旧債権に対する処分については特別管理人の承認を必要とする（同第一四条）。会社財産および指定時以後取得した旧勘定に属する財産の譲渡、貸与、抵当権質権の設定については特別管理人の承認を必要とする（第二一条）。岡崎哲二によれば、特別管理人と協調融資団幹事という条件を考慮に入れると、特別経理会社における主取引銀行はメインバンクの役割を果たした（岡崎哲二・奥野正寛編『現代日本経済システムの源流』日本経済新聞社、一九九三年、第四章一一三～一一四頁）。特別管理人でもある富士銀行が、一定の権限をもっていたことは事実であるが、日本鋼管に対してメインバンクとしての役割を果たしていたのかは確定できない。むしろ、借入金の内訳などを見ても明らかなようにGHQの意向や復興金融金庫との関係を重視するべきではないかと考えられる。
(62) 三菱重工業や住友金属の例をみると、戦時補償請求権はいずれも仮払金として計上されている（経済企画庁調査部調査課

『戦後企業再建整備措置の具体的過程』一九五六年、第一四号、一九五六年九月、二八～二九頁)。

(63) 日本鋼管株式会社『目論見書』(一九四九年三月)の数値を利用した。

(64)『有価証券報告書』第七十期(一九四六年八月～四九年七月)以下七十期の数値は同資料による。

(65)『有価証券報告書』第七十一期(一九四九年八月～五〇年三月)。

(66)『日本鋼管株式会社四十年史』三七九頁。

(67) 高寺貞男「独占資本の再建整備と財務会計」(『現代経営会計講座』第三巻、東洋経済新報社、一九五六年)。

結語　まとめと残された課題

明らかになった点と今後の課題についてまとめておこう。

第一に、戦時下の企業の投資行動は、それまでと基本的に大きく異なっていた。日本鋼管は、今泉嘉一郎を「指導的企業者」として、高炉建設、トーマス転炉など独自の技術を開発して日本の地理的歴史的条件にあった技術を開発した。総合商社のコーディネーションを受けて、的確な技術情報の収集と技術選択によって、優位な設備投資を可能にした。それらは、戦後の技術生産体系の前提となった。

しかし、アジア・太平洋戦争期における軍部の積極的な介入は生産性や技術的合理性を追求する経営者の合理的行動と対立した。軍部は、資源配分について大きな権限をもっていたため、日本鋼管も軍部の意向にそいながら、投資行動を推進せざるをえなかった。しかし、軍部の言いなりであったばかりではなく、同社の意思を主張しながら展開されたのであり、企業者活動は生きていた。特殊鋼分野への進出、華北への小型高炉建設などはこの例である。

第二に、日本的な企業システム、特に従業員を企業の中に組み込むシステムの形成は戦時期に急速に進んだ。しかし、それは従業員管理型企業とは異なるタイプのものであった。

戦前企業においては、職員と労働者とでは身分的格差があり、給与や労働条件において大きな格差が存在した。戦時期には労働者は、膨大な重層的非正規不熟練労働力から構成された。彼らの食料・住宅などについては十分な供給計画がないため、企業自体が従業員の生活を管理組織化する必要があった。政府・軍部・各省間の調整を経ない非計画的戦時経済のもとで企業自体が、労働者の生活そのものを企業の中に組み込むシステムを、国家にかわって、組織しなければ労働力の再生産を維持することができなかった。

肥大化する企業組織と従業員層を管理するために、勤労部のような新たな組織も作られ職員も増加した。不足する管理労働を補完するために、工員労働者の昇格や現場レベルの管理的労働の熟練労働者への委任も実施された。また、職員自体のなかに管理的労働を補助する女性や低賃金層が出現した（職員の工員化）。

戦後労働組合が法認されると、戦時下の抑圧体制のもとで呻吟していた労働者、職員の反発と批判によって労働組合運動が勃興し、戦時下でつくられた企業の従業員生活に関する従業員管理システムは形と主体をかえて存続することになった。戦後の経済社会編成原理の転換となる労働改革（労働組合の法認）はこのシステムを制度的に支えた。

第三に、コーポレートガバナンスの視点からみると、財閥系企業は株主が経営をモニタリングしていたが[1]、日本鋼管のような企業は株主が経営者をモニタリングしていない。むしろ異なった範疇の企業経営のタイプであった。戦時期において、経済新体制確立要綱を契機に株主（資本）の影響力は後退し、経営者の権限は強められたが、その経営者は軍部の非合理的な要求との関係で経営者自らの意思決定を部分的にしか貫徹できなかった。戦後には、公職追放によって旧経営陣（日本鋼管の創業以来の経営者と三〇年代に進行していた内部昇進型経営者）は役員から完全に排除された。それにかわって、一九二〇年代に採用された法商学系の大学出身経営者が大きな役割を果たすようになった。それによって、日本鋼管は、技術優位のベンチャー企業的側面も大きく後退した。

戦時期には、借入金依存が急速に強まり、主取引銀行が資金調達の重要な役割を担うようになったが、戦後改革期（傾斜生産方式の前後）における企業再建整備では、主取引銀行は後退し、国家信用への依存が深まった。戦後、実際に企業再建整備の実権を握っていたのは、特別管理人よりもむしろＥＳＳであった。メインバンク制は、戦後改革以後の再編成過程で再び別の論理で再編成されると考えるのが妥当である。

第四に、戦時下の企業の肥大化、組織化は進んだ。「不足の経済」のもとで、価格メカニズムが衰退し、原料資材の確保、加工委託先の確保などのために、企業が外部市場の内部化、組織化する傾向が強まった。一方「計画化の事業単位」に入ることが中小規模企業には存続の条件となったから、企業集団化、組織化は進展した。取引関係継続と強化が戦時期には強まったのである。しかし、戦後にはこうした取引関係も独占禁止法、過度経済力集中排除法によっていったん切れた状態になった。戦後再編成は一九五〇年代の復興過程で高度成長期の原型がつくられたことになる。

第五に、軍の命令、物動計画などは、政府・各省・軍部との調整ができないまま、あるいは不十分なまま、企業に対して下されてきた。したがって、その矛盾は、個別企業の努力によって緩和または解決せざるをえなかった。命令が、法的強制をともなえば、企業自らが、資源の確保に向かわなければならなかった。

第六に、戦時企業は、軍部によって経営者の活動が制約された。しかし、戦後改革によって、軍部は解体した。そして、労働組合運動が法的に公認されると、経営の内部へ労働組合がビルトインされた。それは、戦時企業の従業員政策を継続させる要因となった。また、資源供給地としての中国大陸と植民地の喪失によって、戦前日本経済を支えた一つの柱を失った。このように、戦後改革における日本の経済社会編成（財閥解体、労働改革、軍部解体、植民地体制崩壊）の大転換は戦時企業の転換のあり方を規定した。

以上のように、戦時期に企業システムは、軍部主導の下で大きくその内容をかえたが、現代日本経済のシステムの直接的「源流」とすることはできない。企業を取り囲む経済社会システム自体が大きく転換し、それに企業システム自体が規定されて組織的な再編成を行ったのである。この転換の目を捉える次の「指導的企業者」が登場することになる。

以上の分析によって、一般化できない点もあるし、抜け落ちた課題も大きい。

①戦時企業論についていえば、中間組織である半官半民組織の実態とそれらと企業の関係を展開すること。鉄鋼業以外の産業分野でも企業の再編成がどのように展開されたのか、研究する必要がある。これらの研究をまって、

全体として戦時企業論は総括することが可能である。

②日本鋼管のような持株会社を頂点としない企業についての論理的な整理の問題である。本書は、日本鋼管というわば鉄鋼業の一企業の個別分析にすぎない。特に財閥系以外の企業を非財閥系と一括するのではなく、非財閥系企業とされているものの実態を産業構造の中に位置づけることが必要である。非財閥系企業として一括されない企業類型を設定する必要がある。たとえば、一九三〇年代に新興財閥と一般的に規定される企業集団も財閥というより、ベンチャー企業の範疇によって把握するほうが、企業実態に即していると思われるが、この問題について検討する必要がある。本書では、日本鋼管を石井寛治の規定にもとづき、明治期の「ベンチャー企業」としたが、財閥系企業以外のこうした日本の近代成長の節目で出てくる企業（戦前でいえば、新興財閥に分類されるような企業、戦後でいえば、ホンダ、シャープ、松下、トヨタなど）の性格や理論的な規定をどのようにするのか。これらは、財閥論や戦後企業集団論の論理では抜け落ちてくる企業群である。概念規定も含めて、これらの個別研究を総合化する作業が必要となる。

③戦時期の労資関係の評価について、本書では産業報国会の資料的制約もあり、できなかった。戦時期の労働力動員の実態および労資関係についての実証的研究は、未だ不十分である。また、本書では、産業報国会の機能は、企業システムの中に取り込まれていたという評価を支持している。(2) 国際比較の視点も入れながら、日本企業の特徴とされる「終身雇用制」、「年功賃金」、「企業内福利厚生」が歴史的にどう形成されたのか実証的理論的明らかにする作業が必要である。

④GHQの経済改革に関する実証的研究の必要性がある。特に、国立国会図書館には膨大な資料が蓄積された。GHQが何を目指して日本の経済システムを構築しようとしたのか。すでに、本格的な研究も始められている。その研究に学びながら、戦後日本の経済システムの形成について、実証研究をすすめる必要がある。

注

（1）岡崎哲二・奥野正寛編『現代日本経済システム源流』（東京大学出版会、一九九三年）一〇六～一〇八頁。

（2）産業報国会にかんする評価は、労働組合の解体のうえに成立したという事情を重視するべきである。イギリスのように、労働組合も戦時システムに参加した「異議と同意のシステム」の総動員体制とは異質のものと理解する（長島修「第二次大戦下のイギリス労働力動員政策の特質」『年報・日本現代史』第三号、一九九七年）。

あとがき

私が、鉄鋼業に関する著作を出してから、一二年が過ぎてしまった。この間の一二年間は、私の勤務する大学の行政的な役職や教育に従事する中で、研究時間を見つけて少しずつ論文を書きためてきた。本書はそうしたささやかな努力の結晶である。

それぞれの章は書き下ろしたものと論文として公刊しているものから構成されている。公刊した論文は訂正したり、本書の主題に合わせて補強、改稿・分割配置しており、ほとんどが原型をとどめないものになっている。公刊された論文は、以下の通りである。

「日本鋼管株式会社の高炉建設」(『市史研究よこはま』一九八七年三月)

「日本鋼管株式会社におけるトーマス転炉導入の歴史的意義」(同右第三号、一九八九年三月)

「戦時下日本鋼管における特殊鋼分野への進出」(同右第六号、一九九二年一二月)

「戦時下日本鋼管における海外進出——小型高炉建設を中心にして」(『立命館経営学』第三三巻第二号、一九九四年七月)

「戦時期の職員層分析」(『経済論叢』京都大学、第一五四巻第六号、一九九四年一二月)

「戦時統制と工業の軍事化」(『横浜市史』Ⅱ、第一巻下、一九九六年)

「敗戦後の鉄鋼企業とその復興」(1)(2)(3)(『立命館経営学』第三六巻第三・四号、第三七巻第一号、一九九七年一一月、一九九八年一月、五月)

本書を世に出すにあたっては、多くの人々のご好意や援助があったことを記しておかなければならない。まず、本書で主に依拠した松下長久氏の旧蔵資料の経緯を簡単に述べておく。松下長久氏は、戦時下において日本鋼管副社長、日本鉄鋼協会の会長を務め、戦後、那須において社会福祉施設の経営に当たられるなど広範な活動をされていた。私が、松下資料を知ったのは、日本鋼管株式会社を訪れた際、松下氏に関する話を聞いたことが契機であった。日本鋼管では、過去の資料が少なかったため、技術分野の社員を中心に松下氏の旧蔵資料を部分的に複写収集していた。それは、一部拙著『戦前日本鉄鋼業の構造分析』において、利用した。松下氏に手紙を出して資料閲覧を申し出たときには、氏は病床にあり、閲覧はかなわなかった。全体的な資料の全貌をつかめぬまま、氏は物故されてしまった。

その後、横浜市史の編集委員についた私は、横浜市史の編集作業に利用できないか再度松下氏の奥様松下かづえ氏に資料調査依頼の手紙を書き資料の概要を見せていただいた。資料が収められた倉庫をみて、驚きを禁じえなかった。倉庫一杯に氏が日本鋼管時代、公職にかかわった資料、私信類、雑誌、書籍類があった。これらを世の中に出すことは、研究の上からも社会的にも重要と判断して、複数の大学機関に問い合わせたが、積極的な御返事をいただけず、結局横浜市史編集室で整理収集することをお願いしたのである。松下かづえ氏もこれを快諾された。資料の受け入れから整理まで横浜市史編集室に勤務する職員、嘱託職員、アルバイトの方々の手を煩わせた。これらの資料の一部は、私が編集して『横浜市史』Ⅱ資料編4上下として公刊され、松下かづえ氏との約束を実現できた。

したがって、本書は、いわば横浜市史の編集のなかで、実現した副産物であるといってよいであろう。横浜市史の編集委員でなかったならば、本書は決して生まれなかったといってよいであろう。横浜市史に私を誘ってくださったのは、私の学生時代のゼミナールの恩師高村直助先生である。いわゆる六〇年代末の大学紛争で揺れていた横浜国立大学経済学部で、先生の第一回の演習生として日本経済史研究の手ほどきをうけた。その後、先生は東京大学に移られ、私も京都に行き現在の大学に職を得た。先生からの横浜市史編集作業へのお誘いは、私にはとっては大きな喜びであった。少年から青年時代まで育った懐かしい横浜の歴史編集作業ができることは何よりもうれしいことであった。

また、再び先生のご指導をうけることができるということも、私は得がたい機会であると考えた。先生は、周囲に決して厳しい言葉は言われないが、自ら率先して執筆、編集にあたられている。その研究姿勢から多くのことを学ぶことができる。

また、横浜市史編集委員会において、諸研究分野で活躍されている編集委員の方々から多くの示唆や情報を得ることが出来るのも、閉じこもりがちな私には大きな刺激となっている。

松下資料の収集に関しては、鷹巣律子氏、横浜市史編集室職員曽根妙子氏に松下氏との事務上の連絡や受け入れにご努力いただいた。本資料の整理収集や日本鋼管資料に関しては、嘱託職員として勤務していた平野雅裕、大西比呂志、渡邉恵一、田崎公司各氏の援助を得た。その他、名前は省略するが、編集室に勤務する職員、嘱託職員、アルバイトの方々の援助があった。

本書の理論的枠組みを考えるうえでは、大学院時代の恩師である中村哲先生の影響が大きい。先生は壮大な歴史の理論化に意欲をもって当たられている。とかく、事実に埋もれがちな私にとって、先生の研究会で学ぶところが大きかった。また、理論的に未熟な私が、京都大学経済学部教授大西広氏の主催するマクロ経済学、ミクロ経済学、統計学の勉強会（基礎経済科学研究所主催）に参加できたことは大きな収穫であった。理論的には、とてもこれらの諸先生の足下にも及ばないが、今後も努力していきたいと思っている。

また、戦時企業、戦時経済を考えるうえで、イギリスウォーリック大学の研修も忘れることができない。イギリス戦時経済の文献を読み、資料を収集する機会を一九九四年度後期に与えられたことは、日本の戦時経済のイメージを膨らませることに役に立った。単身の私は、福島大学坂上康博氏にもご家族ぐるみでお世話になった。特に、本書第6、7章はイギリス留学でヒントを得たところが大きかった。

最後にイギリス留学を単身で行うことができたのも、今また、イギリスの地でこの「あとがき」を書くことができるのも、妻、恵美子の配慮のおかげである。また、横浜の地を訪れるたびに暖かく迎えてくれる年老いた両親にも深く感謝したい。

本書は、「立命館大学学術研究助成制度」による出版である。

一九九九年六月

イギリス　ウォーリック大学　研究室にて

索　　引

(1) 比較的重要と思われる事項，人名（研究者をのぞく）をあげた。
(2) 文献名，資料名からはとらなかった。

【著者略歴】

長島　修（ながしま・おさむ）
経済学博士（京都大学）
1947年生まれ
1971年横浜国立大学経済学部卒業
1977年京都大学大学院経済学研究科博士課程単位修得退学
現在　立命館大学経営学部教授

著書
『日本戦時鉄鋼統制成立史』（法律文化社，1986年）
『戦前日本鉄鋼業の構造分析』（ミネルヴァ書房，1987年）
『現代日本経済入門』（法律文化社，1993年

共編書
『戦時日本経済の研究』（晃洋書房，1992年）

日本戦時企業論序説――日本鋼管の場合――

2000年2月10日　第1刷発行　　定価（本体6300円＋税）

著　者　長　島　　修
発行者　栗　原　哲　也

発行所　株式会社　日本経済評論社
〒101-0051　東京都千代田区神田神保町3-2
電話 03-3230-1661　FAX 03-3265-2993
E-mail: nikkeihyo@ma4.justnet.ne.jp
URL: http://www.nikkeihyo.co.jp/
文昇堂印刷・山本製本所
装幀＊渡辺美知子

乱丁落丁はお取替えいたします。　Printed in Japan

ISBN4-8188-1086-X